LES MALADIES

DU

CHEVAL DE TROUPE

PAR

Georges JOLY

VÉTÉRINAIRE EN 1er

Chef de clinique à l'École d'application de Saumur

PRÉFACE

DE M. LE VÉTÉRINAIRE PRINCIPAL

J. JACOULET

Ancien Directeur de l'enseignement vétérinaire à l'École de Saumur

Avec 39 figures intercalées dans le texte

PARIS

LIBRAIRIE J.-B. BAILLIÈRE ET FILS

19, RUE HAUTEFEUILLE, PRÈS DU BOULEVARD SAINT-GERMAIN

1904

LES MALADIES
DU CHEVAL DE TROUPE

JOLY. — Malad. du cheval de troupe.

DIJON, IMPRIMERIE DARANTIERE

LES MALADIES

DU

CHEVAL DE TROUPE

PAR

Georges JOLY

VÉTÉRINAIRE EN 1er

Chef de clinique à l'École d'application de Saumur

PRÉFACE

DE M. LE VÉTÉRINAIRE PRINCIPAL

J. JACOULET

Ancien Directeur de l'enseignement vétérinaire à l'École de Saumur

---

Avec 39 figures intercalées dans le texte

PARIS

LIBRAIRIE J.-B. BAILLIÈRE ET FILS

19, RUE HAUTEFEUILLE, PRÈS DU BOULEVARD SAINT-GERMAIN

1904

A MON MAITRE

MONSIEUR LE VÉTÉRINAIRE PRINCIPAL

J. JACOULET

Saumur, le 1er août 1903

MONSIEUR LE PRINCIPAL ET CHER MAITRE,

J'ai enfin terminé la lourde tâche que vous avez bien voulu confier, il y a dix ans déjà, à mon amour du travail. Si j'ai tant tardé à élaborer cette pathologie vétérinaire militaire que vous m'avez déclarée utile à notre spécialisation professionnelle, c'est que, malgré les connaissances pratiques que j'ai acquises à vos nombreuses et magistrales leçons, malgré les souvenirs des cliniques régimentaires du 17e chasseurs et du 10e hussards où j'eus le bonheur d'avoir successivement pour chefs de service les futurs vétérinaires principaux Puthoste et Ph. Thomas, malgré mon zèle à suivre vos conseils et vos encouragements, j'ai toujours douté que la correspondance nécessaire puisse exister entre mes modestes facultés et la difficulté de l'œuvre que j'avais à produire.

Si j'ai respecté, Monsieur le Principal et cher maître, vos instructions sur les points qui vous paraissaient commander la publication de cette œuvre ; si je suis toujours le fidèle disciple que j'ai voulu être pour vous pendant les trois périodes où j'eus l'honneur d'être votre subordonné immédiat ; si, dans ces *maladies du cheval de troupe*, vous ne me gardez pas trop rancune d'avoir omis l'histoire et la description des opérations chirurgicales où vous fûtes un initiateur aussi entreprenant qu'heureux ; si enfin mon œuvre vous paraît avoir quelque valeur, daignez, Monsieur le Principal et cher Maître, en accepter l'hommage comme témoignage des sentiments de respect, d'affection et de reconnaissance que je vous ai voués. Daignez aussi me faire le grand honneur de présenter cette œuvre à nos camarades pour qu'ils sachent bien que si j'en suis le signataire, vous en fûtes l'inspirateur.

G. JOLY.

J'adresse mes remerciements publics à M. le Vétérinaire en 2e Bidault qui voulut bien mettre à ma disposition les résultats de ses recherches historiques, ainsi qu'à mes dévoués camarades Rélier, Augustin, Chanier, Lutaud, qui dessinèrent les illustrations de ce volume.

G. J.

Mon cher Joly,

C'est tout honneur et grande joie pour moi d'accepter la dédicace des *Maladies du cheval de troupe* et de les présenter au monde vétérinaire, plus particulièrement à nos camarades des armées.

Lorsque nous donnâmes corps à l'idée, — bien vôtre, — de cette belle étude, à l'aube d'une collaboration qui me fut si précieuse, pendant mon directorat de l'enseignement et du service de notre École d'application, je savais bien ce qu'on pouvait attendre d'un travailleur scientifiquement doué comme vous l'êtes et d'un écrivain de votre originalité.

Aussi déclinai-je tout de suite et vous dissuadai-je de toute collaboration, celle-ci ne pouvant que nuire à la vigueur de l'œuvre. Vous avez des envolées de philosophie scientifique, des vues déductives lointaines qu'il importait de laisser s'exprimer entières avec la force des convictions et des certitudes dont elles émanent.

Est-ce que la science trouverait son dû si l'investigateur éclairé qui a soulevé un coin du voile n'exposait pas dans la plus absolue indépendance toutes ses perceptions et ses conceptions ?

C'est bien assez et il est certes nécessaire que la critique se donne ultérieurement libre cours, mais il n'est pas à craindre qu'elle y manque.

Votre ouvrage devait donc rester personnel.

Et en effet, vous nous donnez aujourd'hui, sous un aspect modeste et séant, un livre de bonne et gaillarde allure qui répond magistralement à toutes les espérances formées. — J'y trouve à chaque page le disciple toujours fidèle et érudit qui hautement m'honore, et vous apportez à l'interprétation pure des faits une clairvoyance, une rigueur, une fermeté et une mesure tout à la fois dont je me plais à vous louer.

Les *Maladies du cheval de troupe* comblent une importante lacune de notre littérature vétérinaire.

Ce serait peut-être manquer de discrétion que de faire ici une analyse avant la lettre de leurs nombreux et intéressants chapitres.

Mais, du moins, il me sera bien permis de dire à vos futurs lecteurs les trois points principaux qui marquent, à mon sens, la grande utilité de votre œuvre.

1° La spécialisation est de plus en plus une loi inéluctable du progrès. Ce n'est pas assez que des descriptions séparées soient consacrées à la pathologie de chaque espèce ; les conditions particulières de la vie et de l'utilisation du cheval de troupe donnent à sa pathologie un caractère particulier qu'il importait de synthétiser et de faire connaître, ne fût-ce que pour préparer les recrues de la vétérinaire militaire à fournir immédiatement le plus grand rendement pratique possible. Mais cette spécialisation a une portée plus étendue. Elle offre à nos camarades de la vie civile l'enseignement précis tiré de l'avantage que nous avons de suivre nos administrés, malades ou non, pas à pas, toute leur carrière et d'autopsier beaucoup plus et mieux qu'on ne peut le faire dans une clientèle spéculative.

D'autre part, il était nécessaire de concentrer ce que nous savons sur les maladies coloniales autant pour montrer les progrès considérables à réaliser encore que pour utiliser les travaux déjà très intéressants des premiers défricheurs, en leur rendant justice.

Il fallait bien aussi que l'on connût l'histoire militaire de notre pathologie spéciale, si intimement liée à l'histoire de la pathologie hippique en général : les jeunes y puiseront de puissants éléments d'émulation, tous la notion du légitime respect dû à la mémoire scientifique de ceux de nos aînés dont le labeur fut vraiment fécond.

Combien parmi nous savaient-ils hier que le massage a été introduit dans la chirurgie scientifique par Girard, vétérinaire de la garde en 1857 ? et qu'Alphonse Guérin a eu un co-préconisateur du pansement ouaté dans la personne du vétérinaire militaire Humbert, lequel utilisait ce pansement avec grand succès dans le traitement des chevaux gravement couronnés dès le 24 mai 1870 ?

2° Les affections de l'appareil locomoteur motivent 95 0/0 des interventions vétérinaires. Or, vous traitez ce chapitre avec une ample moisson de faits bien sélectionnés, d'interprétations et de déductions judicieuses qui, d'un bout à l'autre, lui donnent le cachet de l'originalité et de la rigueur scientifique. Le chapitre des affections digestives, qui contribuent pour une part très prépondérante à la mortalité, soulève les mêmes remarques.

3° Personne n'avait, jusqu'ici, mis en lumière l'intérêt qui s'attache à l'étude des statistiques des armées. Combien, cependant, cet intérêt est grand ! Et d'abord la comparaison des nomenclatures adoptées vous a fait toucher du doigt la *bonne nomenclature allemande*, la *médiocre anglaise*, *l'insuffisante française*, etc. Dans le domaine des chiffres, les statistiques montrent que très régulièrement la mortalité générale diminue à mesure que la morbidité augmente, c'est-à-dire que plus le nombre des chevaux confiés aux vétérinaires est important, moins il en meurt. Ainsi sur 1000 chevaux hollandais 79 sont confiés aux soins vétérinaires pour affections digestives et 3 de l'effectif général en meurt ; sur 1000 chevaux prussiens, 50 seulement sont confiés aux soins vétérinaires pour le même motif et 6 de l'effectif général en meurt. Et si on pousse plus loin l'investigation, on voit que les résultats thérapeutiques obtenus dans les différentes armées sont en rapport direct avec l'instruction générale et l'instruction professionnelle des vétérinaires, avec le degré de considération et d'autorité qui leur est attribué.

Je laisserai aux lecteurs le soin de formuler les justes déductions que comportent ces constatations, ne doutant pas que l'écho, sinon le son clair immédiat, n'en parvienne aux oreilles des personnages qualifiés pour donner au service vétérinaire de notre armée l'organisation forte et techniquement indépendante que réclament les intérêts bien entendus de l'Etat. A ce point de vue, laissez-moi vous dire, mon cher Joly, qu'au lieu d'une simple analyse des statistiques étrangères, vous eussiez dû nous les donner entières, avec toute l'éloquence de leurs nomenclatures diverses et de leurs chiffres sériés. Mais mon état d'esprit s'oppose à ce que je termine sur cette critique.

Ma pensée profonde est, en effet, que votre livre est précieusement documenté, riche de faits bien recueillis, de dissertations savamment et sobrement présentées. Il est, d'ailleurs parfaitement ordonné, et écrit en ce style clair, concis, qui est la caractéristique du style scientifique. L'actualité s'ajoute à ces éléments primordiaux d'intérêt et votre éditeur apporte à l'exécution les traditionnels soins qui lui valent sa juste renommée. Comment ne pas prévoir pour *les Maladies du cheval de troupe* un succès si mérité qu'en tout cas je leur souhaite de tout mon attachement à la science et à la vétérinaire et de tout mon cœur ?

Le Mans, 5 août 1903.

J. JACOULET

LES

MALADIES DU CHEVAL DE TROUPE

I. — MORVE

La morve est une maladie contagieuse, inoculable, due à la pullulation d'un bacille spécifique dans l'organisme ; elle est caractérisée anatomiquement par la production de tubercules dans les parenchymes et d'ulcérations sur la peau et sur les muqueuses (Nocard et Leclainche).

Importance de son étude au point de vue militaire. — Pendant bien des années, la morve causa de formidables ravages dans les rangs de la cavalerie française. Les rares documents concernant l'état sanitaire des chevaux des grandes armées républicaines et impériales, montrent que la morve était si fréquente dans leurs effectifs, qu'on peut affirmer avec assurance aujourd'hui que toutes les montures des grandes chevauchées d'Italie, d'Allemagne, d'Espagne et de Russie, portaient en leurs poumons quelques tubercules morveux.

En 1806, « les chevaux du dépôt du 11e dragons, stationné à Liège, sont attaqués par la morve, et le major, malgré ses soins, ne peut arrêter les progrès de cette maladie » (*R. C.*, t. XVI) (1).

(1) Abréviations bibliographiques : Revue de cavalerie, R. C. — Recueil d'hyg. et de méd. vét. milit., R. M. ; — Journal des

Les régiments provisoires de cavalerie arrivent à Berlin, en 1807, avec des chevaux morveux : les généraux Clarke et Bourcier s'en inquiètent et « tremblent que ces régiments n'aient amené la contagion » (*R. C.*, t. XX).

Le 23e dragons de l'armée d'Italie « avait à sa suite, en 1809, une infirmerie de 75 chevaux environ, tous jetans ou farcineux... », au dépôt du 11e hussards, à Barcullo, en Hollande, on traite, vers 1810, soixante chevaux affectés de morve.

Les chevaux de l'armée prussienne étaient aussi gravement infectés. Sur 2017 chevaux pris à l'ennemi et passés en revue à Spandau, le 20 novembre 1806, le général Bourcier indique que « 25 sont morts ou ont été abattus pour cause de morve ».

En 1845, après trente années de paix, la morve cause encore, à elle seule, dans l'armée française, une mortalité de 47 unités pour 1000 d'effectif : après chaque campagne pénible, elle accentue ses ravages constants, pour bien nous montrer que si elle s'assoupit en temps de paix, elle n'attend que l'épuisement de nos animaux et leur promiscuité forcée pour provoquer de nouvelles hécatombes.

En 1870-1871, la morve frappa indistinctement la cavalerie des deux armées belligérantes, pour se répandre ensuite dans les provinces les plus reculées des deux pays. La morve nous suit au Tonkin et fait, en 1885, 652 victimes sur un effectif de 4258, puis elle réapparaît à Madagascar en 1895 et en Chine en 1900.

La *morve*, qui végète toujours en France, dans l'armée comme dans les exploitations industrielles et agricoles,

vétérin. milit., J. M. ; — Recueil d'Alfort, A. ; — Journal de Lyon, L. ; — Revue de Toulouse, T. ; — Revue générale de Leclainche, Lecl. ; — Presse vétérinaire, P. V. ; — Répertoire vétér., R. V. ; — Revue scientifique, R. S. ; — Journal de médecine et de pharmacie d'Algérie, J. A. ; — Bulletin de la Soc. centrale, C. ; — de la Société des sciences de Lyon, B. L. ; — Comptes rendus de l'Académie des sciences, C. R. S.

infestera certainement nos grandes armées futures, puisque tous les chevaux du pays y apporteront en même temps leur contingent de travail et leur contingent de germes morveux dont beaucoup seront porteurs à l'insu du vétérinaire militaire ou militarisé chargé de les examiner avant leur incorporation.

Voilà pourquoi l'étude de la morve reste et restera longtemps encore d'une très grande importance.

Mais déjà, en tant que maladie classique, la morve est parfaitement décrite dans d'autres ouvrages. Deux professeurs éminents, Nocard et Leclainche, viennent d'en publier une étude scientifique et clinique qui toucherait à la perfection, si le perfectionnement de nos connaissances n'était incessant. Aussi, voulant éviter des redites, je crois pouvoir ne faire qu'un *memento* très succinct des symptômes cliniques, et ne m'occuper avec détails que : 1º de l'histoire militaire de la maladie qui est en somme sa véritable histoire scientifique ; 2º de l'étude comparée de la morve dans les armées européennes ; 3º des mesures sanitaires aujourd'hui réglementaires dans l'armée.

Histoire militaire de la morve. — Pendant les campagnes de la Révolution et de l'Empire, disions-nous, tous les chevaux étaient plus ou moins infectés par le bacille de Löffler dont l'évolution tantôt lente, tantôt rapide, provoquait la mort ou l'abatage d'un grand nombre de sujets.

Chez d'autres animaux, au contraire, la réaction vitale était assez vive pour anéantir l'action néfaste du virus et empêcher l'évolution des symptômes cliniques cardinaux qui, seuls, en ce temps-là, caractérisaient la maladie ; pour amener même la guérison des formes cliniques frustes et alors incertaines et, peut-être grâce à ceci, pour immuniser dans une certaine mesure les animaux contre de nouvelles attaques.

A cette époque, les officiers supérieurs et généraux étaient bien convaincus de la contagiosité de la morve. Le soin qu'on apporte, même en campagne, à la revue sanitaire de l'artiste vétérinaire (1) et les documents officiels conformes au suivant sont des témoignages irrécusables de ce fait :

A la fin de 1806, le général Bourcier, inspecteur général de la cavalerie, commandant du grand dépôt de Postdam, fait le rendu-compte suivant au major général de l'armée (2) : « Depuis quelque temps surtout les pertes deviennent considérables soit par les chevaux abattus comme morveux, soit par ceux qui meurent naturellement, qu'on ne peut qu'en être effrayé.

Il n'est rien que je n'aie employé pour arrêter le cours des maladies qui pèsent sur les chevaux et empêcher leur propagation ; j'ai très souvent fait faire des visites scrupuleuses tant par les commandants des petits dépôts que par les artistes vétérinaires, afin de faire mettre de côté et traiter avec un soin particulier les chevaux malades et aussi pour faire abattre ceux attaqués de morve. Ces visites ont été surveillées par les officiers supérieurs employés sous mes ordres ; le traitement prescrit s'est exécuté, et malgré tout cela, les pertes, au lieu de diminuer, s'accroissent de jour en jour... »

Mais hélas ! les artistes vétérinaires se montrent beaucoup moins contagionistes que les officiers généraux et alors que le général Bourcier ordonne l'abatage des morveux de Postdam, ses artistes vétérinaires, Martin, Buvers, Duc et Bouley lui présentent le rapport suivant :

« Nous avons reconnu que la mortalité ne tient pas à une épizootie contagieuse régnante, mais à celles dépendantes des localités et des affections développées par des circonstances antérieures. » Ce sont les fatigues épuisantes, les mauvais fourrages, l'encombrement des écuries qui « ont produit sur l'économie des malades les effets débilitants les plus désastreux qui un jour deviendront un germe de maladies contagieuses dans

---

(1) Extrait du livre d'ordre du 15e chasseurs pendant la guerre d'Espagne (1812-1813) (*R. C.*, t. XVIII, p. 332) : « L'artiste vétérinaire fera aujourd'hui, après le pansage du soir, la visite des ganaches de tous les chevaux qui sont présents à Pampelune. Cette visite aura lieu à l'avenir tous les samedis à la même heure. »

(2) Les Renforts de cavalerie et les Remontes à la grande armée, *R. C.*, t. XVII, p. 345.

beaucoup de ceux qui paraissent jouir d'une bonne santé et sont une cause de mort certaine pour ceux qui trop affaiblis n'ont pas assez de force de tempérament pour la combattre. » En conséquence il faut réformer les chevaux épuisés et gravement blessés.

Le général Bourcier, tout en restant contagioniste, s'empresse de ne plus abattre ses morveux ; son major lui écrit ultérieurement :

« Il y a à l'infirmerie générale du grand dépôt de Postdam 100 chevaux douteux ou farcineux ; il faut laisser ces chevaux sous la surveillance des magistrats de Postdam plutôt que de les faire partir avec les autres, car autrement ce serait s'exposer à propager la maladie contagieuse. » Il s'empresse de répondre : « Il faut faire vendre ces chevaux ».

Le mélange de demi-vérités trop précoces et de désastreuses conclusions qui constitue le pitoyable rapport des artistes de la grande armée, était bien le fruit de l'enseignement des maîtres d'Alfort, Fromage de Feugré, Godine, Chaumontel, Dupuy qui formaient seuls, depuis 1769, les vétérinaires militaires. D'autre part, les énormes pertes en chevaux des armées Impériales faisaient vivement regretter à tous les sacrifices volontaires ; aussi s'ingénia-t-on à traiter et à guérir les farcineux et les morveux. Parmi tous les traitements essayés alors, celui qui eut la plus grande réputation fut celui que Collaine appliqua en grand, et non sans quelque apparence de succès, aux chevaux de l'armée d'Italie (1809). Ce traitement consistait principalement dans l'administration de sulfure d'antimoine et de soufre sublimé.

Le désastreux enseignement de la non-contagiosité morveuse persista beaucoup plus longtemps que les effectifs des armées impériales, aussi quand, en 1825, le vétérinaire militaire Louchard voulut publier ses idées sur la contagion de la morve, ne trouva-t-il rien de mieux que de donner pour titre à sa brochure cette interrogation significative :

La *Morve est-elle contagieuse ?... Non !*

Les conséquences d'une pareille doctrine furent ce qu'elles devaient être, et Bénard va nous en donner une idée.

Dans un régiment observé de 1824 à 1832 :

Sur un effectif de 1,055 chevaux : 329 durent être abattus pour morve avant dix années de service et 200 avant deux années.

13	chevaux sur	1055	furent abattus	pour morve avant	3 mois	de service.
16	—	984	—	—	6 mois	—
42	—	940	—	—	9 mois	—
35	—	934	—	—	1 an	—
42	—	757	—	—	1 an 1/2	—
30	—	555	—	—	2 ans	—
38	—	545	—	—	3 ans	—
32	—	348	—	—	4 ans	—
26	—	334	—	—	5 ans	—
13	—	254	—	—	6 ans	—
6	—	165	—	—	7 ans	—
5	—	126	—	—	8 ans	—
9	—	98	—	—	9 ans	—
2	—	33	—	—	10 ans	—

Séon-Rochas nous apprend que, vers 1835, l'effectif des régiments français était plus que décimé, chaque année, par la morve, la *phthisie* pulmonaire ou l'hydrothorax.

Les vétérinaires militaires reconnaissaient donc comme causes de la morve : la mauvaise constitution des animaux, les refroidissements, les mauvais fourrages, etc. et surtout l'insalubrité des écuries. Cette dernière imputation, que le maréchal Oudinot fit sienne en 1840, détermina même l'administration de la guerre à construire des bâtiments convenables pour abriter les chevaux de l'armée.

En 1843, Farges, l'un de nos prédécesseurs à l'école de Saumur, appuie l'opinion régnante de cet aveu significatif : « Les écuries de l'école sont généralement bonnes, aussi la morve y est-elle excessivement rare ; depuis près de 4 ans 1/2 que nous y sommes attaché comme vétérinaire en 1er et sur une moyenne d'environ 600 chevaux, nous n'avons eu qu'une proportionnelle de 8 chevaux par année abattus pour cause de morve.

« Ce résultat si *remarquable* devient péremptoire auprès même des esprits les plus prévenus » (A. 1843).

Cependant, instruits par leur expérience personnelle, beaucoup de nos vieux confrères se déclaraient alors et déjà convaincus de la contagiosité de la morve sous toutes ses formes et disaient avant Littré : « Ce qui entretient la morve dans les quartiers de cavalerie, c'est qu'on ne séquestre pas assez promptement des escadrons les chevaux suspects ou déjà morveux, et qu'on les conserve ensuite trop longtemps dans les infirmeries.

« Les causes établies, le remède s'en déduit : exécuter rigoureusement les règlements, séquestrer sans délai les chevaux suspects ; abattre immédiatement les chevaux morveux (Laisné) » (*R. M.*, 1re série, t. X).

Mais ces vétérinaires contagionistes, isolés dans leurs régiments où ils n'occupaient d'ailleurs qu'une situation infime, ne pouvaient faire entendre leur voix, convaincre leurs professeurs, gagner à leur cause des chefs qui, ne considérant que leur situation et non leur valeur professionnelle, les tenaient pour des gens de peu d'importance (1).

(1) Dans un original petit livre (*Histoire d'un cheval de troupe*), Séon-Rochas écrit en 1839 la page suivante : « On venait souvent demander au vétérinaire si la morve était contagieuse ; mais jamais personne ne put savoir quelle était sa conviction à ce sujet. Il avait cependant assez vu et assez observé pour en avoir une : mais comme cette question était alors un sujet de différend, qu'il comptait des amis dans l'un et l'autre parti, qu'il avait, du reste, des motifs pour les ménager tous deux, il ne faisait jamais d'autres réponses, sinon que, les règlements prescrivant de séparer soigneusement les chevaux morveux et même les suspects d'avec les autres, il les suivait exactement... Qu'il faisait désinfecter avec la même obéissance et par les procédés prescrits les harnachements des chevaux morveux sans se permettre d'observations... Quand il fut chargé d'écrire sur cette question, il montra de la déférence envers les auteurs de ces règlements et écrivit dans le sens de la contagion.

Pourtant, dès 1832, une commission spéciale fut réunie par l'administration de la guerre, à Pomponne (Seine-et-Marne) pour expérimenter un nouveau traitement contre la morve. L'insuccès de ce traitement fut rapidement établi; mais bientôt de nouvelles propositions et de nouvelles expériences ayant toujours pour but la guérison de la morve furent effectuées à Orsay (Seine-et-Oise); à Trois-Fontaines-l'Abbaye (Marne); à Betz (Oise), et l'infirmerie vétérinaire de Betz fut installée de juin 1834 au commencement de 1835.

En août 1836, de nouvelles expériences visant toujours le même but furent instituées à la ferme de Lamirault (Seine-et-Marne). Une commission de surveillance présidée par le général Cavaignac et composée de Magendie, Dupuy, Yvart bientôt remplacé par Renault, d'un sous-intendant et d'un vétérinaire militaire, fut chargée de suivre ces expériences. Ce fut cette simple commission de surveillance qui fut l'origine réelle de la Commission d'hygiène hippique (*R. M.* 1re série, t. V) définitivement instituée en 1843.

Outre le soin d'expérimenter divers traitements, la commission de surveillance de Lamirault fut bientôt en effet « chargée d'organiser et de suivre une série d'expériences pour résoudre, enfin, la question si souvent agitée de la contagion de cette maladie, sur la transmissibilité de laquelle des doutes s'étaient élevés et commençaient à se répandre. »

Les expériences de Lamirault durèrent du 9 novembre 1836 au 21 avril 1843 et leur compte rendu très sommaire a été publié dans le tome VI de la Commission d'hygiène hippique.

Enfin tout récemment, une loi ayant été portée dans laquelle la morve était nominativement comptée au nombre des maladies contagieuses, et peu après une question ayant été posée aux vétérinaires militaires sur le caractère de la morve sous le rapport de la contagion, il aurait cru manquer au respect qu'il professe pour la loi s'il n'avait pas répondu dans le même sens. »

Il en résulte que : « Sur 87 chevaux sains qui ont été simplement intercalés entre des chevaux morveux, il y en a

25 qui sont restés sains,

30 qui ont présenté des cas douteux de contagion,

32 qui ont présenté des cas de contagion. »

Pour bien apprécier ces résultats, il ne faut pas oublier que la morve d'alors n'était que la morve clinique, caractérisée par ses trois symptômes et l'on ne peut plus guère alors comprendre comment Renault, membre de la Commission de Lamirault et tout Alfort à sa suite pouvaient encore, et jusqu'après 1850, contester la contagiosité de cette terrible maladie (1).

Les expériences de Lamirault étaient à peine terminées qu'un premier concours était institué en 1844 entre les vétérinaires militaires sur le farcin. Gillet, vétérinaire en 1er au 7e lanciers, lauréat de ce concours, y produisit un travail absolument remarquable pour l'époque. Il expérimente et reconnaît que le farcin aigu est « éminemment contagieux non seulement par contact immédiat mais encore par l'intermédiaire de divers corps. » Quant au farcin chronique « quatre fois, dit-il, nous inoculâmes du farcin et trois fois nous obtînmes un farcin qui détermina l'abatage de deux animaux sur lesquels l'affection devenue générale ne laissa bientôt plus aucun espoir de guérison. »

« Quelle maladie, écrit Gillet, reconnue véritablement

(1) Renault mourut en 1863, inspecteur général des écoles vétérinaires, sans avoir confessé son erreur et quand, en 1876, Henri Bouley, le plus bel esprit de la vétérinaire passée, après s'être débarrassé de la non contagiosité de la morve aiguë puis de la morve chronique, voulut aussi renoncer à la spontanéité de toutes les morves, on le conjura « de ne pas se laisser entraîner par des vues hypothétiques et renoncer à une idée qui est le meilleur de ses titres scientifiques parce qu'elle est la vérité même. » Et Bouley, qui se dirigeait vers Pasteur pour se faire le plus puissant apôtre de ses merveilleuses découvertes, n'osa pas encore cette fois briser complètement avec la spontanéité morveuse (C).

contagieuse, a prouvé qu'elle l'était infailliblement dans tous les cas ?

« Et doit-on raisonnablement considérer une maladie comme non susceptible de se communiquer, parce qu'un nombre plus ou moins grand d'animaux s'y sont montrés réfractaires ?

« D'après un semblable raisonnement, je crois qu'il serait difficile d'accepter l'existence d'une propriété qui cependant pour certaines maladies n'est malheureusement que trop réelle et contre laquelle, par conséquent, quel que soit le dire des anti-contagionistes, on doit toujours être en garde. »

Aussi trouve-t-on, dès 1846 (*R. M.*, 1re série, t. II), que « les 136 vétérinaires militaires qui ont été appelés à émettre leur opinion sur la nature contagieuse de la morve chronique, peuvent être classés de la manière suivante :

« Vétérinaires qui n'ont pas émis d'opinion .	12
« Vétérinaires qui sont incertains	24
« Vétérinaires non contagionistes	36
« Vétérinaires contagionistes.	64

En 1847, les non contagionistes ne sont plus que 25.

Comme conséquence de ces faits, dès le 26 septembre 1847, une décision ministérielle indique les précautions à prendre par les hommes chargés du pansement des chevaux morveux ainsi que les délais fixés pour l'abatage de ces chevaux.

En 1854 une nouvelle décision rappelle les anciens règlements sur l'isolement des suspects et prescrit l'abatage *immédiat* des morveux. Grâce à la publication de ces faits et de ces dires, grâce à la mise en vigueur de ces règlements sanitaires, la morve décrut progressivement jusqu'en 1855.

En 1855 et surtout en 1856, sous l'influence de la guerre de Crimée, une recrudescence marquée dans la mortalité pour morve se manifeste ; mais cette recrudescence elle-même fut utile à la lutte entreprise contre le fléau, car elle fournit à nos prédécesseurs des indications précieuses bien qu'empiriques sur la bienfaisance du bivouac contre l'infection et l'évolution morveuse ; nouvelle conquête dont l'industrie chevaline, sous toutes ses formes, a bénéficié et bénéficie encore tous les jours.

« Malgré les conditions fâcheuses dans lesquelles se sont trouvés les chevaux en Crimée, la morve a comparativement faiblement sévi.

« Le bivouac n'est donc pas aussi dangereux qu'on pourrait le croire, et ce qui le prouve, c'est que ce n'a jamais été ou ce n'a été qu'exceptionnellement pendant le séjour des chevaux au camp que cette maladie s'est déclarée, mais seulement après la rentrée des animaux dans les cantonnements, dans les habitations rendues insalubres par suite de l'agglomération des animaux qu'on y logeait. Dans cette circonstance on a donc pu de nouveau faire cette remarque, que ce n'est pas précisément pendant la campagne, quand les animaux sont exposés à toutes les vicissitudes atmosphériques, et que, plus ou moins fatigués, ils ne reçoivent souvent qu'une alimentation mauvaise, que la morve fait le plus de ravage ; mais que c'est plutôt après ces époques de souffrance, lorsque l'économie a été graduellement affaiblie, que la constitution a été plus ou moins profondément altérée par une ou plusieurs causes perturbatrices, que la maladie éclate et fait de nombreuses victimes.

« Cherchant à expliquer ces faits, les vétérinaires concluent presque tous à dire que si la morve dans les régiments, dans les grands établissements civils, etc., occasionne de fortes pertes, il est peut-être possible de l'attribuer à la réunion d'un nombre plus ou moins grand d'animaux dans les habitations dont l'air, par suite de la présence de ces derniers, a acquis des qualités qui rendent l'hématose incomplète ; et cette opinion est tellement admise par les vétérinaires d'Afrique qui ont fait la campagne d'Orient, qu'ils vont jusqu'à dire que l'animal appelé à vivre en plein air n'est point exposé à contracter la morve.

« Ces praticiens rappellent à ce sujet ce qu'ils ont pu souvent constater, c'est-à-dire que les chevaux arabes, qui vivent toute l'année dehors, ne sont jamais atteints de cette maladie, et que nos colonnes expéditionnaires, à part quelques cas très rares, en sont toujours préservées ; mais que à peine rentrés dans les écuries, la cause préservatrice n'existant plus (la vie en plein air), nos escadrons sont immédiatement envahis par ce terrible fléau. » (*R. M.*, 1re série, t. IX.)

Après la campagne d'Italie on devait faire la même remarque et écrire que : « ce qu'il y a de remarquable et ce qui semble militer en faveur de l'action funeste de l'air infect de certaines écuries, c'est qu'à la suite de la campagne d'Italie, les cas de morve ont été moins nombreux qu'à la garnison. » (*R. M.*, 1re série, t. XIII.)

Aussi la Commission d'hygiène hippique ne cesse-t-elle de recommander aux vétérinaires militaires « d'éviter la contagion par tous les moyens possibles de séquestration et de désinfection, d'adopter l'aération permanente notamment dans les écuries étroites et basses, etc. »

Et ces prescriptions étant rigoureusement exécutées, la morve diminue progressivement jusqu'en 1870. Toutes les mesures sanitaires sont évidemment entraînées dans la débâcle générale de 1870 et la morve peut impunément frapper des milliers de chevaux, sans qu'on se soucie d'abattre les malades avérés qui peuvent encore sauver la vie de quelques soldats blessés.

D'ailleurs, toute l'attention des autorités vétérinaires est attirée par le typhus bovin, qui sévissait avec rage et personne, depuis Napoléon Ier, n'avait songé à réorganiser le service vétérinaire en campagne.

Mais bientôt après cette guerre fatale, les mesures sanitaires furent reprises et appliquées sévèrement. Le 6 janvier 1872 une circulaire rappelle qu'aucun cheval douteux ne doit être mis en route. Le 26 décembre 1876 le règlement prescrit de considérer comme suspects les deux voisins d'un cheval affecté de maladie contagieuse. Le 27 janvier 1878 la commission d'hygiène hippique recommande de considérer comme douteux les chevaux qui séjournent à plusieurs reprises dans les infirmeries pour coryza, catarrhe.

La morve pulmonaire latente est étudiée particulièrement par le vétérinaire militaire Chénier.

Les inoculations d'épreuve à l'âne, au cobaye, sont successivement réglementées dans l'armée, et l'on obtient par ces moyens des résultats remarquables. Mais l'extinction radicale de la morve ne peut être obtenue et des épizooties plus ou moins meurtrières éclatent de temps en temps. C'est ainsi qu'en 1891 et 1892, certains chevaux livrés par l'annexe de remonte de Montoire au 7e hussards et au 7e chasseurs devenaient morveux peu de temps après leur arrivée à ces régiments.

La *maléine* venait d'être découverte par le vétérinaire militaire russe Helman et il fut décidé par le Ministre de la guerre que les 250 chevaux de l'établissement de remonte seraient soumis à l'épreuve de cette substance. Une commission d'expérience présidée par le général Faverot de Kerbrech fut composée du Dr Roux, du Pr Nocard, et de nombreux vétérinaires militaires.

Ces expériences durèrent cinq mois ; voici les principales découvertes qui y furent mises à jour :

1° L'énorme diffusion des bacilles morveux puisque tous les chevaux de l'établissement portaient en eux des tubercules d'origine morveuse.

2° La guérison naturelle de la morve chez les chevaux peu gravement infectés et délivrés de toute infection nouvelle par la mise au bivouac.

3° La nature morveuse du tubercule translucide, la longue persistance du tubercule en cet état, l'atténuation progressive de la virulence de ce tubercule, l'explication définitive des cas de morve soit disant spontanée. (*R. M.*, 2e série, t. XVII.)

Immédiatement après la clôture des expériences de Montoire, l'emploi de la malléine fut autorisé dans l'armée. On sait que, grâce à elle, la morve a cessé d'être pour le vétérinaire chef de service une source continuelle de tracas et d'incertitudes.

Il a désormais entre ses mains le moyen certain de pouvoir déceler le fléau dès ses premières manifestations, de limiter ses ravages et d'en débarrasser avec promptitude l'effectif confié à sa vigilance

Les expériences faites à Balakleija (Russie) sur une brigade de cavalerie infectée de morve, donnèrent des résultats concordants avec ceux obtenus à Montoire et malgré des résistances passionnées, la commission des expériences de Montoire (comme l'avait été celle de Lamirault en 1836), fut le germe créateur d'une nouvelle commission hippique créée le 11 décembre 1894, sous le nom de commission militaire de médecine et d'hygiène vétérinaires, et dont une des premières occupations fut de poursuivre l'étude des problèmes ébauchés à Montoire et solutionnés en 1896, à savoir :

1° Les voies digestives offrent une porte d'entrée des plus sûres à l'infection morveuse.

2° Le tubercule translucide est bien de nature morveuse.

3° La morve est curable, 50 fois sur 100, dans les conditions des expériences de 1896, et la morve ainsi guérie ne se revivifie pas sous l'influence des causes débilitantes qui agissent sur les effectifs soumis aux fatigues et privations des grandes manœuvres (*R. M.*, 3ᵉ série, t. I).

En somme, l'histoire militaire de la morve est bien, comme nous l'avions dit, sa véritable histoire scientifique. Souvent les praticiens militaires ont devancé les professeurs des écoles dans la voie du progrès ; souvent les plus grands maîtres d'Alfort furent heureux d'associer leurs éminentes facultés aux nôtres dans de nombreuses commissions militaires, et si la morve n'a pas encore disparu complètement de l'armée française, nous allons voir que la faute en est exclusivement au fonctionnement de nos services sanitaires civils.

Etude comparée de la Morve dans les armées françaises et étrangères. — La statistique nous apprend que, en France, les pertes pour morve (intérieur et Algérie) ont été :

en 1879 de	700 sujets.	en 1889 de	115 sujets.
— 1881 —	140 —	— 1891 —	172 —
— 1883 —	169 —	— 1893 —	94 —
— 1885 —	210 —	— 1895 —	104 —
— 1887 —	93 —	— 1897 —	28 —

En 1847, la mortalité pour morve était de 47 0/0 de l'effectif, actuellement elle est insignifiante ; mais la statistique générale nous montrera clairement qu'à la suite de chaque campagne importante, la morve est en recrudescence et que cette recrudescence est proportionnelle à la longueur et à la difficulté de la campagne.

La guerre d'Italie cause une recrudescence de 10 0/00 (de 9,3 à 10,3).

La guerre de Crimée cause une recrudescence de 7 0/00 de 18,6 à 25,5).

La guerre de 1870-1871 cause une recrudescence de 14 0/00 (de 4,6 à 18,7).

Les progrès ne sont pas contestables, mais le danger est toujours menaçant.

En Allemagne, *l'armée prussienne* (69.512 chevaux en 1888 et les remontes exceptées) a perdu :

En 1887	2 morveux.	En 1893	0 morveux.
— 1889	27 —	— 1895	13 —
— 1891	0 —	— 1896	1 —

L'armée bavaroise (10.381 chevaux en 1890) n'a perdu aucun sujet pour morve en 1890 et 1891.

Ces chiffres mis en regard des chiffres français ne peuvent laisser subsister aucune illusion, nous sommes devancés sur ce point et de beaucoup.

En Russie (effectif inconnu) on abattit comme morveux :

en 1881.	. . .	1.6 0/00 de l'effectif général.	
— 1882.	. . .	1.4 0/00	—
— 1883.	. . .	2.4 0/00	—
— 1885.	. . .	3.2 0/00	—

La morve cause actuellement des pertes considérables à la *cavalerie russe*, la moitié des chevaux de la 3e brigade de réserve ont réagi à la malléine en 1892, et l'on ne sera pas étonné d'un tel résultat, quand on saura que Woronzoff estime le nombre réel des chevaux morveux de la Russie d'Europe à 90.000 soit 4 0/00 de l'effectif total. D'ailleurs, dans un seul hôpital de Chersonèse, 28 personnes moururent de la morve en 7 années (*P. V.*, 1892).

Au commencement du XIXe siècle, les chevaux de *l'armée anglaise* étaient décimés. Le professeur Coleman fut appelé aux fonctions de vétérinaire en chef de la cavalerie ; ses efforts amenèrent une amélioration considérable, mais la morve ne disparut qu'en 1891. Pendant huit années, l'armée resta indemne ; la morve réapparaît pendant la campagne du Sud-Afrique. Elle est importée à plusieurs reprises dans les effectifs combattants et y cause d'importants ravages (Lecl. 1903).

L'armée italienne (effectif : 35.093 chevaux en 1901) abat :

82 morveux	et 13 farcineux	en 1900.
88	—	11	—	1901.

L'armée hollandaise (effectif : 4.993 chevaux en 1901) paraît ne pas connaître la morve.

Pendant la campagne de Chine (octobre 1900) tous les *chevaux annamites* (45) furent abattus pour morve, les *chevaux coréens*, utilisés par les Français, au nombre de 194, comptaient parmi eux quelques morveux avérés (Barascud, *R. M.*, 3e série, t. III).

Le même auteur, chef du service vétérinaire français pendant la campagne des armées alliées, ajoute :

« *Les Allemands* ont eu de sérieux mécomptes avec les chevaux américains et australiens ; la morve entraîna l'abatage de 400 chevaux, elle fut accompagnée de gale et d'herpès.

Les Américains, les Japonais, les Italiens ont seulement perdu quelques chevaux et mulets pour morve.

Les Russes ont eu un état sanitaire constamment mauvais. Leurs chevaux sont mal soignés et beaucoup sont morveux. La mortalité y est très grande par épuisement et par morve. »

De cet examen comparatif, il est facile de conclure que :

1° Les armées peu ou pas protégées par la police sanitaire civile sont cruellement décimées par la maladie ;

2° L'armée allemande, protégée par une police sanitaire civile très fortement organisée, est arrivée, *après être partie du même point que nous en* 1870, à voir la morve complètement éliminée de ses effectifs ;

3° L'armée française, malgré tout le zèle et le savoir de ses vétérinaires, ne peut espérer faire disparaître complètement les affections morveuses de ses statistiques de mortalité, puisque la police sanitaire civile y est insuffisante et surtout très insuffisamment exécutée.

En France, c'est dans les remontes et par les remontes que se propage la morve.

L'année 1892 a vu des épidémies de morve éclater à Agen, à Mérignac, à Bellac, à Montoire, etc.

En 1895, tout l'effectif du dépôt de remonte de Saint-Lô dut être envoyé dans les Polders où, grâce à une aération intensive, le plus grand nombre des morveux ayant réagi à la malléine guérit.

C'est aussi à la suite du cantonnement des montures de l'armée dans des écuries civiles infectées que la morve réapparaît dans nos régiments.

« On ne saurait trop insister sur la nécessité pour les corps de se renseigner auprès du service vétérinaire départemental en ce qui concerne l'état sanitaire des localités dans lesquelles les régiments doivent séjourner pendant les manœuvres.

« On constate chaque année des cas de morve à la rentrée de celles-ci et, en 1898, les mêmes faits se sont reproduits.

Sur 16 chevaux abattus pour morve, 11 étaient des animaux rentrant des manœuvres et qui avaient été contaminés pendant celles-ci, 3 étaient des chevaux de remonte. » (*R. M.*, 3e série, t. III.)

Les vétérinaires militaires ont détruit et détruisent radicalement tous les foyers morveux régimentaires, mais ils ne peuvent rien faire contre l'introduction des chevaux affectés de morve latente dans les remontes, et contre le cantonnement des escadrons en manœuvres dans des écuries infectées.

Un tel état de chose est gros de menaces pour la prochaine incorporation de très nombreux chevaux civils au milieu des chevaux de l'armée.

Symptômes cliniques. — a) *Morve aiguë.* — Etat fébrile intense ; vésico-pustules sur la pituitaire, s'ouvrant et prenant l'aspect de chancres cupuliformes, limités par un bourrelet infiltré, plus pâle ; jetage muco-purulent mêlé de stries sanguines, adhérant aux ailes du nez.

La morve aiguë est généralement accompagnée de farcin aigu avec cordes, ulcères et pus huileux.

b) *Morve chronique.* — Chancres, glande et jetage forment la trinité symptomatique de la morve chronique ; pourtant Hunting ne les rencontre ensemble que 300 fois sur 1000 ; le *chancre* a les bords indurés, taillés à pic ; la *glande* est dure, indolore, mamelonnée, non adhérente à la peau, fixée à la base de la langue ; le *jetage*, souvent unilatéral, est poisseux, muco-purulent.

Le *farcin chronique* est fréquent, Huntig le signale 400 fois sur 1000 ; les engorgements suspects, le mauvais état général, etc., sont à retenir.

La *morve latente*, pulmonaire, uniquement décelée par la

malléine, existe dans l'armée 9 fois sur 10; mais la plupart des infectés à lésions exclusivement pulmonaires guérissent.

Règlements militaires concernant la morve. — Nous rappellerons simplement ici ces règlements par leur indication; ils sont insérés dans le *Service intérieur* ou le *Règlement sur le service vétérinaire de l'armée.*

Art. 63 du service intérieur : visite sanitaire.

Art. 64 du service intérieur : maladies contagieuses.

Art. 65 du service intérieur : chevaux morveux ou farcineux.

Chapitre VII du règlement sur le service vétérinaire de l'armée du 15 août 1899 dans ses pages 34, 35, 36 et ses annexes 12, 13 (modifié par la note ministérielle du 8 avril 1900) et 14. Les règlements militaires qui visent toutes les maladies contagieuses visent toujours, en premier lieu, la morve.

Il est pourtant utile d'insister sur le caractère de plus en plus général des revues sanitaires, qui ne doivent plus être une simple constatation de la netteté de l'auge et des naseaux des chevaux alignés contre les anneaux de pansage, mais qui, au contraire, doivent fournir au vétérinaire l'occasion d'embrasser d'un coup d'œil l'état général du sujet examiné, et de fixer son attention sur tous les signes morbides apparents présentés par chaque monture de son régiment.

L'exécution réglementaire de cette visite sanitaire hebdomadaire doit donc être non seulement observée strictement par le vétérinaire militaire mais encore maintenue malgré les difficultés temporaires qui semblent l'entraver ou la rendre pénible.

II. — GOURME

La gourme est une maladie générale, contagieuse, protéiforme, causée par la pullulation du streptococcus equi, découvert par Schütz. Cette maladie affecte au moins une fois la très grande majorité des chevaux de l'armée, peu après leur incorporation.

Négrié écrivait en 1852 : « Il n'est pas de maladie dont le mode de manifestation soit plus variable que la gourme spontanée.

« C'est un protée qui prend toutes les formes et qui ne se montre presque jamais identiquement le même. Ainsi, depuis 13 ans que nous sommes attaché aux remontes, nous avons observé des milliers de chevaux gourmeux ; eh bien ! jamais peut-être, n'avons-nous remarqué deux cas de gourme parfaitement semblables.

« Tantôt le cheval gourmeux offre un engorgement de l'auge avec ou sans jetage... souvent c'est un écoulement abondant par les yeux, sans glande ni jetage ; quelquefois un léger coup de pied, une embarrure, fournissent une abondante suppuration pendant plusieurs jours ; il est encore des cas où la gourme se manifeste par de larges dartres humides ; d'autres fois enfin, la diathèse se traduit par la formation de foyers purulents sur différentes parties du corps, etc., etc. » (*R. M.*, 1re série, t. VI).

L'auteur aurait pu ajouter encore à cette nomenclature déjà si longue : tantôt c'est une iritis gourmeuse, tantôt c'est de la pneumonie simple ou compliquée de pleurésie ou de péricardite, tantôt c'est une apoplexie cérébrale, tantôt c'est une maladie générale sans localisation manifeste et qui, plus d'une fois, a dû être englobée dans les anciennes affections typhoïdes.

Nous étudierons successivement les manifestations localisées de la gourme puis ses manifestations généralisées pour, en fin de compte, jeter un coup d'œil général sur la manière d'être de cette affection parmi les effectifs de l'armée.

I. — MANIFESTATIONS LOCALISÉES

a) Gourme habituelle des muqueuses et des lymphatiques de la tête. b) Gourme accidentelle ou chirurgicale. c) Manifestations pectorales.

A. — Gourme habituelle des muqueuses et des lymphatiques, de la tête et de l'encolure. — Variées quant à leur forme et à leur siège, ces manifestations constituent les 9/10 des cas de gourme purulente.

C'est d'abord un léger jetage muqueux, une sécrétion muco purulente des conjonctives, un peu de toux, un peu d'engorgement œdémateux des ganglions lymphatiques, une sensibilité exagérée de la gorge à la pression de la main, un peu d'inappétence, un peu de mollesse dans les mouvements montrant à l'œil exercé que le nouvel arrivé est sous le coup de l'infection gourmeuse. Puis les **symptômes** se développent, variables toujours quant à leur siège mais identiques en somme, quant à leur évolution, qui est régulièrement une inflammation catarrhale des muqueuses nasale, pharyngienne, conjonctivale, ou une formation d'abcès localisés d'abord dans certains ganglions lymphatiques, sous-glossiens, parotidiens, pharyngiens, mais pouvant s'étendre ensuite et quelquefois seulement le long des lymphatiques, vaisseaux ou ganglions, en communication avec les premiers foyers purulents.

L'inflammation catarrhale et la suppuration lymphatique sont quelquefois isolées, d'autres fois réunies sur le même sujet.

La caractéristique de toutes les suppurations gourmeuses, muqueuses ou lymphatiques est d'être formées par un liquide blanc-jaunâtre, crémeux.

A cela s'ajoutent des symptômes de pharyngite avec rejet par les cavités nasales des aliments et des boissons, et même avec ptyalisme — des symptômes de laryngite avec extension de la tête sur l'encolure, grande sensibilité de la gorge, cornage et menace d'asphyxie quelquefois due à la seule infiltration de la muqueuse, d'autres fois occasionnée par la formation de foyers purulents soit dans l'épaisseur de la muqueuse pharyngienne (foyers qui s'ouvrent naturellement pendant une quinte de toux), soit dans des ganglions lymphatiques formant ceinture autour de l'entrée des voies respiratoires et digestives (Wiart, *R. M.*, 2e série, t. XV).

La formation d'abcès au niveau de l'articulation atloïdo-mastoïdienne, assez fréquente aussi, s'oppose à la mastication des aliments.

Telles sont les manifestations habituelles de la gourme locale, mais il faut encore ajouter que tantôt elles sont bénignes et durent quelques jours seulement, tantôt elles sont malignes, se succèdent les unes aux autres en multipliant les foyers purulents, sur les joues, les lèvres, la région parotidienne, l'encolure, et en provoquant une indisponibilité d'un mois et plus.

Les *symptômes généraux* de ces manifestations gourmeuses habituelles sont peu intenses, souvent ils sont nuls si on en excepte une élévation thermique révélée seulement par le thermomètre et bien étudiée par le Vre en 1r Humbert (1892), mais quand l'angine est grave, ou que les foyers purulents se multiplient, l'inappétence devient complète ou partielle, le malade maigrit, son poil se pique, et sa convalescence peut se prolonger pendant quelques semaines.

Complications. — Comme complications de la forme gourmeuse purulente habituelle, on peut noter : Le passage à l'état chronique du catarrhe muqueux ; la participation de la poche gutturale au catarrhe pharyngien, se traduisant par un empâtement parotidien avec jetage intermittent et de longue durée ; l'ophtalmie gourmeuse, assez rare, se présentant quelquefois sous la forme d'une iritis avec ou sans synéchies et récidive, et pouvant amener la cécité par atrophie oculaire, par ophtalmie sympathique ou même par abcédation des milieux oculaires; le cornage chronique assez souvent consécutif à des angines gourmeuses graves avec ou sans dégénérescence des muscles laryngiens.

L'asphyxie des sujets atteints d'angine grave est rare et malgré ses complications et sa mortalité possibles, la forme habituelle de la gourme purulente est généralement bénigne.

B. — Gourme accidentelle ou chirurgicale. — Une blessure accidentelle ou chirurgicale, une simple érosion muqueuse peut devenir la voie d'introduction du streptocoque gourmeux, qui cultive sur place, et, comme toujours, occasionne le catarrhe de la muqueuse et la formation des abcès dans les tissus conjonctifs et lymphatiques avoisinants. Ces manifestations locales et traumatiques peuvent s'observer à la suite de coups de pied, de la section de l'extrémité caudale, de la castration, de la fouille rectale, du coït par un étalon infecté, de la masturbation par un instrument souillé, etc. Elles sont rares dans l'armée.

C. — Manifestations trachéales et pectorales. — Quand le processus gourmeux continue son invasion lymphatique ou muqueuse le long des voies respiratoires, il provoque soit l'abcédation des ganglions lymphatiques collatéraux de la trachée ou prépectoraux, soit une bronchite ou une broncho-pneumonie gourmeuse.

L'*abcédation des ganglions trachéaux ou prépectoraux* est grave, le volume de la tuméfaction provoquée par le foyer purulent est généralement considérable, et la profondeur de ce foyer rend son ouverture naturelle tardive et sa ponction périlleuse.

La région est sillonnée de vaisseaux et de nerfs très importants et, par suite de leur compression par la tumeur inflammatoire ou par suite de leur lésion dans les manœuvres chirurgicales du traitement, on peut être amené à constater des troubles nerveux syncopaux ou des troubles circulatoires congestifs ou hémorragiques.

De plus, l'ouverture des foyers purulents prépectoraux peut s'effectuer dans les cavités pleurales et déterminer une pleurésie mortelle.

La ponction de ces abcès ganglionnaires doit donc être plutôt hâtive, mais elle doit toujours être entourée des plus grandes précautions, car la syncope et la mort même peuvent être provoquées par une lésion du pneumo-gastrique qui, avec la jugulaire et la carotide, longe toute cette région.

La *bronchite gourmeuse*, décelée par une toux quinteuse, sèche d'abord, puis bientôt grasse avec expectorations, jetage généralement épais, peut s'accompagner d'une poussée fébrile assez marquée, d'une accélération des mouvements respiratoires et de râles muqueux perçus à l'auscultation surtout dans les régions pulmonaires antérieures.

La terminaison est souvent favorable après 15 jours ou un mois de croissance progressive de ces divers symptômes; mais pourtant, assez fréquemment, la bronchite récidive, passe à l'état chronique, provoque une broncho-pneumonie limitée aux sommets pulmonaires qu'elle transforme progressivement en tissu fibreux impropre à la fonction respiratoire. Ou encore, bien qu'assez rarement, la bronchite n'est que le premier stade d'une *broncho-pneumonie* gourmeuse aiguë presque toujours mortelle.

Quand la broncho-pneumonie gourmeuse succède à la bronchite gourmeuse, l'état du malade s'aggrave d'une manière notable ; à la toux, au jetage, aux râles muqueux s'ajoutent les symptômes de la pneumonie. Cette broncho-pneumonie peut également se présenter à la suite d'un simple catarrhe laryngé ou même sans manifestations gourmeuses prémonitoires.

Les *symptômes* de la broncho-pneumonie gourmeuse ne diffèrent de ceux de la pneumonie lobulaire que par les modifications suivantes : la dyspnée est plus intense car fréquemment les gros tuyaux bronchiques des racines pulmonaires sont comme bourrés de pus caséeux ; les naseaux dilatés sont presque toujours souillés par un peu de muco-pus gourmeux.

A l'auscultation et à la percussion on perçoit des râles et de la matité, surtout dans les régions pulmonaires antérieures.

Les *symptômes généraux* sont graves, l'abattement du malade est prononcé, l'inappétence est souvent complète et l'amaigrissement fait de rapides progrès. La terminaison est variable, mais rarement la broncho-pneumonie est suivie de guérison complète ; souvent, au contraire, la gangrène pulmonaire envahit les tissus désorganisés par le streptocoque gourmeux et le malade rejette par les naseaux un liquide rouge-verdâtre infect ; la mort rapide est alors fatale.

Parfois les symptômes s'atténuent progressivement et la pneumonie passe à l'état chronique ; l'animal continue à dépérir, fait entendre fréquemment une toux pénible accompagnée quelquefois d'expectorations purulentes.

Les mouvements du flanc sont irréguliers et, encore ici, l'auscultation dévoile surtout des râles à caractères divers dans les régions pulmonaires antérieures.

Cette *pneumonie gourmeuse chronique* peut persister des mois et des mois, provoquant un état de marasme du sujet, puis peu à peu semble guérir par suite de la transformation fibreuse des tissus pulmonaires envahis ; mais elle peut aussi servir après un temps plus ou moins long de foyer infectant pour une nouvelle invasion gourmeuse, soit du tissu pulmonaire encore sain sous forme d'une pneumonie aiguë mortelle, soit de toute l'économie sous une forme de gourme généralisée.

Notons encore la formation de véritables abcès pulmonaires désorganisant le parenchyme et provoquant soit une pleurésie purulente par suite de leur ouverture dans la cavité pleurale, soit des vomiques s'entourant d'une coque formée de tissus de nouvelle formation et appelés à se résorber lentement, soit des diverticulum putrilagineux en communication avec les bronches et pouvant se cicatriser.

II. — MANIFESTATIONS GÉNÉRALISÉES

Souvent, très souvent, la gourme est une maladie *totius substantiæ* et la culture exclusive du streptocoque dans quelques lymphatiques ou sur quelques muqueuses est l'exception.

Presque toujours, soit au début de l'infection gourmeuse, soit pendant l'apparition des symptômes de la gourme localisée, soit après la guérison de ceux-ci, on peut noter des manifestations généralisées à toute l'économie. Elles sont nombreuses, et tantôt très bénignes, tantôt très graves; aussi pour les étudier convenablement nous les rangerons en quatre catégories : a) *gourme cutanée éruptive;* b) *gourme œdémateuse;* c) *gourme des séreuses;* d) *gourme des parenchymes.*

A. — Gourme cutanée éruptive. — La présence d'altérations cutanées accompagnant la gourme est signalée à toutes les époques.

Gilbert regarde même l'éruption comme essentielle et considère la gourme comme une maladie exanthémateuse. D'autres, au contraire, ne mentionnent ces lésions qu'incidemment et comme un épiphénomène sans importance.

Joly et Leclainche (T. 1893) ont montré la présence directe du streptocoque de Schütz dans les diverses éruptions cutanées concomitantes de la gourme. Wiart a donné une très exacte description des deux principales formes de l'éruption : « Elle présente quelquefois la forme exanthémateuse et consiste dans une éruption vésiculeuse, discrète ou confluente.

« Les dimensions des vésicules varient du diamètre d'un grain de mil à celui d'un grain de maïs ; elles sont d'autant plus petites qu'elles sont plus nombreuses et que le rash a été moins intense.

« Le plus souvent, c'est un simple soulèvement épidermique, sans qu'il y ait formation d'un nodus inflammatoire.

« Dans d'autres cas, la vésicule est remplacée par une bulle de la largeur moyenne d'une pièce de un franc, sorte de phlyctène, qui se dessèche au bout de quelques jours en prenant une teinte grisâtre.

« L'*éruption bulleuse* est plus rare que la vésiculeuse et elle est presque toujours cantonnée sur une région très limitée.

« Un mouvement fébrile précède l'éruption. »

Les éruptions vésiculeuses disparaissent rapidement par les effets du pansage, mais l'éruption bulleuse peut être tenace et former un enduit croûteux, adhérent aux poils, qui persiste plusieurs semaines.

Quelquefois, par suite d'irritations diverses, un peu de pus, louable, gourmeux, apparaît sous les croûtes des éruptions bulleuses.

Quand ces éruptions s'observent sur la peau dépourvue de pigment ou sur les muqueuses visibles nasale ou vaginale, on constate, avant la formation des papules, des taches rubéoliques. D'autre part, consécutivement à l'irritation produite par les frottements, la papule peut, jusqu'à un certain point, être confondue au niveau des lèvres et du bout du nez avec une pustule, par suite de la participation de la couche dermique à l'inflammation pathologique, c'est ce qui a fait prendre l'éruption gourmeuse pour du horsepox. C'est aussi l'éruption gourmeuse observée sur les muqueuses qui a donné lieu aux descriptions de l'exanthème coïtal, de la rougeole équine et de la scarlatinoïde.

Avec le professeur Leclainche, nous avons montré que les éruptions gourmeuses étaient inoculables en série au cheval et au veau.

La gourme éruptive est la forme bénigne par excellence de cette maladie ; de tous temps on l'a considérée comme une éruption critique favorable ; elle est pratiquement inoculable.

B) Gourme œdémateuse. — Certainement, la gourme éruptive est consécutive au transport par les vaisseaux sanguins des streptocoques de Schütz dans les parties les plus superficielles du derme où ils forment de petits foyers de culture. Mais, assez fréquemment, les streptocoques se contentent de former embolie des capillaires du derme et de provoquer une hémorrhagie ou une extravasation du sérum avec œdèmes localisés, engorgements diffus, anasarque.

Ces *œdèmes* s'observent aussi bien chez les jeunes chevaux porteurs d'une manifestation gourmeuse déjà décrite que sur ceux qui en *paraissent* complètement délivrés.

Une des manifestations de la gourme œdémateuse, la plus bénigne, a été décrite par Wiart sous le nom d'urticaire ou échauboulure gourmeuse.

« Elle est caractérisée par l'éruption de petites tumeurs arrondies ou aplaties, disséminées sur tout le tronc ou réunies sur telle ou telle région des membres : les épaules, les côtes, les cuisses et la partie inférieure de la tête. .

« L'urticaire gourmeuse est précédée d'un léger mouvement fébrile.

« La formation des tumeurs est très rapide, on les voit pour ainsi dire pousser à la surface de la peau.

« En quelques heures le processus évolutif est terminé et l'animal ne paraît en avoir nulle sensation. Généralement, on observe deux ou trois poussées successives.

« Au début, les tumeurs sont molles et conservent l'empreinte du doigt ; plus tard elles s'affaissent un peu pour rester stationnaires pendant quelques heures ou quelques jours et disparaître en ne laissant d'autre trace qu'une petite croûte épidermique. »

La guérison est donc la terminaison ordinaire de l'urti

caire gourmeuse, mais il est des cas où elle n'est que le premier stade de l'affection étudiée plus loin sous le nom d'anasarque gourmeuse.

A côté de l'échauboulure gourmeuse, nous devons ranger LES ENGORGEMENTS DES MEMBRES, beaucoup plus fréquents, et qui s'observent soit comme manifestation d'une gourme exclusivement œdémateuse, soit comme complication d'une gourme éruptive (Champetier).

Les œdèmes des extrémités se forment progressivement, gagnent en hauteur sans se délimiter nettement par des bourrelets. Ils augmentent insensiblement pendant un septénaire et restent stationnaires pendant un mois, quelquefois davantage, pour diminuer progressivement ou même persister sous la forme d'engorgements chroniques avec hypertrophie irréductible du tissu conjonctif sous-cutané.

Dans certains cas, ces engorgements des membres se forment d'une façon beaucoup plus brusque ; ils ne sont plus que le début d'une manifestation grave, l'anasarque gourmeuse.

C'est M. le V^re^ P^al^ Charon qui, le premier, a attiré l'attention des vétérinaires sur la nature fréquemment gourmeuse de l'anasarque des jeunes chevaux (*R. M*, 2e série, t. VII).

Cette ANASARQUE GOURMEUSE apparaît comme nous venons de le dire par extension des processus précédents, mais d'autres fois elle survient brusquement en dehors de tout symptôme gourmeux externe, par une nouvelle infection générale qui a puisé dans un vieux foyer interne, pulmonaire souvent, les streptocoques nécessaires à une manifestation gourmeuse généralisée sous forme d'anasarque.

Dans le premier cas, les engorgements de l'échauboulure s'étendent peu à peu, gagnant la tête et les parties déclives ; ils peuvent devenir un obstacle à la préhension des aliments, à la fonction respiratoire, à la locomotion. En même temps, l'animal présente des symptômes fébriles importants, de la tristesse et quelque peu d'inappétence.

Les complications progressives peuvent survenir dans cette urticaire transformée en anasarque comme dans l'anasarque gourmeuse essentielle que nous allons examiner.

Les premiers œdèmes se forment rapidement sur les membres, le tronc, la tête, sans suivre absolument les lois de la déclivité (Charon) et les muqueuses visibles se chargent de pétéchies.

Les engorgements augmentent rapidement de volume, peuvent envahir les lèvres, les naseaux, les paupières en renversant la conjonctive.

Lorsque les œdèmes deviennent volumineux, chauds, douloureux, la peau distendue est le siège de suintements séreux ; des crevasses apparaissent au niveau des articulations et finalement des escarres se détachent, des plaies de mauvais aspect se forment et peuvent être la cause d'une invasion septicémique mortelle. En même temps, les muqueuses visibles présentent des pétéchies qui peuvent s'agrandir, se multiplier, être le siège d'un suintement sanguinolent avec escarres possibles et infections gangréneuses.

Les métastases pulmonaires avec gangrène consécutive ; les métastases intestinales, avec invaginations, etc., s'observent dans l'anasarque gourmeuse comme dans l'anasarque provoquée par les autres agents infectieux. L'asphyxie peut aussi déterminer la mort mais la guérison est souvent obtenue.

C. — Gourme des séreuses. — Quand on inocule une souris avec le *streptococcus equi*, il n'est pas rare de rencontrer à l'autopsie des lésions péritonéales et pleuropéricardiques ; l'inflammation des séreuses peut donc être déterminée directement par l'agent gourmeux, et le cheval comme la souris est sujet à la gourme des séreuses.

Il y a lieu de distinguer ici :

1° Les inflammations des grandes séreuses consécutives à l'ouverture d'un abcès gourmeux dans l'une d'elles ;

2° Les inflammations consécutives à l'invasion gourmeuse d'un parenchyme voisin (pneumo-pleurésie) ;

3° Les inflammations primitives.

Les deux premières catégories ne sont que des complications de manifestations gourmeuses déjà étudiées.

La PLEURÉSIE GOURMEUSE PRIMITIVE, dit Wiart, a une marche lente et insidieuse. Lorsque, après une poussée gourmeuse sur la muqueuse des voies respiratoires, l'écoulement nasal, sans être abondant, continue pendant des semaines et même des mois ; quand la fièvre persiste avec des degrés d'intensité différents et, avec elle, l'inappétence, la tristesse, la sécheresse de la peau et le redressement du poil, le refroidissement des extrémités, la petitesse et la fréquence du pouls, on doit craindre la pleurésie, même en l'absence de signes particuliers du côté de la poitrine.

Dans bien des cas, l'inflammation de la plèvre reste sourde et localisée sur les parties inférieures ou sur la région diaphragmatique (1), puis, sous l'influence d'une cause occasionnelle, une nouvelle poussée se manifeste plus violente que la première et l'animal est emporté en quelques jours par un épanchement considérable.

Quand la pleurésie gourmeuse est confirmée, elle ne diffère plus dans ses manifestations de la pleurésie classique, si ce n'est par son extrême gravité.

La *péricardite gourmeuse* est une localisation rare. Son début est insidieux. Le malade qui languissait devient plus triste, refuse les aliments, ses yeux prennent un éclat vitreux, la fièvre augmente, la respiration s'accélère, l'expiration devient plaintive, la percusion de la paroi thoracique douloureuse. Au bout de quelques jours

(1) Souvent elle guérit par les seules forces de la nature, ainsi que le prouvent les autopsies faites à Montoire, où cinq pleurétiques insoupçonnés et guéris furent autopsiés.

apparaissent les symptômes de la péricardite classique.

La péritonite est encore plus difficile à diagnostiquer au début ; elle est plus rare que la péricardite.

Ces trois inflammations séreuses peuvent être concomitantes.

4° Dans son beau mémoire sur la gourme, M. Wiart signale, sous le nom de pleurésie gourmeuse hypersthénique, une lésion qui, plus congestive qu'inflammatoire, se traduit par une extravasation sero-sanguinolente dans le sac pleural. Les symptômes ne consistent qu'en une gêne apportée à la fonction respiratoire. Nous avons été à même d'observer un cas de cette gourme congestive des séreuses ; elle détermina en quelques heures la mort du malade par l'extravasation de tout son sérum sanguin dans les plèvres, le péricarde et le péritoine (*P. V.*, 1888).

D. — Gourmes des parenchymes. — Emportés par le torrent circulatoire, les streptocoques gourmeux peuvent déterminer des manifestations morbides à symptômes prédominants dans les différents parenchymes, centres nerveux, poumons, reins, foie, etc., ainsi que dans les muscles, sans en excepter ceux du cœur, de même que dans les tissus connectifs de toute l'économie.

Toutes ces manifestations donnent lieu à des symptômes infiniment variés dont les plus marqués sont, à coup sûr, ceux observés dans les manifestations cérébrales ou rachidiennes.

Nous allons, pour exemple, les passer en revue.

1° Nous avons observé des symptômes de vertige aigu chez un cheval affecté depuis quelques jours de gourme des muqueuses et des lymphatiques de la tête. En moins de deux heures, l'animal succombait après avoir donné des signes d'une surexcitation effrayante : les yeux convulsés, le malade se précipitait contre les murs et retombait comme frappé d'une inhibition complète des actions nerveuses sensitives et motrices pour bientôt se relever d'un bond subit et présenter des contractions cloniques d'un groupe musculaire quelconque.

A l'autopsie toute la substance blanche cérébrale ou bulbaire était très nettement le siège d'hémorrhagies capillaires consécutives à des embolies occasionnées par les agents spécifiques de la gourme.

Plus fréquemment, les steptocoques transportés en petite quantité se contentent de proliférer dans le parenchyme et d'y provoquer la formation de foyers purulents qui donnent également lieu pour le cerveau ou la moelle à des symptômes d'excitation ou d'inhibition nerveuse toujours très marqués.

Ils diffèrent évidemment suivant que l'abcès cérébral se forme dans un point ou dans un autre du système nerveux central.

En troisième lieu, on a signalé des altérations chroniques des centres nerveux consécutives à la gourme. La plus importante siégerait au niveau du renflement lombaire, serait assez fréquente chez les chevaux de pur sang et aurait reçu des entraîneurs le nom de « mal des chiens ».

La preuve de l'origine gourmeuse du « mal des chiens » n'est encore que probable (1). Mais c'est très certainement une myélite infectieuse dont j'ai personnellement observé les lésions macroscopiques et la contagiosité.

Les mêmes altérations apoplectiques, purulentes, dégénérescentes, peuvent s'observer dans tous les parenchymes, dans tous les muscles.

Etiologie. Pathogénie. — La gourme cause chaque année, dans l'armée, une mortalité notable; elle complique les opérations chirurgicales, occasionne des altérations parenchymateuses indélébiles et, assez fréquemment, est cause directe de cornage chronique, parfois de cécité.

(1) Voir Jacoulet et Joly, Etudes cliniques des formes nerveuses de la gourme (Recueil pour le Jubilé de Woronzow, Varsovie, 1896, p. 1 et Répertoire de 1897).

Les établissements de remonte de l'armée sont tous infectés chaque année et la statistique officielle nous apprend que la gourme causa, à l'intérieur :

En 1889, 8836 entr.	à l'infie	avec 101 pertes,	11 0/00,	et 167.570	j. de T.
1891, 9000	—	65	—	11 0/00,	205 953	—
1893, 9286	—	137	—	14 0/00,	207.949	—
1895, 9218	—	103	—	14 0/00,	198.120	—
1897, 8978	—	145	—	16 0/00,	207.809	—

La plus grande partie des pertes ont lieu dans les établissements de remonte, comme, par exemple, 60 des 101 pertes constatées en 1899.

Dans les Remontes prussiennes en 1901-1902, 3931 chevaux représentant les 42 0/0 de l'effectif moyen furent atteints de la gourme.

En 1900/1901,	47,5 0/0	avaient	été malades.
En 1899,	30,1 —	—	—
En 1898,	39,6 —	—	—
En 1897,	41,5 —	—	—

Sur 3931 malades en 1901, 104 moururent et 1 fut réformé, soit 2,7 0/0 de pertes ;

En 1900, les pertes avaient été de 1,8 0/0.

Quelques établissements accusent des pertes formidables :

Arendsee perd 15 chevaux sur 232 malades, soit 6,5 0/0.

Neuhof-Treptow perd quinze chevaux sur 371 malades, soit 4,3 0/0.

Dans l'armée allemande (remontes exceptées) :

En 1888	on n'eut que	63 cas de gourme	avec	1 mort et 1 réformé.
— 1889	—	974	—	35 pertes.
— 1890	—	896	—	15 —
— 1891	—	329	—	6 —
— 1897	—	445	—	2 —
— 1898	—	134	—	2 —
— 1899	—	246	—	6 —

Il nous est impossible de déduire des *statistiques italiennes* la mortalité pour *gourme* chez les chevaux des *dépôts de remonte*, mais elle doit être notable puisque en 1901, pour une remonte de :

4070 animaux, 90 moururent de « maladies des divers appareils » ;

4 moururent de dyscrasie ;

227 moururent de maladies infectieuses contagieuses et non contagieuses dans les quatre dépôts d'élevage.

Pour tout le *reste de l'armée* (effectif : 31.023) ces mêmes affections ne causent plus que des pertes représentées par les chiffres respectifs : 375 + 6 + 76 = 458.

Il ressort avec évidence, de la comparaison de ces documents, que la mortalité pour gourme de nos établissements de remonte est moindre (de 10 à 16 0/00) que celle des établissements correspondants de nos voisins de l'Est (de 18 à 27 0/00 en Allemagne).

Par contre, et toute proportion gardée, nos pertes *régimentaires* pour gourme sont supérieures à celles de la Prusse. Cela tient certainement à ce que, en France, un grand nombre de chevaux de 5 ans et au-dessus, et même de 4 ans (d'oct. à janv.) sont envoyés directement dans les corps, sans passer par les établissements de remonte, ou, ce qui est plus nuisible encore, en ne faisant qu'y passer un temps suffisamment long (9 jours) pour s'y infecter de gourme, sans pouvoir y être soignés et guéris.

D'après la statistique générale française la gourme semblerait de jour en jour plus grave si l'on s'en rapportait simplement aux chiffres qu'elle collige. Cela doit certainement tenir à ce que, jadis, on ne reconnaissait comme gourme que la gourme catarrhale ; tandis qu'aujourd'hui, on inscrit justement au compte de cette maladie les morts causées par ses formes non purulentes, comme par exemple, l'anasarque gourmeuse. D'ailleurs, depuis 1880, la mortalité des chevaux de 3 et 4 ans diminue progressivement, surtout depuis la création des annexes de remonte (1884, Suippes, Beauval ; 1886, Bellac, Saint-Junien, etc.).

Mortalité des chevaux de 3 et 4 ans (armée française).

1880.	57,99 0/00	1890.	41 0/00.
1882.	40,76	1892.	47 (abat. de Montoire)
1884.	40,86 (création des annexes)	1894.	38
1886.	47,41	1896.	39
1888.	47,84	1898.	35

En France, le nombre des gourmeux représente environ les 2/3 de celui des animaux achetés par la remonte (14.000 environ) et la gourme, bien que bénigne en elle-même, cause à l'armée plus de 100.000 fr. de pertes annuelles et occasionne plus de 200.000 journées de maladie, sans compter les embarras provoqués par son extension, en peu de jours, sur un grand nombre d'animaux de nos établissements hippiques, ses complications et leurs conséquences déjà signalées. Jadis, elle gênait considérablement les mouvements des chevaux de remonte qui devaient accomplir de longues étapes pour rejoindre leurs régiments. « C'était chose triste à voir que notre convoi, dit Séon Rochas. La plupart des chevaux étant malades, la marche n'était plus régulière, la colonne s'allongeait à chaque instant par la lenteur des plus faibles ; et souvent, on arrêtait la tête, pour leur donner le temps de rejoindre. » Les rapports concernant les remontes des armées du premier empire contiennent des doléances sur la mise en marche : « des jeunes chevaux jetant leurs gourmes qui pourraient alors mal tourner ». Il faut prévoir des inconvénients de cette nature lors de la prochaine guerre, si elle nous force à avoir recours aux services de jeunes chevaux non acclimatés.

La gourme est donc une maladie très importante à bien connaître.

En principe, elle est une maladie du jeune cheval, mais

cela tient surtout à ce que celui-ci trouve une infection facile peu après son incorporation, car depuis très longtemps (1860) les Vres Mres Jeannin, Souvigny ont signalé des faits bien caractérisés de gourme sur de vieux chevaux, ainsi que des cas de récidives gourmeuses et de contagion manifeste.

La *récidive gourmeuse* s'observe constamment et presque toujours plusieurs fois sur les poulains qui naissent et sont élevés dans les annexes de remonte.

Depuis longtemps aussi, les vétérinaires militaires ont signalé des épidémies gourmeuses d'une gravité exceptionnelle s'étendant à toute une région. « En 1850, la gourme s'est montrée d'une manière épizootique sur les chevaux du dépôt du Bec-Hellouin et dans un rayon de 12 km. sur ceux des cultivateurs ; dans beaucoup de cas, elle a présenté des caractères graves et se terminait par des pneumonies ou des angines gangréneuses. »

La gourme fut relativement très meurtrière en 1889, en France comme en Allemagne. En 1891, à l'annexe de Lesnevar et dans tout le sud du Finistère, la gourme causa une mortalité inhabituelle par suite de complications fréquentes de sa forme purulente : abcès des ganglions rétropharyngiens, broncho-pneumonies, etc.

D'ailleurs, dans chaque établissement de remonte, les vétérinaires observent des séries de gourme très bénigne et d'autres avec complications fréquentes, presque toujours de même nature. Les voisins de chevaux gravement atteints le deviennent fréquemment à leur tour, ce qui n'aurait pas eu lieu sans cette circonstance de voisinage. Le *streptococcus equi* peut donc revêtir des modalités diverses, tant dans son degré d'activité propre que dans son mode de manifestation suivant la nature du terrain envahi, suivant aussi sa virulence propre et la quantité d'éléments qui servent à son invasion de l'économie.

L'infection gourmeuse naturelle s'opère par la pénétration de poussières virulentes, provenant de croûtes ou de jetages desséchés, dans les premières voies respiratoires; les causes banales, action du froid, etc., agissent surtout en facilitant aux microbes leur invasion par la muqueuse nasale plus ou moins dépouillée de son épithélium. Quand on insuffle dans les naseaux d'un jeune cheval, vierge de gourme, des croûtes pulvérisées de gourme cutanée, on obtient une gourme purulente des muqueuses et des lymphatiques d'une intensité quelquefois considérable.

L'ingestion du pus gourmeux mélangé aux aliments provoque aussi fréquemment, de voisin à voisin, des pharyngites gourmeuses quelquefois très violentes.

Nous avons déjà parlé des inoculations naturelles ou artificielles de la gourme cutanée par morsures, érosions de l'étrille ou du bridon, etc.

La gourme est donc, en somme, une maladie très facilement inoculable quand on se sert d'un virus actif. Et si pendant longtemps cette vérité a été contestée, c'est qu'on inoculait du pus et du jetage toujours très impurs et qu'on les inoculait à la lancette ou par simple badigeonnage des naseaux.

C'est ainsi que le Vte Mre Négrié a fait 600 *essais* d'inoculation sans obtenir aucun succès.

Cette inoculation a, de tous temps et dans tous les pays, été essayée afin d'obtenir l'inoculation préventive d'une gourme bénigne avant d'exposer les jeunes animaux à l'infection naturelle si capricieuse et quelquefois si grave.

Sand et Jansen inoculent même le streptocoque gourmeux par injection intraveineuse. Cette injection, disent-ils, ne produit chez le cheval aucune infection générale apparente et provoque l'immunité contre une infection ultérieure par la muqueuse nasale, mais elle détermine une phlébite au point d'inoculation.

En Russie, Peterson rapporte que dans les steppes des régions méridionales, les pertes de chevaux pour cause de gourme sont considérables pendant l'hiver à cause de l'absence d'écuries convenables. Il est donc important, en ce pays, que les poulains soient affectés de cette maladie pendant les saisons les moins rigoureuses. Dans ce but, en automne, on réunit tous les poulains d'un haras encore indemnes de gourme pour les soumettre à une « gourmisation » empirique. On les place pendant une demi-heure dans un étang, puis on les envoie sur une colline où les vents froids soufflent de tous côtés, ce refroidissement ayant été subi, les poulains sont réunis dans un même local pourvu d'excellents foins et d'eau très froide. C'est dans cette promiscuité consécutive à ces effets prédisposants qu'on obtient une gourme générale de tous ces sujets qui guérissent en trois semaines et sont devenus réfractaires à la maladie pour l'époque où ils devront subir les rudes conditions atmosphériques de l'hiver russe.

A notre avis, la gourme générale du cheval de troupe est presque fatale ; elle peut être précédée ou suivie de culture locale du streptocoque sur diverses muqueuses, mais elle seule est importante à considérer et doit appeler l'attention du vétérinaire parce que, d'une très grande bénignité quand elle est bien dirigée, elle prend une gravité considérable quand elle est méconnue et contrariée.

Les grandes infections gourmeuses sévissent dans nos dépôts de remonte peu après le commencement des grandes périodes d'achat : juillet, octobre, janvier, et, en général, les gourmes observées l'été sont plus bénignes que celles observées l'hiver. En été, la gourme n'est en rien contrariée par les conditions atmosphériques et le cheval n'a pas à lutter lui-même contre un changement trop brusque de ses habitudes. En hiver, au contraire, l'animal arrive souvent dans les établissements de remonte avec une robe d'été qui lui a été conservée artificiellement, il souffre du froid et si son économie, déjà affaiblie par des conditions hygiéniques rigoureuses, vient à subir l'infection gourmeuse, celle-ci trouve toutes les conditions voulues pour l'évolution d'une forme maligne.

Les premiers symptômes gourmeux apparaissent généralement en hiver, peu de temps après l'incorporation, les voyages en chemin de fer favorisant la contagion et l'évolution gourmeuses. Mais en été, et dans les petits établissements de remonte, notamment, où l'agglomération est moindre, certains sujets peuvent rester plusieurs mois avant d'être infectés.

Traitement. — Le traitement de la gourme doit être surtout prophylactique et hygiénique.

1° Traitement prophylactique. — L'inoculation de la gourme cutanée permet d'éviter parfois toute manifestation purulente et, dans tous les cas, ces manifestations sont bénignes.

Il y a donc lieu d'y recourir toutes les fois que les circonstances le permettent ; son seul inconvénient est de provoquer, lors des grands achats, des manifestations gourmeuses sur un grand nombre de sujets en même temps.

Boisse inocule du pus gourmeux au poitrail, un abcès volumineux se forme le 3e jour, peut être ponctionné le 6e et cicatrisé le 14e jour (*R. M.*, 3e série, t. III).

Dans le cas de contagion naturelle, il est bon de classer les animaux par catégories : jetages gourmeux bénins — angines — abcédations des ganglions lymphatiques,... etc., *les sujets affectés de gourme grave devant, autant que possible, être isolés de leurs voisins.* Un gourmeux peu malade, qui mange le barbotage ou l'avoine d'un voisin gravement atteint, voit souvent sa propre affection prendre une forme maligne.

Les abreuvoirs communs doivent également être proscrits.

Dans les cas d'épidémie de gourme maligne, il faut appliquer les règlements concernant la désinfection des stalles des chevaux entrant à l'infirmerie pour maladie contagieuse.

L'action prophylactique du sérum de Marmoreck est discutable.

2° Traitement hygiénique. — Toujours le cheval gourmeux doit être protégé contre le froid, comme il doit en même temps respirer un air pur. Il faut, en hiver, l'entourer de couvertures et de camails qui favorisent singulièrement les manifestations éruptives toujours favorables à une évolution rapide et heureuse de l'affection. Mais quand la gourme purulente des muqueuses et des lymphatiques est bénigne, l'expectation est souvent suffisante. La nourriture doit être choisie, variée, fragmentée ; dans les cas d'angine, le foin est généralement préféré aux barbotages, l'avoine ne doit être diminuée que si le cheval la refuse en partie ; par les grands froids, on peut recourir aux boissons légèrement tièdes, les lavages de la bouche, les gargarismes doivent être fréquents dans le cas de ptyalisme et les breuvages toujours proscrits.

Le V^re P^al Augère insiste tout particulièrement sur le traitement hygiénique des chevaux gourmeux.

« L'observation des règles d'hygiène constitue, pour le médecin, le plus sûr élément de succès, c'est pourquoi nous lui accordons une si large part d'influence dans le traitement de la gourme »... « Du maintien de l'appétit dépend la guérison du malade » (*R. M.*, 2e série, t. XVIII).

Le vétérinaire doit donc éviter avec soin tout ce qui peut troubler l'appétit de ses malades et faire tous ses efforts pour le stimuler chez ceux qui l'ont perdu. Quand la gourme est « maligne » il est nécessaire de mettre le malade en liberté dans un box bien éclairé et parfaitement aéré. Il faut que le patient n'éprouve aucune gène et puisse se mouvoir à l'aise. Une bonne méthode consiste à mettre le malade bien couvert sous un hangar abrité contre les vents régnants. « Le bain d'air pur s'est trois fois montré souverain, dit M. Augère, quand toute autre indication paraissait échouer. » La litière doit rester propre et soigneusement débarrassée de toutes déjections et des sécrétions purulentes qui peuvent la souiller, les mangeoires seront régulièrement vidées et nettoyées. L'eau des seaux laissés dans le box à la disposition du malade est fréquemment renouvelée.

Enfin, comme chez tous les fébricitants plus ou moins immobilisés à l'écurie, on assure l'évacuation régulière des crottins en administrant matin et soir un lavement légèrement crésylé qui contribue pour une petite part à désinfecter l'économie du sujet intus et extra.

3° Traitement chirurgical. — Dans le cas de foyers purulents, ceux-ci doivent être ouverts avec le cautère et cette ponction doit être suivie d'injections antiseptiques répétées. Quand les abcès ne gênent pas l'exécution des grandes fonctions vitales, la ponction doit être plutôt tardive, on doit attendre la maturité complète de l'abcès, sinon on s'expose à ne pas rencontrer le centre du foyer purulent et à voir de nouveaux abcès se former à quelque distance du point de ponction.

Quand l'alimentation ou la respiration sont gênées par l'abcès, on doit procéder à la ponction hâtive et pratiquer de sévères injections antiseptiques consécutives.

Quand l'abcès est profond et siège sur le trajet de nerfs et de vaisseaux importants, la peau doit être incisée au bistouri ou perforée par un cautère à pointe mousse, puis à l'aide de la sonde on doit rechercher le foyer purulent ; une fois qu'on l'a trouvé, on facilite l'écoulement du pus par un mouvement de rotation de la sonde qui écarte les tissus sans les dilacérer et l'on peut alors enfoncer la pointe d'un cautère plus étroit avec une grande prudence, jusqu'à ce qu'on estime suffisant le passage produit pour l'évacuation du pus. Des injections antiseptiques sévères doivent être effectuées trois fois par jour jusqu'à guérison complète.

4° Traitement thérapeutique. — Dans le cas d'angine, des révulsifs cutanés: moutarde, teinture d'iode, de cantharides; quelques électuaires antiseptiques au cresyl dilué, au goudron; des gargarismes boriqués, au chlorate de potasse, au menthol, doivent être utilisés.

Nous employons avantageusement les inhalations médicamenteuses. La lèvre externe des naseaux semble être un réceptacle naturel pour les médicaments volatils que le thérapeute destine à tout l'arbre aérien suivi par l'air inspiré. En déposant à l'orifice des naseaux une couche de vaseline crésylée, phéniquée, iodoformée, goudronnée, cet excipient, échauffé par l'air expiré, charge de particules volatiles médicamenteuses l'air inspiré et l'inhalation iodoformée ou goudronnée est ainsi obtenue le plus simplement et le plus naturellement possible.

Au début des infections, la vaseline blanche bien neutre, phéniquée au 1/10, iodoformée ou cresylée au 1/8 nous paraît indiquee comme agent antiseptique, mais dès que le jetage est établi, le goudron doit être utilisé de préférence ; chaque matin et chaque soir, une mince couche de vaseline médicamentée est appliquée sur la fine peau qui recouvre les ailes de chaque naseau, en évitant de l'étendre jusqu'à la muqueuse et de provoquer une irritation locale pouvant inciter l'animal à se frotter. Ce simple traitement nous a donné souvent d'excellents résultats dans maints cas d'angine, de bronchite, de broncho-pneumonies gourmeuses ou autres.

Dans ces cas de bronchites et de pneumonies, des révulsifs cutanés, des électuaires à l'essence de térébenthine, des toniques amers nous paraissent utiles.

Dans le cas de complications graves, de pleurésie, d'anasarque, de vertige, le traitement habituel de ces maladies classiques doit être associé dans ses parties essentielles au traitement de l'infection gourmeuse ; dans les cas très graves, des opérations comme la thoracentèse, la trachéotomie peuvent être nécessitées, concurremment avec la mise en œuvre de tout l'arsenal thérapeutique.

Nos anciens pratiquaient une petite saignée chez les chevaux gourmeux dont l'asphyxie était à craindre par suite d'angine grave accompagnée de cornage et il est certain que, après cette saignée, les symptômes s'amendent, le cornage diminue pendant quelques heures.

Vers 1880, le V^re^ en 1er Flamens se servait dans des cas analogues d'un trocart canulé du diamètre d'un crayon dont il laissait à demeure la dernière partie, entre deux anneaux de la trachée : cet instrument fut sans doute le premier trachéaltrocart de l'arsenal vétérinaire.

Le sérum antistreptococcique est utile contre les formes gourmeuses non purulentes : anasarque, infections muqueuses au début ; il est sans action contre les formes purulentes. Il est toxique pour nos chevaux fins si l'on dépasse la dose journalière de 30 cmc. et la dose totale de 160 cmc.

Le soufre en électuaire est bon contre les vieux jetages chroniques consécutifs à la gourme.

III. — LYMPHANGITE EPIZOOTIQUE

La lymphangite épizootique ne cause plus de ravages dans l'armée française, mais il y a si peu de temps que les vétérinaires militaires s'en sont rendus maîtres, que de nouvelles attaques sont à prévoir, en Algérie d'abord, et en France aussi, puisque sa présence en Italie et en Russie est chaque jour signalée.

Les statistiques les plus récentes du ministère de la guerre se résument ainsi :

Lymphangite épizootique.

Années	Armée de l'intérieur	Algérie et Tunisie
1887	136	136
1888	129	126
1889	86	49
1890	34	48
1891	6	17
1892	6	4
1893	10	7
1894	2	0
1895	3	2
1896	3	3
1897	1	0

Avant 1887, la lymphangite épizootique n'est pas spécifiée nominalement dans les statistiques du ministère de la guerre français, mais on peut affirmer hardiment que sa morbidité annuelle, entre 1880 et 1887, dépasse souvent 500 unités.

Cette affection, très dangereuse pour notre cavalerie, fut, *par les seuls efforts des vétérinaires militaires français*, décelée, combattue et vaincue. Les vétérinaires étrangers ont, de leur côté, étudié la lymphangite épizootique et c'est à eux qu'on doit la connaissance de l'agent causal de l'affection, mais cette découverte tardive, purement scientifique, ne fut pour rien dans la victoire complète, absolue, que la vétérinaire militaire française a le droit d'inscrire dans ses annales.

Historique. — Longtemps confondue avec la forme cutanée de la morve (le farcin), la lymphangite farcinoïde ou épizootique a été étudiée avec passion par les vétérinaires militaires.

Les artistes des armées de la révolution et de l'empire, comme leurs successeurs directs, reconnaissaient un farcin curable et un farcin incurable. Goux et Gillet fixent à 20 0/0 des malades, seulement, la mortalité causée par le farcin (*R. M.*, 1re s., t. 1). Mais aucune différenciation causale n'avait été indiquée, avant 1870, entre la lymphangite épizootique qui va nous occuper et le farcin morveux, curable quelquefois, mais réglementairement mortel dans tous les cas.

Peu après la conquête de l'Algérie, la plupart des vétérinaires militaires avaient bien constaté sur un grand nombre de chevaux et de mulets de l'armée un farcin chronique curable, mais Bonzon, Decroix, Tixier et Delamotte décrivent ce *farcin d'Afrique* comme une forme particulière du farcin chronique.

A partir de 1872, Barthes paraît avoir enseigné la dualité farcineuse aux vétérinaires stagiaires. A cette époque néfaste, l'Ecole de cavalerie se réorganisait à Bordeaux et la lymphangite curable régnait sur ses chevaux : on les guérissait et on les conservait dans le rang 5-6-10 ans toujours indemnes de toutes manifestations morveuses. En 1879, Girard signale trois ou quatre chevaux de l'effectif ayant été atteints et guéris de la lymphangite ulcéreuse dès 1872, et il affirme la dualité farcineuse dans une communication à la Société vétérinaire de la Marne (16-1-1881).

C'est pourtant au Vre en 1er Barrier père (J. M. 1875) que nous devons le premier écrit sur la différenciation des deux farcins « africain » et « morveux ».

Le farcin d'Afrique n'est « qu'une maladie du système lymphatique, ayant le plus souvent pour point de départ une lésion extérieure. »

Monceaux souscrit aux vues de Barrier père et Chénier, dans une série d'articles de l'Echo des sociétés et associations vétérinaires (1881-1882), démontra que « ce farcin d'Afrique s'observe en France et que c'est une entité morbide spéciale, une affection virulente, contagieuse, dont le contage évolue dans le système lymphatique et se propage de proche en proche par continuité de tissus, sans imprégner l'organisme d'une façon générale comme la morve et la syphilis. » — « Les inoculations de matière virulente morveuse donnent la morve, et jamais la lymphangite farcineuse ; inversement, l'inoculation des produits pathologiques puisés dans un bouton ou une corde de farcin donne lieu au développement de la lymphangite farcineuse et jamais à la morve. »

L'éveil était donné aux praticiens militaires et Quiclet, Debrade, Wiart, Peupion et Boinet, Jacoulet, Blaise, Adrian, Froissard, étudient presque en même temps sous différentes appellations la lymphangite épizootique dont la connaissance est désormais suffisante (*R. M.*, 2e s., t. X, XIII et XVI).

Ce sont ces travaux des vétérinaires militaires et eux seuls qui firent connaître aux autorités supérieures la lymphangite farcinoïde. Les recherches de Rivolta et

Micellone, plus classiques, sont postérieures à celles des premiers praticiens militaires et n'ont fait que confirmer une étude définitivement acquise. Ce sont exclusivement les travaux de nos anciens qui firent entrer la lymphangite épizootique dans le cadre réglementaire des maladies contagieuses nominalement spécifiées dans les rapports des vétérinaires chefs de services et qui permirent d'édifier les prescriptions règlementaires concernant cette affection grave par elle-même et plus grave encore par sa contagiosité.

Causes. — La contagion de la lymphangite farcinoïde a été expérimentalement démontrée par Tixier et Delamotte, Chénier, Jacoulet et Froissard. Suivant Wiart, Chénier, Quiclet, Froissard l'inoculation a toujours lieu par une lésion traumatique et les effets de harnachement, de pansage, les mains des vétérinaires et des maréchaux sont les agents de transmission les plus actifs de l'élément infectieux.

Cet élément est un cryptococcus légèrement ovoïde de 3 à 4 μ. de diamètre, à multiplication lente, découvert par Rivolta et Micellone. Les causes qui favorisent les éclosions des épidémies de lymphangite épizootique ont été nettement signalées par la plupart des auteurs militaires précédemment cités : ce sont la misère physiologique des sujets et l'humidité hivernale de l'atmosphère. Jacoulet constate que cette affection subit de véritables recrudescences pendant les saisons pluvieuses et Blaise insiste sur ce point en rapprochant l'affection du farcin de rivière des hippiâtres. La période d'*incubation*, variable, est généralement longue, les auteurs militaires la fixent à environ 2 mois et Froissard précise en disant qu'elle a été de 65 à 70 jours après inoculation et de 75 à 120 jours dans les cas où la contagion naturelle a été rendue possible.

Symptômes. — Presque toujours exclusivement locaux et consistant en boutons, cordes, plaies fongueuses, tumeurs et engorgements que nous allons différencier plus loin des manifestations correspondantes du farcin morveux.

Diagnostic. — Le diagnostic scientifique se fait au microscope par l'examen direct du pus. Le cryptocoque est nettement visible à un grossissement de 4 à 500 diamètres, sans coloration.

Le diagnostic différentiel de la lymphangite épizootique et du farcin morveux peut encore se faire grâce à la malléine qui ne produit pas de réaction dans le premier cas.

L'inoculation à l'âne, dit Froissard, lève aussi tous les doutes, le farcin morveux produisant une morve aiguë.

Mais le praticien militaire, en colonne dans le sud-algérien, en expédition coloniale ou en campagne européenne n'aura bien souvent ni microscope, ni le temps, ni les moyens de recourir aux inoculations de contrôle ou même aux injections de malléine; il lui importe donc de bien connaître les symptômes cliniques différenciant la lymphangite épizootique qui commande seulement l'isolement et l'évacuation des infectés, du farcin morveux qui exige l'abatage immédiat des contaminés.

Ce diagnostic différentiel clinique a été fort bien établi par le V^re P^al Jacoulet (*R. V.*, 1888). En voici le résumé :

Farcin morveux	**Lymphangite épizootique**
Pus huileux et filant.	Pus jamais huileux, quelquefois jaunâtre, caillebotté ou séreux, ordinairement crémeux.
∴	∴
Chancres à bords indurés succédant à un tubercule détruit par nécrobiose.	Plaie fongueuse qui s'achemine peu à peu vers la cicatrice, succédant à un bouton ouvert par abcédation.
∴	∴
Tumeurs farcineuses toujours molles et pleines de pus huileux.	Tumeurs ganglionnaires s'abcédant consécutivement.
∴	∴

Farcin morveux	Lymphangite épizootique
Traînées lymphatiques caractéristiques.	Cordes charriant un pus louable.
Pas de limitation habituelle à un seul système lymphatique.	Limitation habituelle à un seul système lymphatique.
Maladie générale ordinairement fébrile.	Maladie locale généralement non fébrile.

Fréquence. — Nous avons donné les statistiques les plus récentes concernant la lymphangite épizootique. Nous avons dit sa méconnaissance passée, sa disparition actuelle, sa fréquence approximative vers 1880-85.

Précisons simplement ici que le seul t. XIII, 2ᵉ série, du *R. M.* contient 5 mémoires sur cette affection dont 3 sont extraits des rapports annuels. Le 1er dû à M. Jacoulet signale comme atteints 43 chevaux du 2e spahis, le 2e dû à Blaise parle de 500 observations personnelles en 14 ans, le 3e dû à Adrian relate 19 cas dans un seul escadron du 1er chasseurs d'Afrique. Les mémoires de MM. Wiart et Peupion sont des études générales de l'affection. Les campagnes de 1871, du sud-Oranais, de Tunisie ont été cause d'une recrudescence dans le nombre des épidémies constatées soit en Algérie, soit en France.

Traitement. — Le traitement de la lymphangite épizootique est réglementé dans l'armée par l'instruction ministérielle du 11 février 1887 qui a produit les excellents résultats que nous avons fait connaître. Cette instruction est publiée dans le règlement sur le service vétérinaire. Il est évident qu'on peut y introduire quelques perfectionnements, mais ses principales prescriptions doivent être respectées. Elles ont montré qu'elles étaient suffisantes pour extirper radicalement et rapidement la lymphangite épizootique de la cavalerie française.

IV. — AFFECTIONS TYPHOIDES ET INFECTIONS PULMONAIRES

Cette étude a été rédigée en 1894. Depuis, les beaux travaux de Lignières (C. 1897 et 98) ont apporté de lumineuses clartés dans l'étude microbiologique des affections typhoïdes et des pneumonies infectieuses qu'elles unifient.

Lignières a montré que : « les affections typhoïdes sont des *pasteurelloses* dues à un coco-bacille spécifique qui, inoculé à un sujet sain, lui donne la fièvre typhoïde classique.

« Toutes les pneumonies sont d'origine typhoïde ou pour mieux dire des « Pasteurelloses ».

« La pneumonie typhoïde, c'est-à-dire celle dans laquelle le clinicien peut percevoir des symptômes typhiques, s'explique par l'intervention d'un coco-bacille assez virulent pour imprimer à la maladie son cachet typhoïde malgré l'intervention du streptocoque gourmeux.

« Par contre, le bacille spécifique peut produire une action passagère et peu intense qui permet cependant à l'envahissement streptococcique d'avoir lieu et de provoquer des symptômes et des lésions toutes spéciales, différentes des lésions et des symptômes typhiques.

« Par conséquent, les cliniciens ont eu raison de faire des divisions symptomatologiques » correspondant à des sensibilités individuelles variables, à des virulences diverses, à des associations microbiennes dissemblables.

Ici, nous relatons les épidémies de la cavalerie telles que les ont faites le tempérament et l'hygiène spéciale de nos montures, telles que nous les avons étudiées et combattues en nombreuses occasions.

Nos distinctions cliniques sont basées sur des épizooties réellement observées. Nous publions donc en 1904 notre texte de 1894 en n'y faisant que de rares additions.

Classification. — Comme l'a dit M. le V^re P^al Servoles (1888), on a confondu sous le nom d'affections typhoïdes une foule de maladies plus ou moins infectieuses et ayant toutes pour premiers symptômes la manifestation de l'état typhoïde ainsi caractérisé : *élévation considérable de la température et symptômes fébriles marqués — grande faiblesse* *générale — coloration rouge-jaunâtre des muqueuses apparentes.*

Les vétérinaires militaires français et étrangers ont reconnu la nécessité de différencier cliniquement les différentes affections présentant en commun cet état typhoïde sans précision clinique et sans critérium anatomique (Servoles). Nous les classons ainsi :

I. Infections générales panzootiques. — *Fièvre typhoïde proprement dite. — Influenza.*

II. Infections pulmonaires enzootiques.

III. Infections intestinales.

IV. Infections nerveuses.

I. — INFECTIONS GÉNÉRALES PANZOOTIQUES

Maladies de pays, nettement infectieuses, frappant tous les animaux militaires ou civils, jeunes ou adultes ; épidémie à marche très rapide, affections individuelles en général peu graves.

Les infections générales panzootiques, que nous classons en deux catégories distinctes: Fièvre typhoïde, influenza, sont toutes deux des épidémies apparaissant périodiquement et à des intervalles de plusieurs années.

a) Fièvre typhoïde

(*Etat typhoïde très marqué* et *épidémicité propre aux infections générales panzootiques*). La caractéristique spéciale de la fièvre typhoïde est la coloration acajou des muqueuses, l'état de dépression nerveuse porté à son summum, les engorgements œdémateux des paupières, du poitrail, du fourreau et des membres, et la fréquence des localisations intestinales consécutives à l'infection générale.

Les épidémies de fièvre typhoïde apparaissent périodiquement à des intervalles variés. En 1825, sous le nom de *gastro-entérite épizootique*, la fièvre typhoïde causa des ravages considérables dans les rangs de la cavalerie.

En 1846, on l'a signalée en même temps sur les chevaux

civils et militaires de Saint-Germain (3e dragons), de Provins (1er carabiniers), de Sarreguemines (9e cuirassiers), de Vesoul (10e cuirassiers), etc.

En 1881, nous l'avons observée personnellement à l'école d'Alfort où arrivaient chaque jour des chevaux de tout âge frappés de fièvre typhoïde presque toujours avec localisation abdominale. Cette même année, la maladie frappa dans l'armée 1118 chevaux et causa 472 pertes. Comme chaque épidémie a son cachet spécial, nous allons décrire les épidémies de 1825 et de 1881 (*R. M.*, t. II et *C.*, 1881).

I. *La gastro-entérite de* 1825 (Gillet) débutait d'une manière brusque, et s'annonçait quelquefois avec tous les signes d'une adynamie extrême, ou bien s'établissait en cinq ou six jours. L'invasion s'annonçait par l'inappétence, la pesanteur de la tête, la raideur de la colonne dorso-lombaire. Le ventre était douloureux, la respiration laborieuse, la bouche sèche, pâteuse et la marche de plus en plus difficile

La plupart des chevaux, abattus, tristes, inquiets, ne pouvaient se coucher : plusieurs présentaient de fréquents soubresauts des tendons (l'animal somnolent laisse ployer ses genoux et les redresse brusquement quand l'équilibre est rompu) et n'osaient changer de place dans la crainte de tomber. Les crottins secs étaient recouverts d'un enduit muqueux ; quelquefois il y avait dysenterie. Chez quelques chevaux, l'urine était sanguinolente ; souvent l'animal faisait des efforts expulsifs infructueux. La plupart des malades faisaient entendre des grincements de dents. Ces symptômes étaient presque toujours accompagnés d'autres phénomènes : larmoiement, conjonctives infiltrées et pourpres, parfois couvertes de phlyctènes, avec troubles oculaires, œdèmes des parties déclives, parésie du pénis ; la langue dure, noirâtre, portait, sur ses côtés et sa pointe, des taches d'un rouge pourpre ; sa face inférieure laissait apercevoir des phlyctènes ou des ulcérations plus ou moins étendues et profondes. La déglutition souvent impossible était toujours difficile, quelques animaux refusaient toute espèce de boisson.

Les complications de cette affection étaient des phlegmasies de l'arrière-bouche, du cœur, de l'épiploon, des plèvres, des poumons, du foie, des méninges et du tissu podophylleux.

Autopsie. — Les altérations du conduit digestif étaient les plus ordinaires : elles consistaient dans une inflammation de la muqueuse de l'arrière-bouche, de l'estomac et des intestins

La surface interne de l'arrière-bouche était rouge, violacée ou noirâtre et comme frappée de gangrène. L'estomac était enflammé, couvert de pétéchies, d'ulcères et même d'escarres gangréneuses. La muqueuse de l'intestin grêle était couverte de taches pétéchiales. Dans le cæcum elle offrait de petits ulcères et des taches gangréneuses. Ce genre d'altération se continuait parfois dans le colon replié

Tous les parenchymes étaient altérés.

Le cerveau était rarement affecté. On signale seulement une infiltration rougeâtre de la gaine rachidienne.

La convalescence était longue et difficile. Souvent la maladie déterminait la perte d'un œil, la cécité ou une surdité complète.

II. — *La fièvre typhoïde de* 1881 n'est pas une maladie saisonnière, elle n'est nullement spéciale aux jeunes chevaux, elle n'a rien de commun avec le typhus d'écurie. Sur les 80 premiers malades du 9e dragons en garnison à Paris, il n'y a que six chevaux de 5 ans (Salles).

Symptômes. — Inappétence, teinte rouge vaginale des conjonctives, marche vacillante, brisée, titubante ; accablement profond, les membres fléchissent, puis se redressent comme de véritables ressorts (soubresauts de Gillet).

La localisation pulmonaire n'a existé que deux fois ; les entérites, très fréquentes, s'accusent soit par des crottins coiffés, soit par de la diarrhée ; les seules manifestations mortelles sont des formes cérébrales.

Autopsie. — Les poumons sont dans un état d'intégrité surprenant ; on ne remarque aucune trace d'inflammation de la muqueuse intestinale ; la rate toujours boursouflée est profondément altérée ; la congestion cérébrale est évidente ; une coupe des lobes cérébraux fait voir un remarquable pointillé de la substance blanche ; les ventricules contiennent un épanchement, roussâtre, épais.

Symptomatologie (d'après Servoles) *Début.* — Inappétence pour l'avoine principalement ; mollesse au travail ; abattement au repos, signes de céphalalgie ; coloration safranée des muqueuses.

Second jour. — L'adynamie s'accentue, la stupeur est profonde ; les paupières tuméfiées ; les yeux larmoyants ; la sensibilité générale presque abolie. Le pouls est faible, irrégulier, les battements du cœur forts. L'élévation de la température rectale est considérable, elle monte lentement les premiers jours, se maintient un ou deux jours entre 40 et 41° et redescend progressivement. Souvent la courbe ascensionnelle n'est pas observée car le malade n'est pas examiné avant la période d'état de la maladie. Toute complication trouble la courbe thermométrique type.

Période d'état. — Dans la majorité des cas, le poumon est engoué ; l'auscultation et la percussion combinées permettent de constater des points imperméables qui disparaissent du jour au lendemain pour se montrer ailleurs. Les mouvements respiratoires sont précipités. La toux quand elle existe est faible.

Les localisations intestinales ne sont manifestes que vers le sixième jour. La muqueuse buccale est sèche. La langue est recouverte d'un sédiment brunâtre. Le ventre rétracté est le siège de borborygmes. Les hypochondres sont douloureux à la pression. Des coliques sourdes peuvent s'observer. Les crottins d'abord secs, petits, lisses, puis coiffés de fausses membranes, exhalent une odeur désagréable. La diarrhée apparaît ensuite, jaune-verdâtre, fétide.

Les urines sont rougeâtres, visqueuses, assez troubles et denses.

On peut observer du pouls veineux, des signes de péricardite. Dans la dernière période (quelquefois au début) il peut exister un œdème de la face, du fourreau et des membres.

Il y a quelquefois photophobie ; les fonctions de l'innervation sont profondément troublées, avec succession de torpeur et d'excitations (trépignements, grincements de dents).

Variétés. — Forme thoracique : assez grave, caractérisée par des lésions pulmonaires congestives bien plus qu'inflammatoires.

Forme cérébrale : très grave, symptômes de vertige avec alternatives de périodes de coma pour se terminer généralement par la mort du sujet en un temps très court (1-4 jours).

Mais dans les deux principales infections panzootiques de fièvre typhoïde, en 1825 et en 1881, les formes thoraciques et cérébrales furent peu nombreuses et la forme intestinale se montra sur plus de 95 0/0 des malades.

Accidents et complications. — Laryngite grave avec œdème de la glotte entraînant asphyxie.

Pneumonies, dont le cadre a été beaucoup trop élargi par certains partisans de l'unicité des affections typhoïdes ; quelquefois pleurite ; les complications pulmonaires se terminent généralement par la gangrène des parties lésées et la mort du sujet.

On signale des parotidites suppurées, péritonites exceptionnelles, hémorragies intestinales peu fréquentes, néphrites hémorragiques, fourbures, anasarque, sphacèles cutanés. On a noté souvent des éruptions cutanées (?). Les synovites rhumatismales sont fréquentes, elles seront étudiées à part. Les maladies oculaires (iritis typhoïde, amaurose) peuvent déterminer la perte d'un œil ou la cécité. Le cornage consécutif a été fréquemment observé. L'avortement des juments pleines est fréquent.

La *convalescence* est souvent longue et pénible.

La *mortalité* varie avec la gravité propre des épidémies, avec la fréquence plus ou moins grande des formes cérébrales et pulmonaires. En 1825, la mortalité fut exceptionnellement grande. En 1881, sur les 11.000 cas de l'armée, il y eut 472 morts, mais un assez grand nombre de ces morts ont été causées par des pneumonies lobulaires infectieuses qu'on confondait toujours alors avec la forme thoracique de la fièvre typhoïde. Sous l'expression de « *Rotlaufseuche der Pferde* », les vétérinaires militaires prussiens confondent notre fièvre typhoïde et notre influenza, aussi cette *Rothlaufseuche* n'occasionne comme mortalité que 0,28 à 1,17 pour cent malades.

Anatomie pathologique. — La fièvre typhoïde est une maladie générale, *totius substantiæ*.

Appareil digestif. — De petites ulcérations peuvent s'observer dans l'arrière-bouche. La muqueuse du sac droit de l'estomac est toujours épaissie et congestionnée ; Salles a signalé des ulcérations au niveau du pylore. L'intestin grêle est moliniforme ; sa muqueuse est recouverte d'une couche épaisse de mucus jaunâtre, glaireux, quelquefois puriforme et noirâtre ; les éléments lymphatiques sont altérés et cette altération varie de l'hyperémie à l'ulcération, Vallon, Gillet, Servoles décrivent ces altérations et signalent de véritables furoncles.

La muqueuse du gros intestin est moins altérée que celle de l'intestin grêle. Le mésentère et les ganglions mésentériques peuvent être le siège de lésions variables.

Les reins sont quelquefois fortement hyperémiés. La muqueuse vésicale, injectée, ramollie est parfois couverte de taches pétéchiales.

La rate boursouflée, quelquefois énorme, est profondément altérée dans sa substance propre.

Le *larynx*, l'épiglotte peuvent présenter quelques petites ulcérations Les *voies aériennes*, congestionnées, sont le siège d'une légère sécrétion morbide. Les *poumons* présentent une congestion passive dans leurs parties déclives ; le parenchyme pulmonaire, moins souple qu'à l'ordinaire, reste cependant flasque ; plongé dans l'eau, il surnage. Dans le cas de complications pulmonaires on peut évidemment trouver de l'hépatisation, souvent envahie par la gangrène.

Le *tissu musculaire* du cœur est mou, jaune-grisâtre. Le *péricarde* est souvent congestionné ; la péricardite avec ses altérations classiques n'est pas rare. L'endocarde peut être ecchymosé. Le *sang* noir, poisseux, fluide s'altère au contact de l'air avec une rapidité remarquable ; les globules sanguins sont irréguliers, déchiquetés, en partie détruits.

Les *centres nerveux* sont le siège d'une stase sanguine marquée ; nous avons vu plus haut les lésions trouvées par Salles dans la forme cérébrale.

b). — Influenza. Grippe

(*État typhoïde bénin et épidémicité propre aux infections générales panzootiques.*)

Sa caractéristique est sa bénignité, sa force d'infection, ses complications peu fréquentes et sa localisation habituelle sur les premières voies respiratoires.

Périodique comme la fièvre typhoïde, l'influenza a été plusieurs fois observée et décrite par les vétérinaires militaires français, italiens, prussiens. Quelques auteurs et moi-même ont voulu, probablement à tort, séparer une bronchite épizootique de l'influenza antérieurement décrite. Ici, nous étudierons simplement la moyenne générale des diverses épizooties d'influenza qui, comme celles de fièvres typhoïdes, présentent pour chaque manifestation un petit cachet spécial.

Symptomatologie. — *Début*. L'élévation de la température est constante ; elle atteint 39-41°, persiste deux ou trois jours (quelquefois 5-7 jours) et plus, seulement quand il y a complications.

On constate en même temps un état de *dépression nerveuse* plus ou moins marqué, mais toujours moins intense et différent de celui qui accompagne la fièvre typhoïde (Leclainche). Le malade n'est pas stupéfié comme dans celle-ci, il paraît seulement fatigué.

L'appétit subsiste malgré 40° de température, mais il peut devenir capricieux ou manquer complètement. L'avoine surtout est refusée. La soif est ardente. On a pu noter des cas de pharyngite manifeste avec jetage alimentaire et régression des boissons par les cavités nasales.

Les muqueuses sont généralement jaunâtres, rarement fuligineuses. La conjonctive ne présente jamais la coloration acajou de la fièvre typhoïde, d'un jaune terreux, parfois rougeâtre et pâlissant au déclin de l'affection, elle peut être légèrement œdémateuse et sécréter un muco-pus qui vient salir la commissure antérieure des paupières, mais il n'y a jamais larmoiement et photophobie comme dans la fièvre typhoïde.

La respiration est légèrement accélérée dans cette première période ; le pouls, de qualité normale, a un peu augmenté de fréquence. Le nombre des pulsations et celui des respirations ne sont nullement en relation avec les variations de la température.

Dans le type de bronchite épizootique, ces symptômes du début sont franchement dominés par un autre plus saillant : *la toux*. C'est elle qui attire l'attention des hommes appelés à soigner les animaux. Elle est généralement forte, quinteuse, sèche et sans rappel. Quelquefois même ce seul symptôme est observé et l'affection semble avorter après avoir signalé sa bruyante apparition ; dans ce cas l'inappétence fait défaut et les symptômes fébriles sont si discrets qu'ils restent inaperçus aux vulgaires observateurs.

Périodes d'Augment et *d'Etat*. — Du milieu de ces formes frustes, toujours importantes par le nombre, quand les animaux sont placés dans de bonnes conditions hygiéniques, d'autres se dégagent et montrent un envahissement plus prononcé des voies aériennes par l'agent infectieux. Le larynx et la trachée soumis à la pression deviennent excessivement sensibles. Les ganglions sous-glossiens se montrent douloureux, infiltrés ; rarement ils présentent un foyer de suppuration. Le jetage séreux, muqueux, mucopurulent, alimentaire peut se montrer. Il manque assez souvent et peut se remplacer par un jetage buccal expectoré pendant les quintes de toux.

L'auscultation ne laisse percevoir que peu de bruits anormaux, pourtant des râles muqueux ou sibilants ont été perçus et notés par tous les praticiens sans exception et le nom de *catarrhe infectieux des voies aériennes* donné à cette maladie par les vétérinaires militaires italiens la caractérise parfaitement.

Variétés. — Outre ces manifestations ordinaires de l'influenza, on peut constater exceptionnellement des oscillations thermiques étendues vraisemblablement liées à une myocardite infectieuse (Leclainche), des symptômes pleurétiques ; une certaine sensibilité de la poitrine à la percussion et lors de la pression du doigt entre les côtes, et même de la pleurésie confirmée, des troubles nerveux : inquiétude, agitation, spasmes laryngiens alarmants ; des foyers de suppuration dans les ganglions pharyngiens, parotidiens, etc., des pneumonies par corps étrangers, toujours à craindre, lors d'administration de breuvage.

Convalescence. — La toux peut persister quelque temps et un certain degré d'affaiblisement et d'anémie s'observe quelques semaines, mais, en somme, la convalescence n'est ni longue, ni pénible. Quelquefois même (cas frustes) les malades peuvent ne pas quitter le rang sans aucun inconvénient pour leur propre conservation.

Mortalité. — La mortalité est excessivement bénigne ; elle varie de 0,25 à 1 0/0 environ.

Anatomie pathologique. — Inconnue pour les cas normaux, Zundel affirme pourtant qu'on peut trouver les muqueuses des fosses nasales, du pharynx, du larynx et des bronches rouges et boursouflées.

Lors de complications, on rencontre le plus ordinairement des lésions pleuro-pulmonaires.

Etiologie et pathogénie des infections générales panzootiques. — Ces maladies infectieuses possèdent une propriété de diffusion telle qu'il est impossible de suivre avec précision la trace de leur marche progressive. Aux nombreux exemples fournis par Zundel, nous n'en ajouterons que deux :

En 1881, la fièvre typhoïde s'est montrée en mai à Lyon, comme à Paris (Aureggio C. 1882), à la campagne comme en ville, quelle que soit l'altitude. M. Joyeux a observé 25 cas de fièvre typhoïde (entérite) sur les chevaux de la garnison de Briançon, à 1.300 mètres d'altitude. Il a remarqué un cas d'entérite typhoïde sur un cheval de trait occupé à des travaux de terrassement à 2.350 mètres d'altitude. Au camp de Valbonne, la fièvre typhoïde s'est déclarée sur une vingtaine de chevaux; trois montures du 4e cuirassiers ont été atteintes de la maladie pendant le régime du vert en liberté et deux escadrons détachés à Vienne ont également été visités par l'entérite typhoïde.

En 1888, nous avons observé en même temps l'infection grippale des chevaux de l'annexe de remonte de Bellac, des montures des officiers du 103e d'infanterie, des chevaux civils de toute la ville et des campagnes environnantes. La même année, un régiment de cuirassiers, allant de Niort à Lunéville, fut infecté en cours de route. Cette grippe ne détermina aucune maladie grave et aucun arrêt des colonnes. Le grand air utilisé naturellement fut souverain (Nallet).

Les chevaux de tout âge sont en effet infectés; en 1891, quelques quartiers du corps d'armée saxon ont eu 70 à 80 0/0 de leur effectif atteint de Rothlaufseuche mais, comme toujours, les chevaux jeunes, vierges en plus grand nombre, paraissent plus fréquemment atteints. Très peu d'animaux possèdent une immunité naturelle, on signale même des cas de récidive de la même forme d'infection générale et à plus forte raison de succession de nos deux formes distinctes (influenza, fièvre typhoïde).

Les fumiers ont été accusés d'être des agents actifs de propagation de ces infections. La chose est possible, probable même, mais absolument insuffisante pour expliquer l'énorme expansibilité des agents contagieux de nos deux maladies panzootiques. Et *le mode de transmission* de ces maladies de pays reste à déterminer.

M. Servoles a tenté d'établir une corrélation entre la fièvre typhoïde de l'homme et celle du cheval. La découverte des agents pathogènes différents pour chacune de ces deux maladies ruine définitivement cette théorie si brillamment exposée.

Les vétérinaires italiens, après Zundel, ont voulu

identifier l'influenza humaine et l'influenza vétérinaire.

En 1890, ces deux épidémies se montrèrent en même temps dans l'ancien royaume de Naples. Le même fait a été observé en Allemagne, à Postdam. Mais rien de semblable n'a été noté en France pendant la terrible épidémie d'influenza humaine de 1889-90 si l'on en excepte une observation du Vre en 1er Nain.

Le Vre Mre Lanartic a tenté de prouver, au moyen de la microbiologie, l'unité de l'influenza humaine et caballine (*R. M.*, 3e série, t. II), mais les récents travaux de Lignières paraissent détruire les conclusions de ces laborieuses études.

L'examen de la statistique générale sur la morbidité et la mortalité des chevaux de l'armée française ne permet pas de constater nettement l'influence du *jeune âge* sur la fréquence et la gravité des *affections typhoïdes*.

Elles présentent, à travers les ans, des fluctuations capricieuses. Les deux années marquantes comme mortalité pour cette cause, 1859 et 1881, comptent bien parmi celles où les achats de jeunes chevaux furent considérables ou importants, mais, par contre, 1854 avec 40.000 achats ne compte qu'une mortalité de 30/00 pour affections typhoïdes, alors que 1864 avec 6.050 achats et 1865 avec 600 comptent à peu près la même proportion.

Mais ce même examen montre, de la façon la plus nette, et contrairement à certaines hypothèses, que *la qualité des fourrages n'exerce aucune influence sur la fréquence ou la gravité des affections typhoïdes.*

TRAITEMENTS DES AFFECTIONS GÉNÉRALES PANZOOTIQUES. — Le *traitement prophylactique* reste généralement impuissant ; les vétérinaires militaires prussiens réclament des mesures sanitaires contre les chevaux civils infectés. Quand un régiment ou un établissement est envahi, le meilleur moyen d'enrayer et surtout d'atténuer les effets de l'épidémie, est d'évacuer les écuries, de les désinfecter, de placer les animaux au bivouac, conformément aux prescriptions réglementaires du 8 juillet 1881.

Dans les foyers épidémiques, le thermomètre est le moyen le plus sûr de découvrir les malades avant toute manifestation clinique appréciable (Ph. Thomas, C, 1887).

Traitement thérapeutique. — En première ligne se placent les moyens hygiéniques de toutes sortes et particulièrement le séjour des malades dans une atmosphère pure. Les traitements médicamenteux doivent être symptomatiques et variables ; les lavements et les fumigations antiseptiques ; les électuaires d'essence de térébenthine (25 grammes), les toniques, l'antifébrine, la sérothérapie artificielle ou antistreptococcique sont pourtant d'ordre général.

Les breuvages doivent être proscrits dans tous les cas par crainte de pneumonie par corps étrangers, toujours possible, mais principalement à craindre dans le cas d'angine.

II. — INFECTIONS PULMONAIRES ENZOOTIQUES

Maladies d'écurie, nettement contagieuses, frappant presque exclusivement les animaux jeunes ; épidémie à marche traçante ; affections individuelles de gravité variable.

Ces maladies étudiées par les vétérinaires militaires prussiens sous le nom de *Brustseuche*, ont été décrites en France sous celui de *pneumonies infectieuses*. Les descriptions qu'en ont donné les auteurs français sont dissemblables des très nombreuses études fournies par les Vres Mres Jacotin, Dumas, Puthoste, Delamotte et Joly pour ne citer que les écrivains dont les travaux sont réunis dans un seul volume du *Recueil d'hygiène et de médecine vétérinaires militaires* (2e s., t. XVI).

Ces maladies, en effet, s'observent essentiellement parmi les agglomérations de chevaux et surtout de jeunes chevaux, c'est-à-dire principalement dans les écuries de l'armée et surtout dans celles réservées aux chevaux de remonte. Les statistiques prussiennes montrent avec évidence que la *Brustseuche* devient d'année en année plus fréquente et que dans certaines garnisons elle devient endémique. Il en est de même en France si j'en juge d'après le nombre des travaux publiés et d'après nos observations personnelles, car, dans les principaux établissements de remonte : Caen, le Bec-Hellouin, elle est devenue endémique.

Ces affections étaient connues des anciens vétérinaires militaires : Négrié écrit en 1848 (*R. M.*, 1re s., t. VI) : « Au dépôt de Caen, les maladies de poitrine sont excessivement nombreuses et sur 3.000 chevaux, il y en a bien 1.200 qui sont affectés d'inflammation des organes thoraciques. » Dans un autre mémoire il dit encore « La pneumonie, qui, dans la pratique civile, se montre assez souvent à l'état simple, est, sur nos jeunes chevaux de remonte, fréquemment compliquée de l'inflammation des plèvres, et elle se montre souvent aussi sous la forme enzootique... »

Chaque épidémie d'infection pulmonaire a, comme celles d'infection générale, son cachet spécial, les unes sont graves, les autres bénignes, soit à cause de la prédisposition de la race, des milieux hygiéniques variés, soit, bien plus, à cause de la virulence propre ou relative du ou des agents contagieux. Nous allons donc être obligé de faire des distinctions exclusivement cliniques entre les épidémies très bénignes sans gravité et les épidémies de gravité moyenne ou importante. Cette distinction n'a qu'un but, celui de donner une idée exacte des formes cliniques que l'on est appelé à rencontrer et à combattre dans les agglomérations de jeunes chevaux de l'armée.

Cette classification, ainsi basée sur des gravités relatives, ne repose que sur un critérium absolument arbitraire, car fatalement, parmi les épidémies à majorité de cas graves, il se glisse des cas absolument bénins.

a). Infections pulmonaires éphémères. — *Épidémicité*

propre aux infections pulmonaires, état typhoïde peu grave, localisation pulmonaire peu marquée.

Sous ce titre, nous entendons parler d'un état typhoïde bénin, accompagné d'un engouement pulmonaire généralement peu marqué et qui, habituellement, s'évanouit en quelques jours.

A voir un des sujets affectés de cette infection éphémère, on pourrait le croire atteint d'influenza, mais en observant l'épidémie entière dont ce sujet est facteur, on voit que l'affection est manifestement contagieuse, que sa contagion est limitée, traçante dans les écuries où les chevaux sont à l'attache, localisée dans un seul bâtiment quand les animaux sont logés dans une écurie bergerie, et que cette épidémie n'a rien de commun avec l'influenza qui frappe presque en même temps tous les chevaux d'un pays, d'une contrée, et même de l'Europe entière. L'infection éphémère doit donc trouver sa place dans le groupe des infections pulmonaires enzootiques.

Mais d'un autre côté (car tout se tient, tout se lie à ce grand rendez-vous d'affections qu'est l'état typhoïde) l'infection éphémère n'est peut-être que la forme atténuée du type pulmonaire suivant, puisque souvent ils s'entremêlent, ou se succèdent (Delamotte, Rohr).

L'infection éphémère est donc un état typhoïde bénin, contagieux, sans localisations manifestes, et sans gravité, se compliquant rarement si ce n'est par les inévitables synovites rhumatismales qu'on retrouve à la suite de toutes les maladies contagieuses et infectieuses.

b). Infections pulmonaires proprement dites. — (*Epidémicité propre aux infections pulmonaires, état typhoïde assez marqué, localisation pulmonaire constituée dans la majorité des cas par une pneumonie lobulaire.*)

Ici encore, on trouve un cachet spécial, à chaque épidémie. Le *R. M.* (2e série, t. XVI) contient trois relations d'épizooties de pneumonies infectieuses : une de M. Joly (pneumonie infectieuse bénigne, 2 morts sur plus de 70 cas) ; la seconde de M. Jacotin (pneumonie infectieuse typique, 6 morts sur 72 cas) ; la troisième de M. Dumas (pneumonie infectieuse grave, qui, malgré des mesures sanitaires sévères et répétées, continue ses ravages pendant plusieurs années et cause en 1888 13 pertes en 15 jours, en 1890 27 morts sur 188 malades).

MM. Joly, Jacotin, Dumas n'ont probablement pas été aux prises avec trois affections de nature identique, puisque des pneumoniques de M. Dumas le redevinrent près de M. Joly. Mais comme nous ne pouvons donner en ce livre qu'une idée générale et moyenne de la pneumonie infectieuse des jeunes chevaux de l'armée, nous emprunterons sa symptomatologie au type moyen décrit par Jacotin.

Symptômes. — Adynamie plus ou moins prononcée ; démarche lente, parfois pénible ; somnolence chez quelques sujets seulement ; pas de stupeur ; rein généralement souple.

Appétit diminué d'abord, puis, complètement aboli pour l'avoine ; bouche chaude, rarement sèche et pâteuse avec léger liséré rougeâtre autour des gencives ; absence presque constante de douleurs abdominales ; excréments secs, petits, luisants couleur de rouille souvent recouverts de mucus, rarement de fausses membranes ; la diarrhée ne s'observe qu'à la période ultime des pleurésies ou des pneumonies mortelles.

Soif habituellement modérée, urine souvent foncée, brunâtre, renfermant une petite quantité d'albumine.

Pouls presque toujours vite et régulier, rarement lent et modifié dans son rythme ; tantôt petit, dépressible, tantôt plein ; on a noté une grande variabilité sous ce rapport, ainsi que pour les battements cardiaques.

Conjonctives présentant toujours une coloration variant du jaunâtre au jaune foncé ; ce n'est que très exceptionnellement qu'on constate le boursouflement des paupières, la sécrétion abondante de larmes et de muco-pus observée si souvent dans l'affection typhoïde.

Accélération très variable des mouvements respiratoires : tantôt le nombre de ces mouvements est modéré (20 à 25) ; tantôt, au contraire, il augmente considérablement (40 à 50 et même 60), sans être toujours en rapport avec les lésions locales. Les variations du rythme de la respiration ne sont pas moins grandes.

Le jetage rouillé caractéristique de la pneumonie a été observé assez fréquemment, soit au début de l'affection, soit à la période d'état. Chez un assez grand nombre de malades, le jetage est muqueux ou fait complètement défaut. La toux est tantôt sourde, voilée, tantôt éclatante, sèche, quinteuse ; parfois petite, avortée et semblant plus douloureuse ; ces différences tiennent à la diversité des lésions.

Les symptômes pathognomoniques observés à la percussion et à l'auscultation ne diffèrent pas sensiblement de ceux de la pneumonie fibrineuse : diminution, puis absence du murmure respiratoire dans les parties malades; augmentation de ce murmure dans les régions saines ; râles crépitants et sibilants, souffle tubaire, râle crépitant de retour, etc. ; la pneumonie évolue tantôt lentement et péniblement, tantôt elle parcourt rapidement ses diverses périodes ; chez certains sujets, les signes stéthoscopiques, appréciables un jour, disparaissent dans les 24 heures ; chez quelques malades, le bruit de souffle est à peine perceptible, et enfin on a parfois constaté une simple atténuation du murmure respiratoire ; c'était alors plutôt un engouement pulmonaire (Champetier) qu'une pneumonie. Dans les cas de pleurésie, relativement rares, on note les symptômes habituels de cette maladie, dont l'évolution est lente et insidieuse.

La température est le plus souvent très élevée au début (41 à 42 degrés) ; puis tantôt elle suit une marche décroissante jusqu'à la convalescence ; tantôt, au contraire, elle augmente pendant les premiers jours, pour décroître ensuite graduellement.

On remarque rarement des tremblements musculaires, parfois intenses ; un piétinement presque continuel ou un craquement des articulations.

Variétés des épidémies d'Infections pulmonaires. — Comme nous venons de le répéter avec Jacotin, on trouve des variétés cliniques considérables et dans les manifestations générales des diverses épizooties et dans les manifestations individuelles d'une même épizootie. Mais c'est à tort qu'on a voulu contester la fréquence de l'hépatisation des poumons chez les chevaux de troupe atteints d'infection pulmonaire.

Si l'on veut bien se rappeler que la *Brustseuche* des Allemands correspond exactement à nos infections pulmonaires enzootiques et que parmi celles-ci, nous avons spécialisé déjà des infections éphémères, on verra par les documents prussiens combien doit être grande l'hépatisation lobulaire de nos pneumonies infectieuses proprement dites.

En 1891, sur 948 malades de *Brustseuche* soigneusement examinés on découvrait 615 (65 0/0) localisations et particulièrement :

230	pneumonies	doubles
145	—	à gauche
143	—	à droite.

En 1889, sur 1011 malades bien observés 465 (46 0/0) avaient

164	pneumonies	à gauche
152	—	à droite
145	—	doubles
4	—	compliquées de pleurite.

Il est bien entendu que ces statistiques générales comprennent des infections pulmonaires à pneumonies presque constantes, des infections bénignes où les pneumonies ne se montrent que 50 fois pour 100 et enfin des infections éphémères où la pneumonie véritable ne s'établit presque jamais.

Complications. — Comme toutes les infections générales, et particulièrement celles qui présentent l'état typhoïde, les infections pulmonaires se compliquent de manières les plus diverses.

Au début, on peut observer de la congestion pulmonaire cérébrale ou podophyllienne. Pendant la période d'état, l'inflammation des plèvres peut s'ajouter à celle du tissu pulmonaire. Des péricardites, de l'endocardite, de la myocardite, ont été assez fréquemment signalées. De la néphrite hémorrhagique, des symptômes d'entérite, des iritis symptomatiques, des symptômes paraplégiques ont été notés. Les affections rhumatismales apparaissant après la guérison sont très fréquentes. Le cornage et la perte de la vue peuvent être la conséquence des complications de la maladie.

La nature, la fréquence et la gravité de ces complications varient avec chaque épidémie et ce sont elles qui causent, avec la gangrène du tissu pulmonaire enflammé, la presque totalité des cas mortels.

Les affections rhumatismales seules sont à redouter dans toutes les épizooties, même les plus bénignes.

On peut avoir une idée de la fréquence relative de ces complications par la statistique prussienne de 1891 où l'on note : de nombreuses pleurésies ; 84 synovites et 2 arthrites rhumatismales ; 27 cas de cornage ; 24 affections cardiaques graves ; 20 ophtalmies internes dont 2 suivies de cécité ; 9 cas de vertige ; 8 entérites aiguës ; et d'autres complications en nombre infini.

Après cette énumération rapide des complications des infections pulmonaires enzootiques, nous n'insisterons un peu que sur les complications pleurétiques les plus fréquentes et les plus graves qu'on connaît et qu'on distingue depuis longtemps dans l'armée.

Pleurésies. — En 1848, Négrié (*R. M.*, 1re série, t. VI,

les signale ainsi : « Quand on a l'habitude de voir de nombreux sujets atteints de maladie de poitrine, on ne se trompe jamais sur l'existence de l'hydrothorax, même sans le secours de l'auscultation.

« Il y a trois symptômes caractéristiques qui l'annoncent d'une manière positive et unique :

« C'est d'abord la manière dont se fait l'inspiration, qui est *excessivement profonde, entrecoupée*, haute, laborieuse, la peau du flanc va se coller dans le dos comme on dit vulgairement.

« Le 2e symptôme consiste dans l'éclat extraordinaire des yeux, ces organes sont brillants, fixes, enfin ils offrent un aspect très particulier.

« Le 3e symptôme se trouve dans l'extrême dilatation des naseaux. »

Depuis Nègre, on a noté la sensibilité costale de nos sujets affinés, le bruit de gouttelette dont la spécificité est contestée, et surtout les résultats des thoracentèses exploratrices.

Il y a, dit M. Jacoulet, une forme d'infection qu'on pourrait appeler pleuro-pulmonaire, tellement la pleurésie y paraît inséparable de la pneumonie. En 1891, sur 124 malades, 14 moururent tous de pleuro-pneumonie, et beaucoup sans doute en guérirent, puisqu'on sait depuis longtemps dans l'armée (1846) (*R. M.*, 1re série, t. VI) que nos chevaux guérissent assez fréquemment de pleurésies dont on retrouve les traces manifestes dans les autopsies faites ultérieurement à la suite d'une mort accidentelle.

En 1901, le professeur Almy déclare, en toute franchise, que la mort est la règle dans le cas de pleurésie (C). Pourtant, bien avant cette date, de nombreux vétérinaires militaires, Jacoulet (1887), Jobelot, Alix, Bourgès, A. Barrier, Brocherion en France, Ughi en Italie, ont guéri une grande proportion de leurs pleurétiques (11 sur 12 Barrier) (12 sur 16 Bourgès), (8 sur 10 Brocherion), (7 sur 8 Ughi), grâce à la thoracentèse, au lavage des plèvres, à la sérothérapie ou à la simple thérapeutique médicale (autopsies de Montoire). La pleurésie compliquant l'infection pulmonaire est en effet bien moins grave que la pleurésie compliquant l'infection gourmeuse (A. Barrier). Blin aura l'honneur de la première pleurotomie dans le traitement fructueux de la pleurésie purulente (*R. M.*, 3e série, t. I).

Altérations anatomiques. — Les altérations anatomiques diffèrent évidemment avec les causes dernières de la mort. Dans 75 autopsies, M. Dumas (infection très grave) a rencontré : 2 pneumonies simples ; 8 pneumo-pleurésies simples ; 44 pneumo-pleurésies gangréneuses ; 1 pneumonie chronique ; 7 pleurésies ; 6 péricardites ; 1 péritonite (consécutive à l'ouverture d'un abcès pulmonaire) ; 2 méningites (consécutives à des pneumonies).

Comme on le voit, la pneumonie n'est guère mortelle que par sa terminaison gangréneuse. Le plus fréquemment, on trouve au voisinage des racines du poumon et dans les parties inférieures, des noyaux compacts, hépatisés, parfois séparés par des travées encore perméables à l'air, d'autres fois réunis en une seule masse à contours presque toujours irréguliers et limitée par une zone hyperhémiée et œdémateuse.

Sur la coupe rouge-sombre, on trouve fréquemment des cavernes co. enant un putrilage grisâtre, d'une odeur infecte, qui pénètre dans les tuyaux bronchiques et donne une teinte verdâtre à la muqueuse des conduits aériens.

Les deux principaux caractères différentiels des pneumonies infectieuses sont : la position centrale des premiers foyers inflammatoires et l'infiltration séreuse qui entoure ces lésions pathologiques.

Il est peu utile de décrire ici les altérations propres à chaque complication.

Etiologie et pathogénie des infections pulmonaires enzootiques. — La statistique générale de la mortalité des chevaux de l'armée française montre, avec la plus grande netteté, que les pertes pour affections de poitrine sont en corrélation étroite avec le nombre des jeunes chevaux achetés pendant l'année.

L'année	1848	avec ses	13600	achas et ses	17 0/00	de pertes pour affections pulmonaires
—	1854	—	40000	—	20	—
—	1855	—	31500	—	18	—
—	1859	—	14800	—	14	—
—	1881	—	20000	—	6,3	—
—	1888	—	16250	—	5,8	—

présentent en même temps, et toute considération d'époque gardée, les plus gros [illegible]chats de chevaux de remonte et les plus grosses pertes pour affections pulmonaires.

L'agglomération des jeunes chevaux dans les écuries de rem onte est une cause manifestement favorable au dévelo' ,pement et à la propagation des infections pulmonaires.

Les affections de poitrine qui causaient en 1845 une mortalité de 15 à 20 0/00 n'en occasionnent plus qu'une de 4 à 5 0/00. Cette diminution des pertes a été parallèle à la réfection des écuries jadis obscures, étroites et dépourvues d'aération convenable; aujourd'hui claires, vastes et bien aérées; nos archives professionnelles contiennent de nombreuses preuves du parallélisme de ces deux améliorations : amélioration du casernement d'un côté : diminution de la morbidité et de la mortalité pour affections de poitrine, de l'autre.

L'expérience a démontré, dit M. Wiart (*R. M.*, 2e s., t. XV), que le typhus d'écurie apparait toutes les fois que, pour une cause quelconque, les chevaux de remonte sont soumis à une stabulation prolongée. Comme M. Charon l'a fait justement remarquer, il frappe alors, dans les dépôts de remonte, *les plus anciennement immatriculés*...

La plupart des écrits des vétérinaires militaires français corroborent ces dires et montrent, en même temps (Puthoste, Jacotin, Delamotte, Joly, etc.), que ces affections sont contagieuses et qu'on peut les suivre à la trace dans les diverses écuries d'un établissement et sur les divers individus habitant ces écuries, quand celles-ci ne sont pas du type écurie-bergerie.

Dans les épizooties du 17e d'artillerie, à la Fère, et du 2e hussards, à Senlis, Thomas, Rohr, Bourgès, et Cagny, ont montré le rôle des rats dans la propagation des pneumonies infectieuses.

« Le mode de construction des murs de séparation des écuries-docks du 17e d'artillerie, dit le Vre Pl Ph. Thomas, a obligé de laisser un certain intervalle, entre la base des râteliers et les murs qui les supportent. Cet intervalle a été recouvert par des plans inclinés en planches, laissant subsister un vide assez large en dessous. Dans ce vide s'accumulent les détritus de fourrages au milieu desquels les rongeurs trouvent un facile abri (rats et souris) ; ils y naissent, y vivent et y meurent. Or, ces rongeurs sont partout et toujours les agents les plus actifs de la transmission des germes infectieux, surtout de ceux qui, ainsi que dans le cas présent, s'accumulent dans les déjections et les litières des animaux.

« Il est permis de remarquer, à ce propos, que c'est surtout vers les coins des travées que les rongeurs peuvent facilement pénétrer dans les vides sus-indiqués. Or, ce sont surtout les chevaux occupant les coins qui ont été frappés par l'infection typhoïde. »

Donc, les travaux de nos confrères français ont bien établi les facteurs suivants comme *causes* des épizooties d'infections pulmonaires :

A. *Causes prédisposantes.* — 1° Le jeune âge des animaux ;

2° L'agglomération dans les écuries insuffisamment aérées.

B. *Causes déterminantes.* — 1° La contagion traçante en opposition avec l'infection subtile des épizooties de fièvre typhoïde ou d'influenza ;

2° Le rôle des rats comme facteurs de cette épidémie traçante.

De leur côté, les vétérinaires militaires prussiens se sont livrés à une enquête sérieuse sur la marche de la Brustseuche dans leurs diverses garnisons, et après avoir rappelé que les rapports prussiens ne s'occupent jamais des établissements de remonte, faisons connaître les très instructifs résultats établis par leurs recherches (P. V. 1894).

« La Brustseuche est une maladie très régulièrement progressive quant au nombre des malades qu'elle frappe :

1497 en 1886	3165 en 1889
2341 — 1887	3276 — 1890
1755 — 1888	3525 — 1891

Elle est toujours plus fréquente pendant les trimestres où la stabulation dans les écuries est prolongée.

Dans certains régiments, l'infection est permanente, tandis que chez d'autres elle est exceptionnelle. Les infections les plus fréquentes et les plus graves (la proportionnalité d'effectif étant observée) se font remarquer :

1° Dans les grandes villes (Berlin, Königsberg, Metz, Strasbourg, etc.) ; 2° dans les petites villes ayant une forte garnison et avoisinant les grandes villes (Postdam, etc.) En ne considérant qu'un seul rapport annuel, ce fait n'apparaît pas toujours, car les régiments en question finissent par avoir un grand nombre de sujets immunisés. Mais en totalisant les résultats de plusieurs années, on arrive à trouver dans ces régiments un nombre de malades proportionnellement considérable.

Dans les petites garnisons isolées, la Brustseuche est rare ; quand elle y survient, on saisit presque toujours sa cause déterminante et elle frappe souvent un très grand nombre de malades ; aucun sujet n'ayant été immunisé par une infection précédente.

Il peut arriver que la Brustseuche devienne comme la Rothlaufseuche (nos infections générales panzootiques) une épidémie de pays. Généralement alors, elle rayonne autour d'une grande ville, foyer principal de la maladie, et d'où les mutations diverses la transportent incessamment dans les petites localités avoisinantes.

Les jeunes sujets sont prédisposés à ses atteintes, la marche de la Brustseuche est généralement traçante et nettement dissemblable de celle de la Rothlaufseuche, le plus grand nombre des auteurs estime qu'elle est purement contagieuse et qu'elle se transmet d'un animal à l'autre.

En 1895, la moitié des épidémies ne fut que la continuation d'infections précédentes, mais pour l'autre moitié, l'infection fut véritablement nouvelle. En plusieurs cas, (1900) l'introduction de la maladie eut lieu sans aucun doute par les chevaux de remonte ou par des chevaux nouvellement achetés, soit que ces chevaux fussent déjà malades le jour de l'arrivée au régiment, soit qu'ils le devinssent très peu de temps après.

Dans d'autres cas, la Brustseuche éclata dans le lot des chevaux de remonte avant qu'ils ne fussent introduits dans les escadrons qu'on réussit à préserver.

La nature contagieuse des infections pulmonaires est donc bien établie en face de la nature infectieuse des infections générales panzootiques.

Les infections pulmonaires et les infections générales peuvent d'ailleurs se succéder à bref délai chez les mêmes individus.

Les infections pulmonaires de gravités diverses peuvent se présenter également et à bref délai chez les mêmes individus (*R. M.*, 2e s., t. X). Et malgré les beaux travaux de Lignières, ces faits semblent indiquer une certaine diversité des agents contagieux de ces affections successives. Le degré de contagiosité des infections pulmonaires est également variable ; en principe, l'*extension de l'épidémie est inversement proportionnelle à sa gravité*.

Traitement. — Le traitement que nous préconisions en 1890 (*R. M.*, 2e s., t. XVI) contre les infections pulmonaires, a reçu la haute approbation de la Commission d'hygiène hippique :

Traitement prophylactique. — Evacuation des locaux infectés et même mise des animaux au parcours ou au bivouac. Désinfection réglementaire des écuries et des objets suspects d'être porteurs de l'élément infectieux (destruction des rats, réfection des murs et agencement des écuries).

Isolement aussi complet que possible et devant durer un mois après la guérison de tous les animaux infectés, divisés en trois catégories : malades, convalescents, guéris. Isolement spécial des sujets ayant été en contact médiat ou immédiat avec des animaux malades et devenant suspects par ce fait même. Abreuvoirs, couvertures, bridons, etc., spécialement affectés à chaque catégorie d'isolés.

Prise quotidienne des températures rectales de tous les chevaux occupant le centre du foyer épidémique et même ses abords immédiats, afin de pouvoir les isoler dès les premiers signes de l'infection et leur appliquer à son apparition un traitement abortif.

Surveillance assidue des animaux suspects pendant les repas et examen immédiat des sujets montrant une certaine inappétence ou toussant plusieurs fois.

S'assurer que l'aération des bâtiments régulièrement occupés est suffisante en été, et que, dans les écuries bergeries, l'enlèvement des fumiers se fait régulièrement.

Quand il n'est pas possible de pratiquer l'isolement d'une manière complète, on a eu l'idée de communiquer la maladie sous une forme atténuée à tous les animaux de l'écurie infectée. Mais ces expériences entreprises en Prusse n'ont pas donné de résultats satisfaisants. M. Lignières nous a *promis* un vaccin fabriqué par le coccobacille qu'il a découvert.

Les vétérinaires militaires prussiens demandent que la loi sanitaire civile ordonne la séquestration des chevaux infectés.

Traitement thérapeutique. — En tête des moyens thérapeutiques, on doit placer ceux qui ont pour but de combattre la fièvre, se traduisant par une élévation si intense de la température. Les bains d'air frais, les lavements d'eau fraîche ou mieux de sérum artificiel donnés chaque heure, les lavages des parties minces, du tégument cutané sont à recommander; la phénacétine, l'antipyrine, l'antifébrine surtout à la dose de 20-30 grammes matin et soir, souvent prise à la main dans un peu de son ou en électuaires, la digitale, l'alcool, l'éther et le camphre ont été utilisés.

Quand l'atonie des mouvements cardiaques est prononcée, on administre en injections sous-cutanées, la caféine (Morizot (*R. M.*, 3e série, t. I) la recommande particulièrement), l'hyosciamine (0 gr. 01) et par la voie digestive la digitale déjà citée, ce quinquina du cœur qui, comme l'iodure de potassium, joint à la propriété d'antithermique celle, précieuse ici, de diurétique.

Contre l'inflammation des poumons, les sinapismes doivent être utilisés largement dès que les moindres symptômes de localisation pulmonaire sont établis et même dans tous les cas ; on doit quelquefois les étendre sur toute la hauteur des parois pectorales. Ces sinapismes, en dehors de leur action directe si évidente et si souvent comme si heureusement constatée, jouissent de la propriété d'exciter le système nerveux, et, par action réflexe, de réveiller les différentes fonctions vitales, et particulièrement l'appétit.

Nous écrivions ces lignes en 1890, mais nous avouons que, depuis, nous avons fait quelques économies de moutarde et remplacé le sinapisme par une simple friction sinapisée qui a quelques-uns de ses avantages sans avoir ses gros inconvénients, car le sinapisme masque souvent au clinicien la marche des lésions et gêne les procédés de la thérapeutique chirurgicale (thoracentèse, sérothérapie) ; les agents médicamenteux en notre possession actuelle sont infiniment plus actifs et plus précis que ceux utilisés en 1890, et les dérivations des sinapismes peuvent être dérivées à leur tour.

Outre l'inflammation pulmonaire et la fièvre, il faut chercher à atténuer la vitalité des microbes par les injections trachéales, peut-être, mais dans tous les cas par les inhalations antiseptiques sèches dont nous avons parlé en étudiant la gourme, l'aspersion des murs et de la litière par l'eau cresylée, moyens aussi simples qu'efficaces.

Par la voie digestive, l'alcool est fort utilisé, à dose modérée, depuis 1848 (Négrié) ; les vétérinaires militaires préconisaient les toniques, le quinquina, la gentiane, alors que la médecine officielle recommandait exclusivement l'émétique, la saignée et les sétons.

L'essence de térébenthine en électuaires, 10-20-25 grammes une ou deux fois par jour, donne d'excellents résultats. Elle paraît calmer les quintes de toux en même temps qu'elle exerce son action bienfaisante sur la muqueuse respiratoire et qu'elle agit comme diurétique. Le salicylate de soude a été chaudement recommandé par Trasbot comme antithermique puissant, diurétique aussi, et comme préventif des synovites rhumatismales toujours possibles après la guérison. Le sulfate de soude (500 gr.) en doses répétées doit favoriser l'évacuation des germes infectieux contenus dans l'intestin et des excréments cuivrés, petits, secs, qui séjournent toujours trop longtemps dans le tube digestif des fiévreux.

Lorsque les cavernes pulmonaires sont établies, les fumigations antiseptiques, les excitants diffusibles, les antiputrides à l'intérieur, aidés des injections trachéales d'éther iodoformé, de solution de Lugol, peuvent permettre d'obtenir encore quelques guérisons.

Dans l'inflammation des plèvres, le Vte Mre Brunet obtint jadis quelques succès par la révulsion étagée au moyen de bandes superposées de vésicatoire mercuriel ; mais actuellement les vétérinaires militaires ont montré maintes fois le peu de danger des ponctions exploratrices de la plèvre, des thoracentèses hâtives et renouvelées, toujours aidées des diurétiques, et *des injections sous-cutanées de sérum artificiel*.

Le V^re^ major A. Barrier a été l'initiateur de cette excellente méthode thérapeutique contre les infections pulmonaires, méthode que le V^re^ en 1er Brocheriou a systématisée contre la localisation pleurétique en l'associant à la thoracentèse. Nous utilisons souvent les lavements de sérum donnés d'heure en heure, tant qu'ils sont supportés. D'après les travaux de Lignières, l'infection streptococcique viendrait constamment compliquer l'infection pasteurellique du début, aussi avons-nous eu recours dans une longue série de pneumonies infectieuses à l'emploi du sérum antistreptococcique à la dose de 160 cmc. en six jours. Nous croyons en avoir retiré de bons résultats.

Chaque complication entraîne évidemment l'emploi d'une variante dans la médication et, comme toujours, le traitement hygiénique doit être l'aide puissant et soutenu du traitement thérapeutique.

Traitement hygiénique. — Couverture et air pur, surveillance de l'émission des excréments aidée par des lavements légèrement crésylés quand la voie rectale n'est pas utilisée pour le lavage du sang par le sérum artificiel.

Litière abondante, propre et crésylée. Mise en liberté. Nourriture très variée, présentée 5 ou 6 fois par jour par petite quantité.

Boisson à discrétion, souvent renouvelée ; soins de propreté attentifs ; surveillance des lésions cutanées fréquentes sur un organisme affaibli, débilité ; tels sont les principaux soins hygiéniques à recommander à l'*œil du maître* qui doit être ici l'œil du vétérinaire.

III. — INFECTIONS INTESTINALES

Maladies individuelles, apparaissant en même temps dans toutes les écuries alimentées par les mêmes fourrages, état typhoïde variable.

Infection par fourrages avariés. — Etant donnée la surveillance exercée sur la réception des fourrages de l'armée, les infections par fourrages avariés sont rares, car pour qu'elles se produisent avec les denrées réglementaires (foin naturel, paille de blé, avoine du pays) il est nécessaire que leur altération soit assez accusée.

Jamais, pendant les 50 années qui rentrent dans notre statistique générale, il n'y a eu coïncidence notable entre la fréquence ou la gravité des affections typhoïdes ou pulmonaires et la mauvaise qualité des fourrages en distribution.

Ainsi, la récolte de 1860 a été extrêmement mauvaise à tous les points de vue, et pourtant la santé des animaux de l'armée n'a nullement été compromise par sa consommation.

Les foins de 1888 ont été mauvais, vaseux pour la plupart, et pourtant on ne leur a nullement reconnu une qualité infectante proprement dite.

Il serait très facile de multiplier ces exemples, qui sont en somme des expériences faites en grand et tout à fait contraires à la théorie de MM. Galtier et Violet sur la pneumo-entérite infectieuse des fourrages.

Des recherches que nous avons poursuivies à Saumur en 1902 avec l'A. V. S. Laurent, nous ont montré que les altérations cryptogamiques de la luzerne étaient généralement dues à la pullulation d'un *penicillium* pendant que les altérations comparatives du foin de prairies naturelles étaient généralement dues à celles d'un *aspergillus*.

Il nous a été impossible, dans l'un et l'autre cas, de déterminer chez le cheval, par ingestion directe des produits d'une de ces cultures cryptogamiques, des manifestations pathologiques comparables à celles qui sont consignées dans les observations cliniques de nos annales.

Ces observations montrent d'ailleurs que les infections par fourrages avariés simulant une affection typhoïde, sont presque toujours consécutives à la mise en distribution d'un foin de légumineuses et par conséquent produites par une *penicillose*.

Pénicilloses. — C'est Plasse, de Niort, qui, le premier, a accusé les fourrages moisis de provoquer l'affection typhoïde et Bonnaud, son disciple, a publié quelques observations confirmatives de ces vues.

« Du foin de trèfle, d'odeur affreusement mauvaise et dégageant une poussière abondante et fétide quand on le secoue », est donné à trois animaux d'une ferme : ils présentent un état typhoïde grave sans localisation manifeste et meurent peu de temps après. « L'autopsie montre le cortège complet des lésions du charbon. »

En Allemagne, neuf chevaux d'âge différents tombent malades presque en même temps, deux jours après l'introduction dans leur nourriture du foin de trèfle avarié.

Symptômes : forte difficulté respiratoire, sueurs abondantes, accidents vertigineux simulant une typhose pulmonaire (Lungenseuche).

Traitement symptomatique, et suppression du trèfle qui provoque la guérison complète des huit malades, le neuvième meurt de gastro-entérite suraiguë.

On a signalé dans l'armée française l'empoisonnement de chevaux par du pain moisi (Séon-Rochas).

Personnellement, en janvier 1892, nous avons été surpris par l'apparition subite, et à la fois sur des animaux appartenant à toutes les écuries de l'annexe de Bec Hellouin, d'un état typhoïde bénin, sans localisation manifeste, sans gravité réelle et qui coïncida avec la mise en distribution d'un foin de luzerne de très bel aspect. Mais au milieu de quelques bottes de cette superbe luzerne, nous avons trouvé des moisissures d'une végétation très luxuriante. Il est probable que ce fourrage altéré a été cause de la maladie à aspect typhoïde de quelques-uns de nos animaux. Cette épidémie se perpétua pourtant après la suppression de la denrée altérée, mais les excréments des malades s'étaient répandus sur la litière commune des écuries-bergeries et rien n'est plus fréquent que l'absorption par les chevaux des litières souillées et des crottins en nature de leurs camarades sains ou malades.

En janvier 1902, de la luzerne comprimée, moisie, détermine à Saumur 13 cas d'intoxication générale dont 6 sans localisations, 3 avec localisation pulmonaire et guérison, 4 avec pleuro-pneumonies-hémorragiques mortelles. Deux de ceux-ci présentèrent des paralysies des lèvres ou du rectum et succombèrent en vingt-quatre heures, les deux autres vécurent six jours et du pus bronchique vint compliquer chez eux les belles lésions hémorragiques observées sur les premiers. Ces morts avaient 4-6-8 et 12 ans. La suppression de la luzerne fit évanouir l'épizootie.

Le V[re] P[al] Thomas a constaté de nombreux cas d'intoxication par la luzerne moisie ; il était impossible de différencier objectivement ces intoxications des typhoses proprement dites.

Les propriétés pathogènes du *penicillium glaucum* ont d'ailleurs été démontrées par di Pietra (*R. S.* 1902) et si nous n'avons pas obtenu de résultats positifs dans nos expériences personnelles, c'est qu'elles furent insuffisantes.

Presque toujours les fourrages *artificiels*, conservés sous les hangars ouverts des magasins à fourrages de l'armée, deviennent des milieux de cultures de penicillium dès le mois de janvier, quelles qu'aient été leurs qualités avant l'emmagasinage ; tout ce qui touche les murs ou borde les meules est altéré, les sections des tiges sont bourrées de moisissures, une poussière formée de leurs spores s'envole quand on secoue cette denrée ou qu'on en délie une botte. Parfois, le préposé mélange ce fourrage altéré à celui resté sain au centre de la meule et intoxique nos montures, surtout nos jeunes chevaux.

Le vétérinaire militaire doit être attentif et sévère dans l'examen du fourrage artificiel ; toute poussière est caractéristique de la présence d'une moisissure. Il doit rappeler à son colonel que le fourrage artificiel a été supprimé de la ration des jeunes chevaux à cause de ses altérations fréquentes et de la sensibilité de ceux-ci à celles-là ; il doit rechercher les traces de moisissures dans la moelle de la tige à son point de section et quand les règlements autorisent l'usage de cette denrée, il doit la faire spécialiser aux sujets âgés à l'exclusion complète des jeunes et, autant que possible, limiter ces distributions à une époque peu éloignée de la récolte (lettre ministérielle du 6 février 1903).

Aspergillose. — Si la pénicillose n'a pas encore eu les honneurs d'une étude classique malgré sa grande fréquence, l'aspergillose du cheval, assurément plus rare, a été relatée dans l'Encyclopédie Cadéac (t. X, p. 440).

On ne trouve dans nos Annales que trois faits cliniques pouvant se rapporter à des intoxications par des graminées moisies.

Lenck (1er S., t. XX) appuie la théorie de Plasse au moyen d'un exemple dans lequel de la paille avariée aurait causé une épidémie plus ou moins typhoïde.

Bonnet (2e S., t. II) décrit une maladie foudroyante provoquée par l'usage d'un foin moisi.

Enfin M. Thary (A. 1895) observe « une affection typhoïde » provoquée par l'usage d'une paille moisie comme litière des jeunes chevaux de l'annexe de remonte de Beauval.

Avec l'aide de M. Lucet, il décrit avec soin et certitude les symptômes et les altérations anatomiques de l'aspergillose aiguë du cheval.

Quelques rares auteurs français ou étrangers signalés par Cadéac ont également constaté de l'aspergillose des solipèdes.

Symptômes. — Assez semblables à ceux des *affections typhoïdes : jetage sanguinolent*, respiration rapide et courte, bruits du cœur irréguliers, température montant à 41°, inappétence, courbature, tremblements généraux.

Plus tard, des signes locaux de pneumonie ou de néphrite infectieuse s'ajoutent aux symptômes généraux prémonitoires, la mort est rapide.

Lésions. — Hémorragie interstitielle généralisée. Le poumon, la plèvre, le cœur, sont couverts de taches hémorrhagiques sombres. Le poumon est parsemé de noyaux d'hépatisation hémorragique, du volume d'un œuf.

La muqueuse intestinale et les reins présentent la même altération.

L'examen histologique, les cultures, montrent dans ces lésions la présence du champignon.

Cadéac décrit une forme chronique qui n'a pas été observée dans l'armée.

Infections par fourrages toxiques. — On a signalé des états typhoïdes provoqués par de véritables empoisonnements ; les uns dus à la présence d'une grande quantité de plantes vénéneuses : coquelicots, mercuriale, colchique, etc., dans la paille ou le foin ; les autres dus à des légumineuses non altérées et probablement cultivées et récoltées dans des conditions spéciales encore à déterminer.

Le lupin produit une maladie spéciale, la lupinose.

Il est bon de rappeler pourtant que la première Commission d'hygiène hippique fit de longues expériences sur la valeur alimentaire des fourrages artificiels non altérés et qu'elle les déclara parfaitement aptes à remplacer le bon foin naturel. Le *traitement* des infections intestinales doit être essentiellement symptomatique. L'antisepsie du contenu intestinal doit être tentée, le sulfate de soude à haute dose et l'essence de térébenthine doivent encore ici donner de bons résultats. Evidemment, la suppression du fourrage altéré ou toxique est avant tout effectuée.

IV. — INFECTIONS NERVEUSES

Paraplégie infectieuse (Comény).

Historique. — Depuis longtemps, les vétérinaires militaires ont signalé des épizooties de paraplégie infectieuse.

En 1855, le 7e lanciers allant de Niort à Nancy, au printemps, fut éprouvé par l'affection. Roulié, vétérinaire en 1er, rapporte que la paraplégie frappait de préférence les jeunes chevaux; quelques cas furent foudroyants; ils se multiplièrent tellement, qu'arrivé à Bourges, le colonel sollicita l'autorisation de transporter ses jeunes chevaux par voie ferrée, ce qui mit immédiatement un terme à l'épizootie.

En 1887, pendant que la *fièvre typhoïde* sévissait dans différents quartiers de Paris, un certain nombre de juments furent frappées de *paraplégie*.

« L'existence simultanée de la fièvre typhoïde et de cette paraplégie spéciale, dans les mêmes unités et dans les mêmes locaux, les fit confondre tout d'abord et désigner toutes deux sous le même nom; et cette confusion a persisté pendant toute la durée de l'épizootie, aussi bien dans le public militaire que dans le civil. » Mais Comény différencie nettement *la paraplégie infectieuse* de *la fièvre typhoïde* car « *jamais* on ne constate comme prodromes, l'inappétence, la tristesse, l'abattement, la stupeur, ni non plus la moindre fièvre. Le symptôme unique, caractéristique, spécifique, est la paralysie à un degré plus ou moins prononcé de l'arrière-main. » Depuis cette époque, la paraplégie infectieuse n'a cessé de se manifester dans les casernements de la capitale et des environs.

Rancoule (*R. M.*, 2e s., t. XVIII) l'observe dans les quartiers du quai d'Orsay et de Saint-Cloud ; Pons et Steulet, à l'École de guerre et, d'après M. le Vre inspecteur Ph. Thomas, la typhose observée par Comény à l'École militaire à l'état épizootique s'y présente encore assez souvent à l'état sporadique ; on l'observe également sur divers points de la capitale. De 1894 à 1900, M. Thomas en a constaté plusieurs cas très bien caractérisés .. Dans un bastion de l'enceinte ouest de Paris, il note qu'un cheval hongre, voisin immédiat d'une jument morte de paraplégie, présente les premiers symptômes d'une affection typhoïde qui évolua, par la suite, sous une forme thoracique peu grave. L'écurie fut évacuée ; néanmoins, deux jours après, une autre jument du groupe fut affectée de paraplégie curable compliquée d'une pneumonie typhoïde bénigne témoignant que l'infection d'abord lombaire s'était généralisée. « Quoi qu'en ait dit Comény, la paraplégie infectieuse n'est rien autre chose qu'une forme particulière et exceptionnelle des infections typhoïdes, dont les formes sont variées à l'infini. »

La paraplégie infectieuse n'est pas absolument spéciale à Paris Blin, Lambert, Raymond l'observent en province et la décrivent très nettement (B L., 1898 et 1902).

La bactériologie étant encore muette sur ce point, il faut savoir attendre, mais on peut bien remarquer que la maladie des chiens qui est une pasteurellose comme les affections typhoïdes, présente des formes nerveuses bien proches parentes de la paraplégie de Comény.

Quoi qu'il en soit, étudions l'affection contagieuse au point de vue clinique.

Symptômes. — Le symptôme dominant est la faiblesse du train postérieur dans les cas peu graves, ou sa paralysie complète lorsque la maladie doit avoir une gravité exceptionnelle.

Il n'existe pas de phénomènes cérébraux, l'appétit est conservé ; la température, toujours au-dessous de la normale, descend jusqu'à 35° au moment de la mort.

La vulve, œdématiée, laisse écouler un liquide sanguinolent, jaunâtre ou blanchâtre. *Cet écoulement doit être le premier signe objectif de la maladie* (Rancoule), mais il est parfois méconnu avant l'apparition de la paraplégie. Si ce signe était régulier, il permettrait de diagnostiquer la maladie avant l'apparition de la paralysie et du cortège symptomatique très grave, parfois mortel, qui l'accompagne.

L'urine est rejetée assez fréquemment ; la sensibilité du rein au pincement est exagérée, la queue est flasque, la constipation est totale.

La marche de l'affection est variable : les premiers malades sont généralement très gravement atteints et succombent en quelques jours par paralysie progressive. Dans le cas de guérison, les symptômes paralytiques et inflammatoires des voies génito-urinaires diminuent lentement. Certains sujets ne récupèrent jamais la sûreté de leur allure.

Altérations anatomiques. — En dehors des lésions provoquées par le décubitus prolongé (muscles cuits ; sang asphyxique ; congestions hypostatiques, etc.) le Vre major Rancoule ne trouve que les lésions suivantes : le vagin et la vessie sont ecchymosés, congestionnés, enflammés. La muqueuse vésicale noirâtre, épaissie, paraît érodée en divers points, particulièrement sur le plancher de l'organe.

L'urine, de couleur brunâtre, est trouble, visqueuse, ne contenant pas de sucre mais quelques traces d'albumine. Le sédiment urinaire est formé d'urates, d'oxalates de chaux et de corps jaunes réniformes, assez volumineux, qui n'ont pu être caractérisés.

Comény signale en outre des lésions peu intenses des reins, de la congestion des méninges céphalo-rachidiennes ; il note que le col de la matrice, la matrice et les ovaires sont parfaitement nets.

Causes. — Tous les auteurs sont entièrement d'accord sur la grande prédisposition des juments :

80 juments et 28 chevaux (Comény).
40 juments et 3 chevaux (Rancoule).

L'infection de l'économie se produit par les voies génito-urinaires et la contagion s'opère par l'intermédiaire de l'urine, de la litière souillée et de l'éponge. La contagion de voisin à voisin est rare, Comény ne l'a jamais constatée, mais la contagion d'écurie est manifeste.

Beaucoup d'auteurs ont observé que la paraplégie infectieuse et les formes habituelles des affections typhoïdes sévissent en même temps, dans les mêmes locaux, sur les mêmes effectifs. L'agent pathogène n'a pas été décelé.

Diagnostic et pronostic. — Rappelons le signe prémonitoire signalé par Rancoule (écoulement vulvaire) et les signes paraplégiques progressivement plus manifestes et plus étendus. Comény a vu la gêne d'un seul membre précéder la paraplégie, mais parfois aussi, c'est la chute du sujet qui révèle au vétérinaire la présence de l'affection.

Le pronostic est beaucoup plus bénin pour les chevaux que pour les juments. Comény relate qu'en 1877, sur 108 malades dont 80 juments et 28 chevaux, il y eut 37 morts dont 34 juments et 3 chevaux.

La mortalité relativement au nombre total des malades a été de 34,25 0/0; pour les juments de 42,5 0/0 et pour les chevaux de 10,71 0/0.

Rancoule dit que la guérison, toujours longue à obtenir (15-60 jours), laisse une certaine maladresse du train postérieur.

Traitement. — a) *Traitement prophylactique.* — Supprimer l'éponge des milieux contaminés et désinfecter les effets de pansage. Evacuer les écuries et les désinfecter. Supprimer toute infection des litières par l'urine des voisins. Observer avec soin les premiers signes d'écoulement vulvaire ou de faiblesse du train postérieur pour isoler les malades et désinfecter leurs places.

b) *Traitement hygiénique.* — Rancoule dit : tout mouvement inutile et inopportun aggrave la maladie ; tout paraplégique non relevé est un animal perdu.

Il prescrit en conséquence la conduite à l'infirmerie avec précaution et le soutien du malade par tous les moyens possibles ; aliments et boissons à discrétion.

A l'école de guerre (1) on utilisait un traitement plus rationnel et qui constituait la démonstration la plus saisissante de la puissance de la cure d'air pour triompher rapidement et sûrement de toutes les typhoses.

(1) Communication inédite de M. le Vre Pal Ph. Thomas.

Dès qu'un paraplégique est signalé, on met ou on traîne le malade hors de l'écurie, on l'attache à un piquet muni d'un anneau tournant, on le force à se mettre debout sur ses pauvres jambes vacillantes, on lui imprime en le soutenant un mouvement de marche autour de son piquet et on l'abandonne ainsi à son malheureux sort, sous le soleil, sous la pluie comme sous la neige, le dos recouvert d'une ou deux couvertures si la température est trop froide. Un gardien, muni d'une chambrière, impose la marche au paraplégique, qui reste nuit et jour sur la piste circulaire, attaché au piquet, aussi longtemps qu'il le faut pour obtenir la guérison complète, fréquente, mais toujours un peu lente à venir.

Traitement médicamenteux. — Aucun spécifique n'est connu. On utilisera les toniques, les stimulants, la sérothérapie sous toutes ses formes, les injections antiseptiques dans le vagin et le cathétérisme vésical.

V. — HORSEPOX

Le horsepox, origine naturelle du *vaccin*, est une maladie contagieuse, assez fréquente sur les jeunes chevaux de l'armée. Son siège habituel, dans la bouche, met obstacle à l'utilisation des malades pour le service de la selle et ses formes anormales peuvent transformer cette affection bénigne en un fléau, immobilisant en campagne des milliers de chevaux (brigade d'artillerie de Castres en 1890).

Historique. — Dès 1834, on observe le horsepox sans reconnaître sa nature sur les chevaux du dépôt de remonte de Caen et depuis cette époque, on le signale de côté et d'autre ; actuellement, il est partout, car la contamination du cheval par l'homme vacciné et revacciné paraît être l'origine première de quelques épizooties.

En 1864, Palat constate une variole cutanée du cheval avec horsepox buccal caractéristique pendant que la petite vérole et la picotte règnent en même temps sur les habitants et les bestiaux de Grenoble. Delamotte, Peupion, Barrier père et Wiart insistent sur la bénignité du horsepox buccal, sur sa contagiosité grande et sa propagation fréquente par le communisme des éponges, des bridons, des tord-nez, etc.

En 1879, Viseux et Ph. Thomas font à Sétif une étude expérimentale du horsepox (*J. A.*) ; ils reconnaissent que la sérosité virulente n'existe chez le cheval qu'à la pointe de chaque vésicule buccale et que c'est vainement que l'on presserait leur base pour en récolter davantage.

Quand, vers 1880, M. Trasbot voulut unifier la gourme et le horsepox, presque tous les vétérinaires militaires déclarèrent que les deux affections se succèdent fréquemment avec leurs caractères propres sur les jeunes chevaux de remonte, sans influencer nullement l'intensité ou l'extension de leurs manifestations respectives. Le V^re P^al Perrin trouve dans l'épidémie de Castres (*R. M.*, 2e série, t. XIV) une preuve clinique de l'unicité de la variole et de la vaccine, toujours discutée.

En 1901, à l'école de Saumur, nous faisons quelques expériences qui nous montrent : 1° que l'éruption buccale du horsepox peut être consécutive à une inoculation cutanée sur l'encolure soumise au froid, sans qu'il soit besoin d'une inoculation buccale directe ;

2° Que les chevaux ayant présenté du horsepox sont réfractaires à la culture vaccinale et inversement.

Symptômes. — La forme buccale est la forme habituelle du horsepox militaire ; de petites pustules se manifestent sur la fine peau ou sur la muqueuse des lèvres, des naseaux, de la bouche : un peu de ptyalisme et l'engorgement des ganglions sous-glossiens sont les signes les plus extérieurs ; le deuxième ou le troisième jour, les pustules sont ulcérées et remplacées par de petites plaies ; souvent des excoriations étendues sont produites par le mors du bridon ou les fourrages. La cicatrisation s'opère en une dizaine de jours. L'éruption nasale simulant la morve (Peupion), et l'éruption anale (Jacoulet) sont décrites (*R. M.*, 2e série, t. XV et XIX ; — 3e série, t. I).

Variole du cheval. — A côté de ces éruptions vaccinales communes, nos annales signalent des épidémies de variole cutanée différenciables au point de vue clinique. L'épidémie de Castres est la plus importante de ces manifestations anormales, nous la résumons :

Les 10 et 11 juin 1890, les chevaux de la brigade d'artillerie et d'un escadron de chasseurs traversent un quartier de la ville ou régnait la variole. Le 16 juin, quelques chevaux du 9e d'artillerie présentent, dans la région du fourreau, des engorgements diffus recouverts de petits boutons suintant une sérosité citrine. Un sujet, à épaule dépilée par le vésicatoire, est porteur d'une éruption de vingt pustules, ombiliquées, pleines d'une sérosité incolore. Le lendemain, elles forment de petites plaies cupuliformes dont le pourtour fait saillie sur la peau de 2 mm. environ.

Le 17, 280 chevaux sont contaminés, tous présentent des pustules dans la région abdominale postérieure, quelques-uns à la face interne des cuisses, au pli du grasset, sur les côtes, sur la croupe, dans les paturons, sur tout le corps ; une jument est atteinte d'une infection *vulvo-vaginale*. Quatre sujets seulement présentaient des pustules au pourtour des naseaux et des lèvres.

Les jours suivants, le nombre des malades augmente jusqu'au chiffre de 439.

M. Perrin note une période d'incubation peu marquée, une durée de la maladie variant de 10 à 15 jours ; la sérosité forme des croûtes qui, enlevées, laissent suinter une nouvelle sérosité formant de nouvelles croûtes ; à la fin, cette sérosité devient purulente et laisse une plaie vive qui se cicatrise rapidement.

Quelques pustules furent énormes ; des engorgements simulant l'anasarque et quelques crevasses, javarts, paraphymosis et synovites sont signalés.

Presque tous les chevaux du 3e d'artillerie furent infectés, ceux de l'escadron de chasseurs furent un peu moins éprouvés, de sorte que *cette variole immobilisa, pendant une quinzaine, toute une brigade d'artillerie ; en campagne elle aurait contaminé un effectif considérable.*

Son intensité, sa généralisation, sa concomitance avec la variole humaine et bovine, la différencient assez du horsepox classique pour faire croire à M. Perrin qu'elle est d'origine variolique ; quelques expériences confirment ses vues et comme certaines éruptions avaient les caractères du horsepox il conclut à l'unicité de la variole et la vaccine.

Traitement prophylactique. — En 1900, nous avons eu à combattre une épizootie de horsepox buccal dont l'apparition se fit sans cause connue, une semaine après la revaccination des cavaliers du 7e dragons.

Les faces externes et internes des lèvres, la langue, les gencives, de sept sujets de cinq ans d'un même escadron sont couvertes de pustules; l'infection des autres chevaux de dressage de cet escadron où règne le communisme des bridons est à peu près certaine, aussi, après autorisation du colonel, nous vaccinons, par scarification sous la crinière tous les jeunes chevaux supposés infectés.

La *vaccination* fut faite au moyen d'une dilution dans la glycérine de croûtes et de sérosités recueillies sur un sujet à éruption majeure. Ces inoculations donnèrent lieu, à partir du quatrième jour, à une petite culture chenillée variant d'intensité avec les sujets et qui les rendit tous ultérieurement réfractaires au horsepox buccal.

Un seul cheval eut une petite éruption pustuleuse autour des scarifications vaccinales, mais aucun sujet ne présenta de mouvement fébrile ni de gêne d'aucune sorte dans son travail habituel.

Une écurie de l'infirmerie vétérinaire et une écurie d'un nouvel escadron étant infectées à leur tour, la vaccination de tous leurs hôtes fut faite immédiatement et les résultats parfaitement bénins de cette opération furent les dernières manifestations du horsepox parmi l'effectif régimentaire.

Au lieu d'avoir recours à l'inoculation du horsepox, il est beaucoup plus simple d'inoculer le vaccin de génisse qu'on se procure dans toutes les pharmacies.

Pour prévenir l'infection des jeunes chevaux, il serait bon de leur affecter un bridon individuel, de recommander aux hommes vaccinés de se laver les mains après avoir touché leurs pustules et surtout d'isoler immédiatement les chevaux infectés.

Le *traitement thérapeutique*, qui doit rester simple, est généralement peu utile.

VI. — DERMITE PUSTULEUSE

La dermite pustuleuse est une maladie nouvelle (1), caractérisée par une éruption de boutons inflammatoires, arrondis ou ovalaires, qui s'abcèdent, donnent un pus épais et laissent de petites cicatrices dépilées.

L'affection se transmet avec une extrême facilité ; sa localisation fréquente au niveau de l'emplacement de la selle apporte une gêne marquée dans l'utilisation des montures de l'armée. Les antiseptiques et les astringents s'étant montrés impuissants, j'ai préconisé la teinture d'iode comme traitement abortif de la maladie. On coupe les poils au niveau des pustules naissantes et l'on badigeonne la peau, matin et soir, avec un pinceau trempé dans le liquide.

Les effets sont constants et immédiats : la pustule avorte

(1) M. Cadéac, *Pathologie interne*, t. VII, p. 134 de l'*Encyclopédie vétérinaire* estime que le Vte Pal Goux observa en 1842 la dermite pustuleuse sur des chevaux détachés à Saint-Avold. Nous ne partageons pas cette opinion ; la dermite pustuleuse nous est venue d'Amérique, après 1870.

et disparaît; le bouton s'affaisse *sans avoir produit de pus et par conséquent de nouveaux germes*. L'enzootie est enrayée du même coup (Lecl. 1903).

VII. — AFFECTIONS INTESTINALES

Toutes les « affections intestinales » du cheval de troupe sont cataloguées dans nos archives sous cette rubrique générale jusqu'en 1896.

Parmi elles, nous ne croyons devoir étudier longuement que celles présentant comme symptôme capital le syndrome « *Coliques* ».

VIII. — COLIQUES DU CHEVAL DE TROUPE

Historique. — En 1854, la Commission d'hygiène hippique mit au concours l'étude des affections occasionnelles des *coliques chez le cheval* et neuf mémoires furent produits par nos anciens à cette occasion.

Feuvrier, lauréat de ce concours, affirma alors que « ses prédécesseurs n'ont rien laissé de positif sur les affections qu'il va étudier; faisant de la colique une maladie réelle, ils se sont d'abord contentés de traiter un des symptômes des nombreuses lésions qui font le sujet de ce concours. Puis, attribuant plus tard à mille causes différentes la douleur qu'ils cherchaient à combattre, ils ont indiqué, sous diverses dénominations plus ou moins vagues, plusieurs espèces de coliques qu'ils disaient différer entre elles, et qui, sous les noms de pléthoriques ou sanguines, nerveuses ou spasmodiques, biliaires, métastatiques, etc., n'ont servi à rien moins qu'à jeter encore plus de confusion sur un point où déjà il y en avait beaucoup trop. »

Feuvrier innovant alors, classe les maladies fonction-

Tableau synoptique des affections provoquant les coliques du cheval de troupe, par Férwurn (1861)

Coliques reconnaissant pour causes

[illegible]

nelles des coliques suivant un ordre méthodique résumé dans un tableau synoptique (p. 94-95) qui mérite encore d'être reproduit. En 1858, Raynal traite le même sujet dans le *Dictionnaire* de Bouley sans signaler le travail du Vre Mre Feuvrier dont le nom paraît ignoré des auteurs les plus récents. Nous ne pouvions en faire autant.

Nous ne suivrons pourtant pas Feuvrier dans ses excellentes descriptions car ses dires sont reproduits par toute une série d'auteurs qui se sont succédés depuis lors.

Le but de ce livre nous commande d'étudier exclusivement les causes les plus spéciales, les plus fréquentes et les plus graves des coliques chez les chevaux de l'armée. Ces causes sont variables avec les milieux militaires envisagés : elles varient encore dans le même milieu avec la nature du travail effectué.

Documents statistiques. — En France, depuis 1854, les maladies intestinales ont provoqué les mortalités moyennes suivantes :

Années			Années		
1854 .	3,07 0/00	de l'effectif	1879 .	4,6 0/00	de l'effectif
1860 .	2,53 —	—	1884 .	5 —	—
1864 .	2,73 —	—	1889 .	6,4 —	—
1866 .	3,39 —	—	1894 .	7,3 —	—
1874 .	4,45 —	—	1898 .	5,3 —	—

Il est absolument certain que les pertes proportionnelles à l'effectif ont augmenté depuis la guerre de 1870.

Les causes principales en sont :

1° La consommation des denrées exotiques ou conservées. En 1893-1894, par suite de sécheresses persistantes, la récolte fut anéantie en France ; l'on eut recours à des fourrages exotiques et particulièrement à des foins importés du Canada presque exclusivement composés de vulpins grossiers, souvent mal conservés par suite de leur mouillage à fond de cale.

L'orge se substitua également en partie à l'avoine.

Cette substitution de fourrages insapides au bon foin

parfumé des prairies françaises causa une très notable augmentation de la morbidité et de la mortalité pour affections intestinales.

Année 1892	.	7574 entrées à l'infirmerie et	671	pertes pour affections		
— 1893	.	7675	—	768	—	intestinales
— 1894	.	9631	—	898	—	
— 1895	.	9116	—	790	—	

En 1896, les pertes retombent à 678.

2° La modification défavorable (à notre point de vue exclusif) de la composition de la ration. En octobre 1881, afin de donner à notre cavalerie une nourriture plus condensée permettant une utilisation plus active de la machine animale, on diminua la quotité des fourrages pour augmenter celle des grains.

La statistique des pertes pour affections intestinales qui, jusqu'en 1882, n'avait qu'une seule fois effleuré 5 0/00 et descendait parfois (en 1862) à 2,40 0/00 se met à osciller entre 4,3 à 7,7 0/00. En octobre 1887, les mêmes vues font subir à la ration une modification de même sorte et depuis 1888 la statistique des pertes pour affection intestinale ne descend plus jamais au-dessous de 5 0/00. L'exagération du système fut même poussée si loin en 1888, que le recueil d'hygiène et de médecine vétérinaire militaire (2e série, t. XV) publia la note suivante :

« L'insuffisance de la ration en foin et en paille causa en 1888 des troubles digestifs graves dans l'artillerie, le train et les cuirassiers principalement.

Ces gros animaux en étaient réduits à consommer leur litière, leur fumier et même les crins de leurs voisins pour fournir à leur tube digestif un lest indispensable.

A la suite de cette constatation, le tarif de 1887 fut légèrement remanié et son application fut en concurrence avec le tarif de 1881, tous deux étant laissés à la disposition des chefs de corps. »

3° Les fourrages mauvais (qu'ils le soient naturellement ou qu'ils le soient devenus dans les magasins d'approvisionnement) paraissent bien avoir occasionné les mortalités excessives de 1882 et de 1888-89 en ce qui concerne les affections intestinales ; mais il faut remarquer pourtant que les denrées fourragères *exécrables* mises en distribution en 1861 n'ont eu aucune influence au point de vue qui nous occupe.

4° Des coliques de sable mortelles consécutives au bivouac sont particulièrement signalées en

1853-54-55	(guerre de Crimée)
1859	(guerre d'Italie)
1881-82	(campagne de Tunisie)

Et dans tous les corps qui campent chaque année sur des terrains sablonneux (Fontainebleau).

Cependant, s'il faut enregistrer que notre mortalité relative à l'effectif général a augmenté depuis 1854, il faut noter aussi que notre mortalité relative au nombre des malades diminue progressivement depuis vingt ans et qu'elle est notablement inférieure, sous tous les rapports, à celle des armées étrangères, ainsi qu'en témoignent les documents suivants et ceux que nous rassemblerons pour les comparer à la fin du volume.

Documents français.

Les affections intestinales, à l'intérieur, ont occasionné :

En	Effectif.	Entrées.		Morts.		
1884	94.486	4153	(4,4 0/0)	379	(9,1 0/0)	des animaux traités.
1888	93.696	5391	5,7 —	524	9,7 —	
1892	105.410	6654	6,6 —	549	8,2 —	—
1894	104.629	8644	8,3 —	751	8,8 —	—
1896	106.223	7825	7,3 —	548	7,0 —	—
1897	106.244	7825	7,3 —	595	7,7 —	—

En Algérie.

1884	17.489	972	(5,5 0/0)	169	(16,3 0/0)	—
1888	15.674	847	5,4 —	186	21,9 —	—
1892	15.422	920	6.0 —	118	12,8 —	—
1894	14.982	987	6,6 —	147	14,8 —	—
1896	13,601	1185	8,7 —	130	11,5 —	—
1897	14,283	1178	8,2 —	119	10,1 —	—

Documents prussiens.

Les statistiques de l'armée prussienne, toujours très complètes et très intéressantes, nous apprennent que la mortalité pour cause de coliques a été de :

En	Effectif.	Entrées.		Morts.		
1884	?	?	(...)	?	(9,60 0/0)	des animaux traités.
1888	79.000	2584	(3,27 0/0)	261	(10,10 —	
1892	72 500	3383	4,68 —	427	12,76 —	—
1894	76.300	3662	4,80 —	493	13,55 —	—
1896	82.200	3413	4,15 —	449	13,14 —	—
1898	77.200	3482	4,51 —	463	13,29 —	—
1899	80.900	3082	3,81 —	450	14,60 —	—

Documents anglais (coliques).

En 1894-1895, effectif 15.107 ont occasionné 492 entrées (3,20 0/0) et 53 morts (10,80 0/0) des animaux traités.

Documents hollandais (coliques).

De 1886 à 1899 la moyenne des pertes pour coliques est de 6,38 0/0 des animaux traités.

En 1900 elle est de 6,14.

En 1901 elle est de 5,62.

Ces documents ne sont pas absolument comparables puisqu'ils ne reposent ni sur des effectifs analogues ni sur des divisions correspondantes. Nous les rapprocherons autant que possible, à la fin du volume.

Soulignons seulement que, en France, la mortalité diminue de (9,1 en 1884) à (7,7 en 1897) tandis que, en Prusse, elle augmente de (9,6 en 1884) à (14,60 en 1899).

Les Prussiens constatent que la morbidité et la mortalité pour coliques atteignent leur summum en octobre ; le repos succédant aux manœuvres est la cause de ce fait.

L'accroissement progressif de la morbidité et de la mortalité dans l'armée prussienne est attribué à l'introduction de plus en plus fréquente, dans la ration, de graines indigestes : maïs, seigles, féveroles, pois.

Les statistiques prussiennes font connaître en détail les *lésions* trouvées à l'autopsie sur les chevaux morts de coliques, nous les donnons pour les années 1892 et 1893 ; elles sont toujours très analogues.

Statistiques prussiennes.

	1893	1892
Déchirure de l'estomac (cause primaire)	36	47
— (cause secondaire)	41	26
Déchirure de l'intestin grêle	2	1
— du cœcum	4	3
— du côlon	29	26
— du côlon flottant	4	3
— du diaphragme (hernie diaphragmatique)	15	16
— de l'épiploon, avec étranglement intestinal	12	14
Volvulus de l'intestin grêle	7	41
— de cœcum	8	11
— du côlon	71	66
— du côlon flottant	3	0
Invagination de l'intestin grêle dans lui-même	1	3
— — dans le cœcum	2	4
— du côlon flottant en lui-même	1	0
Etranglement de l'intestin dans l'hiatus de Winslow	9	14
Embolie et thrombose	41	46
Surcharge alimentaire (stase fécale) dans l'intestin gr.	6	4
— dans cœcum et côlon	20	19
— dans le côlon flottant	4	1
Etranglement de l'intestin grêle par tumeurs, ligaments, etc.	12	20
Gastro-entérite	37	31
Péritonite aiguë	3	4
— chronique	3	2
Calculs	10	8
Tympanite	2	4
Rétrécissements de l'intestin grêle	3	6
— du côlon	3	0
Abcès côlon flottant ou rectum	1	1
Déchirure de l'artère du côlon	1	0
— — mésentérique	0	1
Dilatation stomacale	0	2
Diverticule dans l'intestin grêle	0	1
— dans le cœcum	0	1

La fréquence relative des déchirures de l'estomac et du volvulus du gros côlon doit être soulignée.

DU TIC ET DES COLIQUES QU'IL OCCASIONNE

A l'École de Cavalerie, les coliques les plus nombreuses se présentent sur des chevaux tiqueurs qui reviennent à l'infirmerie pour le même motif 2, 3, 8, 10 fois par an, surtout pendant les périodes de repos. Il en est souvent ainsi dans l'armée et il importe donc beaucoup au vétérinaire militaire de bien connaître *le tic* du cheval pour prévenir et combattre ses conséquences parfois funestes.

Historique. — Le tic n'est pas un *rot* comme le voulait de Solleysel ; il n'est pas dû à *une altération des organes digestifs,* comme l'enseignait Renault ; il n'est pas davantage *une déglutition d'air.*

Dans un mémoire présenté en 1848 à la Société Nationale d'agriculture, Farges, V^re^ en 1er à l'École de Saumur, démontre que le tic n'est pas dû à une altération des organes digestifs. Si, dit-il, presque tous les chevaux anciennement tiqueurs présentent, à l'ouverture cadavérique, des traces plus ou moins visibles d'irritation, d'inflammation de l'estomac ou des premières portions de l'intestin grêle ; il résulte de nos observations que ces altérations organiques n'existent pas chez la plupart des chevaux nouvellement tiqueurs et chez les poulains Donc ces altérations sont effet et non cause du tic.

Farges ne se contente pas d'interroger les cadavres des tiqueurs ; il observe, il expérimente sur les sujets confiés à ses soins. Bien qu'il emploie ce mot regrettable de *rot*, il est persuadé que l'acte du tic est tout autre chose qu'une éructation et pour asseoir ses convictions il procède ainsi :

« Nous avons essayé, dit-il, de tous les moyens que notre imagination nous a suggérés pour nous bien convaincre si véritablement de l'air était humé par la bouche, en vertu d'une espèce de vide imparfait ; la chose, quoique très probable pour nous, d'après nos observations et l'analogie avec le tic en l'air, où la déglutition est manifeste, était néanmoins difficile à constater ; car, outre que la plupart des chevaux cessent souvent de tiquer quand on est près d'eux, d'autres détruisent en partie, en les léchant, les moyens préparés à cet effet. Quoi qu'il en soit, à force de persévérance et de nouveaux essais, nous avons réussi à constater plusieurs fois ce fait jusqu'à l'évidence. Ayant placé dans quelques rainures du devant de la mangeoire du son sec d'abord, puis des lamelles d'argent, en les abritant contre le contact de la langue et des lèvres, nous avons quelquefois vu ces pellicules de son, ces lamelles, s'élever par aspiration dans l'intérieur de la bouche ; puis de l'air ressortir parfois et chasser quelques-unes de ces parcelles légères restées dans les rainures. Nous avons répété ces expériences, en les variant toutefois. Ayant la précaution de couvrir les yeux à des chevaux qui ouvraient beaucoup la bouche dans l'action de tiquer, nous saisissions avec précaution le moment où le cheval dilatait les mâchoires, et nous y introduisions, sans qu'il s'en doutât, une petite spatule recouverte de ces matières légères ; et, comme dans nos expériences premières, ces paillettes étaient parfois soulevées par aspiration, et d'autres repoussées un instant après.

« Quoique bien convaincu par ces expériences, nous en avons tenté une autre qui nous parait presque aussi concluante que les précédentes. On admettra, je pense, qu'il doit y avoir coïncidence entre l'expiration et l'expulsion des gaz sortant de l'estomac (si cela se passe exclusivement ainsi dans l'action de tiquer) ; eh bien ! nous avons, cet hiver, abaissé facilement la température d'une écurie où nous tenions un cheval tiqueur outré, de manière à voir si, dans l'instant où il applique sa mâchoire sur l'auge, l'émission de la colonne d'air chaud, sortant des naseaux et facilement apercevable à cette température, coïncidait avec celle de l'air de la bouche, dans le premier instant de l'appui de ses dents sur la mangeoire ; nous avons pu nous convaincre encore qu'il n'en est pas ainsi, et qu'il se passe un instant très court pendant lequel s'effectue l'aspiration par la bouche, et après laquelle arrivent le rot et la sortie de l'air par les naseaux. Le même effet s'observe du reste, et confirme ce que nous venons de dire, si l'on tient la main devant les naseaux du cheval pendant l'action de tiquer. »

Après Farges, vers 1859, Goubaux d'Alfort fit des recherches ingénieuses sur la nature du tic, mais comme elles bouleversaient les théories classiques de l'époque, il n'en publia que longtemps après le résultat, soit seul

(1866), soit en collaboration avec le professeur G. Barrier, dans l'*Extérieur du cheval*.

« Le bruit guttural du tic, disent ces auteurs, n'a pas la signification d'un rot, mais bien d'un effort ayant son siège dans le larynx; sur un cheval qui le faisait entendre avec force, nous avons pratiqué la trachéotomie et sectionné les deux nerfs récurrents. L'animal a continué à tiquer : quant au bruit, il a disparu, par suite de la paralysie du larynx et de l'ouverture faite à la trachée.

« Nous soutenons que les tiqueurs avalent de l'air.

« Pour le démontrer, il suffit de mettre à déconvert leur œsophage et de le soulever légèrement. On voit alors, après chaque effort, une gorgée d'air descendre le long de ce conduit dans la direction de l'estomac.

« Une autre preuve encore plus palpable consiste à recueillir, aussitôt après la mort, les gaz contenus dans l'estomac et les premières sections de l'intestin, puis de les soumettre à l'analyse chimique. Dans l'estomac, on trouve de l'air pur; dans l'intestin grêle, il est mélangé aux produits gazeux de la digestion.

« Ces expériences établissent donc que le caractère essentiel du tic n'est autre *qu'une déglutition d'air*, souvent laborieuse et alors accompagnée d'un bruit d'effort ayant son siège dans le larynx. »

Mais comme le tic par éructation, le *tic par déglutition* devait succomber à son tour devant les progrès de l'observation scientifique.

Le professeur Dieckerhoff, de Berlin, dans un remarquable mémoire que nous avons traduit (*P. V.* 1897) montre que : Le tic du cheval est un jeu d'inspiration, de sorte particulière et dans lequel : 1° La face inférieure de la tête, appuyée ou fermement maintenue est rapprochée des vertèbres cervicales ; 2° la cage thoracique est tirée en avant et dilatée; 3° l'air atmosphérique pénètre à travers les cavités nasales dans le pharynx et le larynx. L'acte du tic sera complètement constitué s'il existe un bruit laryngien appelé, en allemand : Kœken.

L'introduction de l'air dans l'œsophage et l'estomac n'est pas intentionnel dans le tic du cheval ; elle en est une complication possible, mais non fatale.

Les opinions si variées qui ont eu successivement cours au sujet de la nature du tic montrent avec évidence que les différents observateurs n'ont pas étudié des tiqueurs de même sorte. (Nous parlons toujours, exclusivement, du tic à l'appui). Aussi, quand, à notre tour, nous avons voulu faire une étude personnelle de cette fâcheuse habitude, nous n'avons nullement été surpris de trouver des résultats discordants, variables avec les sujets examinés, variables aussi, chez le même sujet, suivant le mode de tiquage qu'il adopte temporairement.

Voici des exemples : Un cheval de pur sang nous est amené avec une longue tringle de fer accrochée dans la gorge à la façon d'un hameçon : cette tringle avait été placée devant lui pour l'empêcher de tiquer et, pour s'en débarrasser, le tiqueur avait essayé de l'escamoter par voie œsophagienne.

Une fois déshameçonné, le pur sang reste confié à nos soins. Comme c'était un tiqueur enragé, d'une sociabilité parfaite, nous l'avons observé de très près.

Hameçon (donnons-lui ce nom) tiquait à l'appui de vingt à vingt-cinq fois par minute, aussi bien dans l'inspiration que dans l'expiration, pendant les repas qu'en dehors de ceux-ci ; il ne se ballonnait pas et était plutôt maigre. Voici les expériences qu'il m'a laissé faire : Si, au moment du tiquage, on place les doigts entr'ouverts sur ses naseaux, on sent parfaitement bien dans l'espace interdigité l'entrée de l'air avant le bruit et son expulsion après le bruit, l'expiration étant plus importante que l'inspiration. Si, on tient dans la main une gaze d'ouate que la moindre inspiration ou expiration de l'homme attire ou repousse et qu'on la place devant les naseaux ou la bouche ouverte du cheval au moment du tic, on voit que : Devant les naseaux, elle est aspirée avant le bruit et repoussée après le bruit plus fortement qu'elle n'avait été aspirée. Devant la bouche, vers la lèvre inférieure, elle est déplacée par suite de l'ouverture de la bouche avant la prise d'appui ; vers la lèvre supérieure, elle reste immobile et il semble n'y avoir par cette ouverture ni inspiration avant le bruit ni expiration après.

Si, au moment où le cheval s'apprête à tiquer, on lui serre les naseaux modérément entre les doigts, le « cop » diminue d'intensité et si l'occlusion nasale est complète, le bruit ne se produit plus, malgré l'appui et la contraction musculaire caractéristiques de l'essai d'un tic sonore. On peut ainsi, sur Hameçon, jouer du tic comme de la clarinette.

Il résulte de ces expériences que, contrairement aux dires de Farges, de Goubaux et Barrier et de tant d'autres, le tic d'Hameçon est un jeu bruyant d'inspiration et d'expiration par les naseaux, celle-ci prédominant sur celle-là. Jamais nous n'avons perçu de déglution d'air, jamais de ballonnement : le « cop » n'est pas un bruit de déglutition.

Ce « cop » n'est pourtant pas un bruit d'inspiration chez Lento, autre tiqueur sociable qui fait entendre son bruit même quand il a les naseaux hermétiquement fermés.

La même opération (fermeture des naseaux), empêche donc le bruit chez Hameçon, ne l'empêche pas chez Lento ; le mystère n'est pas dévoilé.

Gondola tique à l'appui de deux façons bien différentes. Pendant qu'elle mange, la bouche étant pleine, elle laisse tomber sur les bords de la mangeoire où elle prend son appui les parcelles d'avoine ou de fourrage qui devraient être attirées vers le pharynx si réellement il y avait inspiration d'air par la bouche.

Quand la mangeoire est vide, Gondola appuie le menton

contre le bord antérieur de celle-ci, tire la langue au dehors sur une longueur de sept à huit centimètres, appuie sa face inférieure au fond de la mangeoire et fait entendre un bruit de laper « lap ! » différent du « cop » de la première manière. Il n'y a pas de déglutition visible ; mais Gondola a des borborygmes fréquents, des coliques de tic, une maigreur accusée.

Dans cette seconde manière, la base de la langue n'est sûrement pas abaissée par les muscles hyoïdiens et les données de Dieckerhoff ne conviennent plus.

En résumé, il nous semble que *le tic* à l'appui n'est pas toujours produit par les mêmes phénomènes. Farges a constaté une aspiration par la bouche, qui nous échappe ; Hameçon inspire l'air par les naseaux avant le « cop » et Lento non ; Gondola abaisse son hyoïde en tiquant au bord de sa mangeoire ; elle ne l'abaisse plus en tiquant au fond de celle-ci. Goubaux et Barrier ont vu mieux que tous autres « après chaque effort une gorgée d'air descendre le long de l'œsophage dans la direction de l'estomac », cela est sans doute vrai pour Gondola, mais ne l'est plus pour Lento qui tique trente fois par minute, du matin jusqu'au soir, depuis cinq ou six ans, sans se ballonner jamais.

En présence de résultats aussi divergents, il faut savoir attendre pour définir le tic à l'appui, les tics à l'appui probablement.

Causes. — Les causes invoquées comme favorisant l'apparition du tic se rapportent à l'âge (de six mois à 9 ans) ; à la race (sujets affinés) ; au farniente (cause très importante), à l'intégrité du larynx (un corneur tique bien rarement) ; à l'imitation ; à l'hérédité (faits positifs de Farges, Hertwig, Weber, Collin, et des règlements des haras prussiens ; faits négatifs de Zundel et de Dieckerhoff qui ne peuvent infirmer des faits positifs mais servent à modérer les déductions qui en découlent.

Diagnostic du tic. — L'étude est surtout importante

pour les vétérinaires des établissements de remonte.

La loi du 2 août 1884 a reconnu comme vice rédhibitoire « le tic proprement dit avec ou sans usure de dents. »

Qu'est-ce que le tic proprement dit ? De l'avis de tous les auteurs, *le tic proprement dit est caractérisé par un bruit guttural consécutif à la contraction volontaire de certains groupes de muscles*. On diffère d'avis sur la nature et le mode de production de ce bruit, sa tonalité varie beaucoup et va sur le même sujet du « cop » au « lap », suivant la position prise pour l'effectuer; mais l'accord semble établi sur les constatations qu'un expert doit faire pour déclarer le tic rédhibitoire; ce sont celles que nous venons de souligner.

Le plus souvent, un tiqueur prend un point d'appui pour effectuer l'acte constitutif de son vice ; ce point d'appui est très variable. C'est le bord de l'auge ou le fond de celle-ci, le bord de la stalle, le timon, la longe, l'encolure du voisin, leur propre canon, la main de leur maître (Jacoulet) et les variantes sont infinies. En prenant ce point d'appui, les tiqueurs s'usent les dents de façon fort diverses, certains n'ont plus d'incisives, d'autres ont les dents biseautées sur leur face antérieure généralement, mais avec bien des variantes aussi. *La constatation d'incisives anormalement usées, biseautées*, doit immédiatement appeler l'attention du vendeur sur la possibilité d'un tic à l'appui. Cependant il y a des usures dentaires naturelles simulant celle du tic.

On les observe sur les sujets qui rongent leurs mangeoires, frottent leurs incisives, ou bien, attachés pour le pansage devant un mur crayeux, l'entament un peu chaque jour.

Après l'usure des dents, *la trace*, au niveau de la gorge, *d'un collier antitiqueur* doit faire soupçonner le vice. Cette trace est marquée par des poils blancs sur la nuque et surtout sous la gorge, mais il est évident que ces poils blancs peuvent aussi être produits par d'autres causes.

L'hypertrophie des muscles sterno-maxillaires est souvent manifeste chez les chevaux tiqueurs. Ces muscles du bord inférieur de l'encolure sont parmi ceux qui se contractent le plus violemment lors de l'*effort* précurseur du « cop ». Normalement, les sterno-maxillaires ont la forme de fuseaux et, au tiers supérieur de l'encolure, l'épaisseur de deux doigts.

Chez les tiqueurs, cette épaisseur peut doubler ou tripler, et comme les muscles voisins participent à cette hypertrophie, elle devient très visible pour un œil exercé.

M. le professeur Barrier nous a appris que la découverte de cette hypertrophie appartenait à un ancien artiste Vre Mre *Bausil*; nous verrons plus tard que Goubaux, Hering, Pader et d'autres, après l'avoir étudiée en détail, en ont voulu déduire un traitement chirurgical du tic.

Le mauvais état d'entretien d'un cheval bien conformé, habituellement soumis à un travail modéré, et présentant toutes les apparences de la santé, peut également faire soupçonner le tic.

Mais aucun de ces signes n'est absolument caractéristique du vice et pour être sûr de son existence, il faut placer le cheval dans les conditions favorables à son exécution.

Exécution du tic. — S'il existe déjà des variantes dans la nature même des actes successifs constitutifs du tic, il en existe encore, et infiniment, dans le mode d'exécution de chacun de ces actes.

En règle générale, le tiqueur lèche d'abord sa mangeoire, prend un point d'appui sur elle, place sa tête en position verticale et la rapproche de l'encolure, contracte certains muscles, porte en avant et en dehors ses parois thoraciques, et fait entendre un « cop ».

Si le point d'appui peut être varié, il en est de même de la partie de la tête qui appuie. En général ce sont les incisives, mais de façons très diverses, parfois c'est le menton, d'autres fois c'est la langue. Dieckerhoff signale deux cas où le tiqueur a mis en œuvre une réelle intelligence pour adoucir le contact de son corps avec un point d'appui trop résistant :

Un cheval de treize ans, de race pure, était depuis huit ans tiqueur invétéré ; attaché à une mangeoire de grès, il ramassait avec les dents sa paille de litière, en façonnait un botillon avec ses lèvres, s'en faisait un coussinet d'appui contre le côté interne du bord de sa mangeoire, et tiquait alors plusieurs fois consécutives. Le foin ou une autre substance remplaçait au besoin la paille. Mais sans le secours d'un coussinet artificiel, il tiquait rarement et peu énergiquement. Un autre sujet de neuf ans agissait de façon analogue en utilisant une bouchée de paille longue.

La plupart des chevaux tiquent à l'écurie, d'autres tiquent également pendant un temps de repos sous les harnais de travail. Zundel en signale qui ne tiquaient jamais à l'écurie, mais seulement au travail. Les uns tiquent pendant le repas, les autres toujours en dehors des repas. Les uns aiment l'absence de tout personnel d'écurie, d'autres sont très sociables et l'expert devra tenir compte de toutes ces fantaisies avant de conclure à la non-existence du vice.

La fréquence de cet acte est plus variable encore, Farges en a compté jusqu'à 295 à l'heure et Goubaux 470. Nous avons déjà parlé des variations de tonalité du bruit qui peut être simple, ou dédoublé, bref ou prolongé avec plus ou moins de ratés au milieu des séries.

Le moindre changement aux habitudes du tiqueur peut, pour quelque temps, amener la cessation de son vice, et au milieu de toutes ces difficultés, on comprend combien il faut agir avec calme, méthode et discrétion pour découvrir le vice d'un sujet battu, blessé peut-être intentionnellement, et dont, par suite d'une vente, toutes les habitudes sont bouleversées.

Conséquences du tic. — On s'est exagéré, on s'exagère encore les conséquences fâcheuses du tic sur la santé des animaux. Pas mal de tiqueurs n'avalent pas d'air, ne se météorisent jamais, n'ont jamais de coliques et n'en auront jamais.

Ces chevaux, dépréciés commercialement par la loi du 2 août 1884, ont une valeur réelle presque égale à celle qu'ils auraient s'ils ne tiquaient pas. Pourtant, il faut compter avec la détérioration fatale du matériel d'écurie servant de point d'appui ; la difficulté d'une revente toujours à prévoir ; la propagation possible du vice, dans une écurie jusque-là indemne de tiqueurs ; un mauvais état d'entretien indépendant parfois de la déglutition d'air ; l'apparition tardive et progressive de cette déglutition provocatrice de réels et parfois graves inconvénients et enfin avec des manifestations anormales qu'on serait loin d'attribuer au tic si l'on était prévenu de la possibilité de leur causalité. Voici la relation d'une de ces manifestations observée par M. le V^re^ en 1er Thary :

Le cheval du capitaine B. tique à l'appui à chaque instant du jour et de la nuit. Il présente en même temps une sensibilité anormale du rein qui se caractérise spécialement par un fléchissement très intense du train postérieur quand l'officier se met en selle. Un beau jour, le capitaine place une muselière antitiqueuse à son cheval ; l'état général de la monture s'améliore rapidement et la sensibilité anormale du rein s'évanouit.

La muselière étant détériorée, le cheval se met à tiquer à souhait pendant 24 heures et, le lendemain matin, la monture s'affaisse quand le cavalier veut l'enfourcher. L'épreuve et la contre-épreuve renouvelées une seconde fois montrèrent définitivement que la sensibilité anormale du rein ou plutôt des iliospinaux était uniquement due aux efforts nocturnes destinés à satisfaire la passion du tiqueur.

De même que l'exécution du tic peut être suivie de douleurs et d'angoisse, de même les obstacles apportés à cette satisfaction sont aussi une cause d'anxiété et d'anorexie. Maints chevaux, dit Dieckerhoff, montrent, quand ils sont privés de tic, une certaine préoccupation dans leur manière d'être et du déplaisir au travail : mais sitôt qu'on leur a donné l'occasion de tiquer une douzaine de fois, ils reprennent leur état normal. Cette influence morale ne persiste généralement pas quand la prohibition du tic est maintenue; pourtant, le Vre Pal Ph. Thomas a vu un cas où l'anorexie et le dépérissement du tiqueur muselé furent tels qu'il fallut abandonner le sujet à la libre pratique de son vice.

De tous les inconvénients du tic, le plus fréquent, le plus grave et le plus redoutable est la pénétration de l'air dans le tube digestif.

La proportion des chevaux tiqueurs qui déglutissent de l'air est difficile à préciser, car cette déglutition est parfois incomplète, parfois minime et encore ici les variantes sont infinies. Sur les 900 chevaux de l'école de Saumur, il y avait en 1902, 60 tiqueurs connus dont 30 auraient été affectés de coliques de tic s'ils n'étaient munis de colliers anti-tiqueurs.

Dans tous les cas, on doit diviser les tiqueurs en trois groupes : 1° Ceux qui, lors de la production du « cop », ne font pas pénétrer d'air dans leur œsophage;

2° Ceux chez qui l'ouverture de l'œsophage se dilate, en même temps que le larynx, et qui reçoivent dans celle-là une partie du courant d'air aspiré. Mais cet air, régurgité à la fin de l'acte du tic, ne pénètre pas dans l'estomac ;

3° Ceux qui déglutissent l'air ainsi projeté dans l'œsophage et qui seuls relèvent de la pathologie.

Coliques de tic. — Le tiqueur qui avale de l'air se ballonne ; de temps en temps, sous l'influence d'un farniente plus prolongé, d'un état atmosphérique dépressif, d'une température chaude, ce ballonnement devient météorisme.

Parfois, ce ballonnement ou ce météorisme s'accompagne de coliques, au sujet de la gravité desquelles les vétérinaires, observateurs de milieux dissemblables, ne s'entendent guère. Ces coliques, disent Goubaux et Barrier, n'offrent aucune gravité ; un exercice un peu violent, le travail en liberté dans une cour, par exemple, et l'administration de quelques coups de fouet, en obligeant le cheval à courir, à sauter et à ruer, ne tardent pas à le débarrasser de ses gaz qui s'échappent par l'anus.

Cela est assurément exact dans certains cas, surtout pour les chevaux de trait, principaux clients d'Alfort, qui tiquent peu souvent et peu fréquemment, mais il ne se passe pas d'années que nous n'ayons à faire l'autopsie d'un tiqueur mort de coliques. On le guérit deux fois, dix fois, parfois avec peine, et un beau jour il meurt de volvulus, d'invagination, de congestion intestinale, toutes complications de la pneumatose intestinale due au *tic*. Si on sait le malade tiqueur on attribue cette mort à sa vraie cause initiale ; si on ignore ses antécédents, on se contente de constater la lésion finale sans remonter à son origine première : le tic.

Le diagnostic différentiel des coliques de tic est facile à faire ; il faut d'abord interroger le cavalier conducteur, mais ne prendre ses dires pour réels que s'ils sont bien précis et concordants avec les signes cliniques fournis par le malade. Ensuite, regardez les dents, prenez un sterno-maxillaire entre le pouce et l'index pour vous rendre compte de son volume et de sa densité, voyez si le profil des muscles cervicaux inférieurs n'est pas convexe par hypertrophie de développement, constatez le ballonnement de l'un et l'autre flanc, l'air de tristesse du malade, le peu d'intensité de ses manifestations douloureuses comparée à son état d'angoisse prononcée, à ses sueurs profuses, à la voussure de ses reins, à sa gène respiratoire, et consultez immédiatement le livret d'infirmerie, souvent vous y lirez la confirmation du diagnostic découlant de vos constatations cliniques : « coliques répétées » « coliques de tic. »

A ces signes presque réguliers, on peut ajouter parfois un mauvais état d'entretien caractéristique et les traces d'un collier anti-tiqueur, mais quand ces signes existent, les commémoratifs sont généralement si précis que le diagnostic n'est plus difficultueux.

Traitement des coliques de tic. — Le diagnostic différentiel posé, le traitement devient facile ; celui indiqué par Goubaux n'est pas à dédaigner dans sa brutale simplicité, mais il est souvent insuffisant.

Il faut alors redonner aux muscles stomaco-intestinaux paralysés par leur distension un secours thérapeutique. Les lavements et les injections rectales d'eau froide ont été particulièrement recommandées à Saumur par le Vre en 1er Dangel ; ils agissent mécaniquement par la réfrigération condensatrice des réservoirs gazeux et la provocation de mouvements vermiculaires intestinaux. La ponction du cœcum et peut-être de l'estomac (?) peuvent devenir nécessaires quand le météorisme persiste. L'utilisation de l'arécoline et de l'ésérine, la saignée lors de symptômes congestifs manifestes, peuvent devenir indispensables.

Si le tic n'est pas effet de lésions primaires du tube digestif, il en devient souvent la cause ; cette complication aggrave singulièrement les dangers du météorisme produit par le tic invétéré, qui se manifeste alors par des symptômes de plus en plus alarmants aboutissant parfois *à la mort*, malgré les soins les mieux entendus.

Toutes ces conséquences du tic doivent être sérieusement envisagées avant de se résoudre à l'achat d'un tiqueur. Nous avons essayé de les bien indiquer et d'en montrer tous les inconvénients bien que, à notre avis, le tiqueur soit actuellement déprécié beaucoup plus que, raisonnablement, il ne le mérite.

Traitements du tic. — L'abondance des moyens de traitement démontre, en général, leur inefficacité. Si on en avait un bon contre le tic, on n'en inventerait pas un autre chaque jour. Solleysel en a déjà cité pas mal et des meilleurs en 1664. Les appareils que Hauptner de Berlin a rassemblés dans son catalogue de 1900 sont assurément plus perfectionnés sans être beaucoup plus efficaces. Tous ont leurs avantages, tous ont le grand inconvénient de ne pas guérir l'animal de son désir de tiquer à la première occasion. S'imaginer qu'on a guéri un tiqueur en le mettant dans l'impossibilité *temporaire* de tiquer, c'est se préparer de cruelles désillusions pour l'avenir.

Aussi de tous ces traitements temporaires, les plus simples sont les meilleurs et les plus simples sont ceux de Solleysel :

« Les remèdes qu'on peut apporter au tic ne réussissent pas toujours. On fait faire une courroye de cuir, large de trois doigts, avec laquelle on serre le col du cheval près de la teste, en sorte néantmoins qu'il puisse avoir son haleine : tant que le cheval aura le gozier serré de cette manière il tiquera peu ou rarement.

« D'autres font couvrir les bords de la mangeoire avec des lames de fer, le cheval trouvant ce fer n'ose appuyer les dents dessus pour tiquer, et ainsi il demeure quelque temps sans avoir ce divertissement : mais il y en a de si attachez à ce caprice, qu'ils tiquent sur le fer.

« Le plus assuré moyen pour les chevaux tiqueurs est de les faire manger en lieu où il n'y ait point de creiche ou mangeoire, qu'il y ait seulement un ratelier, et attachant les chevaux à une boucle contre le mur, leur donner leur avoine dans un habre sac, qui est un sac qu'on leur pend à la teste avec une corde, comme font les cavaliers à l'armée, et les charretiers sur les ports à Paris.

« J'ai veu des chevaux guérir absolument de cette incommodite par l'un de ces moyens, qui avoient mesmes plus de huiet ans passez, par ainsi envieillis dans leur vice. »

Le collier anti-tiqueur du V^re Mre Groslambert, remarquable par sa simplicité et son efficacité relatives, a été réglementé dans l'armée en 1902 ; nous avons utilisé son action préventive et curative et, ainsi que Solleysel, nous avons vu à Saumur la jument Tosta « guérir absolument de cette incommodité », au moins pour une année.

Les traitements prophylactiques du tic découlent de nos études sur les causes du tic.

Il faut autant que possible laisser les jeunes chevaux en liberté ; les abriter dans des écuries vastes, à murs lisses, à mangeoires mobiles et placées un peu bas. Il faut prévenir le tic par imitation, le tic héréditaire et ne pas laisser les chevaux adultes 24 heures par jour attachés par la tête devant une mangeoire vide.

Traitements chirurgicaux. — Nous avons dit que Bausil avait, en 1813, signalé l'hypertrophie des muscles sterno-maxillaires chez les chevaux tiqueurs. En 1858, Goubaux reconnut l'exactitude de la remarque de Bausil, mais il constata aussi l'hypertrophie de muscles voisins à l'exclusion des sterno-maxillaires. Il vint alors à l'idée de Goubaux de sectionner les sterno-maxillaires près de la mâchoire pour combattre le tic. Il considéra ses essais comme infructueux.

En 1869, Hertwig fit les mêmes constatations que Bausil, constatations qui le conduisirent, comme Goubaux, à tenter le traitement chirurgical du tic.

L'opération de Goubaux, répétée en Allemagne comme en Italie, ne donna que des résultats passagers; après cicatrisation, les opérés recommencent à tiquer.

En 1886, Hell modifia l'opération en la faisant non sur le tendon mais sur le muscle, à son entrecroisement avec la veine maxillaire externe; il annonça des résultats excellents. Nous avons pratiqué plusieurs fois l'opération de Hell, parfois avec succès, d'autres fois avec un insuccès tel qu'un an après l'opéré mourait de coliques de tic. L'opération est sans danger pour la vie du sujet et l'indisponibilité en résultant n'excède pas quinze jours. L'insuccès est donc peu redoutable, on obtient d'ailleurs des demi-succès, c'est-à-dire que le cheval continue à tiquer, mais sans bruit laryngien et sans déglutition d'air; il n'a plus de coliques, ne se ballonne plus et perd cet état de maigreur caractéristique du tiquage excessif.

Dieckerhoff a également opéré la section des sterno-hyoïdien et sterno-thyroïdien; il a obtenu encore des succès et des insuccès. Comme on ne peut couper tous les muscles de la région cervicale inférieure et qu'ils peuvent s'entr'aider et se remplacer mutuellement, il faut savoir se résigner au demi-succès réalisé

Quand doit-on traiter chirurgicalement le tic? — Puisqu'une certaine proportion de tiqueurs n'ont pas de coliques, il est bien inutile de les opérer. Parmi les autres, il faut éliminer les vieux chevaux et réserver nos faveurs pour les jeunes qui fournissent généralement les succès les plus complets.

Il faut encore éliminer ceux dont l'hypertrophie musculaire n'est pas bien localisée à un muscle facile à sectionner et chez lesquels l'omoplat hyoïdien, par exemple, est surtout mis en œuvre pour obtenir le tic. (Gerlach a essayé sans succès la myotomie de ce muscle). Il reste en somme un champ assez restreint de tiqueurs susceptibles d'un traitement chirurgical avec chances de guérison ou d'amélioration. Mais sur ceux-là, il faut essayer l'opération, qui n'est pas dangereuse comme celle du cornage et réussit plus souvent et plus facilement en des mains d'une habileté moyenne (1).

Du tic en l'air. — Puisque le domaine du tic à l'appui va depuis l'énergique agrippement du bord de l'auge par la puissante tenaille des incisives jusqu'au tic avec appui sur la langue du tiqueur (ou la main de son maître), on voit qu'il se relie insensiblement par ces dernières manifestations avec un tic où l'appui n'existe plus, *le tic en l'air*. Généralement, pour l'effectuer, l'animal commence par agiter ses lèvres; puis il abaisse brusquement la tête, parfois jusqu'au niveau des genoux et alors avale une gorgée d'air en produisant ou non un bruit guttural. Le tic en l'air présente de nombreuses variations.

Les tics en l'air avec bruits sont rédhibitoires, mais le tic à l'appui sans bruit laryngien ne l'est pas.

En nous éloignant de plus en plus du tic proprement dit on peut citer le claquage des dents; le battage des

(1) Voir pour les indications que nous avons recueillies sur les résultats de la méthode P. V. 1899, p. 23. Les manuels opératoires des opérations de Hell et de Dieckerhoff sont esquissés *P. V.* 1898, p. 214 et 1901, p. 750.

lèvres; le happer; le léchage des auges; la langue serpentine puis, de plus en plus loin, les jeux avec la chaîne d'attache ; les tics de la tête, de l'encolure, des membres, de tout le corps. Le plus célèbre de ceux-ci est le *tic de l'ours*, très fréquent, et dont nous avons constaté la propagation par imitation.

INDIGESTIONS D'EAU

Après le tic, les *indigestions d'eau* sont les plus fréquentes causes des « coliques régimentaires ».

Etiogénie. — Elles se manifestent surtout en été, le soir, dans les régiments où l'abreuvoir n'a lieu que deux fois ou, à plus forte raison, une fois par jour.

La basse température de l'eau agit très notablement sur la fréquence des coliques d'eau. Pendant l'été et l'automne de 1847, le 2e carabiniers eut, au Mans, 115 cas de coliques dont 6 mortels, attribués à l'extrême fraîcheur de l'eau du quartier (*J. M.*, 1864).

Budelot (*R. M.*, 1847) a fait une importante observation au sujet de ces coliques d'eau froide.

Son régiment était logé en deux fractions, l'une dans les bâtiments proches des abreuvoirs et l'autre dans des bâtiments éloignés :

« Les premiers, lors des grandes chaleurs, s'abreuvant avec avidité, étaient immédiatement rentrés dans des écuries dont la température était au-dessous de l'ambiance extérieure et présentaient de fréquentes coliques nerveuses ou congestionnelles dues à l'ingestion d'eau froide, tandis que les seconds après avoir bu la même eau, faisaient un long trajet au pas, étaient réchauffés par la marche et la température ambiante, et ne présentaient aucun cas de coliques de même sorte. »

Aux manœuvres, l'eau fraîche des puits est infiniment plus dangereuse que l'eau courante des ruisseaux, toujours influencée par la température extérieure.

Il n'est pourtant pas nécessaire que l'eau soit froide pour provoquer des coliques. Son absorption en trop grande quantité suffit.

Tous ceux qui ont l'expérience des climats chauds, dit le Vre Pal Voinier, savent que par les grandes chaleurs sèches, les digestions sont laborieuses, la soif inextinguible, les coliques fréquentes, et que ces dernières sont, dans la plupart des cas, dues à l'ingestion d'une trop grande quantité d'eau à la fois : et cela est si vrai, qu'il suffit de punir sévèrement tout cavalier dont le cheval est atteint de coliques, ou tout garde d'écurie qui laisse échapper ses chevaux vers l'abreuvoir, pour que, du jour au lendemain, les coliques cessent (*R. M.*, 3e série, t. III).

Symptômes et diagnostic. — L'heure à laquelle débutent les coliques, les commémoratifs souvent précis, facilitent beaucoup le diagnostic causal des coliques d'eau. Les manifestations symptomatiques varient avec la température du liquide et le tempérament des sujets. Les chevaux très affinés présentent souvent des frissons, des tremblements musculaires, de la stupeur plutôt que de l'agitation et comme les pulsations et les respirations augmentent de nombre, que les conjonctives sont injectées, la température rectale élevée, on peut prendre, au début, les coliques d'eau froide pour des symptômes prémonitoires d'une infection microbienne, je constate le fait chaque année.

Mais chez la plupart des chevaux de cavalerie, on relève simplement les symptômes d'une indigestion stomacale, symptômes que nous analyserons plus loin.

Traitements : *Traitement prophylactique.* — Il est tout entier contenu dans les prescriptions hygiéniques du service intérieur.

Traitement thérapeutique. — La résolution s'obtient fréquemment par la marche, le bouchonnage énergique, l'application de couvertures. Parfois pourtant la paralysie stomacale s'établit, des symptômes congestifs réactionnels s'éveillent et réclament les énergiques traitements nécessaires contre ces complications.

Une règle générale permanente pour tous les chevaux à coliques sans exception, mais surtout pour les sujets présentant des coliques après l'abreuvoir doit prescrire aux employés de l'infirmerie vétérinaire de couvrir immédiatement le malade, de le bouchonner énergiquement sur l'abdomen et ailleurs, de le promener modérément. Le lavement d'eau froide doit être proscrit.

Les breuvages tièdes augmenteraient la paralysie de l'estomac en exagérant encore sa distension parfois extrême, puisque plusieurs vétérinaires militaires ont signalé des bruits de glou-glou, des régurgitations d'eau, des vomissements, et que nous avons assisté personnellement à la formation d'un jet d'eau stomacal, consécutivement à une ponction du flanc droit distendu. Dans ce dernier cas, l'estomac devait sans doute contenir un énorme volume d'eau puisque, simulant le ballonnement des indigestions stomaco-intestinales ordinaires, il avait pris la place du cœcum refoulé. Sa ponction produisit *un jet d'eau très pure* qui s'éleva à un décimètre au-dessus de la canule du trocart, qu'on croyait placer au niveau du cœcum, bien qu'il fût un peu bas et un peu proche de la dernière côte. Un verre à bordeaux sortit par la canule, quelque peu sans doute tomba dans la cavité péritonéale et cette évacuation suffit pour permettre aux fibres stomacales de récupérer une tonicité suffisante et refouler dans l'intestin grêle la masse d'eau pure qui les distendait à outrance.

Les coliques disparurent comme par enchantement ; aucune complication ultérieure ne survint.

L'arécoline et l'ésérine à doses fractionnées doivent être préférées à la pilocarpine contre l'indigestion d'eau froide.

Le sinapisme sous le ventre peut être utile comme stimulant général et complément du bouchonnage.

COLIQUES DE FROID

Nous avons observé sur les chevaux de sang de l'École de cavalerie quelques *coliques produites par un refroidissement* inhabituel.

C'est un inconvénient de l'aération permanente des

écuries des chevaux affinés. Mais il faut immédiatement ajouter que cette mesure hygiénique est, par ailleurs, la plus belle des conquêtes de l'hygiène vétérinaire militaire.

INDIGESTIONS STOMACO-INTESTINALES AIGUES

Fréquence relative — Habituellement on sépare nettement l'indigestion stomacale de l'indigestion intestinale. La première serait caractérisée par le relèvement de la lèvre supérieure, des bâillements, des éructations, des nausées, quelquefois du vomissement ; à la seconde est réservé le *ballonnement*. Or le ballonnement étant infiniment plus fréquent que l'éructation, il s'ensuit que le diagnostic d'indigestion intestinale est infiniment plus fréquent que celui d'indigestion stomacale.

Avec le Vre Mre Chénier (T. 1900), j'estime que l'indigestion stomacale est plus fréquente et complique souvent l'indigestion intestinale aiguë, que le ballonnement est souvent dû à la pneumatose stomacale et que la ponction de l'estomac a dû souvent être faite par le flanc droit en lieu et place de la ponction du cœcum.

Je connais très bien toutes les objections qu'on peut faire aux dires de M. Chénier au nom de l'anatomie *cadavérique*, mais bien des faits de la clinique et les sensations de certaines explorations rectales plaident en faveur des vues et des faits rapportés par notre ancien camarade.

Causes. — Les indigestions stomaco-intestinales se manifestent généralement peu après le repas du soir, surtout par les temps lourds et orageux qui influent considérablement sur l'activité relative des fonctions digestives. On les voit apparaître aussi à la suite d'un travail pénible succédant trop tôt à un repas d'avoine.

En Prusse, les capitaines commandants, plus libres que les nôtres dans les substitutions alimentaires, abusent du seigle, du maïs et des grains indigestes pour leur cavalerie, aussi la mortalité prussienne par indigestion stomacale est-elle très supérieure à la nôtre.

Si l'orge est convenablement mastiquée et facilement digérée par nos chevaux arabes, il n'en est plus de même pour nos chevaux de races françaises. En 1894, la substitution d'orge à l'avoinea causé de nombreuses indigestions stomaco-intestinales. En distribuant l'orge mélangée à l'avoine, on aggrave singulièrement les inconvénients de la première ; d'une dureté plus grande que celle de l'avoine et d'une sapidité moindre, elle est déglutie après une incomplète mastication. Instruit par l'expérience de 1894, on utilisa l'orge, en 1902, d'une toute autre manière. A l'Ecole de cavalerie, cette denrée fut arrosée d'eau bouillante le soir, et donnée seule, au réveil, à raison de 500 gr. par cheval. Jamais les maladies de l'appareil digestif ne furent moins graves à l'Ecole qu'en l'année 1902.

L'admission, dans les distributions destinées à nos chevaux de races françaises, des avoines d'Algérie et de Tunisie a également une influence incontestable sur la fréquence et la gravité des affections gastro-intestinales aiguës. Ces avoines rousses, à grains volumineux et à enveloppes très épaisses et coriaces, sont d'une mastication très difficile pour nos chevaux français accoutumés à nos avoines indigènes tendres ; peu sapides et privées de principe excitant, elles offrent pour nos animaux tous les inconvénients de l'orge, avec cette aggravation que, souvent piquantes, elles irritent parfois la muqueuse buccale au point de produire de la stomatite ulcéreuse (Ph. Thomas).

Les effets indigestes et irritants des avoines d'Algérie sont beaucoup moins apparents sur nos races du midi que sur nos races du nord, la normande principalement.

Vers 1878, on introduisit dans nos approvisionnements de concentration d'énormes quantités d'avoines exotiques d'origine russe principalement. Ces avoines, pour la plupart étuvées, étaient d'une mastication difficile et manquaient totalement de principes excitants, défaut essentiel qui avait sa répercussion sur la fonction intestinale aussi bien que la fonction locomotrice. L'énergie des chevaux *normands* se transformait notablement suivant que leur ration d'avoine était formée par de l'avoine de concentration ou par des denrées du pays (Ph. Thomas).

Un « homme du cheval » des plus écoutés a eu la malheureuse idée de mettre à la mode le son sec, au moment où les meules perfectionnées enlèvent à ce résidu alimentaire la presque totalité de ses produits assimilables. Il est classique que le son sec s'accumule dans l'estomac, absorbe le suc gastrique et forme une masse volumineuse parfaitement indigeste ; le son doit être « frisé » ou ne pas être.

Les denrées les meilleures et les plus fluides, même l'eau, prises en trop grande quantité ou trop gloutonnement provoquent également l'indigestion stomacale.

Symptômes. — La douleur est d'abord modérée, le cheval s'agite, gratte du pied, bâille, relève sa lèvre supérieure ; le pouls est fort ; les muqueuses peu congestionnées ; le ballonnement faible ou nul. Ces symptômes bénins s'aggravent progressivement si l'atonie stomaco-intestinale persiste quelques heures et si la fermentation des matières alimentaires produit des gaz inhibiteurs de toutes les fonctions digestives.

Le pouls devient bientôt dur et répété, la respiration haletante, les muqueuses congestionnées, des sueurs profuses accompagnent une agitation plus intense entrecoupée de moments de repos pendant lesquels le cheval regarde son flanc gauche. Si l'indigestion se prolonge, les symptômes deviennent alarmants et caractéristiques soit d'une rupture stomacale ou intestinale (pouls effacé, accablement) soit d'une obstruction produite par une complication de la simple indigestion du début. Un nouveau diagnostic s'impose.

Traitements. — *Traitement hygiénique*. — Le malade

couvert, muni d'un caveçon et jamais d'un bridon, est conduit sur le sol meuble du rond où les chevaux sont dressés à la longe. Le cavalier laisse le cheval libre de ses mouvements, surveillant simplement ses ébats et prévenant d'inutiles blessures. Avec M. Chénier, nous estimons la promenade forcée, au moins inutile ; elle épuise l'animal, elle substitue des chutes au décubitus libre, elle gêne les mouvements instinctifs que le malade oppose à la cause provocatrice de la douleur et qui peuvent amener la détorsion d'un volvulus du gros colon ou la rétrogradation d'une anse intestinale herniée; elle prive aussi le vétérinaire de précieux éléments de diagnostic.

La liberté du malade, *ce qui ne veut nullement dire son immobilité*, est donc préférable de tous points à la promenade *forcée*, dans le traitement hygiénique des indigestions gastro-intestinales aiguës.

Traitement thérapeutique. — Des lavements répétés, à l'essence de térébenthine par exemple (10 gr. par litre) doivent être donnés avec soin.

La paralysie stomacale commande l'abstention des breuvages abondants et peu actifs qui viennent ajouter leur volume à celui des aliments ingérés. Pourtant, à défaut des alcaloïdes spécifiques : pilocarpine, ésérine, arécoline, le vétérinaire militaire doit se souvenir que le café a été fortement recommandé par M. Pulhoste, à la dose de 50 gr. par litre. On trouve ce médicament partout et l'on peut partout aussi additionner son infusion d'un peu d'alcool.

Les injections sous-cutanées de pilocarpine à la dose de 10 cgr., d'arécoline à la dose de 5 cgr., d'ésérine à la dose de 5 cgr., sont les médicaments spécifiques de l'indigestion gastro-intestinale aiguë. On peut répéter ces injections à une heure d'intervalle.

Nous parlerons, pour les condamner, des injections intraveineuses de chlorure de baryum en étudiant le traitement de l'indigestion intestinale chronique, mais consignons ici que, lors de l'entrée de l'ésérine dans les pharmacies vétérinaires militaires et par suite de son utilisation à des doses supérieures à 5 cgr., M. le V[re] P[al] Thomas constata nettement sur les statistiques de détails du Ministère de la guerre que le nombre des indigestions stomacales compliquées de ruptures des parois de ce viscère, et de ce fait mortelles, augmentait dans des proportions extraordinaires. Avant et après 1870, les ruptures stomacales et intestinales *ante mortem* étaient très rares dans l'armée.

L'injection intra-veineuse de l'ésérine, encore plus active et plus brutale que l'injection de chlorure de baryum doit être radicalement proscrite.

INDIGESTIONS INTESTINALES CHRONIQUES PAR STASE ALIMENTAIRE

Quand les chevaux de troupe rentrent des grandes manœuvres, maigres, blessés, levrettés, éreintés, ils sont laissés à l'écurie dans un doux farniente pour se reposer, en attendant novembre et le travail des recrues. Leur ration forte en grain, parcimonieuse en fourrage, ne satisfait pas leur capacité digestive et ils ingèrent leur litière non seulement dans ses couches supérieures, mais encore dans ses couches inférieures où souvent elle commence à passer à l'état de fumier.

Ce que font ainsi pendant un temps tous les chevaux militaires, d'autres le font constamment, dévorant tout et le montrant par un abdomen anormalement rebondi et tombant. Ces sujets sont souvent atteints d'indigestion intestinale chronique par stase alimentaire. Les aliments indigestes s'accumulent, se feutrent particulièrement dans le gros colon et l'occlusion intestinale est constituée.

Ces coliques d'obstruction sont fréquentes aussi chez les chevaux détenus par des officiers sans troupe, qui ne montent pas à cheval et les laissent souvent des semaines entières à l'écurie (Valdteufel, *R. M.*, 3e série, t. II).

On les observe surtout à l'époque déprimante de la saison chaude et lors de la mise en distribution de fourrages conservés, trop souvent vieux, poussiéreux, insapides et par conséquent indigestes.

Symptômes. — La bouche est sèche, les muqueuses et le pouls peu altérés, les manifestations douloureuses atténuées et intermittentes ; le malade gratte le sol et se regarde le flanc, son ventre généralement volumineux se ballonne, la défécation est arrêtée. Ces coliques durent plusieurs heures ou plusieurs journées ; la résolution est souvent obtenue mais la mort peut survenir sans complications après plusieurs jours de souffrances, un amaigrissement considérable et, à l'autopsie, un simple feutrage d'aliments grossiers dans le gros intestin. Mais des complications peuvent survenir au cours de l'affection et, ici plus encore que dans les coliques à brève échéance, le diagnostic doit être assis sur des constatations précises. Par l'exploration rectale, on peut percevoir les parties postérieures du gros colon bourrées d'aliments durs et tassés, on peut même les malaxer et se rendre compte en tous cas de la marche de la désobstruction cherchée par le traitement. La main introduite dans le rectum peut rencontrer un calcul obturateur qu'elle extrait (Jobelot), ou bien son entrée est gênée par les brides mésentériques révélatrices d'un volvulus du gros colon ; elle suit les contours d'une tumeur, explore la vessie et les canaux inguinaux. L'absence de courbure pelvienne nous fit diagnostiquer une hernie diaphragmatique, le refoulement des anses intestinales dans le bassin est le fait d'une pneumatose stomacale, etc. ; on ne saurait trop recommander cette pratique pour assurer le diagnostic des affections déterminant des coliques persistantes.

Traitement. — Il doit avoir pour but la dilution et l'évacuation des aliments accumulés. La pilocarpine, l'arécoline remplissent bien ces deux rôles par l'activité sécrétoire et la tonicité musculaire qu'elles impriment aux organes digestifs.

Le chlorure de baryum en injections intraveineuses, préconisé par certains auteurs, n'est pas réglementaire dans l'armée, et nous estimons qu'il doit être délaissé.

Des expériences systématiques faites en Allemagne montrent qu'avec lui la mortalité augmente. En 1899, dans deux régiments de la garde prussienne on observa que, aux hussards où sur 20 cas de coliques, 18 furent traités par le chlorure de baryum, il y eut 6 morts, pendant que, aux dragons, sur 32 cas de coliques, aucun ne fut traité par le chlorure de baryum et il n'y eut que 2 morts.

L'action trop brutale de ce médicament doit faire prévoir des déchirures intestinales dans le cas qui nous occupe, déchirures mortelles que l'on peut éviter en faisant entrer le temps comme facteur dans des traitements moins violents.

Les statistiques montrent en Allemagne : que si le chlorure de baryum en injection intra-veineuse peut guérir plus vite, il guérit moins souvent que les alcaloïdes. Or, dans l'armée du temps de paix, le temps n'est pas de l'argent, et on ne doit pas rechercher les médicaments qui tuent plus vite, si ce n'est plus sûrement les malades confiés à nos soins, sous le simple prétexte qu'on aura plus vite terminé la lutte engagée avec le mal qui les étreint.

Un progrès thérapeutique n'est réalisé dans la médecine Vre Mre du temps de paix que s'il *conserve* un plus grand nombre d'animaux dans le meilleur état de santé, pour le jour où on devra les sacrifier au salut de la Patrie. Nous sommes les conservateurs d'un capital matériel et moral et le temps ne nous est pas mesuré pour sa meilleure conservation.

En campagne, il faut suivre la marche du régiment, parfois en sacrifiant les blessés encombrants et les injections intraveineuses de nos alcaloïdes préférés seront des médicaments encore plus actifs que le chlorure de baryum comme désobstructeurs intestinaux héroïques (Lecl. 1903).

La ponction intestinale, les soins hygiéniques de toutes

sortes ont leur rôle à jouer contre le météorisme qui complique souvent l'indigestion intestinale chronique. Mais la douche rectale préconisée par M. Puthoste (*R. M.*, 2e série, t. XIII) devient ici, souvent, un aide-souverain.

Jacotin (*R. M.*, 2e série, t. XVI) rapporte un fait où la canule de l'appareil à douches placée dans le rectum est laissée 10 minutes, l'eau ressortant librement par l'anus. Chaque heure la douche rectale est recommencée durant un quart d'heure. Après la quatrième on constate l'expulsion d'une assez grande quantité de matières alimentaires diluées ; peu après la débâcle survient et le malade guérit. Le procédé Jacotin est à recommander mais il n'est pas sans danger et si la pression de l'eau est forte, si l'affaiblissement du sujet est grand et l'atonie de son tube digestif extrême, il peut se produire une mortelle déchirure du rectum.

Toujours dans le cas d'indigestion intestinale chronique, la débâcle doit être obtenue avant le renvoi du sujet sous peine de le voir revenir le lendemain plus malade que la veille. Cette débâcle est constatée *de visu* par le vétérinaire qui fait conserver toutes les déjections du sujet afin d'en contrôler le volume et la constitution. Cette débâcle doit être aidée par les purgatifs, le sulfate de soude à haute dose (1 kilog. environ) donné en breuvage avec la seringue. M. Puthoste dilue ce sulfate de soude dans un litre d'huile. M. Waldteufel recommande l'huile pure. Des barbotages clairs au sulfate de soude, des boissons à la graine de lin sont seuls mis à la disposition du malade jusqu'à la désobstruction intestinale.

Le régime est modifié progressivement et la convalescence est prolongée trois ou quatre jours, pour permettre au tube digestif de recouvrer complètement son fonctionnement physiologique fortement troublé par la lutte épuisante qu'il vient de soutenir.

Quand, après une journée d'attente, la désobstruction n'a pu être obtenue, que le malade est fatigué et le vétérinaire aussi, il est bon d'administrer au cheval un calmant pour la nuit, en attendant l'effet du purgatif : un lavement de chloral ; une injection sous-cutanée d'atropo-morphine sont indiqués.

Sulfate d'atropine . .	5 milligr.	dans 10 gr. d'eau légèrement chauffée.
Chlorhyd. de morphine	10 centigr.	
Alcool	2 gouttes.	

La dose utile de morphine est de 10 centigrammes, pour nos chevaux de troupe ; à dose plus élevée on surexcite les malades, on congestionne leurs méninges, et quelques sujets présentent alors des symptômes de vertige, tournant autour de leurs boxes d'autant plus qu'on veut les calmer davantage par de nouvelles injections de morphine.

Cette dose peut être répétée deux fois, au maximum, à deux heures d'intervalle.

COLIQUES DE SABLE

L'ingestion du sable par les montures de notre armée, assez fréquente lors des bivouacs sur des terrains sablonneux, provoque des indigestions spéciales qui tiennent en même temps des indigestions par surcharge et des obstructions intestinales par corps étrangers.

Elles ont été étudiées par Bernard à la suite d'un séjour au camp d'Auvours (A. 1889) et par Vairon du 7e dragons, à Fontainebleau (A. 1896) ; on les a signalées pendant les campagnes de Crimée, d'Italie, d'Algérie, de Tunisie et de Madagascar ; nous en avons nous-même observé deux cas sur des jeunes chevaux arrivant de l'annexe de remonte de Beauval (Sologne) et il est peu de Vres Mres qui n'aient à les prévenir ou à les combattre pendant leur ambulante carrière.

Commémoratifs. — Le cheval arrêté sur un sol sablonneux mange souvent le sable en nature, comme il mange très régulièrement les crottins qu'il trouve à sa portée sur le sol des parcours des annexes de remonte. Quand sa ration repose sur le sable il en ingère involontairement et bientôt les *coliques de sable* apparaissent sur certains chevaux d'un groupe bivouaqué sur terrain sablonneux.

Symptômes. — Ce sont d'abord des symptômes d'indigestion par surcharge avec *diarrhée séreuse* et présence de sable dans les évacuations rectales. La bouche est sèche, pâteuse, avec léger ballonnement, congestion des muqueuses, artère tendue, pouls fréquent, *douleurs vives*, alternant avec un *abattement marqué* et un *decubitus costal* signalé par tous les auteurs.

Dans les cas plus graves, les manifestations de la douleur intermittente deviennent intenses mais l'abattement est surtout extrême, les membres se meuvent avec peine, le pouls devient petit, filant, le cheval recherche le décubitus costal et caractérise toujours la cause de son état dépressif par des évacuations du lest inusité qui accable de son poids sa muqueuse intestinale endolorie.

Le sable expulsé peut être mélangé aux matières alimentaires dans une proportion variée avec dilution extrême ou au contraire former des crottins durs, lourds, et comme nous l'avons vu, presque uniquement composés de sable comprimé formant calcul. Bernard signale même le rejet du sable en nature.

La quantité de sable ingéré peut être extrême, aller jusqu'à 50 litres et représenter un poids formidable puisque cette quantité humectée pèse environ 75 kilogrammes. La mort survient rarement en France et le traitement a généralement raison de ces symptômes alarmants ; mais la mortalité fut grande pendant les longs bivouacs de Crimée, ainsi que sur les mulets abyssins embarqués pour Madagascar après un bivouac prolongé dans des cours pleines de sable. Quand la mort survient, c'est par déchirure intestinale ou épuisement organique.

Toujours le tube digestif du malade sort endolori de sa lutte pour l'évacuation de cette surcharge inorganique qui fatigue ses muscles et *blesse la muqueuse intestinale* par ses arêtes vives. L'amaigrissement extrême des malades et l'affaiblissement complet de leur organisme est la règle; leur séjour à l'infirmerie doit se prolonger plusieurs jours et parfois plusieurs semaines.

Le traitement spécifique imaginé par Bernard est le lavage, la « noyade », dit-il, du tube intestinal. Dix litres d'eau, tiède autant que possible, sont administrés d'heure en heure par la bouche pendant que l'irrigation rectale fonctionne activement. Le sable est ainsi peu à peu délayé et expulsé par les hectolitres d'eau qui servent à ce lavage intestinal.

Des traitements hygiéniques variés et d'autres adjuvants thérapeutiques variables sont également mis en œuvre. Le régime du début devient évidemment la diète hydrique, puis progressivement on passe au régime blanc, aux régimes mixtes, toniques et reconstituants.

COLIQUES DE FAIM

Tous les ans, dit M. Bourgès (*R. M.*, 3e série, t. II) pendant les grandes manœuvres, j'observe des coliques ayant la faim pour cause principale. Les chevaux qui en sont atteints sont impressionnables, irritables, s'excitent beaucoup au travail et ne mangent pas en arrivant à l'étape. Au bout de quelques jours de fatigue, ces chevaux amaigris, au flanc levretté, peuvent présenter des douleurs intestinales aiguës. M. Bourgès les traite au moyen d'un copieux barbotage et il cite deux cas à l'appui de ses dires. Il s'agit sans doute de névroses spéciales du tube digestif chez des chevaux nerveux habituellement constipés, bien plus que de véritables maladies de la faim. Les calmants (lavements de chloral) sont évidemment les médicaments à employer en attendant la confection du barbotage.

COLIQUES ET ENTÉRITES VERMINEUSES

Le Vre Pal Ph. Thomas a publié (*J. A.*, 1876-1877) deux observations de coliques vermineuses (ascarides mégalocéphales) chez le mulet. Dans ces deux cas l'affection vermineuse se compliquait de « pica » consistant dans l'habitude de manger de la terre et la mort fut provoquée par l'accumulation de celle-ci dans le gros intestin.

Les coliques vermineuses sont assez rares dans l'armée et les jeunes chevaux des établissements de remonte qui présentent souvent des entérites vermineuses ont rarement des coliques. Quand nous étions A. V. S. à l'École de Cavalerie, le Vre en 1er Dangel, appelait notre attention sur les jeunes chevaux souffreteux, maigres, à poils piqués, atteints, nous disait-il, d'une « *maladie d'acclimatement* » dont un des symptômes caractéristiques était l'émission d'une sorte de résine blanchâtre par le rectum. Cette résine symptomatique de la « maladie d'acclimatement », est uniquement composée d'œufs de parasites intestinaux ainsi que le Vre major Pader l'a démontré et que nous l'avons maintes fois vérifié (*R. M.*, 3e série, t. II).

Traitement. — Les anthelminthiques du cheval sont peu actifs en général, et surtout peu utilisés. Peroncito préconise le sulfure de carbone en capsules gélatineuses de 10 grammes à administrer d'heure en heure au nombre de 3 à 6 contre les larves d'œstre de l'estomac. Pour détruire les œstres rectales, le chloroforme est souverain.

Comme anthelminthique général, M. Moussu préconise l'extrait éthéré de fougère mâle (10 grammes dilués dans 20 grammes d'huile pour un mouton), la poudre de noix d'arec (10 grammes pendant huit jours pour un mouton). L'essence de térébenthine, l'arsenic, le calomel, la benzine sont utilisés journellement sans grand effet. Tous ces anthelmintiques doivent être suivis d'un purgatif assez puissant.

CONGESTIONS INTESTINALES. — VOLVULUS. INVAGINATIONS. — HERNIES

Parmi les affections provocatrices de coliques dans l'armée de l'intérieur, la congestion intestinale essentielle est assurément des moins fréquentes. Rarement, chez les jeunes chevaux, il se produit des embolies vermineuses, mais le plus souvent, les prétendues congestions de l'intestin ne sont qu'un épiphénomène d'une invagination, d'une hernie à travers l'hiatus de Winslow, d'un volvulus qui sont généralement réduits et méconnus à l'autopsie par suite des mauvaises conditions dans lesquelles cette opération est pratiquée.

A Saumur, les chevaux mieux nourris que partout ailleurs, travaillant plus irrégulièrement que ceux des effectifs régimentaires ont excessivement peu de congestions intestinales.

Au contraire, en Algérie, sur les hauts plateaux, où se produisent de brusques refroidissements atmosphériques, on a signalé des congestions *a frigore* frappant tous les viscères abdominaux et surtout l'intestin.

J'ai peu de choses à ajouter sur ces sujets, aux données de Feuvrier et des classiques ; j'insisterai sur la nécessité d'une saignée de 6 à 8 kilogr. sur nos chevaux de troupe ; l'usage de l'atropo-morphine peut encore faire obtenir la réduction passive d'une invagination ; la mise en liberté au parcours, au bout de la longe du caveçon, permettant au cheval de prendre la position la meilleure au soulagement de ses atroces douleurs ou de faire le mouvement utile à la détorsion naturelle du volvulus du gros colon très fréquent et très méconnu.

En 1864, le Vre en 1er Bonnard notait, comme Feuvrier, que le malade évite souvent, par son attitude, les pressions ou les tractions douloureuses sur l'organe souffrant (*R. M.*, 1re s., t. XVIII).

IX. — DÉCHIRURES DE LA RATE

Parmi les chevaux qui sont conduits à l'infirmerie vétérinaire comme atteints de « coliques », il en est quelques-uns qui présentent des symptômes d'hémorrhagie interne et sont affectés d'une déchirure de la rate.

Il importe de bien connaître cette affection grave, qui, par sa bibliographie, appartient essentiellement au domaine de la V[re] M[re]. Cette bibliographie montre nettement qu'un prompt diagnostic peut seul éviter la mort du blessé.

La fréquence de l'accident dans les établissements hippiques a été de 5 cas en 16 mois sur un effectif de 1200 chevaux (Humbert et Pont).

Historique. — L'histoire des déchirures de la rate sur les chevaux de l'armée tient tout entière dans les études récentes des V[res] M[res] Humbert et Pont (1), Delamotte (2), Sandrin (3), Joly (4), Cavalin (5), Pruneau (6) et Huguier (7).

Causes. — Ce sont les coups de pied dans la région de l'hypochondre gauche qui sont les causes déterminantes de la déchirure. La tuméfaction de la rate consécutive à une course, à l'absorption d'une grande quantité d'eau sont causes prédisposantes.

Huguier a pourtant constaté cette lésion à la suite d'une chute sur le côté gauche.

Symptômes. — Pour les observateurs superficiels, le blessé présente des coliques. Elles se traduisent par un peu de piétinement, avec des mouvements de retenue, un air angoissé de la face, une sueur profuse généralisée un peu de ballonnement, une respiration légèrement accélérée, un pouls vite et filant, des muqueuses un peu pâles. Au début, la cause de ces coliques sourdes ne peut être précisée si les commémoratifs font défaut.

Une heure après, l'état s'aggrave : les manifestations douloureuses s'accroissent; le malade gratte le sol, cherche à se coucher; il le fait, puis se relève bientôt en faisant

(1) C. 1892; — (2) *R. M.*, t. XVIII, 2e s., p. 311; — (3) Ibid., p. 211; — (4) *R. M.*, t. XIX, 2e s., p. 782 et t. Ier, 3e s., p. 1292; — (5) Ibid., t. Ier, 3e s., p. 1117; — (6) A. 1901, p. 603; — (7) C. 1902, p. 416.

entendre une plainte expiratoire. Pendant ces mouvements, il manifeste une retenue inusitée chez le cheval atteint d'indigestion. Sa sueur devient « froide » par l'impression qu'elle donne au contact de la main ; ses muqueuses sont très pâles, le pouls est vite et filant, la jugulaire ne se gonfle plus lors de l'exploration préparatoire à la saignée, le ballonnement est assez prononcé, et la ponction du cæcum ne provoque pas l'expulsion de gaz ; la respiration est très accélérée et la marche pénible ; l'hémorrhagie interne devient évidente.

Diagnostic. — Les signes d'une hémorrhagie interne annexés à des coliques sourdes, avec décubitus et relevé très prudents peuvent être caractéristiques d'une déchirure de la rate si le sujet porte des traces de traumatismes sur l'hypochondre gauche ou s'il a été mis en situation de recevoir ces traumatismes.

Pronostic. — Grave, les cas de morts sont les plus fréquents, même quand le diagnostic est porté du vivant de l'animal, mais la guérison peut survenir.

Traitement. — Les traces de traumatismes sur l'hypochondre gauche doivent entraîner l'indisponibilité du sujet. Dans l'observation de Pruneau, la déchirure de la rate ne fut mortelle qu'après une chute violente succédant 4 jours après au traumatisme manifeste de la région de l'hypochondre gauche.

A l'annexe de remonte de Bellac, nous avons pu obtenir la guérison d'un malade. Il importe donc bien de ne pas traiter cette affection empiriquement comme une variété de coliques. La saignée et la promenade sont mortelles.

Le traitement doit être symptomatique et hygiénique ; nous préconisons le repos, des bouchonnages, des couvertures sèches se succédant sur le corps en sueur, une abondante litière, de l'eau à discrétion et une nourriture variée.

La sérothérapie est particulièrement indiquée. Le chlorure de calcium est le meilleur des hémostatiques coagulants généraux connus (Porcher in Lecl. 1903). Des toniques, des ferrugineux et un repos prolongé doivent aider la convalescence.

X. — DÉCHIRURES DE L'ŒSOPHAGE

Une cause traumatique analogue à la cause déterminante de la déchirure de la rate provoque, assez fréquemment dans l'armée, la déchirure de l'œsophage.

Les relations la concernant faites par des Vres Mres sont très nombreuses, citons : Bizot, Chardin, Richet, Haiblet, Beurnier, Machenaud, Véret, Nallet, Roy, Perrey et Deysine, Jacoulet, Quiclet, Woehrling, Lasserre (1). Nous en avons observé un cas suivi de guérison, pendant notre séjour à l'annexe de remonte du Bec Hellouin, en 1893.

Le **diagnostic** rapide est important car il permet une intervention chirurgicale souvent indispensable.

Commémoratifs et symptômes. — Souvent le cheval est présenté porteur d'une tuméfaction vers le tiers inférieur de l'encolure, dans la gouttière de la jugulaire, du côté gauche ou droit (Veret) ; généralement cette grosseur est venue à la suite d'un coup de pied. Parfois le coup de pied est ignoré mais on en découvre les traces en coupant les poils (Perrey et Deysine) ou même il existe une plaie (Woehrling), une dépression due à la section partielle du sterno-maxillaire (Jacoulet, Veret). La déglutition d'eau ou d'aliments doit être immédiatement sollicitée et surveillée et suivant ses résultats, le diagnostic se précise avec une évidente clarté.

Il se peut que la déchirure de l'œsophage soit incom-

(1) Bizot, *R. M.*, 1re série, t. XIII, p. 394 ; — Chardin, T. 1888, p. 376 ; — Richet, Haiblet et Beurnier, *R. M.*, t. XVI, 2e série ; — Véret, A. 1878, p. 189 ; — Nallet, A. 1886, p. 437 ; — Roy, A. 1888, p. 305 ; — Perrey et Deysine, A. 1888, p. 729 ; — Jacoulet et Lasserre, *R. M.*, 2e série, t. XIX ; — Quiclet, ibid., t. XX, guérison par expectation ; — Wœhrling, ib., 3e série, t. I.

plète et que le « jabot » puisse être réduit par le taxis externe (Veret) ; alors la recherche de la lésion est inutile ; à l'exemple de l'auteur cité on peut attendre la cicatrisation sous-cutanée en ne donnant au malade que des aliments liquides ou en faisant même opérer une pression contentive au niveau de la lésion pendant la déglutition.

Mais s'il est évident que des aliments ou des boissons forment amas alimentaire en dehors de l'organe, il est indispensable de leur ouvrir une large issue, car dans ce cas (le plus fréquent), la tumeur de la base de l'encolure augmente rapidement de volume, s'entoure d'un œdème inflammatoire considérable, rapidement envahi par le vibrion septique déterminateur d'une mort rapide en 3 ou 4 jours. Une pleurésie peut évoluer (Nallet).

Traitement. — Un large débridement permettra l'évacuation des aliments et la désinfection de la poche alimentaire. Si l'on a agi avec rapidité, la dissection est facile et l'opérateur peut se rendre un compte exact de la gravité des blessures œsophagiennes. Dans les déchirures uniques, étroites, l'expectation surveillée peut assurer la guérison (Quiclet, Joly).

Quand la déchirure est double, étendue, l'intervention tardive, il faut à tous prix tenter la suture des solutions de continuité plutôt que d'abandonner le malade à une mort fatale. La désinfection se fera avec un médicament non toxique car, dans notre observation personnelle, les seringues d'eau cresylée disparaissaient totalement par la voie œsophagienne ; l'eau iodée est excellente.

La cicatrisation, toujours lente, impose un régime alimentaire liquide longtemps prolongé, on peut au début faire déglutir du bouillon et du lait par l'ouverture œsophagienne artificielle (Joly), se servir de lavements alimentaires, puis on utilisera les boissons nutritives, les fourrages secs, de préférence au son et à l'avoine dont les parcelles sont très difficilement évacuées des tissus périœsophagiens.

Altérations anatomiques. — Très variables comme nombre, siège et étendue, depuis les déchirures incomplètes (Véret), les déchirures suivies de guérison sans suture (Quiclet, Joly) jusqu'aux déchirures doubles et étendues (Roy) ou même la rupture (Beurnier).

XI. — DU SURMENAGE

Historique. — Le *toc*, signe de surmenage aigu, est connu depuis longtemps des anciens chasseurs à courre. Solleysel le signale et un anonyme cité par le Vte Major Boëllmann en parle ainsi :

« Par suite d'une chasse trop dure, d'un train trop vite dans les côtes ou dans la boue, le cheval est pris tout d'un coup de ce que nous appelons le *toc*, ou battement de cœur, mais qui est bien plutôt un mouvement spasmodique de l'épigastre..... Laissez-lui d'abord un instant de repos, sans cependant lui laisser prendre froid, tâchez qu'il urine ! et si vous avez de l'eau à portée, faites-lui en boire trois ou quatre gorgées. Cinq minutes après, vous pourrez le remonter au pas et revenir à la maison, où j'espère que vous arriverez. »

Par une communication à l'Académie de médecine, en 1878, le maître clinicien, H. Bouley, a fixé l'attention du monde médical sur le *surmenage* chez les animaux de boucherie. Le 20 avril 1887, la commission d'hygiène hippique fait connaître aux autorités militaires les funestes effets du surmenage chronique sur les montures de l'armée. En 1889, M. Boëllmann, dans un magistral mémoire (*R. M.*, 2e série, t. XV), fait une étude scientifique complète du surmenage des chevaux de troupe ; plus tard, Wœrling, Jacotin, Angère, Alphonse Barrier, Moussillac, publient des observations intéressantes sur cette affection parfois si fréquente dans nos effectifs que Wœrling en traite 13 cas et A. Barrier 38 cas, pendant une seule période de manœuvres d'un régiment de cavalerie à l'effectif de 600 chevaux (*R. M.*, 3e série, t. I et III).

En 1902, le Raid militaire international de Bruxelles à Ostende, que plus de la moitié des concurrents ne put achever, permit à toute la presse politique et sportive de publier des détails imagés sur la symptomatologie du surmenage aigu.

Le surmenage doit être différencié, arbitrairement, en un certain nombre de modalités dont les principales sont : la fatigue, le surmenage aigu et le coup de chaleur.

FATIGUE

La *fatigue* peut se définir : l'altération chimique et physiologique des muscles soumis à un travail excessif.

Elle se caractérise par une douleur plus ou moins vive, localisée dans les muscles fatigués et par la diminution ou la perte provisoire de la contractilité (Laulanié).

L'altération des muscles en état de fatigue est très probablement due à l'accumulation des produits toxiques de la nutrition musculaire. On a fait jouer un grand rôle à l'acide paralactique qui se produit dans les muscles en contraction ; mais l'influence de ce corps n'est pas exclusive de l'action de toxines spéciales que l'analyse pourrait révéler quelque jour. Quoi qu'il en soit, un muscle, épuisé par une série de contractions, est saturé de substances dites « fatigantes » et douées de propriétés toxiques (Laulanié). Incessamment le sang artériel vient laver et purifier les muscles fatigués en entraînant ces substances toxiques dans le torrent circulatoire. Après y avoir séjourné quelques heures, elles s'éliminent par l'urine où l'analyse chimique les retrouve et décèle encore leur toxicité. Tant que ces produits de déchets séjournent dans l'organisme, elles y provoquent certains troubles qui se traduisent par de la lassitude, de la prostration, de l'inappétence et parfois un certain degré de fièvre.

Tous les cavaliers ont constaté que certains chevaux mangent mal après un travail exagéré pour leur condition d'entraînement ; que, le lendemain d'une longue étape, les mouvements des montures sont raides, nonchalants et parfois, au contraire, qu'une irritabilité inhabituelle surexcite les juments nerveuses et augmente encore leur agitation coutumière. Si le repos est suffisant pour permettre l'élimination complète des substances « fatigantes », la fatigue et ses symptômes s'évanouissent progressivement. Si, au contraire, le travail se prolonge et si les produits de déchets s'accumulent dans l'économie plus promptement qu'ils ne s'éliminent, *la fatigue devient surmenage.*

Le *surmenage est chronique* quand il résulte d'une fatigue discontinue ; lorsque le travail du lendemain recommence avant que tous les déchets de celui de la veille aient été rejetés hors de l'économie. Le *surmenage est aigu* quand la fatigue indiscontinue et poussée à l'extrême « a dépassé les limites de résistance de la constitution (Boëllmann). »

Etudions successivement ces deux formes du surmenage.

SURMENAGE CHRONIQUE

Le surmenage chronique est bien connu des vétérinaires militaires et des officiers ayant fait campagne. En première ligne de toutes les causes qui, à la guerre, provoquent la diminution des effectifs de la cavalerie, Smith (1) place le surmenage produit par les retraites prolongées.

L'épuisement, dit-il, est moins produit en campagne par l'inanition que par le peu de temps donné aux chevaux pour prendre et digérer leurs repas.

Le rendement des chevaux serait assurément plus grand si on se préoccupait davantage de cette question. L'épuisement atteint surtout les chevaux de l'artillerie. Au commencement du siège de Plewna, les Russes avaient 66.000 chevaux de trait, 22.000 succombèrent, la plupart par excès de travail.

Lors des guerres d'Espagne et de Portugal, sous le premier empire, la cavalerie perd 42,6 0/0 de son effectif en

(1) *Journal of the Royal United service Institution* analysé dans la *Revue de cavalerie*, t. XX.

chevaux pendant la retraite de Catalogne qui fut une marche de 700 à 800 milles interrompue constamment par des alertes ou des combats. Masséna se retire du Portugal avec 8.800 chevaux. En 10 jours, il en perd 112 par le feu, 102 pris par l'ennemi et 1741 par surmenage et inanition.

A un moment donné, en pleine paix, on *surmena* aussi la cavalerie française sous prétexte de l'*entraîner*, et la commission d'hygiène hippique dut provoquer la « lettre ministérielle du 20 avril 1887 appelant l'attention des autorités militaires au sujet de l'influence exercée par l'excès de travail sur la propagation de certaines maladies chez les chevaux de l'armée ».

« Il est digne de remarque, dit ce document, que si la morve, par exemple, apparait dans un régiment dont les chevaux sont en bon état, elle fait peu de victimes. Si, au contraire, les chevaux sont fatigués et en mauvais état, la maladie prend rapidement de l'extension parce que la contagion s'exerce plus facilement sur les chevaux dont l'organisme est appauvri et débilité.

« *Parmi les causes de débilitation, il faut placer au premier rang le travail exagéré, le surmenage des chevaux.* »

L'année suivante, dans son beau livre sur la *physiologie des exercices du corps*, le Dr Lagrange remarquait aussi que l'organisme humain infecté par les produits de désassimilation d'un surmenage lent devient un terrain admirablement préparé pour l'éclosion des germes les plus malfaisants comme les maladies typhoïdes et que, les prétendues insolations des soldats en marche doivent, en grande partie, être attribuées au surmenage.

Le Dr Lagrange se rencontre encore avec la commission d'hygiène hippique pour étudier l'*épuisement organique* dans lequel l'organisme surmené se dépouille de ses propres tissus bien plus qu'il ne recèle les produits de déchets causés par sa fatigue musculaire.

« Il est reconnu, dit la lettre ministérielle précitée, qu'un travail modéré active la rénovation des éléments nutritifs du corps, tout en maintenant l'équilibre entre les échanges des produits d'assimilation et de désassimilation. De plus, comme l'action fonctionnelle n'est pas permanente, tous les matériaux destinés aux organes ne sont pas consommés pour leur fonctionnement et leur vie propre : une partie des forces est ainsi *mise en réserve* pour être utilisée en cas d'efforts. Dans ces conditions, le cheval, sans être gras, bien entendu, a les muscles fermes et le poil brillant : *il est en état*. S'il s'y maintient, tout en restant soumis à un travail journalier, bien réglé, *il est entraîné*.

« L'entraînement a donc essentiellement pour objet de faciliter l'accomplissement régulier des fonctions de l'animal, de le débarrasser d'un excès de graisse qui empâte les tissus et gêne le jeu des poumons et, en même temps, de lui permettre la mise en réserve de certaines forces dont il aura le libre usage le jour où il devra fournir un effort exceptionnel.

« Par contre, l'entraînement poussé plus loin, autrement dit un travail excessif, rend les déperditions supérieures aux assimilations : l'animal vit en quelque sorte de lui-même. Il y a excès d'usure des tissus, d'où *épuisement des organes et altération de leurs fonctions*.

« Soumis à de semblables exigences, le cheval devient un animal amaigri et non en état, appauvri et non entraîné. Vivant de sa propre substance dont les principes vitaux vont chaque jour en s'amoindrissant, il devient aussi chaque jour de plus en plus incapable de fournir les efforts que l'on est en droit d'attendre d'un cheval de guerre, car loin de s'entraîner, il s'use. »

Au point de vue théorique, le Dr Lagrange peut bien « faire une différence capitale entre le surmenage par intoxication et le surmenage par épuisement » mais, au point de vue pratique, la commission d'hygiène hippique a raison de les confondre dans la même proscription parce qu'on les rencontre toujours unis sur nos montures à rations fixes et moyennes (comme sur nos fantassins d'ailleurs) dans les manœuvres comparables à celles suivies par Comény en 1895 (*R. M.*, 3e s., t. I).

Le surmenage chronique est très favorisé, chez nos montures par les *souffrances* de toutes sortes. Un cheval à ankylose du jarret qui fait encore un service régulier en garnison, fond comme la neige au soleil (ainsi que l'avait signalé Solleysel) pendant des manœuvres un peu dures et devient prédisposé au surmenage aigu. Les souffrances dues à un mauvais bivouac accélèrent beaucoup l'autophagisme de nos montures. Et le travail inutile fait par les juments irritables est la principale cause de leur amaigrissement rapide et de leurs indisponibilités presque fatales.

Symptômes. — Au retour de manœuvres très fatigantes et prolongées, Comény signale que :

« Les chevaux de la batterie rentrant au quartier présentent tous, plus ou moins, des signes de fatigue et de léger amaigrissement.

« Le lendemain, après un repos de 24 heures, un certain nombre manifestent des signes évidents de myosite généralisée, caractérisée par de la contracture, de la dureté et de la raideur des muscles, très sensibles et même douloureux à la pression.

« On remarque, en même temps, de la courbature générale, une démarche un peu automatique, de l'anorexie, et chez quelques-uns, une fièvre modérée. Ces symptômes disparaissent, dans l'espace de vingt-quatre à quarante-huit heures, rarement davantage, sous l'influence du repos, de soins hygiéniques simples et parfois de laxatifs et de diurétiques légers. Chez certains sujets, la raideur et le rythme de la marche simulaient la fourbure ; mais le plus souvent, l'absence de chaleur au sabot et la disparition rapide de symptômes éloignaient bientôt l'idée d'une congestion des tissus sous-cornés. »

Si les symptômes du surmenage chronique par intoxication disparaissent en général aussi rapidement, d'autres fois des complications aiguës surgissent et Comény en signale trois cas avec fourbure, myosite, hémoglobinurie. Mais, toujours les signes de l'autophagisme par surmenage mettent un temps assez long à disparaître malgré les suppléments de ration donnés à nos montures au repos, malgré leur appétit dévorant qui leur fait avaler toute la paille de litière à leur portée et de ce fait contracter des indigestions par surcharge alimentaire et débilité intestinale.

Le surmenage chronique, éminemment favorable à l'attaque de surmenage aigu ou de toute infection microbienne doit être autant que possible *prévenu* par le vétérinaire militaire.

SURMENAGE AIGU

Le surmenage aigu est le surmenage type, c'est celui chanté par Buffon comme caractérisant le mieux la plus haute vertu du cheval puisque c'est de cela qu'il meurt pour mieux obéir.

Hélas oui! le surmenage est l'affection mortelle des chevaux les plus énergiques, c'est lui qui fit succomber en 1902, sur la route de Bruxelles à Ostende, 17 des meilleures montures européennes; c'est lui qui, avant Wagram, causa la mort de nombreux chevaux de l'armée napoléonienne; c'est lui que MM. Boëllmann, Wœrling, A. Barrier signalent particulièrement à notre attention comme fréquent dans nos effectifs à certaines manœuvres et comme dangereux pour la vie des sujets affectés.

Causes. — *Causes prédisposantes* : Le manque d'entraînement et d'adaptation au service exigé; le surmenage chronique; les maladies chroniques des appareils locomoteurs, urinaires, circulatoires. M. Boëllmann signale encore le jeune âge et le travail de nuit.

Causes occasionnelles : La chaleur et la soif. Plus la chaleur extérieure est élevée, moins l'appareil urinaire fonctionne. Les défenses de l'organisme sont tout entières occupées à combattre les effets de la chaleur et l'intoxication en est favorisée. L'influence de la soif, connue depuis longtemps des vieux chasseurs dont nous citons un texte au début de ce chapitre est également connue de temps immémorial par les habitants des pays chauds, qui ne perdent jamais en route l'occasion de faire boire leurs montures pour prévenir le surmenage. A. Barrier insiste beaucoup sur l'influence de cette cause.

« Instruit par l'expérience de deux journées très chaudes, où les chevaux avaient travaillé et souffert de la chaleur et de la soif, et où le nombre des surmenés avait été assez élevé, nous avons, dit-il, fait sortir du rang, à la fin de la manœuvre, tous les surmenés atteints du toc caractéristique et prémonitoire du surmenage, et nous les avons conduits, à quelque distance, s'abreuver tout à leur aise, au lieu de les laisser en plein soleil, exposés à des accidents graves.

« Cette simple mesure eut pour effet de réduire, à partir de ce jour, dans de fortes pre ·rtions, le nombre des cas de surmenage. »

Cause déterminante : C'est un travail excessif pour l'individualité qui l'exécute.

Symptômes. — Comme symptômes précurseurs du surmenage aigu, on note la fatigue sous le cavalier, l'essoufflement, de forts battements du cœur contrastant avec de petites pulsations souvent synchrones; parfois on constate d'emblée la chorée du diaphragme.

Si ces prodromes sont incompris, la scène change brusquement. La prostration est manifeste et la monture « pèse à la main », cherche un appui contre son voisin, puis titube et enfin s'abat. L'essoufflement est considérable, les naseaux extrêmement dilatés. Les muqueuses sont congestionnées, asphyxiques. Les battements cardiaques très violents contrastent singulièrement avec la faiblesse du pouls ; *le toc* est caractéristique.

Souvent le cheval de pur sang ne va pas jusqu'à la chute et s'arrête, contracté, essoufflé, congestionné, refusant absolument de continuer la route avec ses membres raidis comme ceux du cerf forcé.

Si l'intoxication est mortelle, les symptômes de la congestion pulmonaire ou de la congestion de la moelle avec paraplégie s'installent jusqu'à l'asphyxie souvent rapide.

Traitement. — Si le cheval atteint des symptômes prémonitoires est immédiatement dessellé, mis à l'ombre, abreuvé par petite quantité mais jusqu'à satiété, il pourra généralement reprendre sa route après une heure de repos, arriver à l'étape et en repartir même, le lendemain matin, pour fournir un travail minimum.

Si le surmenage était plus accentué, les mêmes soins hygiéniques donneront encore les mêmes résultats, mais à plus longue échéance ; le repos devra être prolongé un, deux, ou trois jours, jusqu'à la disparition du *toc*, de l'inappétence, de la raideur musculaire.

Pendant ce repos, on pratiquera le lavage du sang fatigué, par des boissons très abondantes, des lavements au sérum artificiel excessivement fréquents. Grâce à ces lavements qu'on peut donner en toutes circonstances, on obtient des résultats surprenants.

Aux manœuvres de 1901, un cheval affecté d'ostéo-arthrite ankylosante chronique des jarrets était parti avec son peloton pour un service d'exploration très éloignée. A son retour au cantonnement, après six jours d'absence et de fatigues extrêmes, il présente les symptômes du surmenage aigu avec chute, greffé sur un autophagisme accentué. Je dus résister vivement aux conseils des spectateurs qui réclamaient la saignée de ce squelette étendu sur le sol ; on le fit boire tant qu'il voulut par petites quantités, on le rafraîchit par des lavages et chaque cinq minutes on lui administra un lavement de sérum artificiel. Il ne tarda pas à se relever en titubant, puis s'affermit sur ses jambes, urina, mangea un peu d'herbe puis de l'avoine... et cinq heures après, il se présentait plus gaillard que beaucoup d'autres à la revue du colonel.

Dans les cas graves, A. Barrier insiste sur les bons résultats obtenus par l'injection sous-cutanée de caféine (un gramme) et de strychnine (10 centigrammes).

« Nous avons la conviction intime ajoute-t-il, d'avoir sauvé d'une mort certaine plusieurs chevaux tombés comme foudroyés en rase campagne, pendant la marche, loin de toute habitation où l'on aurait pu se procurer de l'eau et trouver du secours. »

La saignée est utile contre la menace d'asphyxie par

congestion pulmonaire, mais dans tous les autres cas, le lavage du sang est préférable à son émission extra-veineuse. La sérothérapie sous-cutanée ou intra-veineuse, peu pratique aux manœuvres, doit être néanmoins considérée comme le traitement spécifique du surmenage aigu. L'injection intraveineuse doit être réservée aux cas désespérés, elle est toujours dangereuse chez nos chevaux de selle. Au cours de l'épreuve de Bruxelles à Ostende, on administra aux coursiers de l'éther, de la caféine, sans beaucoup de succès. La qualité individuelle, le bon entraînement des chevaux et des cavaliers, la vitesse relativement modérée de leurs allures, furent certainement les plus importants facteurs de la réussite.

Altérations nécropsiques. — Les lésions du surmenage sont exclusivement des lésions asphyxiques : le sang est noir et incoagulé, les poumons, les reins, les méninges sont congestionnés, les séreuses sont ecchymotiques, les muscles hyperhémiés ; la rate a augmenté de volume. La putréfaction et ses altérations secondaires s'emparent du cadavre avec rapidité.

COUP DE CHALEUR

Le *coup de chaleur*, dit M. Boëllmann, est le résultat d'une auto-intoxication par l'acide carbonique. Il diffère du « surmenage aigu » en ce que « la température extérieure » ou « la vitesse de la course » joue un rôle considérable dans sa production tandis que la « quantité de travail » y joue un rôle minime, parfois nul.

Exemples : 1) Aux courses de Verries, par une accablante journée de juillet 1898, trois chevaux de l'école de cavalerie succombèrent au « coup de chaleur » en faisant, au galop de course, un parcours qui leur était très habituel.

2) Le 6 juillet 1902, un cheval, âgé de 10 ans, attelé à une fourragère et se rendant au pas à quelques kilomètres succomba à un « coup de chaleur » peu après la montée de Saint-Hilaire, c'est-à-dire à 2 kilomètres du quartier.

3) Le Vre en 2e Moussillac (*R. M.*, 3e série, t. III) observe de nombreux « coups de chaleur » chez les mulets transportés en Chine sur la Nive, c'est-à-dire n'effectuant aucun travail.

M. Mouilleron (C. 1902) a fait une excellente étude du « coup de chaleur » sur les chevaux des omnibus de Paris, nous lui ferons d'importants emprunts.

Causes. — La chaleur, le plus souvent aidée par une raréfaction atmosphérique et par un travail de vitesse, est la cause déterminante du coup de chaleur. Le mode d'intoxication est un empoisonnement par l'acide carbonique qui, ne pouvant être éliminé assez promptement, sature l'organisme et provoque l'asphyxie. Dans les deux principaux modes de production du « coup de chaleur » (travail dans une atmosphère raréfiée ou travail de vitesse) les substances toxiques produites par le travail musculaire ne jouent qu'un rôle secondaire, laissant le rôle principal à l'anhématosie. Souvent d'ailleurs ces deux modes agissent de concert. Comme dans toutes les formes de surmenage, les altérations organiques préexistantes sont prédisposantes au coup de chaleur.

Symptômes. — Le début est brusque, même au repos (Moussillac), l'animal s'agite, paraît inquiet ; le facies exprime la gêne et la souffrance, les yeux sont brillants, saillants, la pupille dilatée, la conjonctive cyanosée. Le corps se couvre de sueurs abondantes. Les naseaux sont fortement dilatés ; la respiration extrêmement accélérée, souvent bruyante ; les battements du cœur violents et précipités contrastent avec la faiblesse des pulsations. L'auscultation ne précise rien.

La température interne s'élève de 1 à 3 degrés sur les sujets n'ayant pas travaillé (Moussillac). Elle atteint 43°5, terme extrême de la graduation des thermomètres employés sur les chevaux ayant travaillé (Mouilleron).

Les symptômes graves disparaissent rapidement par un traitement approprié dans les cas bénins ; la température s'abaisse, la respiration se ralentit, le pouls est plus perceptible mais une période de coma plus ou moins intense persiste pendant deux ou trois jours en s'atténuant progressivement (Moussillac). Le plus souvent lors de travail et parfois même sans lui, on observe des complications. Aux symptômes précédents s'ajoutent alors la chute, l'analgésie des téguments, la marche titubante après le relevé, bientôt suivi d'une nouvelle chute, avec plainte prolongée.

Mouilleron n'observe que 7 guérisons sur 33 cas, les autres terminaisons se distinguent ainsi : 9 morts rapides en moins de 2 heures ; 12 fourbures ; 5 pneumonies gangréneuses.

La complication la plus redoutable est la *pneumonie*. Elle revêt toujours la forme gangréneuse et détermine la mort en trois ou quatre jours. Les signes en apparaissent 12 heures après le coup de chaleur, si, après avoir subi une décroissance régulière, la température se maintient aux environs de 40°, le malade montre bientôt les symptômes de la pneumonie.

La fourbure apparaît le lendemain de l'accident, c'est toujours une fourbure aiguë grave.

Moussillac dit que le coup de chaleur de la mer Rouge détermina le plus souvent des méningo-encéphalites caractérisées par des accès de vertige. Elles guérissent le plus souvent.

Altérations nécropsiques. — Les altérations anatomiques du coup de chaleur comme celles du surmenage aigu révèlent seulement la mort par asphyxie. Voici celles reconnues par M. Mouilleron : altérations congestives de tous les organes. Muqueuse gastro-intestinale hyperhémiée, mais peu épaissie. Foie congestionné, friable, jaunâtre. Rate volumineuse, gorgée de sang. Reins mous, fortement congestionnés. Vessie contenant un peu d'urine rougeâtre *Poumons énormes* remplis de *sang noir, épais, visqueux*. Myocarde ramolli ; endocarde et péricarde parsemés d'ecchymoses. Muscles de couleur foncée ou un peu jaunâtre et de consistance moindre que dans la normale.

Traitement. — Le traitement du surmenage aigu convient absolument au coup de chaleur. Pourtant la saignée est ici beaucoup plus indiquée à cause de la congestion pulmonaire toujours présente. Les affusions d'eau fraîche sur toute la surface du corps (Wœrling, Mouilleron), les douches générales prolongées (Moussillac), complètent les lavages et les breuvages rafraîchissants. M. Augère signale un succès inespéré obtenu chez un sujet foudroyé, par trois injections sous-cutanées de cinq grammes d'éther chacune, bientôt suivies de deux autres. « Cette médication *in extremis* réveille le moribond, qui, brusquement, se lève, hennit et paraît sauvé, au grand étonnement de l'assistance et..... du médecin. » Evidemment l'hydrothérapie succéda à l'éther.

Mouilleron prétend que l'éther, la caféine et l'eau salée ne lui ont pas donné de résultats appréciables. Il utilisa des inhalations d'oxygène (500 litres en cinq fois) ; le vétérinaire militaire ne peut évidemment compter sur cette méthode.

DE L'INSOLATION

A côté du coup de chaleur, nous devons étudier l'insolation.

Nos chevaux peuvent-ils être frappés d'insolation ?

Bourgès (T, 1890) dit non, mais Plassio (*R. V.*, 1890) dit oui.

« L'insolation ne se rencontre jamais chez le cheval. Placez un cheval ou un mulet soit au Sénégal, soit au Tonkin, au mois de juillet en plein soleil toute la journée ; je crois pouvoir garantir l'innocuité de l'expérience tandisque je pourrais citer de nombreux cas d'insolation sur l'homme dans des conditions moins expérimentales (Bourgès). »

Plassio a pourtant observé, en cinq mois d'Érythrée, six cas d'insolation du solipède dont deux mortels. Les symptômes sont notablement distincts de ceux propres au coup de chaleur, il faut les connaître.

Symptômes. — État de faiblesse immédiat ; résolution musculaire, *sécheresse de la peau* et paralysie des membres. L'animal a la tête basse ; la soif est ardente, l'inappétence absolue. On observe des contractions abdominales violentes ; l'émission de l'urine est fréquente ; le liquide d'abord clair et abondant devient plus rare et de plus en plus coloré par du sang. La respiration est précipitée, haletante ; on perçoit des râles humides dans toute la hauteur des poumons. Les mouvements du cœur sont violents et tumultueux. Le pouls est petit, à peine perceptible, on compte de 90 à 100 pulsations à la minute. La température s'élève rapidement à 41°, 43° et 44°, pour tomber ensuite au-dessous de la normale. Par les naseaux s'écoule une écume sanguinolente. Les sphyncters sont paralysés. Le malade reste insensible aux irritants cutanés les plus énergiques ; on observe des mouvements convulsifs, plus rarement des convulsions épileptiformes et tétaniques précédant la mort.

La marche de la maladie est très rapide : en quelques heures l'animal peut succomber. Dans les cas moins graves, les troubles durent vingt-quatre et trente heures. La guérison est aussi très prompte ; en quelques jours tout signe de maladie a disparu.

Les **lésions** relevées à l'autopsie d'une mule italienne et d'un cheval égyptien consistent en une forte hyperhémie de l'appareil cérébro-spinal et de tous les viscères ; le sang est asphyxique.

Le **traitement** doit être rapide et énergique ; aération, hydrothérapie. La saignée employée dans un seul cas a donné un excellent résultat. Des frictions, des excitants diffusibles combattent l'extrême dépression.

DES INTOXICATIONS PAR L'AIR CONFINÉ

Avec le Vte en 1er Cabriforce (*R. M.*, 3e s., t. III), nous signalerons ici une affection qui frappe les animaux logés dans les entreponts des bateaux, comme d'ailleurs dans les petites écuries des hauts sommets où l'hiver rigoureux et les nuits fraîches font calfeutrer toutes les ouvertures.

Causes. — Action des ptomaïnes de l'expiration ; action des vapeurs ammoniacales provenant des excréments ; élévation de la température ; raréfaction et modification chimique de l'air inspiré, telles sont les principales causes de l'intoxication par l'air confiné.

Symptômes (forme chronique). — L'animal est essoufflé, abattu, faible : il a peu d'appétit, ses muqueuses sont jaunâtres, légèrement cyanosées. La température rectale est peu élevée, 39°. On ne constate aucune localisation clinique.

Ces intoxiqués reviennent à la santé en deux ou trois jours si on les place sur le pont du bateau.

(Forme aiguë). — D'autres sujets, surtout ceux qui séjournent dans les écuries calfeutrées pendant les dimanches d'été, présentent de véritables attaques d'asphyxie. Le montagnard nomme cela « coup de sang » et croit le prévenir par la saignée de printemps. Il ferait mieux d'ouvrir les fenêtres de ses écuries.

Traitement. — Aération et lavage du sang.

INANITION

L'inanition est une maladie de la guerre. En Pologne, les chevaux mangent le chaume des maisons ; au siège de Metz, ils mangent les crins de leurs voisins ; parfois on leur donne les vivres altérés que les hommes affamés dédaignent et des intoxications alimentaires provoquent facilement la mort de ces économies épuisées. Puis, quand la disette est extrême et que la fatigue est grande, le cheval tombe épuisé au bord de la route et meurt d'inanition. Au siège de Metz, M. Laquerrière conserva sa monture en la soutenant par un régime carné.

XII. — DIATHÈSE RHUMATISMALE

Historique. — La diathèse rhumatismale a depuis longtemps appelé l'attention des praticiens. Ainsi que nous l'avons démontré pour la première fois en 1889, en collaboration avec Guillobey (*R. M.*, 2e s., t. XV), cette affection n'est pas une entité classique ; elle survient comme complication tardive de *diverses* affections microbiennes, mais elle est une bonne entité clinique puisque ses manifestations, toujours caractéristiques, n'ont parfois aucun lien de continuité avec la maladie infectieuse dont elles sont la conséquence.

Les maladies infectieuses font des rhumatisants, mais les rhumatisants sont des malades très capricieux que nous pouvons connaître et traiter presque sans nous occuper de la spécificité de l'affection qui les a primitivement infectés. Longtemps avant nous, les deux Leblanc, les Vres Mres Palat et Mégnin et le Pr Trasbot avaient étudié la diathèse rhumatismale. Nous avons donné, dans le mémoire précédemment cité, la bibliographie concernant cette affection. Depuis, nous avons retrouvé souvent la diathèse rhumatismale dans nos cliniques diverses.

Symptômes. — Le plus généralement, le malade est présenté boitant à trois membres avec les signes très aigus (tuméfaction de la synoviale, empâtement et chaleur de la région, douleur extrême) d'un *effort de boulet*. La gaine grande sésamoïdienne est en effet celle qui est généralement le siège des manifestations rhumatismales, mais la gaine carpienne, l'articulation du jarret, les tissus tendineux, musculaires et tous les tissus de toutes les régions de l'économie peuvent être aussi primitivement ou exclusivement frappés par la localisation rhumatismale.

Les symptômes caractéristiques du rhumatisme synovial sont : la douleur extrême, sans lancinations, avec ambulation possible ; la soudaineté des localisations et leur multiplication possible. En règle très générale, si on en sépare les arthrites purulentes consécutives aux omphalo-phlébites, les arthrites et synovites rhumatismales ne deviennent pas suppurées, quelle que soit la violence des symptômes primaires.

Il existe parfois des troubles cardiaques et le Vre Pat Condamine a, le premier, signalé la rareté des urines et leur grande richesse en carbonate de chaux.

Diagnostic. — Ce qui permet souvent de différencier immédiatement les localisations rhumatismales des lésions traumatiques comparables, c'est : *a*) la constatation des traces de synovites multiples anciennes sur les autres jointures ; *b*) la connaissance par la lecture du livret d'infirmerie d'une maladie infectieuse antérieure ou *c*) de manifestations antérieures analogues ; *d*) l'absence de toute cause probable de traumatisme ou d'entorse.

Trop souvent, la nature rhumatismale des affections synoviales est méconnue et nous avons ailleurs rapporté plusieurs exemples où un rhumatisant entra 4 ou 5 fois à l'infirmerie, à six mois d'intervalles, pour de fictifs efforts successifs des quatre boulets. N'oublions donc jamais de consulter le livret d'infirmerie des malades entrant dans notre clinique avec des manifestations synoviales aiguës.

Principaux modes de manifestations. — Dans un second travail (*R. M.*, 2e s., t. XVII) nous avons indiqué le mode de manifestation de huit cas de rhumatisme observés dans la même annexe de remonte et dans la même année. La première manifestation s'est montrée 2 ou 29 jours après la guérison de la maladie infectieuse primitive, elle peut tarder infiniment plus. La gravité de la maladie infectieuse n'eut aucune influence sur l'intensité des manifestations rhumatismales. Les manifestations successives se chevauchèrent ou s'espacèrent sur une période très longue, puisque dans un cas la récidive eut lieu 194 jours après une première atteinte. Le Vre en 1er Magnin a particulièrement noté des manifestations successives très diverses et presque instantanées. La durée des accès a varié entre 8 et 77 jours.

Généralement, le rhumatisme est une maladie des chevaux encore jeunes ; elle peut s'évanouir après un seul accès, multiplier ceux-ci et guérir encore, ou conduire les malades à la réforme par suite des lésions incurables laissées après sa localisation prolongée sur un même point ; des cas de mort par complications arthritiques ou cardiaques ont été signalés. Les manifestations primaires peuvent s'évanouir ou s'atténuer progressivement en passant à la forme chronique. Rarement, les premiers symptômes ont une acuité modérée, donnant à l'accès rhumatismal une forme subaiguë.

Manifestations tendineuses. — Pendant longtemps (1895-1903) on a pu admirer parmi les chevaux de fourgon de l'Ecole de cavalerie un magnifique cheval alezan doré, Indus, qui paraissait avoir été affecté d'efforts de tendons répétés ; il n'en était rien, c'était simplement le résultat d'attaques multiples de la diathèse rhumatismale qui envahit ses tissus péritendineux en même temps que les gaines synoviales avoisinantes et ne permit jamais l'utilisation de ce beau cheval au service de la carrière qui lui était dévolue.

Manifestations musculaires. — Dans mon second travail précité, j'insiste sur la netteté d'une manifestation musculaire primitive. Ces manifestations, très réelles, sont pourtant assez rares. La douleur grande, sa soudaineté et sa nature ambulatoire sont encore ici les signes caractéristiques de la myosite rhumatismale. Comme dans la forme synoviale, comme dans la forme tendineuse, elle se montre sur les groupes musculaires *qui travaillent le plus*, sur ceux de l'épaule principalement.

Lésions. — Les lésions n'ont rien de spécifique. Ce sont celles d'une inflammation générale des tissus atteints.

Causes. — Tout infecté est un rhumatisant. Le froid est une cause déterminante d'accès chez un rhumatisant :

« La jument 4594 devant partir le 7 octobre (de l'annexe de remonte de Lesnevar en Finistère) a été attachée le 5 dans un coin d'écurie et contre un mur percé d'un caniveau assez large et par où le vent d'ouest s'engouffrant dans le bâtiment venait frapper l'extrémité inférieure des membres antérieurs de l'animal. Le 6, une synovite très manifeste s'était déclarée au niveau du boulet A. D. C'est là un cas très net de l'influence du froid sur les sujets rhumatisants (la jument 4594 ayant été atteinte 194 jours avant d'une synovite rhumatismale de la même gaine sésamoïdienne), cette observation nous paraît avoir la valeur d'une démonstration expérimentale (G. Joly). »

Traitement. — Salicylate de soude (Condamine). Azotate de potasse (50-100 grammes) ou autres diurétiques très puissants ; compresses d'eau chaude au début ; l'irrigation continue, même froide, peut être d'un grand secours ; applications mercurielles consécutives. Les applications successives et répétées de pommade mercurielle et de teinture d'iode formant un iodure vert de mercure très légèrement vésicant sont à recommander, le feu peut devenir utile. Les injections massives de pilocarpine sont infidèles. Les soins hygiéniques : liberté dans un box, épaisse litière, régime rafraîchissant et vert si cela est possible, sont toujours des auxiliaires précieux du traitement thérapeutique parfois peu efficace.

Il faut s'abstenir d'un traitement chirurgical infectant, quelle que soit l'acuité primitive des synovites ou des arthrites rhumatismales.

XIII. — AFFECTIONS CUTANÉES

Les affections cutanées du cheval sont très mal connues, malgré les savantes études du V^re^ Mre Mégnin (*R. M.*, 1re série, t. XVII, etc.).

Après lui, et sous prétexte de faire de la dermatologie comparée, on a calqué dans ses nombreuses divisions la dermatologie humaine et l'on a décrit des maladies que personne n'a jamais observées. Je demande aux vétérinaires des établissements de remonte qui voient défiler 500 ou 600 chevaux gourmeux par an s'ils ont jamais constaté l'eczéma chronique gourmeux dont les affectés se dévorent les membres, sont bientôt revêtus d'une peau semblable à celle d'un éléphant et restent à peine bons pour la réforme ?

Toutefois, les maladies parasitaires ont été décrites avec beaucoup de soin, par le professeur Neumann (1) qui fut un de nos prédécesseurs à la clinique de Saumur. Le V[re] en 1er Dassonville étudie actuellement les maladies cryptogamiques et son premier travail (*C.* 1901) nous promet une ample moisson de découvertes précieuses.

Le domaine clinique de ce chapitre pourrait être immense et les statistiques prussiennes, qui additionnent toutes les affections des tissus cutanés et sous-cutanés, nous montrent qu'elles entraînent une morbidité s'élevant à 7 ou 8 0/0 de l'effectif. Mais notre présente étude aura un champ plus restreint. Nous ne parlerons que des maladies décrites et réellement observées par les V[tes] M[res] et nous en éliminerons les trois groupes suivants : 1° Les blessures de toutes sortes qu'on étudiera plus loin comme blessures de harnachement, blessures diverses et blessures de guerre, 2° les manifestations cutanées de certaines maladies générales : œdème de la fièvre typhoïde ; exanthème gourmeux ; cordes et ulcérations morveuses, etc. ; 3° les maladies microbiennes : horsepox, lymphangite épizootique, dermite pustuleuse, étudiées dans des chapitres spéciaux.

Il nous reste encore à envisager comme affections cu-

(1) *Traité des maladies parasitaires non microbiennes des animaux domestiques*, chez Asselin.

tanées un grand nombre de maladies variables quant à leur cause, à leur nature, à leurs modes de manifestation, et qui n'ont comme points de contact que leur siége cutané. Leur classification sera encore plus arbitraire que toutes celles présentées jusqu'ici puisqu'une même lésion cutanée peut être produite par des causes dissemblables et qu'une même cause peut produire des dermatoses très variées. Voici notre classification :

- I. Dermatoses parasitaires.
  - Parasites animaux.
  - Parasites végétaux.
- II. Maladies non parasitaires ou dont le parasitisme est discuté.
  - Maladies éruptives.
  - Maladies non éruptives.
    - Générales
      - Cause interne
        - Alopécies.
      - Causes externes
        - Erythème solaire.
        - Gale bédouine.
    - Locales.
      - Dartres du jarret.
      - Crevasses.
      - Dermites du paturon.
      - Javarts cutanés.

Statistiques. — Dans les statistiques de l'armée française, les maladies de la peau sont classées, jusqu'en 1896 inclus, comme maladies contagieuses parce que les plus nombreuses et les plus graves le sont en effet.

Ces statistiques nous apprennent que :

En 1886	on a observé	1698	maladies de la peau à l'intérieur et	118	en Algérie	(5 morts et 1 abattu)
1888	—	1214	—	165	—	aucune perte.
1890	—	1559	—	161	—	—
1895	—	1229	—	93	—	(1 abattu).

La morbidité est variable, la mortalité est excessivement faible. Il serait intéressant de savoir comment se décomposent ces affections, mais nos statistiques nationales trop laconiques ne nous l'apprennent pas.

Depuis 1897 seulem^t on sait que { 1440 + 59 furent parasitaires. / 353 + 71 furent non parasit.

Statistiques prussiennes.

	1890	1891	1899	Pertes en 1890
Mauke (dermites des membres).	250	233	149	néant.
Erysipèles et phlegmons. . . .	447	555	579	7 réformes 1 mort. 1 abattu.
Parasites animaux.	1146	859	144	néant.
Parasites végétaux.	31	48	13	néant.
Autres exanthèmes	66	64	60	néant.
Verrues, tumeurs, piqûres d'insectes, urticaires, etc. . .	84	91	2	néant.

GALE SARCOPTIQUE

La gale, comme la morve, est une redoutable maladie des armées en campagne. La négligence forcée des soins hygiéniques, la débilitation des organismes animaux, la promiscuité des sujets les plus divers, sont des causes qu'on retrouve plus ou moins intenses pendant chaque expédition ou chaque guerre continentale. Les armées de la première République et de l'Empire comportaient de nombreux galeux montant d'autres galeux. Thiers dit même qu'en 1812, les petits chevaux polonais étaient atteints « comme les hommes de l'horrible maladie de la plique ». Gillet et Goux (*R. M.*, 1re série, t. VII) rapportent que la gale était alors très meurtrière pour les chevaux de la cavalerie française.

A la suite des invasions de 1814 et de 1815, la généralité des chevaux étaient galeux à un degré quelconque. Presque tous les régiments à cheval revenant de Crimée étaient infectés par la gale, d'une façon très grave. « La maladie étant ancienne et générale, la peau s'épaissit, devient le siège d'une irritation profonde, se plisse, se fendille et présente plusieurs points ulcéreux; alors l'animal maigrit, perd très sensiblement de ses forces et tombe parfois dans un marasme inquiétant (*R. M.*, 1re série, t. IX).

Pendant la guerre de 1870, la gale sarcoptique reparut,

infecta un nombre considérable de régiments, et fit encourir des pertes sérieuses à nos faibles effectifs des années suivantes. Lors de la conquête du Tonkin (*R. M.*, 3e série, t. XIV) on la retrouve.

Il est presque certain que nous aurons à combattre la gale sarcoptique pendant la prochaine guerre et le vétérinaire devra toujours se tenir sur ses gardes pour prévenir ses funestes effets.

En garnison, les épizooties de gale ne sont pas rares ; étant sous les ordres de M. Puthoste, nous avons participé à sa lutte contre une épidémie survenue en 1884 sur les chevaux du 17e chasseurs et nous nous sommes rendu compte de tous les inconvénients de cette redoutable maladie.

Bien qu'éminemment contagieuse, la gale, à son début, peut végéter sporadiquement dans un quartier et montrer si peu d'intensité qu'elle y reste méconnue. Alors, si, pour une cause ou pour une autre, les sarcoptes ont pu pulluler à l'aise, l'épizootie aura déjà envahi un très grand nombre de sujets et d'écuries lorsqu'elle sera découverte.

Le Vre major Prieur (*R. M.*, 2e série, t. XVI) nous apprend en effet que le 8e cuirassiers cultiva la gale sarcoptique pendant 4 années consécutives sur un petit nombre de chevaux avant qu'une épizootie s'étendant à toute la garnison de Lyon ne vint révéler et la nature exacte et la gravité de l'affection. En 1902, l'annexe de remonte du Busson fut gravement infectée, et quand, en octobre, elle envoya ses chevaux incomplètement guéris dans les régiments, l'administration fut sage de prévenir ces corps du danger qui les menaçait.

Comme nous l'avons vu par les statistiques précédentes, cette affection est rarement mortelle, mais la perturbation qu'elle entraîne dans le travail régimentaire, l'infection des harnachements, la menace de son extension sans cesse envahissante aux escadrons, aux régiments non encore contaminés, la propagation possible de la gale du cheval à l'homme, la tonte souvent nécessaire de tout l'effectif contaminé confèrent à la gale sarcoptique un degré de gravité bien plus considérable que ne laisseraient supposer et la mortalité inhérente à la maladie et la facilité de guérison des malades.

Symptômes. — Prurit manifesté de toutes façons. Boutons de gale dans les endroits prurigineux et généralement sur le garrot, l'encolure, les épaules, etc. Les dépilations restreintes, circulaires, se multiplient et forment enfin de larges plaques sèches couvertes de débris épidermiques. Épaississement de la peau. Présence du sarcopte.

Traitement. — Il est réglementé dans l'armée par l'art. 10 du décret du 26 décembre 1876, l'art. 64 du service intérieur du 20 octobre 1892, la note D annexée au décret de 1876.

Chez les chevaux fins, le médicament réglementaire est trop actif ; le mélange d'un tiers d'huile de pétrole à l'huile d'arachides est suffisant. Rien n'est plus abominable que la dermite provoquée par un traitement exagéré ; la peau devient épaisse, glabre, plissée, se couvre de squames ardoisées et ressemble à celle d'un hippopotame.

Les **GALES PSOROPTIQUES** et **SYMBIOTIQUES** ont peu d'importance dans l'armée.

PHTIRIASES DU CHEVAL

Le cheval nourrit trois sortes de poux, un hématopinus et deux trichodectes. Ces deux genres se différencient nettement l'un de l'autre ; l'hématopinus, de couleur foncée, a de 3 à 4 millimètres de long, on le rencontre généralement sur *les chevaux adultes*. Le trichodecte, de couleur claire, n'a que 2 millimètres de longueur au maximum, *c'est le pou des poulains*. Au point de vue clinique, cette différenciation a une certaine importance.

C'est à la fin de l'hiver que la pullulation des poux peut

devenir inquiétante par le grand nombre des animaux infestés. Ces invasions s'observent particulièrement dans les établissements de remonte où s'incorporent des animaux de toute provenance et surtout dans les annexes où les chevaux vivent en promiscuité. Mais dans les régiments aussi on peut observer une épidémie de phtiriase sur les chevaux d'un peloton, d'un escadron et même d'un régiment où le pansage est négligé. Il y a des chevaux qui en présentent chaque année.

Les ectoparasites pullulent facilement sur les animaux débilités par une maladie grave, un acclimatement difficile, et l'on peut dire que leur pullulation est en corrélation étroite avec la sécheresse du poil et le moindre fonctionnement des glandes cutanées. Il y a pourtant des épidémies de phtiriases qui sont singulières. M. le Vte P^al^ Ph. Thomas nous fait connaître la suivante :

En 1865 ou 1866 on s'aperçut, vers la fin de l'hiver, que les chevaux du 1er cuirassiers, en garnison à Haguenau (Alsace), étaient couverts de poux. Malgré les pansages soignés et prolongés que l'on faisait à cette époque, malgré le pelage clair de tous ces chevaux (régiment monté en chevaux gris) ; l'envahissement de cette phtiriase s'était faite avec une telle rapidité qu'elle était générale quand on s'en aperçut. Nous aurions eu certainement beaucoup de peine à nous en débarrasser si la manufacture de tabac ne nous avait donné les matériaux nécessaires à fabriquer plusieurs tonnes d'un puissant jus de tabac. »

Symptômes. — La démangeaison est le premier symptôme ; les chevaux se frottent la base de la queue ; les crins se coupent, s'enchevêtrent et laissent parfois l'épiderme à nu ; la présence des poux sur un cheval de troupe est particulièrement inscrite en caractères très nets par la brisure des poils et la dépilation *de la pointe des fesses*. C'est là que, du premier coup d'œil, le vétérinaire attentif trouve la marque la plus caractéristique de la présence des poux dans un peloton, ou dans un escadron. Souvent aussi les chevaux se frottent d'autres régions proéminentes ou la face interne d'un membre avec l'autre et, portent ainsi plusieurs traces de prurit suspect. L'examen de ces chevaux fait aussitôt reconnaître à la base des poils la présence d'œufs de poux qui impliquent immédiatement la présence du parasite plus difficile à trouver, quand les sujets possèdent l'énorme toison hivernale qu'ils acquièrent dans les annexes de remonte ou quand, avant la visite du vétérinaire, le pouilleux a été pansé.

Les œufs des poux adhérents *à la base du poil* ne peuvent être confondus avec ceux des mouches, déposés *à l'extrémité des poils* dans une tout autre saison

Un œuf ayant été rencontré, on se renseigne sur le nombre et la spécificité des poux en examinant plus particulièrement les régions les moins accessibles aux effets de pansage.

Traitement. — Quand les poux sont peu nombreux, que la fourrure n'est pas trop épaisse, des pansages soigneux et prolongés suffisent à débarrasser les animaux de ces parasites. Le pou, comme l'araignée, disparaît des habitats soigneusement tenus. Mais généralement, on a recours à des médicaments divers, décoction de tabac à 10 0/0, solution de pentasulfure de potassium à 15 ou 20 0/00, crésyl à 10 ou 20 0/00, sublimé corrosif à 1 ou 2 0/00 ; six litres d'eau crésylée suffisent à délivrer un chevale de remonte de ses *trichodectes*, si toutes les parties du corps sont bien imbibées par le médicament et si aucun poil ne reste sec à sa base. La solution doit être faite dans de l'eau un peu tiède ; le lavage, exécuté par un jour de soleil, est mené rondement. Les chevaux nettoyés sont ensuite lâchés dans un parcours ou réchauffés artificiellement. Dans les corps de troupe, l'*hématopinus* est bien plus résistant aux agents médicamenteux que le trichodecte ; parfois il faut tondre les sujets très infectés, mais 1/10e de pétrole très bien émulsionné dans l'eau et soigneusement appliqué détruit l'hématopinus si on a soin, *comme toujours, d'évacuer les litières infestées* et de désinfecter les intervalles du pouilleux et de ses voisins. Vingt-quatre heures après l'application du pétrole, une lotion vinaigrée est utile pour détruire les œufs.

LARVES D'ŒSTRES

Les jeunes chevaux présentent au printemps des tumeurs percées en leur sommet d'une ouverture qui peut donner issue à du liquide purulent. Ces tumeurs cutanées sont produites par une larve d'œstre (Hypoderma equi *V. Joly*). Elles empêchent parfois de seller le cheval, et, dans ce cas, on peut en accélérer la disparition en agrandissant l'orifice de sortie, et en comprimant fortement les bords de la tumeur jusqu'à l'élimination de la larve. Il ne reste plus alors qu'à panser antiseptiquement la blessure simple résultant de l'opération ; l'alcoolé d'iode est particulièrement recommandable.

MALADIES DES IXODES ET DES TROMBIDIONS

Assez fréquemment, les chevaux de chasse présentent une affection des membres et de la tête simulant « des feux de boue », ou du « horsepox cutané ». Elle est occasionnée par des nymphes de tiques incrustées dans le derme.

On observe généralement cette affection au printemps, sur les chevaux allant en forêt ou à travers les landes ; les *symptômes* sont variables ; nous avons constaté (T, 1901) tantôt des papules avec sécrétion jaune d'or recouvrant le parasite, noirâtre, à peine visible à l'œil nu ; tantôt des agglutinations croûteuses des poils recouvrant une nymphe de couleur foncée et de la grosseur d'une tête d'épingle. Mégnin parle même de pustules, de furoncles, de vives démangeaisons observées par Guémard sur les chevaux du 1er dragons, pour une cause analogue.

Un bon savonnage suivi d'un lavage légèrement astringent et l'application d'une poudre absorbante constituent un *traitement* généralement suffisant.

Les erreurs de *diagnostic* ont dû être fréquentes puisque cette affection, assurément commune, n'a presque pas de bibliographie.

M. Cavalin (*R. M.*, 2e série, t. XVI), Vre au 1er Spahis, a signalé une affection analogue à la maladie des ixodes sur deux chevaux présentés pour de *très vives démangeaisons*.

Des croûtes recouvraient la larve du *trombidion soyeux*. Visible à l'œil nu, le parasite ressemble « à un petit grain de sable rouge ». *Traitement* : lotion phéniquée à 2 0/0.

DERMATORRAGIE PARASITAIRE

Caractérisée par des boutons hémorragiques, la maladie n'a été observée en France que sur des chevaux hongrois; elle est occasionnée par une filaire parasitaire ainsi que l'ont démontré les Vres Mres Drouilly et Condamine (*J. M.*, t. XIV). Nos anciens camarades Salle, Lamy, Mégnin et Bernard, de même que Ercolani, Rossignol et Trasbot ont également étudié cette affection qui a disparu de nos rangs avec les chevaux hongrois.

PLAIES D'ÉTÉ

Sous ce nom, les Vres Mres désignent deux affections différentes qui ont entre elles un symptôme commun : l'absence de tout processus cicatriciel naturel pendant les fortes chaleurs de l'été.

L'une, dont l'étude est bien faite, est la *dermite granuleuse parasitaire* de H. Bouley, Quin, Mégnin, Rivolta, Laulanié, Delamotte et Nocard (C, 1901).

L'autre, dont l'étude est à faire, est *la plaie d'été simple*, non granuleuse, non récidivante, non parasitaire.

I. **DERMITE GRANULEUSE PARASITAIRE**. — Rivolta et Laulanié ont décelé sa nature parasitaire, Nocard a montré qu'elle n'était qu'une localisation d'une affection générale et que les poumons de ces chevaux contenaient comme leur peau une larve de nématode enkystée ou les débris caséo-calcaires de sa loge d'enkystement. Avec la chaleur estivale, le prurit se développe, l'animal se gratte et forme une plaie recouverte de bourgeons mollasses, séparés par des sillons purulents et contenant des granulations jaunes, caséeuses ou calcaires, s'énucléant facilement du tissu dermique épaissi.

« Ces dermites, dit Delamotte, prennent en Algérie, pendant les fortes chaleurs, des proportions étonnantes; certains animaux en sont littéralement couverts. Des plaies de la face et du pli du jarret opposent une ténacité désespérante ». Elles se cicatrisent à la fin de l'été, mais la peau reste épaissie, indurée ; elles récidivent l'été suivant, si la cause du prurit n'a pas été détruite chirurgicalement.

M. le Vre Pal Thomas a vu l'escadron de spahis de Laghouat obligé de quitter sa garnison et de transhumer vers les régions élevées des hauts-plateaux pour pouvoir guérir ses nombreux dermiteux.

Le traitement doit être chirurgical ; les seuls médicaments qui ont donné un résultat heureux sont les caustiques arsénicaux agissant par destruction du derme parasité.

II. **PLAIES D'ÉTÉ SIMPLES.** — Quand la température dépasse 25° à l'ombre, les plaies du cheval de troupe *occasionnées par un traumatisme quelconque* se cicatrisent mal et parfois ne se cicatrisent pas du tout; elles se recouvrent de bourgeons blafards, saigneux, débordant l'épiderme voisin, mais qui ne sont pas granuleux ; ces plaies se cicatrisent dès que la température s'abaisse fût-on au mois d'août et la cicatrisation est complète, sans épaississement du derme, sans récidive. Elles sont donc fort distinctes des dermites granuleuses par leur cause, leurs symptômes, leurs terminaisons, mais, comme elles, elles font le désespoir du Vre Mre qui, pour des bobos ordinairement insignifiants, voit le chiffre de ses indisponibles augmenter chaque jour. Ce sont certainement ces plaies simples que Blaise guérit par le collodion iodoformé, Liard par l'huile coaltarée, Quin par l'irrigation continue et la glycérine, Thomas par les lotions et les cataplasmes de feuilles d'eucalyptus, Ducasse par la teinture d'iode.

Pourquoi la température dépassant 25° centigrades à l'ombre est-elle nuisible à la cicatrisation des plaies des montures alors qu'elle est plutôt favorable à la cicatrisation de celles des cavaliers?

Traitement. — Blaise imbibe la surface de la plaie, pendant deux minutes, d'éther, de chloroforme ou d'iodoforme et la recouvre de collodion. Il obtient la cicatrisation en 15 jours, en Algérie. « Après avoir rasé le pourtour de la plaie sur une étendue de 3 à 4 centimètres, M. Ducasse badigeonne matin et soir la surface rasée ainsi que celle de la plaie avec de la teinture d'iode et laisse la région à découvert (R. V. 1900). » En juillet 1900, nous étions aux prises avec une cinquantaine de plaies d'été simples, non granuleuses, consécutives à des crevasses, à des blessures par coups de pied, etc., blessures qui bourgeonnaient irrégulièrement malgré les pansements les plus divers et les plus soigneux, M. le Vre major Prévost nous conseilla de couvrir ce plaies réfractaires à la cicatrisation, d'un emplâtre de poix et de faire travailler les malades. Presque toutes les plaies éloignées des plis articulaires guérirent naturellement sous l'emplâtre pendant le travail ; les autres cédèrent à la liqueur de Villate, aux pommades mercurielles, à l'huile de cade, bien mieux qu'aux dessiccatifs ou antiseptiques les plus récents et les plus vantés, mais elles cédèrent surtout à un abaissement de la température du mois d'août qui ne dépassa plus guère à l'ombre, 25° centigrades.

Grâce à l'emplâtre de poix, le chiffre des indisponibles fut réduit de moitié en quelques jours.

PARASITES VÉGÉTAUX

HERPÈS TONSURANT. — L'herpès tonsurant s'observe assez souvent dans l'armée. On peut même dire que chaque année, il envahit les annexes de remonte et s'y multiplie, en automne et en hiver, dans des proportions importantes; dès la mue de printemps, l'affection s'atténue.

Ordinairement, et bien que la contagion soit manifeste, le traitement des individus affectés suffit à arrêter toute épizootie vraiment digne de ce nom, mais quelquefois, dans les corps de troupe, la végétation du *trichophyton tonsurans* est telle qu'elle provoque une véritable perturbation dans le travail régimentaire par son extension rapide à tous les chevaux d'un escadron ou d'un régiment.

Une épizootie de cette sorte est décrite par M. Viseux (*R. M.*, 2e série, t. VII). En 1898, l'herpès tonsurant propagé par le communisme des selles, mit hors de service une centaine de montures de l'école de cavalerie.

L'herpès tonsurant du cheval n'est connu que depuis 1852. L'attention des vétérinaires fut appelée sur elle par un cheval venu de Normandie pour la remonte de la gendarmerie de la Seine, et qui communiqua cette affection à huit autres chevaux et à six gendarmes. Depuis, l'affection a été étudiée avec passion. M. Mégnin a voulu établir une dualité spécifique entre deux sortes de végétations trichophytiques, mais il n'a pu faire admettre le trichophyton epilans ni par les parasitologistes ni par les cliniciens et après Viseux déjà cité, Roy (*R. M.*, 3e série, t. XVI) a publié des observations cliniques qui plaident en faveur de l'unicité spécifique des champignons producteurs des teignes tonsurantes et épilantes chez le cheval.

Symptômes. — Chez le cheval, dit Neumann, les plaques trichophytiques siègent principalement sur la partie supérieure du corps où les instruments de pansage portent aisément les parasites. Le pansage est en effet l'agent le plus actif de la contagion ou de l'auto-infection.

L'abondance des poils et la pigmentation de la peau s'opposent à l'observation des phénomènes primitifs de l'éruption. Ce que l'on voit tout d'abord, ce sont des plaques circulaires, dont le diamètre oscille autour de celui d'une pièce d'un franc et qui tranchent sur le reste de la robe par le hérissement et l'aspect terne des poils qui les recouvrent.

Ceux-ci tombent au bout de quelques jours, non par évulsion, mais par brisure presque au ras de l'épiderme. L'épiderme de la plaque tombe en même temps que les poils ; il paraît se ramollir, et la surface de la peau offre alors une teinte gris noirâtre et une légère humidité. La plaque trichophytique ne tarde pas à se recouvrir de squames épidermiques, agglutinées en croûtes plates, qui tombent et se renouvellent incessamment. Le prurit fait à peu près complètement défaut.

Cette forme d'herpès tonsurant peut être aiguë ou chronique, c'est-à-dire peut former brusquement une nombreuse série de plaques ou végéter lentement sur un ou deux points du corps. Quelquefois encore, le trichophyton propage ses cultures sous un aspect très différent. Deux jours après la contagion probable (Roy) de nombreux petits amas de croûtes jaunâtres englobant un pinceau de poils apparaissent. La plus légère traction exercée sur ceux-ci suffit pour les arracher avec les croûtes qui les enserrent ; il résulte de ce fait la production d'une petite surface desquamée, rosée, glabre et humide. Abandonnée à elle-même, cette petite dépilation laisse perler à sa surface quelques gouttes de sérosité qui se concrètent en une nouvelle croûte jaunâtre.

Ainsi donc, le trichophyton se manifeste sous deux formes cliniques différentes, « une forme tonsurante » et une forme « épilante ». Dans la première, les poils sont *brisés*, sur une *plaque nummulaire* revêtue de croûtes ardoisées. Dans l'autre il y a *évulsion* complète des poils incorporés à un magma de croûtes jaunâtres. La première forme est la plus fréquente; la seconde, plus contagieuse, apparaît dans des conditions mal déterminées.

Traitement. — De nombreux traitements ont été préconisés contre l'herpès tonsurant. Celui de Fourie est radical (*R. M.*, 2e série, t. XIX).

Faire une ou deux applications de .	acide phénique cristallisé Teinture d'iode. Hydrate de chloral.	*aa.*

Mais il tare parfois les chevaux fins d'une façon indélébile; la surface traitée reste glabre. Le médicament qui nous paraît le meilleur est une solution cuivrée. On coupe les poils autour de la plaque herpétique pour bien dégager ses abords; on débarrasse la plaque des croûtes qui la recouvrent au moyen des ciseaux, et on frotte très largement l'espace infecté avec un bouchon en chiendent trempé dans une solution de sulfate de cuivre à 1 0/0.

Toutes ces opérations sont faites loin de la litière du malade et loin d'autres chevaux. Le pansage de la région malade est suspendu. Matin et soir on renouvelle l'évulsion des croûtes et les bouchonnages cuivrés.

L'apparition de nouvelles plaques est très surveillée; elles sont immédiatement dégagées, désencroûtées et traitées de même façon; bientôt toute la toison, imprégnée de sulfate de cuivre, constitue un milieu impropre à la pullulation du cryptogame.

TRICHORRHEXIE NOUEUSE. — Historique. — La trichorrhexie noueuse est une affection *des crins* du cheval qui s'est répandue dans toute l'Europe depuis une vingtaine d'années. On la signale pour la première fois dans les rapports prussiens de 1888. En France, c'est le Vre en 1er Salonne qui la décrit pour la première fois (*R. M.*, 3e s., t. II). Nous l'étudions personnellement depuis longtemps à Saumur: nous avons expédié des crins malades dans tous les laboratoires de nos Écoles, toujours sans résultats positifs sur la nature de cette maladie nouvelle. Nous l'avons décrite, au point de vue clinique, dans notre rapport annuel pour 1900.

M. le V[re] P[al] Ph. Thomas a observé, en même temps, la trichorrhexie noueuse sur la crinière d'un cheval et sur les poils d'un chat et d'un chien (Skie) appartenant au même officier.

Les médecins de l'homme connaissent l'affection. Hodora a même, dès 1894, cultivé un microorganisme causal de la trichorrhexie des cheveux des femmes de Constantinople.

Dans ces dernières années, l'affection s'est répandue et d'après Brocq « les Parisiennes sont très fréquemment frappées » de trichorrhexis nodosa. M. Sabouraud a même vu la contagion se faire de la barbe de l'homme au blaireau du figaro. La contagion du cheval à l'homme et réciproquement n'a pas encore été signalée.

Symptômes. — Généralement à la base de la queue, parfois à la crinière, les crins sont brisés sur une surface de la largeur de la main. Si, avec précaution, on arrache un de ces crins fragiles, on constate que son bulbe est petit, sa couleur lavée, son extrémité brisée et terminée en pinceau ; de distance en distance à partir de cette extrémité, il existe des renflements plus clairs, en grains de chapelet, très caractéristiques de la trichorrhexie noueuse. Ce crin étant porté sous le champ du microscope, on voit immédiatement que ces nodosités sont produites par une ligne de brisure de la zone corticale du crin. Aux points de brisure, la zone corticale est dissociée en segments longitudinaux qui se rupturent individuellement en formant une solution de continuité parfois très irrégulière.

Causes. — Les nœuds formés par l'écartement des segments dissociés nous semblaient, au premier abord, des points de hernie d'un mycelium, mais c'est en vain que le Pr Neumann et le V[re] en 1er Dassonville ont cherché à déceler ou à cultiver un parasite quelconque. L'oberrosarzt Tenner vient de figurer le parasite de l'affection et d'indiquer la manière de le déceler (fig. 1).

Il indique que ce parasite peut être rapproché de ceux de l'herpès tonsurans ou du favus. Les affirmations de Tenner n'ont pas été confirmées; le Vre en 1er Dassonville les infirme, au moins quant à la nature du parasite figuré.

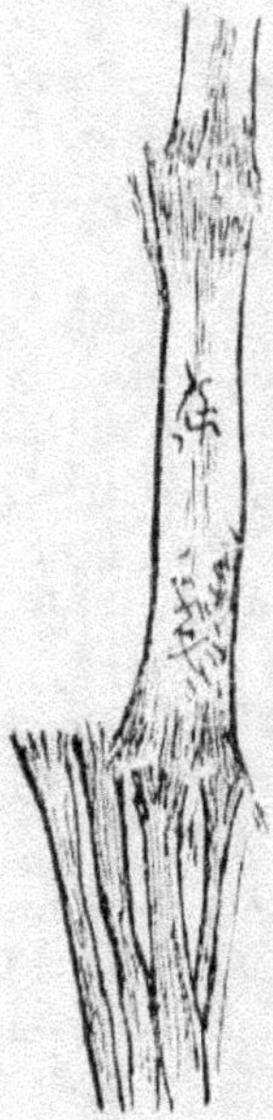

Fig. 1. — Crin affecté de trichorrhexie avec ses parasites (d'après Tenner).

Traitement préventif. — La trichorrhexie est faiblement contagieuse du cheval au cheval; il faut isoler les malades et particulièrement leurs effets de pansage.

Traitement thérapeutique. — Tenner a essayé en vain le savon, le lysol, la teinture d'iode, le sublimé, l'alcool, le pyrogallol, le pétrole. Salonne préconise le nitrate d'argent à 1 0/0 appliqué en solution tous les deux jours. Personnellement, nous avons utilisé des lavages journaliers au sulfate de cuivre à 1 0/0 le soir et au sublimé à 1 0/00 le matin. Tous les quinze jours les lotions sont suspendues et remplacées par une application de pommade mercurielle pendant un septénaire. Nous avons eu l'illusion d'arrêter ainsi les progrès de l'affection.

AFFECTIONS ZÉBRÉES DE L'HIVER

A partir de décembre et jusqu'après la mue, les chevaux tondus ou non présentent une affection des poils se caractérisant par des dépilations zébrées, scalariformes, sur différentes parties du corps et surtout celles où les harnais, les couvertures sont en contact avec la peau. Cette affection zébrée peut envahir toute la toison et nuire infiniment à la beauté du cheval ; elle est traçante dans une écurie, un peloton. On ne connait pas le parasite qui doit déterminer cette affection ; les zébrures sont produites par une section des poils suivant des lignes perpendiculaires à leur direction générale.

Traitement. — Laver matin et soir les poils malades ou voisins avec une solution cuivrée ou mercurielle légère ; désinfecter les couvertures au crésyl ; la guérison se produit généralement d'elle-même à l'époque de la mue, mais la récidive est de règle, l'hiver suivant.

VERRUES

Les verrues sont assez fréquentes chez les jeunes chevaux. Elles sont certainement contagieuses à un modeste degré et l'auto-inoculation est régulière sur certaines régions (ventre et jambe) ; on doit en débarrasser les montures pendant les périodes de demi-repos, surtout quand une de ces végétations pathologiques occupe la place d'une pièce de harnachement.

Traitement. — Recourir au bistouri ; faire une côte de melon ayant la verrue à son centre ; opérer aseptiquement, ne pas se servir pour la suture des pinces utilisées pour l'extirpation de la tumeur, telles sont les règles d'une réussite certaine.

On peut utiliser comme caustique l'acide arsénieux ou le sulfure d'arsenic, mais ces topiques forment une escarre longue à se détacher et laissent une plaie cupuliforme lente à se cicatriser. A l'intérieur, l'arsenic m'a paru avoir une influence heureuse.

Tous les autres topiques plus ou moins spécifiques : sublimé, acide salicylique, formaline, etc., sont généralement insuffisants ; seul, le trioxyméthylène (Cornet) nous a donné de meilleurs résultats que les préparations arsénicales.

Les CANCROÏDES DES LÈVRES des poulains paraissent se communiquer par cohabitation.

MALADIES ERUPTIVES

ECHAUBOULURE. — Caractérisée par de multiples plaques œdémateuses indolores, l'échauboulure fut bien étudiée par Mégnin (*R. M.*, 1re série, t. XVII) ; c'est une affection d'été due, sans doute, à une paralysie locale des vaso-constricteurs et qui apparaît après une pluie orageuse, après l'ingestion de foin nouveau, etc. Il faut la traiter par les couvertures et les diurétiques.

L'échauboulure peut être rapprochée d'une névrose dont nous allons nous occuper sous le nom d'autographisme ; pourtant, certains Vres Mres la rapprochent de l'urticaire de l'homme en la classant parmi les affections cutanées d'origine alimentaire.

ECZÉMA

L'eczéma, dit Mégnin, est une affection de peau caractérisée à sa période d'état par l'existence de vésicules petites, acuminées, agglomérées sur une surface plus ou moins étendue, et contenant un liquide séreux et transparent, vésicules qui se rompent après 24 ou 48 heures d'existence, et auxquelles succède l'exsudation d'un liquide séreux, jaunâtre, qui se concrète et qui est ensuite remplacé par une simple exfoliation épidermique.

Comme l'échauboulure, l'eczéma doit être dû à un trouble des fonctions vaso-motrices ; nous l'avons observé pendant longtemps à Saumur, sur la jument *Brillante*, nerveuse, irritable, qui chaque été présentait des plaques eczémateuses que nous traitions par le bromure de camphre.

Les eczémas trophiques consécutifs aux névrotomies sont malheureusement trop fréquents.

Le Vre en 2e Darmagnac (Lecl., t. I) observe à la jumenterie de Tiaret de l'eczéma héréditaire avec d'autres manifestations de la diathèse arthritique.

Nous avons constaté une poussée d'*eczéma* sur différentes parties du corps chez une jument soumise depuis deux jours à l'influence de l'antifébrine, c'était un eczéma toxique qui disparut avec sa cause productrice.

NÉVROSES

A côté des maladies précédentes, où le système nerveux préside à des manifestations éruptives, nous devons signaler les simples altérations de la sensibilité du tégument cutané, les névroses.

Quand la toilette des membres d'un cheval vient d'être faite, le moindre attouchement de la litière peut provoquer sur certains sujets une incommodité telle que des symptômes d'immobilité apparaissent. Dans le cas de tonte généralisée, on rencontre aussi des sujets rendus très impressionnables à tout contact cutané, même usuel.

Lorsqu'on tondait l'emplacement de la selle, *l'érythème de la tonte* se manifestait non seulement par une irritabilité spéciale de la région, mais encore par une exsudation séreuse formant croûtes.

Nous devons aussi appeler l'attention de nos lecteurs sur les phénomènes d'*autographisme* qu'ils pourraient rencontrer.

Ils savent combien la peau de certains sujets garde facilement la trace du moindre coup. Or, la Nature a signalé un cheval de la 7e batterie du 22e d'artillerie, à Versailles (1871-1873), qui présentait le phénomène de l'autographisme dans toute sa pureté. Il suffisait de promener l'extrémité d'une paille sur les flancs de l'animal pour voir se produire, presque instantanément, une boursouflure de la grosseur d'un gros macaroni.

MALADIES NON ERUPTIVES ET GÉNÉRALES

ALOPÉCIES HYDRARGIRIQUES. — Il existe dans nos archives des documents assez nombreux concernant une alopécie générale du cheval de troupe produite par les médicaments mercuriaux.

Historique. — C'est par une intuition merveilleuse que notre ancien Vre en 1er M. Puthoste reconnut la cause exacte d'une alopécie générale que nous avions attribuée *à la peur*. Cette peur supposée avait été précédée d'une friction de pommade rouge sur un kyste du genou. Plusieurs années après (*R. M.*, 2e série, t. XVI), M. Puthoste fait une friction d'onguent au bichlorure de mercure et provoque un phénomène analogue.

Symptômes. — Quelques jours après l'application du traitement, il constate que la jument dont l'appétit avait diminué est devenue chatouilleuse et irritable. Il existe sous son ventre des œdèmes disséminés, douloureux. Les poils des régions endolories, légèrement hérissés, ternes, cèdent à une faible traction. On note aussi un peu de diarrhée et de ptyalisme.

Les jours suivants, les œdèmes ventraux s'affaissent, les poils se détachent facilement, par plaques de la largeur de la main, mettant à découvert des îlots d'épiderme gris ardoisé, furfuracé.

Variations individuelles. — Ce deuxième cas d'alopécie hydrargirique fut bientôt suivi d'autres, relevés par MM. Puthoste, Crevelle, Voinier. Dans l'observation de Crevelle, l'alopécie fut limitée à un seul côté du cheval, le membre postérieur excepté, ce qui semblerait montrer que le mercure agit par une action spéciale sur le système nerveux et non par intoxication générale (*R. M.*, 2e série, t. XIX et 3e série, t. II).

Dans toutes ces relations, le mercure métallique (Voinier), le biiodure Joly, Puthoste, Crevelle), ou le sublimé (Puthoste) ont été utilisés à faible dose.

Depuis, notre attention éveillée sur ces alopécies a observé une chute partielle des poils sur l'épaule d'une jument possédant un kyste du genou onctionné chaque jour de pommade mercurielle ; une raréfaction de la fourrure de tout le corps sur une jument de pur sang traitée pour phtiriase au moyen d'une solution de sublimé. Mais des centaines de sujets se sont montrés indifférents aux mêmes traitements.

Ces phénomènes ne sont comparables que de loin aux intoxications mercurielles observées chez les bovidés, mais ils ont certainement été bien des fois méconnus sur nos chevaux aristocratiques.

Traitement. — Cessation de la cause ; purgatifs salins, diurétiques, sudorifiques (pilocarpine) et soins hygiéniques. Contre l'alopécie, l'encre peut être utilisée avec succès par suite de ses propriétés analgésiques, anti-prurigineuses et kératoplastiques. Toutes ces actions sont dues au tannin et au fer.

Leistikow l'utilise de la façon suivante : préparer une solution de tannin à 3 0/0 et une autre de sulfate de fer à 2 ou à 5 0/0 ; les mélanger au moment de s'en servir.

ERYTHÈME SOLAIRE

Cette maladie, provoquée par l'action directe des rayons solaires sur la peau du cheval, ne s'observe guère que dans les pays intertropicaux et son étude est essentiellement du domaine de la vétérinaire militaire.

L'érythème solaire a été observé dans le sud algérien où Hugot (1) le dit fréquent ; Boisse (2) l'a bien étudié, Bourgès (3) et Delamotte (4) l'ont signalé, Plassio (5) en

(1) *R. M.*, 1re série, t. XVII ; — 2e série, t. XVIII.
(2) *A.*, 1887.
(3) *T.*, 1890.
(4) *J. A.*, 1887.
(5) *R. V.*, 1890.

a décrit une forme grave observée dans la colonie italienne de l'Erythrée ; et Delafosse l'a constaté à Bourges. Alors que certains de ces auteurs considèrent l'érythème solaire comme une maladie sans gravité « se traduisant par une hyperémie des vaisseaux du derme accompagnée d'une légère infiltration cellulaire envahissant le corps muqueux de Malpighi et provoquant une simple chute d'épiderme (Bourgès), d'autres nous présentent l'affection comme pouvant occasionner » des crevasses et de véritables plaies suivies parfois des complications les plus graves (Plassio) » ou comme contribuant à la mort par épuisement des mulets de robe claire utilisés pendant la campagne de Madagascar (Guénon).

Certains auteurs n'admettent les coups de soleil que sur les parties de la peau dépourvue de pigment, alors que d'autres les ont observés sur toutes les parties de la peau qui ne sont pas protégées par le harnachement. Pendant la campagne de Kabylie en 1871, M. Ph. Thomas a traité deux cas d'érythème exceptionnellement grave, sur deux mulets de robe foncée et sans ladre. Ces variations sont dues à des influences locales : latitudes, présence de vents chargés de poussières brûlantes, etc.

Symptômes. — Dès le début se manifeste une certaine tristesse, de l'abattement. Les chevaux à robe foncée présentant des balzanes, piétinent doucement sur place et lèvent successivement les membres malades... Certaines montures ont une réaction plus violente ; elles s'agitent, grattent le sol, lancent des coups de pieds comme si elles étaient affectées de coliques. Un peu plus tard, le prurit devient intense, les régions frappées sont chaudes, douloureuses, œdémateuses, érythémateuses et rouges si elles sont privées de pigment. Quand l'érythème atteint la face, elle se tuméfie, s'engorge, le chanfrein devient volumineux, arrondi, tendu ; la respiration est alors laborieuse, le flanc saccadé, tumultueux.

Dans cet état, l'aspect du malade est caractéristique et rappelle celui d'un cheval atteint d'anasarque.

« Aux membres, la suppuration est assez fréquente ; elle se produit dans les plis du paturon et y détermine des crevasses profondes qui, constamment irritées, gagnent en largeur et en profondeur.

« Dans la grande majorité des cas, l'érythème se termine par la résolution, mais il peut survenir aussi des complications de suppuration, de chutes de peau et même de méningo-encéphalite (Boisse). »

Causes. — La cause déterminante unique est l'action des rayons solaires, mais les rayons ultra-violets possèdent un pouvoir particulièrement actif, aussi la maladie apparaît surtout au printemps, sous l'action du soleil du matin et après un bivouac établi sur le sable.

Traitements. — T. *Prophylactique.* — Eviter l'action de la cause ; abriter les animaux et surtout leurs régions dépigmentées.

T. Thérapeutique. — Lotions astringentes au début, émollientes à la période d'état ; bains et douches. Les bains de mer ont donné d'excellents résultats à Camoin en Algérie et à Plassio en Erythrée. Une épaisse couche d'acétate de chaux constitue, pour M. Ph. Thomas, le meilleur traitement de l'érythème solaire simple. Les complications exigent des traitements appropriés.

GALE BÉDOUINE

Les Vres Mres d'Algérie : Delamotte (1), Chauvrat (2), Blaise (3), ont décrit sous les noms de gale bédouine, eczéma zébré de la tête, lichen tropicus ou vésiculeux, une affection cutanée non contagieuse, très fréquente en été.

(1) *Aperçu sur les épizooties en Algérie.* Alger, 1882.
(2) *R. M.*, 2e série, t. XIX.
(3) *Bul. de l'associat. scientif. de l'Algérie*, 1881 *et J. A.* 1884.

Symptômes. — L'affection apparaît sous forme de papules pleines d'un liquide citrin, dans les régions où la peau est fine et où les glandes sudoripares sont nombreuses (ars, aines, plat des cuisses, périnée) ; puis elle s'étend parfois sur les joues, l'encolure, le poitrail, les membres, le dos, les côtes et les flancs. Elle progresse rapidement car les chevaux éprouvent aussitôt, comme l'homme atteint de la même affection, de vives démangeaisons et se frottent avec acharnement contre tous les objets à leur portée. Tous les points atteints se couvrent ainsi, en peu de temps, d'excoriations étendues, saignantes ou croûteuses.

Causes. — La maladie débute avec les fortes chaleurs et s'évanouit avec elles. Elle s'attaque de préférence aux chevaux gras, non entraînés, et qui, logés dans des écuries, transpirent abondamment, tandis que les montures vivant en plein air, sans aucun abri contre les rayons solaires, en sont exemptes.

Le lichen vésiculeux ne présente aucun caractère contagieux ; il est particulier aux pays chauds et humides, se montre sur le littoral algérien bien plus souvent que sur les hauts plateaux et la zone saharienne.

Les chaleurs estivales déterminent une transpiration abondante et d'incessants dépôts de résidus salins provocateurs d'un flux inflammatoire traduit par l'éruption lichénoïde.

Diagnostic différentiel. — On a confondu avec la gale bédouine sous le nom d'eczéma zébré de la tête une affection due à la piqûre d'un taon très abondant dans les pâturages du sud-algérien et qui s'attaque de préférence à la tête du cheval.

Traitement. — Les causes qui font naître la gale bédouine, c'est-à-dire la grande chaleur avec ses conséquences, empêchent, tant qu'elles persistent, la réussite d'un traitement médicamenteux quelconque ; aussi, pour combattre cette affection ou l'atténuer, est-il préférable de s'adresser à l'hygiène. Le V^{re} du train d'Alger, Camoin père, traitait chaque année, avec succès, de nombreux cas de gale bédouine par les bains de mer. Les lavages fréquents ou les douches simples générales ont également raison de la maladie : le prurit cesse, les plaques se dessèchent, les poils et les crins repoussent parfois comme par enchantement.

Enfin, il est un traitement souverain : c'est de ne pas abriter les chevaux.

Les 25 chevaux du détachement de la smala d'El-Outaïa, campés dans la plaine pendant tout l'été, sont restés indemnes tandis que ceux logés dans les écuries des quartiers de Biskra ont été affectés de lichen. Quelques-uns de ceux-ci, placés au piquet en plein soleil, ont guéri plus rapidement que leurs camarades maintenus à l'ombre, sous les voûtes des écuries-hangars (Delamotte).

INTERTRIGO. — Ce mot, emprunté à la médecine humaine, sert à désigner un érythème de la peau au niveau des ars, des aines, du genou ; on l'observe chez les chevaux gras et à peau fine lorsque la sueur mêlée de poussières séjourne dans les plis de ces régions.

La peau se tuméfie, est le siège d'un suintement séreux ; l'épiderme tombe, et il peut survenir une sécrétion purulente. *L'intertrigo n'est autre que la gale bédouine des pays tempérés.*

Traitement. — Lotions froides ou astringentes, poudres absorbantes : amidon, talc, tan, gentiane.

DARTRES DU JARRET

Toute la bibliographie scientifique de la dartre du jarret est contenue dans un de nos articles (T 1897).

Il existe souvent, dans le creux du jarret du cheval debout, une usure des poils, une dépilation ou une excoriation ovalaire, à grand axe allongé de haut en bas et d'un diamètre transversal égal, en moyenne, à celui d'une pièce de 50 centimes. Assez souvent, cette excoriation est le siège de démangeaisons ; le cheval y porte les dents.

J'ai démontré expérimentalement que cette prétendue dartre était due à la compression de la peau, lors du décubitus, entre la tubérosité inférieure du tibia et le sol.

Une litière insuffisante l'occasionne, une bonne litière la guérit.

CREVASSES

En hiver, par les temps pluvieux, le Vre Mre est fréquemment aux prises avec une affection de la peau de l'extrémité des membres, appelée crevasse, ou mieux crevasses.

Les crevasses sont des fissures de la peau, étroites, allongées transversalement, plus ou moins profondes, siégeant habituellement sur les membres postérieurs, au niveau du paturon et quelquefois aussi sur les membres antérieurs en des régions variées.

Causes. — La cause déterminante essentielle de la formation des crevasses est la toilette que l'on fait subir à l'extrémité des membres du cheval et qui prive la peau d'une partie de sa fourrure protectrice.

Les causes occasionnelles sont multiples, on doit citer d'abord l'influence de la boue. Si cette boue a des propriétés irritantes; si elle contient des petits silex provocateurs d'érosions de l'épiderme ; si, comme on l'observe dans quelques grandes villes, la neige mélangée au sel marin détermine des réactions congestives intenses sur la peau, et si l'épiderme insuffisamment protégé n'est pas débarrassé, après le travail, de ces causes d'irritation, la production des crevasses sera singulièrement favorisée. Mais les chevaux à tous crins, qui séjournent dans les parcours boueux des annexes de remonte pendant six mois d'hiver, ne présentent pas de crevasses alors que, arrivant dans ce même milieu, les sujets achetés après toilette faite chez le marchand en sont immédiatement atteints.

L'encastelure du sabot provoquant la formation de plis cutanés profonds dans la région postérieure du paturon est une cause très importante de la formation des crevasses. En désencastelant ces montures, on détruit leur prétendue prédisposition à l'affection qui nous occupe.

Le tempérament du sujet a été mis en cause. Dans l'armée, les chevaux de pur sang comme les plus communs présentent des crevasses ; seulement, comme dans toutes leurs maladies, ces premiers animaux réagissent plus fortement et plus rapidement que ces derniers.

Nous avons montré par des faits précis (C. 1896) que les crevasses pouvaient être contagieuses et inoculables. L'auto-inoculation est fréquente, la contagion par le panseur l'est plus encore.

Symptômes. — Au début, on observe de la chaleur, de la douleur, de la rougeur, de l'engorgement de la région avec un peu de suintement séreux.

L'épiderme se fendille ensuite par petites places, surtout au niveau des plis de la peau, la fente s'accroît en largeur et en profondeur, atteint le derme et la crevasse ou les crevasses sont constituées. Chez les chevaux fins, la douleur peut être telle alors que l'appui est presque supprimé, que le sujet levant à l'excès son membre postérieur pour éviter la douleur provoquée par la tentative d'exploration manuelle se laisse culbuter sur le sol ; l'appétit est alors supprimé.

La région engorgée présente une ou plusieurs fissures de la peau, couvertes de sérosité sanguinolente qui, une fois enlevée, laisse voir le derme rouge et enflammé.

Quand la cicatrisation n'est pas obtenue rapidement, la plaie peut s'accroître en profondeur jusqu'au tissu cellulaire, la suppuration se forme sur les lèvres qui s'indurent et ne se souderont plus qu'après un long traitement, en laissant un tissu cicatriciel d'apparence corné.

Quelquefois de véritables bourbillons de peau nécrosée

s'éliminent sous forme de javarts cutanés et les crevasses primitives peuvent se compliquer de lymphangite et de nombreux accidents consécutifs.

Il est assez rare, dans l'armée, que les crevasses suivent une évolution aussi aiguë et aussi complète. Elles sont presque toujours traitées dès leur apparition et combattues dans leurs funestes effets. Mais il est assez fréquent qu'elles persistent pendant des mois sous une forme atténuée, qu'elles multiplient leurs atteintes dans des régions progressivement plus élevées, et sur 2, 3 et 4 membres, parce que le malade a été mal traité par son cavalier ou que le vétérinaire, cédant à des instances bien intentionnées mais nuisibles, n'a pas prescrit le repos nécessaire à la guérison des crevasses. Encore ici, une cicatrice *calleuse* remplace souvent la crevasse invétérée ; la peau a perdu pour toujours sa souplesse première et le membre pour longtemps sa netteté.

Traitement. — *T. Prophylactique* : Ne jamais faire les crins dans le paturon est une prophylaxie toute puissante, mais dans l'armée on les coupe toujours peu ou prou en été ; c'est une question de toilette : il faut s'y résigner.

Le nettoyage des paturons et leur séchage à la rentrée du travail, doivent être effectués par *tamponnement* et non par *frottements* qui irritent la peau et incrustent le sable et la poussière dans les plis cutanés. Ces opérations doivent être faites sur le paturon étendu, déplissé, et non fléchi.

Les chevaux encastelés doivent être désencastelés mécaniquement ou physiologiquement suivant les sujets, afin de déplisser la peau ridée de la région postérieure de leur paturon ; une légère onction d'huile récemment bouillie peut être utilisée en temps de neige.

Traitement curatif. — Les agents médicamenteux successivement préconisés sont innombrables, preuve certaine que la guérison est souvent difficile à obtenir.

Pourtant, prises au début et rationnellement soignées, les crevasses guérissent sûrement en un ou deux septénaires. Quand, sur les sujets fins, la douleur est excessive, M. Dangel employait avec succès les cataplasmes de miel et de son. Après, on utilisait l'onguent populéum saturné, la pommade mercurielle, l'onguent égyptiac. Puis les glycérines iodées, phéniquées, les vaselines boriquées, picriquées, etc., se substituèrent aux onguents. Tous ces médicaments onctueux s'incorporent les poussières de la rue et de l'écurie et se transforment plus ou moins en « cambouis ». Il faut les laisser à la médecine humaine qui traite des peaux glabres et abritées.

La vaseline est d'ailleurs parfois mal purifiée de l'acide sulfurique qui servit à sa préparation commerciale et alors, elle est cause de dermites étendues. La vaseline salicylée est pourtant notre spécifique contre les cicatrices calleuses consécutives aux crevasses et contre toutes les épidermoses chroniques.

Nos médicaments préférés dans toutes les maladies cutanées sont les liquides, les poudres ou les pâtes dessiccatives ; leur nombre est très grand, on peut les varier à l'infini, suivant le but à atteindre, mais avant tout il faut agir proprement : proprement au début en coupant les poils très nettement autour de la lésion ; proprement avant l'application du topique en lavant soigneusement la région, soit au savon et à l'eau tiède s'il faut la débarrasser du vieil onguent rance et sale appliqué par un cavalier, ou des croûtes anciennes qui s'y sont accumulées, soit à l'eau blanche très légère s'il faut seulement calmer une irritation marquée. Puis, le paturon en extension étant bien essuyé par tamponnement avec de l'ouate hydrophile, immaculée, l'on emploie le médicament utile : teintures d'iode ou d'aloès dans le cas de plaies, eau picriquée, saturnée, cuivrée, si l'épiderme n'est pas entamé.

La poudre de Corne qui fut tant vantée jadis par les

Vres Mres (1), les poudres de talc ou d'amidon, etc., le nitrate d'argent, la liqueur de Villate, l'iodoforme, etc., ont aussi leurs indications spéciales ; la pommade à l'oxyde de zinc et la pâte de Socin sont de précieux dessiccatifs, mais ce qui importe plus que le choix judicieux du topique médicamenteux, c'est encore la propreté consécutive à son application.

Le pansement ouaté de la clinique saumurienne, dont l'application rationnelle est due à M. Jacoulet, est à lui seul un remède souverain contre les crevasses. Ce pansement ouaté doit être un pansement *clos* descendant *jusqu'aux éponges du fer*, remontant largement au-dessus de la dernière trace de crevasses et ne bâillant ni en bas pour laisser pénétrer les souillures de la rue et de la litière, ni en haut pour servir de réceptacle aux poussières du pansage et du râtelier. S'il est bien fait, le pansement reste clos indéfiniment, on le laisse 8 jours lorsque l'épiderme est seul atteint et quand on le retire le cheval est guéri ; dans le cas de suppuration, on le relève après 48 heures et quinze jours suffisent généralement pour obtenir la guérison.

Dans le cas de pansements mal faits, on assiste parfois à l'auto-inoculation des crevasses : les produits exsudés, souillés par les impuretés extérieures recueillies par le pansement mal clos, sont mis en contact avec des régions jusque-là saines et qui sont bientôt le siège d'une nouvelle crevasse.

Connaître le traitement utile n'est rien, le bien appliquer est tout.

DERMITES DU PATURON ET DU CANON

DERMITES EN PLAQUES. — Par le contact prolongé d'une boue irritante avec le bas des membres insuffisamment

(1) « Le plâtre coaltaré est le *meilleur*, le plus sûr, le moins cher et le plus commode de tous les médicaments connus contre les plaies d'été, les crevasses (Liard). » J. M., t. I.

protégés, on observe, principalement dans les annexes de remonte à parcours très boueux, une inflammation générale de la peau des paturons et des canons ; on l'observe aussi à la suite de l'application d'une vaseline caustique ou d'un médicament analogue.

Symptômes : douleur, chaleur, tuméfaction de la peau avec suintement séro-purulent agglutinant les poils qui se hérissent sur toute la région envahie. C'est certainement la période de début des anciennes « eaux aux jambes » qui, grâce aux soins dont sont entourés les chevaux de l'armée, n'arrivent jamais à ce qu'on considérait jadis comme leur période d'état.

DERMITES DISPERSÉES. — Les « feux de boue » s'observent en hiver sous forme de papules croûteuses reproduisant sur mille points isolés la dermite en plaques. La chasse dans les ajoncs favorise leur apparition en permettant l'inoculation de germes sur mille points lésés. La piqûre de l'ajonc, elle-même, sans le secours de la boue peut d'ailleurs produire une dermite localisée très bénigne.

Il faut savoir différencier ces dermites des maladies parasitaires dues aux Ixodes et précédemment étudiées.

Traitement.— Le traitement prophylactique est d'éviter la tonte pour tous les chevaux ayant à séjourner dans la boue,à travailler dans la neige fondue, ou sur les terrains de chasse.

Traitement thérapeutique. — Lavages à l'eau blanche très légère ; poudre de talc ou d'amidon, pansements ouatés. Les dermites chroniques demandent l'utilisation des sels de cuivre.

JAVARTS CUTANÉS

Le javart cutané, lui aussi, est une affection hivernale surtout localisée aux membres postérieurs ; il n'est pas très commun dans l'armée.

C'est une tumeur chaude, douloureuse, très sensible, qui siège sur la peau de la couronne et du paturon, quelquefois au niveau des canons.

Toujours elle s'accompagne d'engorgement généralisé de la région, de boiterie intense et quelquefois de symptômes fébriles.

Après quelques jours, la tumeur s'abcède en laissant échapper du pus sanguinolent, et la peau circonscrivant cette ouverture nécrosée, mortifiée, se détache d'elle-même sur une étendue plus ou moins grande. Un bourbillon central reste adhérent au centre de l'abcès et demande quelquefois à être extirpé chirurgicalement pour hâter la cicatrisation qui s'opère bientôt régulièrement.

Les V^res M^res Barthes (*J. M.*, 1873) et Chénier (*T.* 1892) ont signalé et étudié des séries de javarts cutanés multiples sur des chevaux du même régiment ou du même peloton. Une certaine contagiosité, analogue à celle des crevasses, du crapaud et de toutes ces affections cutanées des membres où les infections variées sont si faciles, doit présider à ces séries.

Ces auteurs se sont surtout préoccupés de différencier leurs lymphangites à javarts, du farcin ou de la lymphangite épizootique, « dans aucun cas il n'y a eu la complication de *corde* qui est la caractéristique de la lymphangite farcineuse ». A cette époque, la lymphangite ulcéreuse de Nocard n'était pas connue.

Traitement. — On doit autant que possible opérer la ponction hâtive de la tumeur pour éviter la mortification d'un trop large lambeau cutané. Une pointe de feu doit être préférée au bistouri pour cette opération. Les injections antiseptiques, la teinture d'iode ou la solution de Lugol sont à recommander. L'iodoforme donne de bons résultats.

Les lavages antiseptiques de tout le membre et les pansements ouatés protecteurs doivent être renouvelés soigneusement afin de prévenir les auto-inoculations.

XIV. — MALADIES DE L'APPAREIL LOCOMOTEUR

En garnison, les 9/10 de nos malades (indisponibles compris) sont affectés de maladies de l'appareil locomoteur.

Il est donc nécessaire de les diviser en groupes secondaires et, à regret, nous ne pourrons pas toujours suivre ici le sectionnement, la hiérarchie et les antiques dénominations de nos statistiques officielles. Nous les suivrons cependant le plus souvent possible.

XV. — ANIMAUX COURONNÉS

Statistique : ont été couronnés :

En 1892,	1722	chevaux avec	27	pertes à l'intérieur,	66	avec 0	perte en Algérie
1894	1520	—	23	—	54	0	—
1896	1748	—	30	—	73	0	—
1897	1824	—	38	—	91	0	—

Causes. — Les *causes déterminantes* du couronnement sont excessivement nombreuses. Toutes les causes de glissades, de heurts, de chutes sont des causes de couronnement puisque le cheval qui tombe se reçoit généralement sur les genoux.

Causes prédisposantes. — Les jeunes chevaux affectés d'ostéite de fatigue avec déviations d'aplomb (cagnardise surtout) rasent le tapis, buttent et tombent fréquemment. Toutes les affections du pied ou du membre rendent le cheval maladroit et prédisposent à la chute. Le Vre en 1er, Querruau a signalé récemment (*A.* 1902) que des chevaux *accidentellement* couronnés une première fois sont prédisposés à de nouvelles chutes, si des adhérences de la cicatrice cutanée aux tissus profonds résultent de la première blessure. Aux manœuvres, on constate que la fatigue du cavalier ou son laisser-aller est prédisposant à la chute du cheval, aussi bien que la fatigue propre de la monture.

Symptômes. — La blessure de la face antérieure du genou par couronnement peut varier considérablement comme gravité, ce peut être : 1° une simple excoriation épidermique avec usure des poils par suite du frottement sur un sol doux ; 2° un amincissement par usure du derme sans solution de continuité ; 3° une déchirure avec ouverture de la peau ; 4° une lésion profonde avec arrachement des tissus conjonctifs et fibreux sous-cutanés et 5° une ouverture des articulations carpiennes.

1) Pour combattre l'engorgement consécutif au trauma, il est bon de recourir à des bassinages répétés de la région avec un liquide légèrement astringent (solution de sulfate de cuivre à 1 0/0), de recouvrir l'excoriation de poudre de charbon ; même dans ce cas, il faut laisser prévoir un hérissement ou un changement de volume et de coloration des poils si l'on a affaire à un cheval alezan, alezan doré surtout ; la simple application répétée d'une genouillère laisse des traces sur cette robe délicate, à plus forte raison un trauma en plaque agissant brutalement sur les bulbes pileux dénudés.

2) La mortification possible du derme aminci et traumatisé exige l'emploi du pansement ouaté antiseptique après la désinfection astringente recommandée plus haut.

Bien que la peau n'ait pas été ouverte, les tissus sous-cutanés ont été lésés, aussi, leur inflammation doit être combattue et le repos ordonné, jusqu'à ce que le vétérinaire se soit rendu maître de la réaction locale et des complications possibles.

3), 4), 5) Dans tous les autres cas, la peau ayant été ouverte, les tissus sous-cutanés ont été infectés et dilacérés. La blessure de ces couronnements au 3e, 4e et 5e degrés est donc toujours une blessure compliquée d'une manière assez spéciale.

MOBILITÉ DE LA PEAU DU CHEVAL SUR LES TISSUS SOUS-CUTANÉS. — Nous avons expérimentalement démontré (T. 1897) que la peau recouvrant les membres du cheval jouissait d'une mobilité étendue, et nous en avons déduit les conséquences utiles au point de vue chirurgical. Mais sans avoir analysé ce phénomène avec autant de méthode, tous les praticiens militaires savaient ou devaient savoir que, chez les chevaux couronnés, les lésions des tissus profonds ne correspondent pas aux lésions cutanées. Quand le cheval se reçoit sur les genoux, ceux-ci sont en extrême flexion et les tissus cutanés, conjonctifs, ligamenteux, périostiques, osseux, synoviaux, sont lésés aux points se correspondant pendant l'extrême flexion : dès que le cheval se relève, la blessure cutanée remonte et s'éloigne en hauteur de plusieurs centimètres de la blessure osseuse, pendant que les tissus intermédiaires tapissent une poche souillée de toutes les impuretés du sol et de leurs propres éléments dilacérés. Souvent on peut introduire le doigt dans la poche ainsi formée et y sentir des graviers mélangés à des lambeaux tendineux et ligamenteux. L'os mis à nu, la synovie épanchée, peuvent se déceler à travers la fenêtre cutanée béante, mais immédiatement l'hémorrhagie n'est jamais grande et les symptômes généraux ne se manifesteront qu'après avoir permis au blessé de rejoindre facilement l'infirmerie vétérinaire ou le cantonnement voisin. Après quelques heures d'attente, la tuméfaction, la douleur, pourraient entraver le transport du blessé. Le lendemain, les symptômes locaux peuvent être ceux d'une arthrite aiguë entraînant la soustraction complète de l'appui, une fièvre traumatique intense, et consécutivement la réforme ou l'abatage du sujet.

Traitement. — Le traitement doit être aussi hâtif que possible, et très minutieux. Pour désinfecter la blessure, il faut replacer le membre en extrême flexion, sous peine de ne pouvoir expulser les graviers et les poussières souillant les tissus profonds. La douche agissant longtemps sur le membre en flexion commence un lavage qui est terminé par des injections très multipliées d'un liquide antiseptique.

Les poils sont largement coupés, les lambeaux extirpés et des points de suture appliqués sur les lèvres cutanées dont la réunion est encore possible ; toutes ces opérations sont faites antiseptiquement, l'asepsie étant insuffisante. Il faut, si possible, rapprocher, même incomplètement, les lèvres de la blessure, au moyen d'une suture, car, même si les points de suture cèdent, ils ont réduit au strict minimum la largeur de la blessure. Un drain en caoutchouc est quelquefois utile au niveau des bas-fonds du décollement, mais généralement une parfaite désinfection, l'amputation des lambeaux mortifiés, la réunion des lèvres vivantes sont seules nécessaires.

M. Jacoulet a essayé de procéder immédiatement à l'autoplastie, mais la discordance des blessures superficielles et profondes, l'ignorance de l'intensité de réaction de ces tissus dilacérés, ne permettent pas, en général, la réussite d'une intervention chirurgicale aussi brillante, et, en cas d'échec, la solution de continuité de la peau est considérablement élargie.

Du pansement ouaté. — Pendant les guerres de Crimée et d'Italie (1) on employa l'ouate, d'une façon tout empirique, pour le pansement des plaies. Inspiré, au contraire, par des idées théoriques semblables à celles qui avaient guidé Lister en Angleterre, Alphonse Guérin employa le *pansement ouaté* le 1er décembre 1870, à l'hôpital Saint-Martin, sur des blessés du siège de Paris (2). Il enveloppa les membres blessés sous d'épaisses couches d'ouate en vue

(1) Delorme, *Traité de chirurgie de guerre.*

(2) Alphonse Guérin, *Les Pansements modernes, Le Pansement ouaté*, 1889.

de mettre leurs plaies à l'abri du contact de l'air et de les soustraire à l'influence nocive des germes. Tandis que dans les autres services des hôpitaux, les opérés mouraient presque tous, il obtint de nombreux succès.

La vétérinaire n'attendit pas qu'Alphonse Guérin fût l'*inventeur* de cette *méthode géniale* (*R. S.*, 1897) pour l'utiliser. Le 24 mai 1870, c'est-à-dire avant la guerre franco-allemande, le Vre Mre Humbert utilisa le pansement ouaté avec grand succès dans le traitement des chevaux gravement couronnés (*J. M.*, t. IX). Il déclare d'ailleurs modestement qu'il utilisa la ouate parce que « il avait entendu louer son emploi dans certaines plaies. »

Depuis cette époque, le pansement ouaté ne fut plus abandonné dans l'armée. A notre arrivée au 17e chasseurs en 1883, alors qu'on utilisait exclusivement à Alfort l'étoupe et le ruban de fil pour la confection de tous les pansements, nous avons appris de M. Puthoste à munir, même pendant les marches, tous nos couronnés d'un pansement ouaté. La confection de ce pansement était des plus simples et des plus pratiques : une épaisse lame de ouate était entourée d'une feuille de toile de coton et maintenue par du ruban de fil faisant deux tours en bas du genou, croisant ses chefs sur le milieu de l'articulation pour continuer à s'enrouler deux fois au-dessus de l'articulation malade où il s'arrêtait ; ce pansement résistait parfaitement à la marche, ne blessait pas les malades et favorisait infiniment la guérison des couronnés du régiment.

Au 10e hussards, en 1889, M. Thomas appliquait un pansement ouaté entourant tout le genou et le dépassant d'une main en haut et en bas. Un morceau de toile de coton venait croiser ses extrémités sur la face externe du membre où on les maintenait par une suture en surjet à points larges, mais résistants. En opérant sur toute l'étendue de la toile une traction graduée qui l'appliquait très exactement sur la ouate on obtenait un pansement inamovible résistant même, pendant les routes, aux flexions de l'allure du trot.

En garnison, les V^{res} M^{res} ont perfectionné beaucoup ces procédés, Pierre (*R. M.*, 2e s., t. XVIII) a fait connaître la méthode qu'il utilisait à Saumur où il fut vétérinaire en 2e ; son pansement ouaté *prenait son point d'appui au boulet* et pour éviter les mouvements de l'articulation, il appliquait sur le pansement une gouttière en zinc très légère que nous croyons la première du genre.

Le V^{re} en 1er Waldteufel (C, 1894) opère ainsi : « On vaporise une solution antiseptique, puis on applique une légère couche d'iodoforme et enfin on recouvre toute la région, siège du traumatisme, avec une nappe assez épaisse d'ouate de tourbe.

Le pansement est fixé à demeure à l'aide d'une bande de toile de coton de 10 à 12 mètres de long sur 5 à 7 centim. de large. On fait deux tours circulaires au-dessus du genou pour fixer le chef initial, puis on descend obliquement en avant de l'articulation carpienne de manière à gagner le côté interne ou externe de la partie supérieure du canon ; arrivé à ce point, on fait deux tours circulaires, puis on remonte obliquement en croisant le jet précédent. Arrivé au-dessus du genou, on fait deux tours circulaires, on croise ensuite obliquement pour recouvrir le pansement, on fait deux tours circulaires en bas, on remonte obliquement, et ainsi de suite jusqu'à ce que le pansement soit totalement recouvert. On applique des épingles à tous les entrecroisements de la bande.

M. Mouquet (*A*, 1889) substitue la ouate aseptique et les bandes de crêpe Velpeau à la ouate de tourbe et aux bandes en toile de coton, il préfère l'eau bouillie aux solutions antiseptiques fortes.

Toutes ces recommandations sont bonnes, mais le pansement par tours circulaires imbriqués est excellent aussi, si l'on a la constante préoccupation de ne pas le serrer et *de le bien rembourrer au niveau du sus-carpien*. S'il a un bon point d'appui sur le boulet, au moyen de flanelles ou de son propre matériel, point d'appui qui permet de ne pas le trop serrer tout en lui donnant une grande solidité, le pansement ne doit pas être renouvelé fréquemment ; les symptômes généraux, l'engorgement de la région, renseignent le praticien sur la nécessité de ce renouvellement qu'on peut fixer à chaque septénaire au maximum. Grâce à une désinfection parfaite, au drainage des culs-de-sac, au pansement ouaté aseptique, on doit obtenir, dans l'immense majorité des cas, la cicatrisation simple de la blessure par couronnement.

M. Chenot en montre un exemple frappant sur une jument affectée d'une double ouverture des articulations remontant à treize jours (*R. M.*, 2e série, t. XX).

Avant l'utilisation générale du pansement ouaté, nos anciens appliquaient largement le vésicatoire qu'ils introduisaient dans les culs-de-sac suivant le procédé du Vre Mre Coulet préconisé par Mitaut et Salle ; ils obtenaient de bons résultats (*J. M.*, t. II).

Dès 1847 (*R. M.*) le Vre du 13e d'artillerie emploie une pommade au sublimé lors d'écoulement synovial et Barthes introduit dans ces fistules des bâtons de nitrate d'argent. Toutes ces innovations des nôtres conservent une utilité actuelle dans certaines circonstances ; ils sont d'ailleurs d'une application générale qui nous les fera retrouver dans le traitement d'autres blessures. L'irrigation continue fut aussi heureusement utilisée, elle ne doit pas être complètement abandonnée.

Le cheval couronné est mis dans l'impossibilité de mordre son pansement et de frotter ses genoux contre un obstacle quelconque, en le plaçant « tête à queue » dans une stalle ; il mange dans une couverture formant hamac, dans des vannettes tenues à la main ou dans une musette mangeoire ; il boit au seau et reste au repos complet jusqu'à cicatrisation des lésions profondes.

Une fois la cicatrisation obtenue, on désire souvent la

disparition du tissu cicatriciel, la repousse des poils, et de poils semblables par leur coloration, leur volume, leur direction, leur souplesse aux poils de la robe. C'est souvent désirer l'impossible et les vendeurs de panacée ont ici beau jeu. Je signale l'onguent au charbon de cuir, préconisé par le V^{re} P^{al} Germain ; le cuir carbonisé donne un charbon excessivement léger ; en y ajoutant un peu de pommade mercurielle et la proportion ordinaire d'axonge, on fait un onguent noir bleuâtre qui satisfait quelques-uns de ses utilisateurs.

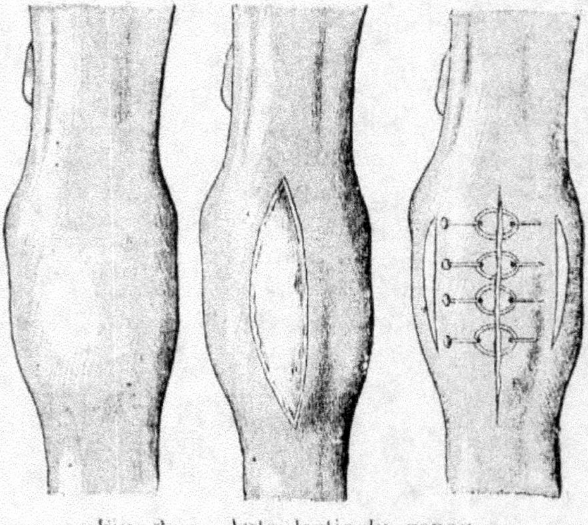

Fig. 2. — Autoplastie du genou.

L'opération de Vinsot (autoplastie) peut être utile. Je ne la décrirai pas, la supposant connue dans tous ses détails (voy. fig. 2) ; j'estimais jadis qu'elle était sans utilité pour les chevaux de troupe dont la valeur réelle est tout et la valeur commerciale rien, mais le V^{re} en 1er Querruau la préconise dans le but de détruire les adhérences cicatricielles pouvant exister entre la peau et les tissus profonds. Chez les chevaux d'officiers, il faut prévoir que les traces de la suture seront toujours visibles sur les alezans et, sous cette réserve, il faut toujours offrir ses services pour cette opération simple et brillante à la fois. Elle ne doit être tentée que trois mois après la cicatrisation, quand toute trace d'inflammation traumatique a disparu depuis plusieurs semaines.

Complications. — Parfois des exostoses formant cal déterminent une boiterie entraînant la réforme. Parfois l'articulation est tellement lésée que l'arthrite suppurée est fatale et l'abatage immédiat économique.

XVI. — BOITERIES des AUTRES RÉGIONS

(ÉPAULE ET CROUPE)

Statistique. —	1891	3384 à l'intér^{r}	et	447	en Algérie
—	1892	2134	—	347	—
—	1893	2107	—	296	—
—	1894	2096	—	274	—
—	1895	1967	—	336	—
—	1896	2023	—	332	—
—	1897	1974	—	344	—

Diagnostic du siège de la boiterie. — Les boiteries des régions supérieures du membre qui, autrefois, avaient acquis une importance relative trop considérable diminuent de nombre dans l'armée de l'intérieur à mesure que l'effectif augmente. Il est certain que, en cas d'absence de tout symptôme précis, on eut tendance à localiser la cause de la boiterie dans les régions où l'exploration est surtout difficile : épaule ou croupe volumineuses et soudées au tronc, pied enveloppé d'une boîte cornée close de toute part. Les anciens ont été dédaigneusement accusés d'être des « traiteurs d'épaule » d'abriter leur ignorance dans « l'asylum ignorantiæ » et leurs plus acerbes critiques furent justement ceux qui virent partout ensuite une « maladie naviculaire » existant souvent dans leur seule imagination et qui firent de cette maladie un nouveau « refugium inscitiæ » d'où il fallut les déloger à leur tour (Lecl., t. I).

Les 2000 boiteries actuelles « des autres régions » diminueront encore avec les progrès du diagnostic des causes de la boiterie, diagnostic délicat, véritable pierre de touche du clinicien vétérinaire, puisqu'elle détermine sa véritable valeur pratique ; le choix et l'efficacité d'un traitement dépendant fatalement de la précision du diagnostic. A quoi servent en effet une brillante opération et un traitement judicieux s'ils sont pratiqués en vue de guérir une affection illusoire ?

Nous allons nous occuper des procédés de diagnostic du siège de la boiterie. H. Bouley (1), le Vre en 1er Barreau (2), le Vre Pal Merche (3) ont écrit des travaux étendus sur les boiteries. L'étude de Bouley est magistrale. Si le cheval, mis au trot, boite d'un membre antérieur, la tête et l'encolure s'élèvent quand ce membre vient à l'appui. Si le cheval boite d'un membre postérieur, la croupe s'affaisse quand ce membre vient à l'appui. A ces règles générales, j'ajouterai simplement combien il est urgent d'étudier comparativement les irrégularités de la marche au pas et de l'attitude au repos. Chez nos chevaux de sang, une grande douleur dans un membre antérieur provoque souvent de telles irrégularités d'attitudes des membres postérieurs qu'une erreur de diagnostic est *fréquente* chez les débutants.

Nous supposons le membre boiteux connu, comment déterminerons-nous la région douloureuse ?

Exploration du membre. — La première règle pour

(1) Article Boiterie, du *Dictionnaire de médecine, de chirurgie et d'hygiène vétérinaires* de Bouley.

(2) *R. M.*, 1re s., t. XIX.

(3) *Nouveau Traité des formes extérieures du cheval*, 1868.

établir un bon diagnostic, c'est de laisser au malade toute liberté de mouvement et de réaction. Le langage du cheval malade est déjà assez difficile à comprendre sans qu'on augmente encore cette difficulté en le forçant à réagir contre des tortures brutales.

Observez donc simplement ses réactions contre la douleur pathologique et si vous augmentez artificiellement cette douleur que ce soit avec une extrême légèreté de moyens. Donc pas de tord-nez, d'aides, de pieds levés, de mouvements violents ou forcés.

Autant que possible, le malade doit être examiné lorsqu'il est vierge de tout attouchement, de tout traitement, de toute application hygiénique même, depuis minuit ; vous prenez possession du boiteux, muni de son bridon que vous tenez vous-même s'il s'agit d'une boiterie antérieure, de beaucoup les plus fréquentes. Vous vous placez en face de lui, vous observez le membre malade dont vous venez de constater la boiterie, intense ou minime, par un seul exercice au pas terminé par un temps de trot. Votre examen est comparatif et vous observez, *depuis le sabot* jusqu'à l'épaule, toutes les déformations.

Alors vous approchez la paume de la main et, toujours comparativement, vous explorez la sensibilité, la tuméfaction et surtout la chaleur des différentes régions. Le tact est pour l'homme le sens rectificateur par excellence des impressions premières ; pour le clinicien vétérinaire, il est aussi le meilleur sens de diagnostic. Il faut l'exercer sans cesse, afin de l'affiner et de lui permettre de percevoir ce qui tout d'abord lui était passé inaperçu par manque d'éducation. C'est la paume de la main qui doit être mise en contact avec la région dont vous voulez explorer la chaleur comparative, c'est là que votre épiderme est le plus délicat et que votre sens du tact n'est pas émoussé par des contacts incessants avec les corps environnants.

Pour assurer le diagnostic, *le pied*, le paturon, le canon, la région des tendons, le genou (face interne), l'avant-bras, le coude et enfin l'épaule sont passés en revue. Si les régions inférieures du membre boiteux ne sont pas plus chaudes que les correspondantes du membre sain, le résultat est négatif, il faut chercher ailleurs ; mais si ces mêmes régions sont *plus froides* sur le membre boiteux que sur le membre sain, le résultat de l'investigation est *positif* en faveur d'une boiterie des régions supérieures.

La sensibilité est recherchée par pressions et percussions dans *le pied* au moyen des tricoises et sur les autres régions inférieures du membre au moyen des doigts.

Supposons pour l'instant que la vue, la pression et la palpation des régions, surtout la recherche de leur chaleur n'ont donné que des résultats négatifs; il faut observer les symptômes fonctionnels de *pied ferme*.

C'est alors qu'il faut se souvenir du précepte que je soulignais tout à l'heure et permettre à votre malade de répondre à votre interrogation avec toute la liberté désirable. Quand je vois rechercher une douleur dans un cas de boiterie d'épaule supposée, en prenant le membre à pleine main et en le maniant avec effort en avant, en arrière, à droite, à gauche, je ne puis m'empêcher de plaindre l'opérateur de tant d'aveuglement. Rien n'est plus douloureux que la myosite, que l'arthrite scapulo-humérale ou fémoro-tibiale ; alors, pourquoi ces mouvements désordonnés ? Quelques petits tapotements sur le tendon vous montreront immédiatement la liberté du jeu de l'épaule ; si, à votre légère sollicitation, le cheval porte de lui-même son membre en avant avec liberté, vous *pouvez éliminer à coup sûr la boiterie d'épaule*, et s'il obéit avec douleur, il vous montrera immédiatement celle-ci et d'autant plus qu'il sera plus libre de vous la montrer.

Après cette exploration libre et de pied ferme, les symptômes fonctionnels sont encore recherchés en mouvement. Si votre premier examen, unique, n'a pas été suffisamment révélateur, les caractères de la boiterie peuvent encore être d'une grande utilité. En général, le pas raccourci est symptomatique d'une boiterie des régions supérieures, le pas allongé d'une boiterie des régions inférieures, mais cette distinction est loin d'être constante. Le pied appuie normalement, franchement sur le sol dans les boiteries d'épaule et ne repose qu'en pince, qu'en talons, ou sans franchise dans les affections du pied : mais les exceptions à ces données générales sont nombreuses.

La boiterie d'épaule se caractérise généralement aussi par un mouvement d'abduction de l'angle scapulo-huméral, mouvement toujours examiné comparativement avec celui du membre non boiteux.

Latrille (*J. M*, 1re série, t. IX) insiste sur la caractéristique de ce mouvement d'abduction soit « que la région semble se détacher du tronc et n'y tenir plus que par les téguments », soit que cette abduction reste plus modérée et que, pour la bien constater, il faille tenir soi-même le bridon du cheval en l'attirant à soi.

Ce mouvement d'abduction est caractéristique d'un trouble dans l'harmonie fonctionnelle des groupes musculaires de l'épaule. On sait maintenant, que dans chaque mouvement, toute une série de muscles agissent synchroniquement; les uns sont les *agents principaux*, les autres sont *modérateurs, directeurs* ou *auxiliaires éloignés*. Eh bien! quand les mouvements de l'épaule sont douloureux, ces agents combinent leur action pour obtenir la progression par un mouvement d'abduction scapulo-humérale au lieu de l'obtenir par un déplacement postéro-antérieur rectiligne. Parfois aussi l'épaule reste immobile et l'extrémité inférieure du membre « fauche » pour arriver à la progression sans extension et sans flexion; mais le faucher existe aussi lors de lésions du genou, du boulet et de simples crevasses. Au trot, ces symptômes s'exagèrent généralement, mais leur analyse est plus difficultueuse. Dans tous les cas, on ne doit jamais oublier de comparer *l'intensité des symptômes fonctionnels à l'intensité des symptômes locaux* avant de conclure à la lésion probable. Un engorgement de la région tendineuse, chaud, mais sans boiterie, n'est pas dû à un effort de tendons ; car un effort de tendons accompagné d'engorgement et de chaleur fait toujours boiter ; on a sans doute affaire dans le cas précité à une contusion ou à une prise de longe.

On a l'habitude d'insister dans les Écoles sur les différences d'intensité de la boiterie suivant les différents terrains ; le terrain mou exagère les boiteries musculaires et le pavé accentue les boiteries squelettiques ; il est bon de s'en souvenir. Chaque année, au printemps, quand les routes durcissent, une longue théorie d'ostéiques deviennent indisponibles.

En somme, les boiteries d'épaule comme celles des autres régions, se manifestent toujours aux yeux clairvoyants, par des symptômes très précis ; particulièrement par des symptômes locaux et fonctionnels observables au repos ou dans des mouvements très bornés, qu'on sollicite plutôt qu'on ne les exige.

Emploi de la cocaïne. — Dans ces dernières années, les Vres Mtres français ont enrichi la clinique d'un précieux moyen de diagnostic du siège des boiteries.

H. Bouley, en 1885, émettait l'avis « qu'on pourrait peut-être se servir des injections hypodermiques de cocaïne dans la région du paturon pour éclairer le diagnostic du siège de certaines claudications » et Kauffmann, en 1892, précisait que ces injections devraient être faites au niveau du nerf plantaire.

En 1897, notre camarade Dassonville faisait sortir la cocaïne du laboratoire de physiologie pour la transporter dans le domaine de la clinique vétérinaire.

Il démontra parfaitement, au moyen d'expériences, que les injections de cocaïne, faites sur le trajet des nerfs du membre, permettaient une localisation quasi-mathématique du siège de la boiterie. Il résume ses conclusions dans le tableau suivant :

- 1° Injection au niveau du médian.
  - La boiterie *disparait* : 2° Injection de chaque côté du boulet.
    - La boiterie *disparait* : 3° Injection (double) au point de la névrotomie basse.
      - La boiterie *disparait* : le siège est le pied.
      - La boiterie ne *disparait pas* : le siège est la 1re phalange.
    - La boiterie ne *disparait pas* : 3° Injection (double) au niveau de l'anastomose des plantaires.
      - La boiterie disparait : le siège est la partie inférieure du canon.
      - La boiterie ne disparait pas : la boiterie est entre le tiers supérieur du canon et le tiers supérieur de l'avant-bras. Pour préciser, il y aurait lieu de tenter, dans ce cas, des injections sur le trajet du cubital.
  - La boiterie ne disparait pas : la boiterie a son siège :
    - 1° Soit à l'épaule ;
    - 2° Soit dans le territoire innervé par le cubital.

Frappés de l'importance de ces résultats, MM. Deysine et Vidron (BL, 1899) ont repris les expériences de Dassonville au point de vue spécial du diagnostic des maladies du pied et les ont précisées, quant aux doses et à leurs applications pratiques.

Les lieux d'élection des injections de cocaïne se trouvent aux points indiqués pour les névrotomies. Les effets anesthésiques se manifestent après 5 ou 15 minutes ; la durée de l'insensibilité varie de 30 minutes à 2 heures. Quelques heures après survient l'engorgement de la région cocaïnée. Cet œdème chaud, dépressible, non douloureux, disparaît, en général, au bout de 3 ou 4 jours, sans jamais être suivi de complications.

La solution à injecter doit être, très généralement, *celle de 30 centigrammes de cocaïne dans 5 centimètres cubes d'eau* pour deux nerfs plantaires.

En 1901, M. Pécus (L, 1901) mélange la morphine à la cocaïne. Il indique que cette injection « entraine généralement à sa suite, entre un et douze jours après l'injection, une disparition de la boiterie pour une période de temps qui varie de zéro à l'infini.....

Le nerf subit une *modification anatomique* spéciale qui le rend inapte à sentir la douleur.

Le diagnostic du siège des boiteries par la cocaïne est une des plus belles conquêtes de la Vre Mre française.

Ce que nous avons dit des boiteries d'épaule nous dispensera d'insister sur les boiteries de la croupe ; les mêmes indications générales sont à suivre et quand nous étudierons l'ostéo-arthrite ankylosante du jarret, nous jetterons plus d'un coup d'œil sur le sommet du membre.

Causes *des boiteries de l'épaule et de la croupe.* — Les causes des boiteries d'épaule sont assez variables dans l'armée ; voici les principales :

Myosite du dressage. — Les écuyers, disait un mauvais plaisant, sont des cavaliers qui apprennent aux chevaux à marcher de travers. Et sans avoir la prétention ridicule de vouloir expliquer l'utilité des « appuyés », nous devons constater que certains jeunes chevaux présentent, après de chaudes séances de dressage, une myosite.

Myosite rhumatismale. — Déjà étudiée.

Boiterie du panache. — Quand un cheval tombe après le saut d'obstacle et se reçoit sur l'angle scapulo-huméral, une claudication présentant les symptômes fonctionnels de la boiterie d'épaule s'établit et diminue progressivement pour disparaître en une décade.

Des chocs de l'articulation scapulo-humérale contre une porte, un arbre, un mur, déterminent une boiterie analogue avec symptômes locaux et fonctionnels plus intenses. Peu de temps après l'atrophie du sus-épineux peut survenir par paralysie du nerf sus-scapulaire ; cette complication, assez rare, permet encore le service dans l'armée.

Arthrite chronique scapulo-humérale. — Kärnbach la dit fréquente en Allemagne sur le cheval de selle, mais elle n'a jamais été étudiée en France avec quelque précision. Nous la croyons très rare.

Luxation scapulo-humérale. — Consécutive à un traumatisme, elle se réduit par l'abduction du membre, mais récidive fréquemment et conduit la monture à la réforme.

Ecart. — Symptômes fonctionnels des plus accentués. Quelques œdèmes peuvent s'observer après déchirures musculaires.

Paralysie du plexus brachial. — Nous l'avons observée sur un sujet dont le membre avait été porté en très forte extension postérieure, il « bronchait » à chaque pas, le membre « lui manquait » à l'appui; il se rétablit progressivement en 2 mois et reprit son service.

Boiteries de la croupe. — **Allonge.** — Correspondant à l'écart : beaucoup plus rare; même traitement. Nous avons trouvé à l'autopsie d'un jeune cheval une inflammation aiguë du ligament coxo-fémoral.

Les contusions externes, par suite de chute sur le pavé des écuries, déterminent la marche en appuyé. Elles exigent une indisponibilité d'un ou deux septénaires.

Traitement. — Dans les *écarts graves*, l'emploi de l'appareil à suspension peut être utile.

Pour les *myosites*, le repos, les compresses chaudes, les massages seront prescrits. Les *contusions* seront traitées par des douches percutantes, répétées, courtes et froides, le repos et les massages.

L'hydrothérapie guérit en huit jours la *boiterie du panache*.

On utilisa jadis l'immobilisation par les entraves, les vésicants, le feu, les injections d'essence de térébenthine les sétons, les anesthésiques; ils peuvent encore rendre quelques services.

M. le V.re P.al Thomas a obtenu quelques cas de guérison par l'extension prolongée des membres dont l'épaule avait été fortement contusionnée.

Un sujet s'était heurté violemment contre la porte du manège en voulant s'évader. Après plusieurs semaines de traitements infructueux, il fut couché en vue de l'application du feu sur la région lésée.

L'opérateur dut s'absenter d'urgence après avoir fait entraver le membre antérieur sur le postérieur correspondant et son absence s'étant prolongée une heure, le cheval dut être relevé, le feu n'ayant pas été mis, mais la claudication ayant disparu.

Ce résultat surprenant l'engage à rechercher si, dans un cas analogue, il obtiendrait quelque chose de semblable en plaçant son sujet dans les mêmes conditions : il obtient en effet une diminution sensible de la boiterie, mais alors que celle-ci n'avait plus reparu dans le premier cas, l'amélioration ne fut que momentanée dans le second. Décidé néanmoins à rechercher l'explication de faits en apparence aussi insolites, M. Thomas fut amené à étudier les effets de ce qu'il appelle l' « auto-élongation musculo-nerveuse » dans les boiteries d'épaule. Voici le résultat inédit de ses recherches : Le cheval étant couché en décubitus latéral, le membre malade est entravé sur le canon du membre postérieur et des mouvements de défense sont provoqués par des moyens divers pendant une heure environ.

3 fois sur 12, le cheval étant relevé et bouchonné, la boiterie avait complètement disparu au pas et au trot ; la guérison fut complète sans aucune récidive.

4 fois une amélioration fut notée, 5 fois le résultat fut négatif.

Ces résultats expérimentaux ne sont certainement pas merveilleux, mais ils suffisent à démontrer que l'auto-élongation musculo-nerveuse provoquée par les défenses de l'animal au cours de nos opérations chirurgicales sont capables à elles seules de produire une inhibition du symptôme douleur dans certaines lésions soit musculaires, soit articulaires, dont la nature exacte reste à déterminer.

Il était curieux en tout cas de rapprocher ces faits expérimentaux de ceux obtenus en médecine humaine par l'élongation chirurgicale de certains troncs nerveux (Bilroth et Nussbaum) et même de la moelle épinière dans l'ataxie locomotrice (Charcot).

Dans tous ces cas, le traitement thérapeutique doit être complété par un traitement hygiénique ayant pour base la *gymnastique fonctionnelle* des rayons lésés, gymnastique fonctionnelle progressive, de pied ferme d'abord, puis au pas, puis à la longe. Toujours la mise en liberté dans un box spacieux devrait remplacer l'attache par la tête à l'écurie.

XVII. — EFFORTS DU BOULET

L'effort du boulet est un de ces syndromes de la vieille hippiatrie qui doit disparaître de nos classifications actuelles. On a groupé sous ce vocable les affections les plus variées et nous avons déjà dit, en étudiant la diathèse rhumatismale, que l'on donnait très régulièrement cette vague dénomination à toutes les manifestations sésamoïdiennes aiguës du rhumatisme.

En 1891, Siedamgrotzky a écrit avec infiniment de raison : « Je crois pouvoir affirmer, après de nombreuses constatations, que chaque inflammation chronique des gaînes grandes sésamoïdiennes ou tarsiennes du perforant, s'accompagnant de boiterie et de tuméfaction notables, sont dues à une rupture du tendon. »

Les déchirures du tendon ont lieu généralement aux membres postérieurs, et, habituellement, entre la poulie grande sésamoïdienne et la surface de glissement de la deuxième phalange, c'est-à-dire au point où le perforant est d'une constitution relativement faible (Voy. fig. 3).

Ces déchirures sont tantôt superficielles, tantôt profondes et étendues ; dans ce dernier cas, des lambeaux de tissu sont détachés et flottants par une de leurs extrémités.

La réaction inflammatoire est peu marquée sur le tissu rupturé, mais elle affecte au contraire la gaine tendineuse et les tissus environnants avec une extraordinaire intensité et s'étend bien au delà du point de la lésion occasionnelle. Cette synovite intense masque immédiatement les lésions tendineuses et le tissu conjonctif périphérique, hypertrophié puis induré, forme bientôt une enveloppe inexplorable au praticien non prévenu. »

Depuis la connaissance de ces dires de Siedamgrotzky, j'ai souvent constaté leur exactitude ; les « efforts de boulets » les « efforts de jarrets » les « efforts du genou » sont généralement des déchirures tendineuses provoquant une inflammation prédominante des synoviales avoisinantes.

Au membre antérieur « l'effort de boulet » n'est souvent que la réaction inflammatoire d'une lésion de suspenseur, de l'appareil sésamoïdien, ou de l'anneau du perforé et, dans ces conditions, il n'y a aucune raison pour diagnostiquer et traiter un « effort de boulet ».

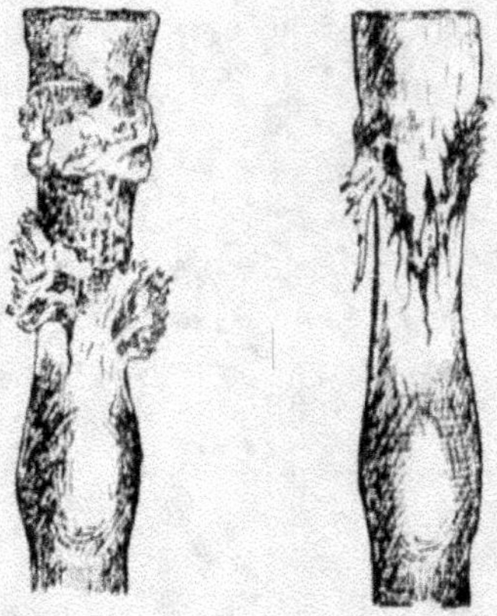

Fig. 3. — Déchirure du perforant d'après Siedamgrotzky.

Dans l'esprit des hippiatres ignorants de l'anatomie comparée, l'effort de boulet devait sans doute correspondre à l'entorse humaine, dans laquelle il n'y a souvent que tiraillement des ligaments tarsiens latéraux; mais les tiraillements des ligaments latéraux du boulet sont assurément très rares chez le cheval. Les efforts et les déchirures des tendons fléchisseurs, du suspenseur et des appareils sésamoïdiens doivent être étudiés sous ces appellations distinctes comme les synovites rhumatismales l'ont été sous celle qui leur convenait. Combien peu de choses restera-t-il alors aux « efforts de boulets » que les plus récents auteurs disent si fréquents?

Peu de chose sans doute; en tous cas il ne reste presque rien à la clinique de l'Ecole de Saumur où les sauts sont plus nombreux que nulle part ailleurs et où les sujets claqués et ostéiques forment une importe galerie de boulets déviés dans leurs aplombs et à moitié luxés.

Avec de tels prédisposés pour sujets d'étude, avec le travail spécial qui leur est imposé, si l'entorse de l'articulation métacarpo-phalangienne est excessivement rare à Saumur, c'est qu'elle l'est partout ailleurs sur les chevaux de selle ; et « l'effort de boulet » dépouillé des synovites rhumatismales, des déchirures du perforant, des lésions du suspenseur, de l'appareil sésamoïdien et de l'anneau du perforé, s'évanouit presque entièrement. Dans notre statistique des 7 premiers mois de 1897, nous en avons inscrit 4 cas, au milieu de 70 efforts de tendons ; dans celle des 6 derniers mois de 1901 nous n'en avons rencontré aucun.

Nos archives sont pourtant assez riches en **luxations complètes** de l'articulation du boulet, mais parfois ces luxations, loin d'être causées par des efforts violents, se produisent presque spontanément, comme l'observèrent le Vte en 1er Audais (*R. M.*, 2e série, t. XVI) ainsi que M. Cagny sur l'étalon Veston. Ces luxations spontanées sont assurément comparables aux déchirures spontanées des attaches ligamenteuses et aux fractures spontanées des phalanges qui ont pour cause l'ostéite de fatigue ou l'ostéomalacie.

Les tomes IX et X du J.-M. contiennent quatre relations de luxation du boulet : la première (Barrier père) se termine par une guérison incomplète ; la seconde (Neumann) se termine par l'abatage, la troisième (Romary) par l'abatage et la quatrième (Aureggio) par l'abatage.

Les causes sont : une glissade ; une défense pendant le dressage ; deux accidents arrivés à deux chevaux attachés au bivouac par un des paturons antérieurs.

Le tome Ier de la 3e série du *R. M.* contient aussi trois cas de luxations du boulet étudiées par A. Barrier, Beugnot et Rochard ; ce qui pourrait faire croire que ces luxations ne sont pas rares si la statistique suivante ne montrait à l'évidence leur extrême rareté : En 5 ans, de 1892 à 1896 inclus, on ne perdit que 7 chevaux en France et 0 en Algérie pour *tous les efforts de boulets et de tendons*. Ces trois dernières luxations du boulet sont également dues à des causes traumatiques violentes : saut, chute, ou prise du membre dans un caniveau. Dans deux de ces cas, la lésion fut tellement grave que l'abatage s'imposa immédiatement ; dans l'observation de Rochard, la guérison survint. La luxation se produisait et se réduisait presque spontanément, le ligament latéral interne était rupturé et le paturon, dévié en dehors, pouvait faire un angle de 45° avec le canon. Un pansement volumineux fut appliqué pour immobiliser l'articulation du boulet, après réduction facile, et le malade fut soumis à l'irrigation continue. Quinze jours après, des frictions résolutives furent substituées au pansement, et 36 jours après l'accident, le malade put reprendre son service.

Je crois inutile de m'occuper davantage du traitement de l'effort de boulet ; nous connaissons déjà le traitement des *synovites rhumatismales*, nous allons étudier immédiatement les traitements des *efforts de tendon* et de leurs déchirures.

XVIII. — EFFORTS DE TENDONS

Statistiques (additionnant en France les efforts de tendons et de boulet).

Année	France					Algérie.				
En 1891	1080 entrées	avec	1	perte		222 entrées	avec	1	perte
1892	2635	—	2	—		482	—	0	—
1893	2775	—	3	—		490	—	0	—
1894	3297	—	2	—		539	—	0	—
1895	3088	—	2	—		483	—	0	—
1896	3409	—	0	—		480	—	0	—
1897	3923	—	7	—		437	—	0	—

JOLY. — Malad. du cheval de troupe. 12.

Les efforts de tendons augmentent notablement et régulièrement.

En 1897, étant Vre en 2e à l'École de Saumur, j'ai ainsi précisé les efforts de tendons traités à la clinique pendant les six premiers mois de l'année : Efforts du perforé 25. Efforts des tissus reliant le perforé à la bride carpienne 17. Efforts du suspenseur 17. Efforts de tendons sans distinction possible 8. Efforts du perforant 1. Efforts de l'appareil sésamoïdien 3. Efforts de boulet 4.

En *Allemagne* les statistiques additionnent les *inflammations des tendons et des synoviales tendineuses*. Elles ont occasionné en 1899 : 3475 entrées à l'infirmerie, soit 13,07 0/0 des malades et 4,30 0/0 de l'effectif avec 9 réformes et une mort.

Les plus fréquentes furent relevées sur les chevaux de hulans et les moins fréquentes sur ceux du train.

En 1898 : 3222 entrées (10,79 0/0 des malades et 4,17 0/0 de l'effectif) avec 18 réformes, 1 mort et 1 abattu.

En 1897 : 3.126 entrées (11 0/0 des malades, 4, 03 0/0 de l'effectif) avec 13 réformes et 2 morts.

Les localisations sont ainsi spécifiées.

LOCALISATIONS	1899, sur 2,695 cas	1898, sur 1.811 cas
Perforé et perforant (ensemble)	1,090 (44,15 0/0)	819 (43,31 0/0)
Suspenseur seul	495 (44,15 0/0)	375 (19,99 0/0)
Perforant seul	401 (18,44 0/0)	313 (16,55 0/0)
Perforé seul	286 (14,88 0/0)	233 (12,32 0/0)
Les trois ensemble. . .	120 (10,61 0/0)	35 (1,85 0/0)
Bride carpienne	49 (4,45 0/0)	18 (0,95 0/0)
Bride radiale.	1	3 (0,16 0/0)
Synovites ou tendinites rhumatismales.	45	

En 1900 (C) j'appréciais ainsi les résultats des diagnostics des V^{res} M^{res} prussiens : « Tous ceux qui ont fait des recherches nécropsiques seront absolument persuadés que ces diagnostics sont absolument erronés, parce que tous ceux qui ont fait des autopsies sont unanimes à proclamer l'*extrême rareté* de l'effort du perforant. Le premier chiffre doit correspondre presque en entier à des lésions des tissus enveloppant le perforant en le laissant indemne. Le troisième chiffre est infiniment majoré aux dépens des mêmes lésions et du chiffre infime représentant les efforts de la bride carpienne. Il est donc indispensable de publier un nombre assez important d'observations cliniques *avec autopsie* pour éclairer le diagnostic des praticiens. »

Je n'ai rien à ajouter, ni rien à retrancher à ces appréciations. Elles montrent pourtant combien l'étude des efforts de tendons est imparfaite en Allemagne, ce qui ne veut nullement dire qu'elle soit parfaite en France.

Importance de cette étude. — En 1891, un de nos amis, le lieutenant de Vésian, qui fut l'un des officiers sportsmen les plus brillants de sa brillante époque, m'écrivit une lettre ouverte qui fit le tour de la presse sportive et que l'on peut retrouver dans la *Presse Vétérinaire*. Comme tous les sportsmen, de Vésian s'occupait beaucoup des tendons de ses chevaux, et j'aurai souvent l'occasion de rappeler ses remarques ; actuellement je rapporte son avis sur l'importance de cette étude. « J'arrive maintenant à l'accident le plus fréquent, dit-il, au mal qui frappe sans relâche les chevaux à l'entraînement, au claquage du gros tendon ; on pourrait l'appeler le phylloxera des chevaux de courses, et si l'Etat a promis 300.000 fr. à celui qui découvrira le moyen de tuer l'insecte de la vigne, je suis convaincu que les propriétaires des chevaux de courses donneraient volontiers le double ou le triple à l'inventeur d'un remède contre l'effort de tendon. »

Que le million promis par de Vesian ne trouble pas notre sommeil, la science française, au contraire de l'allemande, ne se vend pas. Mais que l'amour de la science et de la vétérinaire nous fasse désirer rendre un grand service à l'élevage, en faisant progresser, si peu que ce soit, les données prophylactiques et thérapeutiques des efforts de tendons. Pour cela, il faut bien savoir d'abord ce qu'ont fait nos prédécesseurs.

Historique. — Commençons à H. Bouley, le maître clinicien qui fut si fréquemment génial dans ses déductions. Il s'est assurément trompé en étudiant les lois qui président aux efforts de tendons, mais ses conclusions thérapeutiques furent tout aussi exactes que celles de ses critiques.

H. Bouley exposa ses idées dans les articles « Allures et Boulctures » de son *Dictionnaire*.

« Le suspenseur du boulet est destiné à lutter incessamment contre l'antagonisme de la pesanteur, à la manière d'une soupente élastique qui s'allonge sous l'effort qu'elle subit et revient quand il cesse à ses premières dimensions.

« Mais à côté des cordes extensibles qui s'allongent sous l'effort et l'épuisent, il fallait qu'il y en eût d'autres douées tout à la fois d'une très grande force de résistance et d'inextensibilité qui puissent mettre une limite à l'allongement des premières et opposer définitivement un obstacle infranchissable à la force qui tend à fermer l'angle articulaire.

« Ce sont les tendons fléchisseurs du pied qui remplissent ce dernier usage » grâce aux brides carpiennes et radiales.

Pendant ce temps « grâce aux brides latérales qui relient le suspenseur du boulet à l'extenseur des phalanges, le bras de levier phalangien a une rigidité croissante avec l'intensité des efforts subis ».

Au point de vue *des lésions* des efforts de tendons, le maître clinicien constate que « la masse principale de l'engorgement de la bouleture idiopathique est constituée par le tissu cellulaire qui engaine les deux tendons fléchisseurs, lequel, transformé par l'inflammation, est devenu dur, résistant et présente sur sa coupe une texture fibreuse irrégulière.

Ce tissu induré établit entre les deux tendons une cohérence intense qui empêche leurs mouvements isolés.

Comme *traitement*, Bouley prescrit de raccourcir la pince et d'appliquer sous le pied un fer nourri en éponges ou muni de crampons.

« Plus la pince sera raccourcie, plus aussi les talons auront de hauteur, plus les phalanges tendront à prendre sous le canon une direction qui se rapprochera de la verticale, et conséquemment le levier qu'elles représentent sera proportionnellement diminué, au grand avantage des tendons dont le bras de levier est invariable. »

Telles sont les données classiques qui furent professées jusqu'en 1891. Mais, comme souvent, la voix des praticiens chercheurs s'éleva contre cet enseignement erroné, Watrin affirma et démontra à ses nombreux disciples la dualité d'action du suspenseur et de l'appareil sésamoïdien d'une part, des tendons fléchisseurs de l'autre.

Un des plus jeunes disciples de Watrin, M. Jacoulet, fit connaître en 1876 les vues du maître sur ce sujet (*J. M.*). L'aide-vétérinaire Jacoulet observe en un an quatre efforts du suspenseur sur des chevaux ayant des talons trop hauts. Cela était en contradiction absolue avec l'enseignement classique, il explique ces faits nouveaux en disant :

« D'après la nouvelle situation faite par les déplacements indiqués ci-dessus à l'os du pied et à l'os de la couronne, l'insertion inférieure des tendons fléchisseurs se trouve rapprochée de l'insertion supérieure qu'ils prennent au sommet des os métacarpiens à la faveur de la forte bride ligamenteuse leur venant du ligament capsulaire des articulations carpiennes. Ces deux tendons ne sont plus dans l'état de tension qui leur est nécessaire pour restreindre la fermeture de l'angle du boulet en renforçant le cordage élastique sésamoïdien supérieur.

Celui-ci n'étant plus limité par eux dans la distension dont il est susceptible, cède à la traction opérée sur lui par le poids que supportent les sésamoïdes et s'allonge au delà des limites de son élasticité, ou du moins dans des limites qui ne sont pas compatibles avec son intégrité. Il en résulte son inflammation ou des déchirures plus ou moins profondes de quelques-unes de ses fibres. »

Le traitement découle de la connaissance de la cause, « replacer la surface d'appui du sabot parallèle à la face inférieure du pied vivant. »

Le Vre en 1er Pader, de son côté (C. 1888), fait des observations analogues à celles de Watrin et de Jacoulet et écrit :

« En mettant un corps solide sous la pince du pied, l'angle du boulet s'ouvre légèrement ; si, au contraire, on place le corps solide sous les talons, l'angle du boulet se ferme légèrement « on arrive ainsi à des conclusions diamétralement opposées aux prévisions de H. Bouley dans sa théorie du levier pharangien ». Aussi, l'ancien aphorisme : abaisser les talons c'est fatiguer les tendons n'est vrai que pour le seul tendon perforant. Le perforé au contraire subit une traction lors de l'exhaussement des talons, son attache étant portée en avant par l'inclinaison du paturon ».

Les travaux de Watrin, de Jacoulet, de Pader, sont ignorés des auteurs classiques et en 1891 les théories de H. Bouley avec l'action synchrone des trois appareils tendineux sont encore partout professées ; les efforts isolés des suspenseurs restent inconnus et le traitement de la « nerf férure » commence dans tous les cas par l'exhaussement des talons. En 1891, Siedamgrotzky en Allemagne et le Pr G. Barrier en France font paraître à quelques jours d'intervalle deux importantes études sur les efforts des tendons.

L'un et l'autre ont étudié les épreuves chrono-photographiques démonstratives des erreurs multiples de l'hippomécanique de H. Bouley ; ils ont fait des constatations photographiques identiques en somme et en les commentant parallèlement ils sont arrivés à des conclusions très analogues.

Voici les déductions de leurs constatations :

1° L'effort du suspenseur est consécutif à la distension excessive de ce ligament au moment de la flexion de l'angle du boulet, lors de l'appui, quand, par la flexion des articulations interphalangiennes, la crête semi-lunaire se rapproche de la coulisse sésamoïdienne et relâche le perforant.

2° L'effort du perforé se produit dans les mêmes conditions que celui du suspenseur ; il fait, avec lui, les frais de l'amortissement pendant les premières phases de l'appui.

3° L'effort du perforant ou de sa bride carpienne se produit dans des conditions diamétralement opposées ; il est consécutif à la tension excessive de cet appareil tendineux au moment de l'hyperextension des régions inférieures du membre, lors de l'impulsion de la masse en mode de vitesse extrême ou de traction forcée.

Les conclusions prophylactiques de ces constatations sont : abaisser les talons pour prévenir ou guérir l'effort du suspenseur (comme l'avaient dit antérieurement Watrin et Jacoulet) et du perforé. Elever les talons pour prévenir ou guérir l'effort du perforant (conformément aux anciens dires des Vres Mres Perrier, Laisné, Merche). Les premières et dernières conclusions sont donc conformes aux anciennes données résultant de l'observation des faits cliniques, mais la seconde est en contradiction absolue avec ces faits, nous le verrons bientôt.

Immédiatement après les communications de G. Barrier (*C.*, 1891) et de Siedamgrotzky, de Vesian faisait paraître l'étude déjà indiquée, et M. Jacoulet (*C*) faisait connaître à nouveau la fréquence de l'effort isolé du suspenseur, de l'effort isolé du perforé, notait qu'il n'avait jamais rencontré d'exemple de l'effort isolé du fléchisseur profond et montrait ainsi combien sa science clinique était supérieure aux connaissances de l'époque. Je fournissais personnellement (*P. V.*), une étude sur l'influence *du terrain* dans la production des efforts de tendons.

Puis venaient des communications des Vres Mres, Poy, Charon, Pader, Joly, etc., dont nous retrouverons bientôt les données nouvelles.

Anatomie de la région. — Depuis 1891, nous sommes donc plus riches en constatations photographiques et en déductions hippomécaniques sur la production des efforts de tendon ainsi qu'en documents statistiques ; mais les études anatomiques restent sommaires, les lésions pathologiques sont à peine étudiées macroscopiquement, car les autopsies sont très peu nombreuses. C'est encore à M. Pader qu'on doit les belles études anatomiques qui nous feront comprendre la genèse des lésions les plus fréquentes des efforts de tendons.

Dans plusieurs publications successives (*B. L.*, 1900 et 1902), il fait connaître le résultat de ses travaux ; nous allons les reproduire en partie.

MEMBRANES PÉRITENDINEUSES (fig. 4). — « *Enveloppes communes aux tendons fléchisseurs.* — Les aponévroses antibrachiale et jambière ne s'arrêtent pas, comme on pourrait le croire, au carpe et au tarse, régions sur lesquelles elles prennent des insertions ; elles s'étendent aussi sur toute la partie inférieure du membre. Ces membranes, composées de plusieurs plans plus ou moins intimement réunis entre eux, ne jouissent, par rapport à l'ensemble du système conjonctif, que d'une indépendance relative.

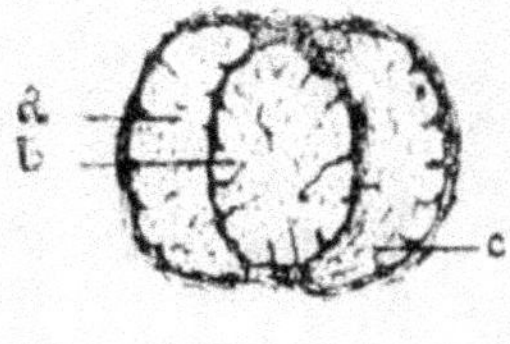

FIG. 4. — Coupe des tendons d'un cheval de 4 ans vis-à-vis du point d'union de la bride carpienne avec le perforant (d'après Pader).

a, Perforé. — b, Perforant. — c, bride carpienne.

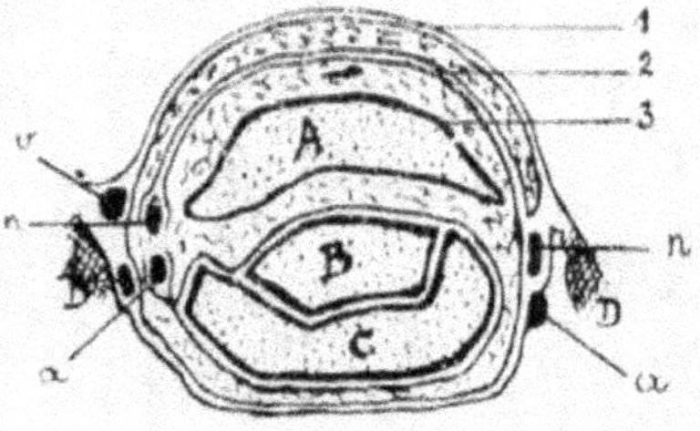

FIG. 5. — Membranes péritendineuses. Coupe au-dessous de la gaine carpienne (d'après Pader).

A, Perforé. — B, Perforant. — C, Bride carpienne. — DD, Métacarpiens latéraux. — 1, Première membrane péritendineuse. — 2, Deuxième membrane péritendineuse. — 3, Péritendineuse propre à chaque tendon. — aa, Artères collatérales. — nn, Nerfs plantaires. — v, Veine collatérale interne.

« Cette unité, entrevue par Bichat, se manifeste d'une façon évidente dans l'anatomie normale et pathologique des tendons et ligaments des membres du cheval. En réalité, ce n'est qu'avec des moyens artificiels qu'on parvient à isoler un tendon ou un ligament : les limites mêmes de ces organes sont souvent imprécises et difficiles à déterminer.

« Ce fait donne aux lésions tendineuses un caractère très particulier. Si on dissèque avec soin la région des tendons fléchisseurs, on constate qu'ils sont entourés par deux membranes communes, et, en poussant la dissection plus loin, on trouve encore une série de couches conjonctives, incomplètement libérées, tassées autour de chaque tendon et lui formant une membrane propre.

« Cette dernière couche péritendineuse n'a rien de spécial aux fléchisseurs du pied ; c'est l'enveloppe conjonctive propre à tous les tendons.

« La première des membranes communes, située sous le derme auquel elle se rattache par le tissu conjonctif sous-cutané, est la continuation immédiate de l'aponévrose contentive des muscles du membre.

« Après s'être rattachée de chaque côté sur les métacarpiens ou métatarsiens rudimentaires, cette membrane continue son enveloppement autour du perforé, du perforant et de la bride carpienne, isolant ainsi ces tendons du ligament suspenseur.

La deuxième membrane forme également une gaine continue autour des tendons fléchisseurs et de la bride carpienne. Elle comprend, entre ses feuillets, les nerfs plantaires et les collatérales du canon. Quelquefois, après avoir entouré les nerfs et les vaisseaux, elle se joint à la gaine externe. D'autres fois, elle reste indépendante sur toute la périphérie des tendons.

« Ces deux membranes sont réunies entre elles et aux tendons qu'elles entourent par un tissu fibreux lâche qu'on est obligé de sectionner pour les isoler. Une injection intermembraneuse ou, plus simplement, une insufflation convenable facilitent leur dissection et démontrent leur continuité.

« Arrivées près du boulet, ces membranes se soudent entre elles et viennent renforcer, sinon former de leurs fibres, la gaine de contention des fléchisseurs contre la poulie sésamoïdienne.

« Les membranes péritendineuses sont formées de nombreux plans successifs constituant de minces lames incomplètement libérées les unes des autres..... »

Enveloppe propre a chaque tendon. — « Nous avons dit qu'après les deux membranes communes aux tendons et à la bride carpienne, on arrivait à une enveloppe conjonctive propre à chaque tendon.

« Cette enveloppe est des plus intéressantes, tant à cause de son rôle dans l'accroissement des cordes tendineuses, de ses modifications physiologiques, que des altérations de nature pathologique qu'elle peut présenter.

« Cette gaine propre est aussi composée de feuillets parallèles, concentriques, ondulés et incomplètement libérés les uns des autres....., d'où partent les cloisons conjonctives interfasciculaires.....

« Les tendons s'accroissent par l'adjonction de nouveaux faisceaux formés aux dépens de la couche conjonctive péritendineuse ou interfasciculaire...

« Des néoformations périphériques se retrouvent dans la plupart des lésions tendineuses anciennes. Elles caractérisent la phase de réparation. »

Les **lésions pathologiques** observées sur les tendons des chevaux de selle sont très variées, mais les plus fréquentes se rapprochent des trois types que j'ai choisis parmi nos autopsiés de l'école de cavalerie pour les présenter, en 1900 à la Soc. cent. de M. V.

Trois sujets étaient affectés d'un double effort des perforés antérieurs : le premier avec efforts primaires et guéris au point de vue fonctionnel ; le second (voir figure 6) avec efforts récents, en cours de traitement; le troisième avec efforts plusieurs fois récidivants. Dans tous ces cas, le perforé est atteint; le tissu conjonctif interfasciculaire est hypertrophié et enflammé, les bords du tendon s'unissent intimement avec la bride carpienne en formant une sorte de manchon fibreux entourant le perforant ; les tissus péritendineux sont toujours le siège de lésions importantes, aiguës ou chroniques, parfois le tendon peut être cuirassé par un demi-centimètre de tissu conjonctif lardacé criant sous le scalpel ; une fois seulement la bride carpienne participe à l'inflammation ; le perforant est toujours indemne.

A côté de ces lésions relevées sur des chevaux de selle, il faut rappeler que Siedamgrotzky et G. Barrier nous ont appris que, *dans la plupart* des efforts de la bride carpienne (les plus fréquents chez les chevaux de trait) celle-ci, creusée en gouttière, se soude par ses bords aux bords correspondants du perforé en englobant étroitement les deux cordes tendineuses.

Nous devrons donc conclure que, le plus souvent, consécutivement aux efforts de tendons des chevaux de selle (perforé) comme des chevaux de trait (bride carpienne du perforant), il s'établit, au moyen des tissus péritendineux hypertrophiés et indurés, une liaison plus ou moins étendue, plus ou moins intime entre les deux organes tendineux.

Dans bien des cas cette liaison ne nuit en rien au régulier fonctionnement des membres d'un cheval guéri, ni à la fréquente récidive des nouveaux efforts sur le tendon primitivement atteint.

Ces faits ne se concilient guère avec les modes de fonctionnement si différents, que le professeur de Dresde a récemment assignés au perforé et au perforant lors de leurs efforts respectifs. Il semble que de nouvelles études s'imposent de ce côté : non des études sur cadavres, photographies ou tableau noir, mais des constatations directes sur l'animal *vivant* sain et malade.

J'ai personnellement ébauché quelques recherches sur les mouvements des tendons pendant la marche ; il semble que le perforé entre en état d'activité et de passivité avant le perforant qui continue le mouvement (T. 1897).

EFFORTS DU PERFORÉ

Nos études cliniques et nos autopsies personnelles nous ont montré très nettement que l'effort du perforé est, chez *le cheval de selle*, de beaucoup le plus fréquent.

C'est lui que de Vésian considère surtout quand il envisage « l'effort du gros tendon » si désastreux pour les sportsmen, car l'effort du *perforant* est excessivement rare, et celui de la bride carpienne seule peu fréquent.

Les perforés postérieurs sont lésés comme les antérieurs, mais ils le sont infiniment moins fréquemment ; aussi, dans l'étude suivante, nous aurons en vue l'effort du perforé antérieur. Au point de vue clinique et *toujours sur le cheval de selle*, on peut reconnaître trois efforts du perforé : l'effort de la région supérieure, l'effort de la région moyenne et l'effort de l'anneau du perforé. Cette distinction a une certaine importance au point de vue du pronostic, et nous devons la faire pour l'instruction de nos lecteurs, quelle que soit notre certitude de son arbitraire, puisque, dans la réalité, il y a autant de « claquages » différents qu'il y a de chevaux « claqués ».

Symptômes généraux. — *Tumor, calor, dolor* sont les symptômes constants de l'effort de tendons, mais leurs variations d'intensité sont si grandes qu'elles rendent le diagnostic et le pronostic des efforts de tendons infiniment délicats ; c'est là qu'il vous faudra développer « le *tact* clinique dont les praticiens sont si fiers ! » comme on l'a dit ironiquement à propos de ces études et voici comment on peut le développer :

Si l'engorgement est volumineux, le diagnostic précis est rendu impossible ; il faut provoquer sa résorption partielle par des bandes mouillées légèrement astringentes.

Mais dans l'armée, le plus souvent, l'engorgement peu prononcé ne se révèle même pas manifestement aux yeux de tous ; loin de gêner le diagnostic, il facilite alors sa précision. Au lieu d'un engorgement aigu, on rencontre souvent aussi une déformation chronique indurée, consécutive soit à un effort éloigné, soit à d'anciens moyens de traitement, soit même à de minimes tiraillements répétés et dont le résultat progressif n'a été perçu que longtemps après le début de ses manifestations insidieuses.

L'engorgement de la région permettant le diagnostic et le trottage du malade étant possible, il faut prendre connaissance de l'intensité du symptôme fonctionnel « boiterie ».

Cela étant fait et enregistré dans la mémoire, le sujet est laissé en état de repos complet, parfaitement libre de ses mouvements ; l'opérateur se place du côté du membre suspect, le dos tourné vers la tête du malade, il se sert de la main la plus proche et de la paume de cette main pour explorer la chaleur comparative des différentes régions du tendon depuis le genou jusqu'aux talons ; si un point de chaleur est révélé dans la région tendineuse, on se rend immédiatement compte de la chaleur comparative de la même région du membre opposé et la certitude d'être en présence d'un point enflammé se forme dans l'esprit.

Il faut néanmoins avoir soin d'aller du côté opposé et recommencer l'épreuve comparative, car par suite de l'allongement différent du bras explorateur, *toujours* la région la plus éloignée semblera la plus froide même si les deux régions comparées ont une égale température ; affaire de tension différente de nos artères et de nos nerfs, sans doute.

Le point de chaleur est trouvé, cherchons la sensibilité : Il faut reprendre la même position et se servir alors du bout des doigts, d'abord au poser, puis au lever ; je ne puis résister au plaisir de citer sur ce point les conseils de mon propre maître.

« On explore le membre au poser et au lever, en se rendant compte par comparaison de l'état des tendons dans l'un et l'autre membre.

« Pour l'exploration au lever, on saisit le pied soi-même, afin de percevoir les moindres manifestations de douleur que provoquerait la pression.

« Chaque tendon, pris entre le pouce et les deux premiers doigts de la main restée libre, est suivi de haut en bas et isolé des voisins, afin d'éviter toute confusion. On examine avec le même soin les brides carpienne, tarsienne et métacarpo ou métatarso-phalangienne, ainsi que leurs gaînes synoviales et la partie du perforant inférieure au boulet, en s'arrêtant, pour apporter plus d'attention, dès qu'on rencontre un point empâté, plus chaud, plus sensible, plus volumineux ou seulement moins souple. On parvient ainsi, même à travers un engorgement œdémateux, à se rendre compte de la perte de souplesse, de l'épaississement interstitiel, de l'empâtement inflammatoire, de la sensibilité et de la chaleur que présente tel organe ou telle partie d'organe. On discerne le gonflement n'atteignant que la surface, la gangue enveloppante d'un tendon, de celui qui intéresse ses fibres profondes, et on mesure l'étendue, la gravité de la lésion (Jacoulet et Chomel). »

Que nos jeunes camarades étudient bien ceci, car dès qu'on se trouve en présence d'un explorateur de tendons et qu'on le voit agir sans méthode et sans précision on peut tenir son diagnostic et son pronostic pour insuffisamment justifiés.

La chaleur et le toucher complètent ainsi les renseignements que nous avaient donné la tuméfaction et la boiterie, notre diagnostic est possible. Pourtant, il arrive souvent qu'on nous présente un malade après le travail, la douche, l'application d'une flanelle ou d'une médication quelconque ; dans tous ces cas il faut mettre quelques réserves à nos conclusions et exiger que le sujet nous soit représenté le lendemain matin, vierge depuis minuit de tout travail et de tout applicata.

Rien ne s'opposera plus alors à notre diagnostic précis et à notre pronostic éclairé. L'effort primaire ou récidivant, s'il siège sur le perforé, occupe une des 3 régions que nous avons arbitrairement distinguées ou plusieurs de ces régions.

I. Effort de la région sous-carpienne. — **Diagnostic**. — Ainsi que nous l'avons fait ressortir dans nos études sur la pathogénie du suros (C. 1896) et ainsi que Pader l'a souligné dans l'anatomie de la région tendineuse sous-carpienne, les tendons sont recouverts, au-dessous du genou, par ce que j'ai nommé l'arcade postmétacarpienne.

Cette arcade peut subir des distensions propres et son inflammation réagir sur les tissus péritendineux sous-jacents. Ses attaches peuvent être également le siège de tiraillements avec ou sans synovite carpienne et réactions inflammatoires sur les tissus péritendineux adjacents. Ainsi que l'ont démontré Siedamgrotzky et G. Barrier, l'effort de la bride carpienne provoque une inflammation chronique des tissus péritendineux qui la soudent au perforé en englobant le perforant. Enfin, nous avons montré par 6 autopsies (C. 1900), que cette même lésion des tissus péritendineux était provoquée par l'effort du perforé primaire ou récidivant, isolé ou associé.

L'inflammation des tissus péritendineux unissant le perforé à la bride carpienne peut donc avoir une origine diverse, mais, *chez les chevaux de selle*, ces lésions sont presque toujours consécutives à un effort ou même une rupture du perforé. A cause du recouvrement de toute la région par l'arcade postmétacarpienne, le diagnostic de la lésion primaire est excessivement difficile, mais au point de vue pronostic et traitement, les conséquences de cette difficulté ne sont pas très importantes.

Un cheval nous est présenté après une chasse ou de simples séances de dressage avec un peu d'œdème de la région tendineuse sous-carpienne, de la chaleur, peu de sensibilité, une légère boiterie, ce sont les premiers symptômes de l'inflammation péritendineuse « perforé-bride carpienne ».

La distension postmétacarpienne qui produira le suros aurait accusé de la sensibilité postmétacarpienne unilatérale, une boiterie accusée, peu d'engorgement; l'effort de l'attache du suspenseur se serait traduite par une sensibilité plus antérieure, une boiterie très intense, puis des vessigons carpiens.

Ultérieurement, la lésion perforéenne produira de l'empâtement de la région et des symptômes fonctionnels marqués, car la soudure perforé-bride carpienne sera effectuée au moyen de tissu fibreux enflammé, dont les tiraillements douloureux provoqueront des récidives fréquentes.

Pronostic. — La résolution est obtenue assez facilement, mais la récidive, avons-nous dit, est fréquente si on obtient la résolution par induration des tissus péritendineux enflammés.

Lésions — Le membre gauche de Rochambeau (voy. fig. 6), abattu après récidive à la suite d'une indisponibilité de deux mois, servira d'exemple. Sous l'arcade post-métacarpienne apparaît un boudin de couleur soupe au lait, violacé par place. La bride radiale est intacte; quatre

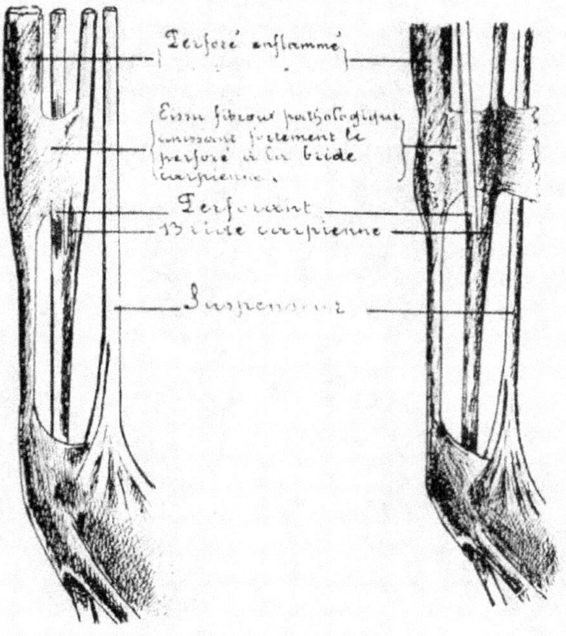

Membre antérieur droit. Membre antérieur gauche.

Fig. 6. — Appareil tendineux du cheval Rochambeau affecté d'un effort des deux perforés dans la région sous-carpienne (figure originale)

centimètres au-dessous de son attache perforéenne commence un ventre proéminent, coloré principalement dans ses parties supérieures, doublement bossué et se terminant au milieu du canon. Le ventre congestionné présente de nombreuses ecchymoses rouge-violacé entre les fibres dissociées du tendon

Le ventre blanchâtre, inférieur, présente ces ecchymoses sous une coloration jaunâtre ou ardoisée.

Le tissu conjonctif périphérique fortement ecchymosé, épaissi, fibreux, adhère au niveau du ventre inférieur; il unit le tendon perforé au côté externe de la bride-carpienne en constituant un fort ligament qui forme une sorte de coulisse incomplète au tendon perforant absolument net.

Ces lésions sont celles d'un premier effort grave et récidivant après deux mois; il y avait des lésions *tendineuses*, encore plus aiguës sur le tendon correspondant.

Souvent, au début, il n'existe que des lésions péritendineuses ainsi que nous en avons eu chaque année des preuves nécropsiques. Nous obtenons d'ailleurs souvent, en moins d'un mois, la résolution d'efforts de tendons sans persistance de noyaux indurés révélateurs de la lésion tendineuse proprement dite. Dans tous les cas, les lésions péritendineuses seules ou associées existent toujours et comme nous avons dit combien est étendu le jeu naturel des tendons, il est indiqué de ne pas les négliger dans le choix du traitement.

II. Effort de la région moyenne. — C'est celui qui provoque ces nombreux « *ventres de truite* » dont le pronostic comme les symptômes locaux et fonctionnels sont très variables, car l'inflammation peut empiéter sur l'une ou l'autre des deux régions avoisinantes. Ici encore, nous avons trouvé l'altération propre du tendon, mais toujours avec altérations péritendineuses et parfois revêtement lardacé de plusieurs millimètres d'épaisseur, dû à l'inflammation chronique du tissu conjonctif sous-cutané.

L'inflammation péritendineuse devait exister seule dans les nombreux cas où nous avons obtenu la résolution de l'effort supposé sans aucune trace, sans aucun de ces noyaux indurés que M. Jacoulet appelle *olives* et qui, dans d'autres cas, caractérisent l'altération propre du tendon. Ces noyaux se sont montrés à hauteur variable, mais il en est un que je dois signaler de suite, car il est très bien localisé, c'est le NOYAU DU NERF TRANSVERSAL.

Le nerf transversal des tendons, qu'on perçoit très bien chez les chevaux fins vers le milieu de la région des tendons, est parfois accompagné d'une artère où le pouls est facilement perceptible et qu'on avait pris pour une varice jusqu'à ce que nous en ayons montré l'exacte constitution (T. 1897).

La gaine conjonctive de ce nerf transversal peut devenir plus ou moins volumineuse, dense, et inquiéter les hommes de cheval, parfois à tort si elle est froide, mais parfois avec raison si elle est un peu chaude ou douloureuse. Elle peut en effet se montrer le point d'origine d'un « claquage progressif », preuve évidente que, dans ce cas, l'effort du perforé est d'origine péritendineuse.

III. L'EFFORT DE L'ANNEAU DU PERFORÉ est grave par suite des soudures nombreuses qu'il provoque et qui sont cause de tiraillements incessants entravant la cicatrisation des lésions primaires et facilitant les récidives éloignées.

Au-dessus de la gaine métacarpo-phalangienne, le perforé forme autour du perforant un anneau dont le bord supérieur est parfaitement explorable sur les chevaux fins (v. fig. 13), puis il s'engage dans la gaine précitée où il contracte des adhérences avec l'expansion membraneuse qui le recouvre et, par elle, avec les attaches du suspenseur.

Diagnostic. — Au début, il existe un œdème accompagné de la tuméfaction inflammatoire de la synoviale tendineuse et parfois de la synoviale articulaire. La douleur et la boiterie sont toujours très prononcées, la chaleur très manifeste : on a certainement rangé bien des efforts de l'anneau du perforé dans le syndrome « effort de boulet ». Mais quand plus tard, chez nos chevaux fins, l'engorgement s'est résorbé « le gonflement noueux de la partie inférieure de la région du perforé qui fait dire que le tendon est pris dans sa *bague* » (Jacoulet et Chomel) est tellement caractéristique, qu'il n'y a aucune difficulté à poser un diagnostic précis.

Lésions. — Voici les lésions que nous avons rencontrées à la suite de nombreuses récidives.

« Au niveau du boulet, le tendon est intimement adhérent sur les côtés avec les attaches du suspenseur du boulet et avec la gaine métacarpo-phalangienne ; en arrière et en bas, il adhère encore aux ligaments sésamoïdiens inférieurs, les deux branches d'attache, enflammées et doublées du même tissu conjonctif lardacé, sont très volumineuses et forment deux cordons de consistance fibro-cartilagineuse ; elles s'insèrent normalement sur la seconde phalange » (C. 1900).

Comme on le voit, nous aurions pu établir une quatrième division dans l'effort du perforé pour le « claquage » de sa région phalangienne, mais cette lésion n'a jamais été notée avant nous, et nous ne l'avons trouvée que comme prolongement des lésions supérieures. Une cinquième division peut être faite pour l'effort de la bride radiale ; les Allemands la signalent, elle doit être bien rare.

Pathogénie des efforts du perforé. — *Presque toujours* l'effort de tendon est progressif ; combien de fois avons-nous trouvé des chevaux affectés d'efforts de tendons commençant dont personne ne s'inquiétait ? De Vésian s'exprime nettement là-dessus : un peu de chaleur, dit-il, un peu de sensibilité m'ont toujours prévenu, sauf une fois, du claquage probable. C'est à ce moment que l'intervention du vétérinaire est souveraine car chez ces chevaux qui « chauffent » il n'y a fort probablement que des lésions péritendineuses.

Après ces symptômes précurseurs ou rarement sans eux, l'effort de tendon proprement dit se manifeste, dès le début, par une boiterie intense, un engorgement volumineux, de la sensibilité marquée. Quand l'engorgement œdémateux le permet ou s'est résorbé, on sent l'augmentation de volume du tendon localisé au siège de la lésion et la tendinite devient le siège d'une douleur locale bien plus accentuée que la péritendinite environnante. Cette tendinite restera longtemps le siège d'une induration, d'un noyau, qui s'étendra par les rechutes et pourra envahir la totalité du tendon.

La cause principale des efforts du perforé est donc généralement une *série de tiraillements* des tissus péritendineux et non *une hyperextension accidentelle*. Nous avons montré combien les mouvements du perforé étaient amples et combien les tissus connectifs qui les relient à la peau, à l'arcade postmétacarpienne, au perforant, à la bride carpienne et à la gaine métacarpo-phalangienne, etc., pouvaient être facilement dilacérés malgré leur élasticité grande ; car si les efforts du perforé sont très fréquents chez les chevaux de course qui font d'amples foulées, au point que de Vésian a pu écrire avec raison que le p. s. claque plus souvent « en plat » où l'on va vite qu'en « obstacles » où l'on saute, il faut bien reconnaître qu'on voit beaucoup de chevaux d'armes affectés d'efforts progressifs du perforé dans les régiments où l'on galope *beaucoup* aux allures réglementaires. Le terrain dur a une influence néfaste, mais le galop prolongé sur les excellentes routes cavalières de certaines forêts de l'État n'épargne pas les montures des régiments qui, *à cause du bon terrain*, galopent incessamment.

La *fatigue* paralysant le frein élastique du *muscle* laisse en effet les mouvements tendineux se produire plus largement, c'est alors qu'en fin de course le boulet touche le sol et que l'effort se produit, soit parce que la course fut rapide, soit parce qu'elle fut prolongée.

Contrairement aux nouvelles données de Siedamgrotzky, mais conformément aux anciennes données de la clinique, *l'abaissement des talons* est une cause fatale d'efforts du perforé ; il suffit d'abattre les talons des chevaux d'un escadron ou de les ferrer à la Poret pour voir immédiatement les efforts du perforé se multiplier dans ce groupe pendant que, dans les autres escadrons, ils restent en proportion normale.

Toutes les ferrures genre Lafosse qui, au moins en fin de ferrure, surchargent les talons, doivent être exceptionnelles comme ferrures du cheval de selle. Ces ferrures agissent certainement avec puissance comme ferrure dilatatrice et conservatrice du sabot; mais chez le cheval de selle, il vaut mieux obtenir ce bénéfice par un autre procédé plutôt que d'exposer la monture à un effort de tendons qui lui enlève immédiatement une grande partie de sa valeur.

Le Vre Pal Merche s'exprime ainsi sur ce sujet : « La manière d'abattre les talons à outrance, dans le but de faire porter la fourchette la première sur le sol, est à coup sûr la cause la plus fréquente de l'effort des tendons. C'est pour remédier à cette pratique ridicule que Perrier avait proposé son fer à éponges nourries. Laisné employait souvent ce fer dans le même but.

Le Vre Pal Ph. Thomas trouve la ferrure Poret appliquée sous les pieds d'un grand nombre de chevaux du xe hussards, en garnison dans une grande ville, et il remarque en même temps « un si grand nombre de tendons claqués, de boulets endoloris et engorgés qu'il dut inviter le chef de service à restreindre l'application de la ferrure Poret aux seuls pieds à talons naturellement hauts. Il ne fut point tenu compte de son observation, mais le chef de corps s'émut bientôt lui-même du claquage par trop précoce et inusité des chevaux de son régiment et donna enfin à son chef de son service l'ordre de revenir à la ferrure réglementaire. Aussitôt les efforts de tendons reprirent des proportions normales. »

Il serait facile de multiplier ces exemples.

L'hérédité joue aussi son rôle ; des sujets qui ont « une mauvaise nature de tendons » (disent les hommes de cheval), présentent des tendinites chroniques frappant progressivement les tendons des deux membres.

De semblables *faits* sont fréquents en dehors de tous défauts de conformation ou d'altérations parasitaires. La *gracilité relative, la brièveté relative des tendons* constituée par le genou renvoyé, jouent un rôle mécanique important dans la pathogénie des efforts des tendons; le genou brassicourt est plutôt favorable à la conservation de leur intégrité.

Traitement. — Immédiatement après une course rapide ou prolongée, on doit combattre l'inflammation possible des tissus péritendineux, par la décongestion du membre au moyen de lavages, douches, massages, flanelles mouillées. Si la boiterie fait craindre une lésion tendineuse, les mêmes traitements plus énergiques doivent être immédiatement utilisés ; les flanelles sont enduites d'eau blanche et renouvelées chaque dix minutes, on peut utiliser le vinaigre aluné ou saturné.

Une fois l'exsudation inflammatoire produite, les mêmes soins doivent être poursuivis ou institués; l'eau salée saturée donne d'excellents résultats, une solution faible de sulfate de fer eut son heure de vogue, les emplâtres de terre glaise délayée dans l'eau blanche sont efficaces, et les douches, les massages peuvent encore, avec le repos, amener la résolution de l'inflammation péritendineuse.

Dans les cas bénins, les applications journalières « d'embrocation » donnent quelques heureux résultats temporaires en suractivant la circulation des tissus envahis par les exsudats pathologiques. La thérapeutique de M. Cagny donne quelques formules de ces topiques.

Les Allemands préconisent l'emploi de la chaleur humide. En France, nous recourons plus volontiers aux vésicants et aux feux.

Parmi les vésicants, les iodurés et les mercuriaux sont assurément les meilleurs. A Saumur, M. Jacoulet utilisait le mélange de vésicatoire 1/3 et de pommade rouge 2/3 ; c'est un vésicant énergique à point voulu, pour les chevaux de sang.

Le V^re^ P^d^ Thomas nous a appris à nous servir d'applications simultanées ou successives de pommade mercurielle et de teinture d'iode qu'il aidait, dans certains cas graves, par l'administration interne d'iodure de potassium; l'iode étant le plus puissant réducteur connu de toutes les scléroses, disait-il. Comme traitement local, il appliquait une couche de pommade mercurielle sur la peau tondue ou rasée, puis on frictionnait la région avec un tampon imbibé de teinture d'iode jusqu'à la production du vert-olive qui est la couleur du proto-iodure de mercure.

Cette première friction fixe sur le degré de tolérance de la peau du sujet, tolérance très variable, selon les individus ; puis on renouvelle ces applications tous les 3 ou 4 jours, en poussant les frictions jusqu'à la réaction jaune ou même rouge qui est celle du biiodure.

Par ce traitement, on obtient assez souvent une réduction complète et assez rapide des engorgements tendineux, même anciens et volumineux.

Le *feu* est l'ultima-ratio du clinicien ; feu à la Chantilly et feu en pointes se partagent les faveurs des V^res^ M^res^. Le feu à la Chantilly a le gros avantage de ne jamais provoquer d'adhérences nuisibles entre le perforé et la peau, comme nous nous en sommes assuré par autopsies ; tandis que le feu en pointes trop profondes provoque ces adhérences et détermine aussi des engorgements irréductibles. Provoquer sciemment une tendinite traumatique par cautérisation profonde, c'est commettre une grosse faute chirurgicale. Ponctionner les nerfs plantaires avec une aiguille incandescente, c'est mal faire sans excuse.

Insufflations péritendineuses. — Nous avons institué (C. 1901) le traitement des efforts péritendineux par l'insufflation d'air filtré dans les tissus conjonctifs enflammés.

Manuel opératoire. — Un lien de caoutchouc entoure l'avant-bras du cheval couché au-dessus du genou, le membre est désentravé et maintenu fixe par l'avant-bras et le sabot sans aucune pression cutanée intermédiaire. L'insufflation est faite au moyen des instruments de l'aspirateur Potain (1) Le tube latéral de la pompe à air est recouvert de plusieurs couches de gaze iodoformée destinées à filtrer l'air qui sera aspiré ; le tube central est muni d'un tube en caoutchouc de 50 centimètres de longueur terminé par la plus fine des aiguilles de l'appareil. Celle-ci, aseptisée comme les mains de l'opérateur, est plongée, à travers la peau désinfectée, dans le tissu conjonctif sous-cutané de la ligne médiane de la région postérieure et moyenne des tendons.

L'aide pousse lentement le piston de la pompe, insuffle un peu d'air, et permet facilement l'introduction de l'aiguille, sur un quart de sa longueur, parallèlement au perforé ; lentement alors l'aide introduit dans les tissus péri-tendineux sains, œdématiés ou indurés, de l'air aspiré à travers les couches filtrantes de gaze iodoformée.

Quand l'opérateur estime que tous les tissus conjonctifs ou fibro-conjonctifs malades sont bien pénétrés par l'air insufflé et qu'il aura pendant les jours suivants une réserve suffisante de gaz pour entretenir l'assouplissement de ces régions, il retire l'aiguille et applique sur l'ouverture un peu de coton collodioné. Ordinairement il est utile d'introduire le contenu de six ou huit pompes Potain. Immédiatement, le caoutchouc sus-carpien est enlevé, le cheval relevé, conduit en boxe et laissé en liberté muni d'un collier à chapelet ; l'air insufflé se répand sous la peau de l'avant-bras et la gêne de la marche est presque nulle.

(1) On peut à la rigueur opérer sur l'animal debout, se servir d'une pompe à bicyclette et utiliser l'air non filtré, mais ces simplifications ne sont pas recommandables.

Soins consécutifs. — Dès le lendemain, il faut doucher et malaxer légèrement l'air en cherchant à le faire pénétrer dans les mailles des tissus lésés. Au fur et à mesure de la disparition de l'air, celui-ci est recherché dans les régions excentriques et ramené aux points lésés, les massages deviennent plus énergiques; exécutés matin et soir sur les points où ils paraissent utiles, où une induration quelconque se dessine, ils sont terminés par une douche en pluie. Si la chaleur du membre persiste, on doit avoir recours aux vaso-constricteurs.

Même si la netteté parfaite de la région est obtenue en 8 ou 15 jours, il ne faut reprendre le travail qu'avec une sage progression, surtout s'il s'agit d'utiliser les allures qui ont provoqué le premier claquage des tissus sains. Jamais la mise en travail ne doit précéder la disparition certaine de toute chaleur.

Indication et contre-indication. — Les meilleurs résultats sont obtenus contre l'effort péritendineux primaire. On peut alors prédire que, quinze jours après, le cheval redeviendra parfaitement net avec des tissus souples, indolores, sans trace aucune d'induration péritendineuse. Si l'effort affecte le tendon lui-même, l'inflammation péritendineuse est vite réduite et la tendinite apparaît alors localisée sous forme d'un noyau, d'une olive, qu'on peut traiter par les procédés anciens ou mieux par le simple massage, avec la certitude d'agir exactement au siège de la lésion et non plus un peu au hasard, comme on le faisait auparavant.

Si l'induration des tissus existe à l'état chronique, leur réduction est plus difficultueuse, mais on fait néanmoins vite disparaître les lésions aiguës et l'effet obtenu par l'insufflation est au moins égal à celui donné par les anciens traitements. On peut, dans ce cas, faire plusieurs insufflations consécutives. Si l'induration est considérable et qu'on ait affaire à des lésions très anciennes, récidivantes, le traitement n'est plus indiqué. Les efforts du suspenseur paraissent peu justiciables de l'insufflation.

La méthode a des insuccès, comme toutes les autres ; certains insufflés doivent peu après être traités par la cautérisation ; mais certains cautérisés avec insuccès ont été guéris par l'insufflation.

Comme on le voit, le massage joue un rôle important dans la méthode des insufflations, nous devons à ce propos faire l'historique scientifique de cette méthode chirurgicale qui peut être utilisée isolément dans beaucoup d'occasions.

Du massage. — Nous ne pouvons omettre de dire que c'est par Girard, Vre de la garde en 1857, puis Vre Pal, que le massage a été introduit dans la thérapeutique scientifique de la chirurgie humaine.

« Très habile, dit Sanson, à pratiquer le massage en raison de sa conviction, de sa patience et de la conformation particulière de ses mains, les démonstrations de Girard ont été péremptoires et elles ont entraîné l'adhésion unanime des chirurgiens. En sorte que maintenant le massage est devenu classique comme traitement de l'entorse simple. »

En réalité, Girard ne fut pas aussi heureux que le dit Sanson.

Le journal des Vres Mres (t. I) relate les vains efforts faits par Girard pour sortir le massage du domaine de l'empirisme et le faire pénétrer dans la thérapeutique scientifique. Comme souvent, hélas ! il ne put même pas obtenir le jury de contrôle qu'il demandait.

« Les Sociétés savantes persistèrent à garder le silence sur l'intéressante communication de Girard. Ce dernier, froissé mais non découragé, se décida à publier à ses frais un mémoire dans lequel sont accumulées les preuves les plus convaincantes de la bonté de la cause à la réussite de laquelle il a consacré tout ce qu'un homme peut réunir à la fois d'énergie, de persévérance et de dévouement. »

Le massage doit se faire, sur le membre du cheval, par pressions progressives de bas en haut avec mouvements latéraux discontinus qui permettent de ne pas rebrousser les poils. Il donne d'excellents résultats contre les œdèmes mais est très pénible à exécuter.

Dans tous les cas, la remise au travail progressif doit attendre la disparition complète des symptômes inflammatoires, et le retour de la souplesse des tissus intermédiaires aux différents plans tendineux.

Les douches en pluies, prolongées pendant un quart d'heure *de montre*, combattront la chaleur ; les douches courtes, puissantes, répétées, combattront l'engorgement et accélèreront la date de la remise en travail avec sécurité.

Le *traitement interne* ne doit pas être négligé comme soins complémentaires des efforts de tendons. Nous verrons, en étudiant l'ostéite de fatigue, la grande action de certains médicaments décongestifs, vaso-constricteurs, contre l'ostéite aiguë ; ces mêmes médicaments agissent aussi contre les tendinites des membres. On les utilise après l'insufflation, le feu ou même pendant les traitements du début.

Certains grands éleveurs font faire un poulain à leurs juments claquées avant de les réentrainer, on peut plus facilement les atteler pendant quelques mois avant de leur demander à nouveau la vitesse, ou la fatigue.

L'usage des flanelles, des guêtres est très recommandable pour prévenir le retour des hyperextensions. Ces appareils devraient toujours embrasser le boulet. La ferrure consécutive ne doit pas abaisser les talons. Tant que la région tendineuse n'est pas sèche, froide et insensible, le vétérinaire ne doit, sous aucun prétexte, conseiller le travail de vitesse.

LUXATION DU PERFORÉ POSTÉRIEUR

Sur les chevaux de course, les efforts du perforé postérieur dans ses régions moyennes et inférieures se rencontrent parfois. Mais nos archives militaires contiennent surtout des luxations de ces perforés avec déchirures de leurs attaches calcanéennes. Nous en avons toujours des exemples parmi les chevaux de l'Ecole de cavalerie

Bibliographie (*R. M.*, 2e s., t. XIX), 1 cas avec guérison (Fourie). — (T. XVIII), 1 cas avec autopsie (abatage) (Drouet). — (3e s., t. Ier), 2 cas avec guérison relative (Chauvrat). — 1 cas avec autopsie après abatage (Herbinet). — (T. II), 1 cas avec guérison (Ingueneau). — A, 1892, 2 cas avec guérison (Burck).

La luxation a lieu soit en dedans, soit en dehors. — Immédiatement après l'accident, on perçoit très bien la cause de la boiterie subite et intense qu'elle détermine, mais peu après le jarret est le siège d'un engorgement énorme qui nuit à la précision du diagnostic.

Sous l'influence de l'irrigation continue, des vésicants, l'engorgement diminue, la luxation se précise au milieu des indurations, des exostoses et des kystes synoviaux avoisinants. Le feu permet d'obtenir l'immobilisation du tendon luxé dans sa position nouvelle ; sa réduction est toujours aléatoire ; le fonctionnement du jarret reste d'ailleurs peu entravé à la suite de cet accident plus effrayant par ses symptômes immédiats que par ses conséquences dernières.

EFFORT DU PERFORANT

L'effort du perforant est tellement peu fréquent que nous répéterons simplement combien sa découverte est rarissime lors des recherches nécropsiques. Les lésions propres du perforant sont surtout des déchirures tarsiennes ou intersésamoïdiennes. Ses désinsertions inférieures sont généralement dues à des altérations squelettiques consécutives à la névrotomie, à l'ostéomalacie, etc. Au contraire, les efforts de ses brides de renforcement carpienne ou plantaire sont assez fréquents.

Ce sont les DÉCHIRURES TARSIENNES qui constituent les *vessigons tendineux* avec leurs trois culs-de-sac et la *fausse jarde* interne. Celle-ci n'est que la proéminence du cul-de-sac inférieur de la gaine tarsienne.

Nous avons étudié la fausse jarde en 1900 (C) et rappelé que Solleysel, Siedamgrotzky, G. Barrier et nous-même l'avions déjà signalée.

Cette fausse jarde, exceptionnelle, se différencie très nettement de la vraie jarde par sa situation interne, sa mollesse spéciale lors du soutien du membre et la concomitance d'un vessigon tendineux supérieur.

Symptômes. — Vessigon symptomatique masquant la lésion tendineuse provocatrice d'une boiterie notable et de manifestations inflammatoires.

Traitement. — Le feu en pointes pénétrantes, en faisant sourdre de la synovie de coloration variée, montre que souvent il y a cloisonnement entre les différents culs-de-sac synoviaux ; il donne d'insuffisants résultats thérapeutiques. L'acuité de la lésion causale (déchirure du perforant) étant éteinte par les irrigations, les compresses, le repos ; la synovite doit être traitée par les injections iodées, ou coagulantes dans chacun de ses culs-de-sac.

Encouragé par les brillants résultats de M. Jacoulet contre les molettes, au moyen de leur ouverture chirurgicale et de l'évacuation totale de leur contenu pathologique, j'ai essayé le même traitement sur un cheval affecté d'une déchirure du perforant dans sa gaine tarsienne avec vessigons tendineux et jarde synoviale communiquant ensemble.

L'opération fut faite au moyen d'une incision de 5 centimètres sur le cul-de-sac inférieur ; la synovie, à peine rosée, s'écoula en jet, en quantité d'un quart de litre ; une suture au catgut réunit la peau, l'aponévrose, la paroi synoviale incisée ; un pansement chirurgical fut fait au-dessous du jarret, un pansement compressif, articulé, fut appliqué au niveau des culs-de-sac supérieurs.

La guérison de la lésion chirurgicale fut simple ; la diminution de « la tare molle » fut assez manifeste.

Le pansement du jarret doit être articulé laissant toujours la pointe du calcanéum à nu ; des chefs se croisant en X réunissent alternativement deux tours de bande horizontaux en haut et en bas du jarret ; la corde du jarret ne doit pas être trop comprimée et une guêtre lacée en arrière doit contenir le pansement.

L'injection coagulante ou iodée nous paraît plus pratique que cette opération assez hardie.

Nous avons déjà figuré les DÉCHIRURES INTERSÉSAMOÏDIENNES à propos de « l'effort du boulet » supposé qu'elles déterminent (v. fig. 3). On les rencontre parfois sur nos chevaux de selle ainsi que des lésions moins aiguës provocatrices de douleur et de tuméfaction dans la région postérieure du paturon. Nous attribuons ces dernières manifestations à un effort des fléchisseurs ou des ligaments sésamoïdiens inférieurs, car les efforts d'une branche du fussplatte seraient unilatéraux et ceux de la gaine métacarpophalangienne seraient moins localisés.

Traitement. — Soulager le perforant par une ferrure à talons hauts et employer l'irrigation continue, les massages, les appareils immobilisateurs ; les vésicants ne peuvent guère être utilisés derrière le paturon. Quant l'inflammation tendineuse est calmée, la synovite sésamoïdienne peut être traitée comme la synovite tarsienne par les injections iodées, coagulantes ou le bistouri.

MM Ballu et Gilet, Marcone, Charron ont montré que les DÉSINSERTIONS DES FLÉCHISSEURS DES PHALANGES (et des ligaments sésamoïdiens) d'avec leur point d'attache squelettique étaient dues à l'ostéoporose du squelette. Elles peuvent être consécutives à la névrotomie, à la fourbure ou au rhumatisme.

L'EFFORT DE LA BRIDE CARPIENNE est de beaucoup la lésion tendineuse la plus fréquente chez les chevaux de trait, aussi fait-elle le sujet des meilleures études classiques ; nous avons constaté sa concomitance avec les efforts réitérés du perforé s'accompagnant d'induration des tissus intermédiaires. Siedamgrotzky a bien fait connaître ses causes, lentes et continues, ses altérations anatomiques et ses conséquences. C'est elle qui provoque le plus fréquemment la « bouleture » et consécutivement, la fatigue squelettique avec ses altérations pathologiques caractéristiques.

Son inflammation primaire n'est pas fréquente chez nos chevaux militaires, sa constatation nécropsique est très rare. Répétons que l'inflammation des tissus unissant la bride carpienne au perforé se produit consécutivement à l'effort primaire de l'un ou l'autre des appareils tendineux qu'ils relient.

Son *traitement* ne doit pas différer de celui opposé à l'effort du perforé dans la région sous-carpienne.

L'effort du fussplatte survient lentement aussi chez les chevaux de gros trait.

Nous avons cru reconnaître cette lésion *accidentelle* sur un cheval d'annexe de remonte (*R. M.*, 2e série, t. XVII), et devoir en rapprocher une belle série préalablement étudiée par M. le Vte Pal Perrin (*R. V.*, 1890) comme entorse simple de l'articulation du pied, Charron (*R. M*, 2e série, t. XVIII) relate aussi un effort du fussplatte.

Les symptômes observés sur ces chevaux de selle sont : boiterie postérieure très intense, consécutive à un faux pas, appui en pince ; le lendemain inflammation du cul-de-sac inférieur de la synoviale grande sésamoïdienne qui fait hernie à la face interne du cartilage complémentaire, La compression des parties postéro-supérieures de la muraille est douloureuse.

Traitement. — Bains prolongés dans l'eau courante, amélioration rapide.

EFFORT DU SUSPENSEUR

Le mécanisme de l'effort du suspenseur a été interprété de façons fort différentes. Tout d'abord, on déclare cette lésion très exceptionnelle puisque *son élasticité très déve-*

loppée et la présence des fléchisseurs inextensibles met théoriquement le suspenseur à l'abri des distensions. Aussi M. Jacoulet est très étonné de constater quatre efforts du suspenseur dans sa première année de pratique.

Après la révolution de 1891, le perforant est relaché au moment de l'appui et le suspenseur peut dorénavant subir des hyperextensions ; il en subit même tellement qu'il devient le plus souvent lésé des organes funiculaires malgré son élasticité, car cette élasticité n'a jamais été mise en doute, l'anatomie ayant constaté des fibres musculaires dans la constitution du ligament.

Cependant la *constatation* de cette élasticité *sur un cheval vivant* n'a jamais é faite et cette constatation est nécessaire.

Evidemment, le suspenseur est élastique comme tous les tissus vivants, mais l'est-il beaucoup plus que les tendons fléchisseurs ? j'en doute, et voici pourquoi : 1° je n'ai jamais pu constater cette élasticité spéciale *de visu* sur des cadavres frais ; 2° quand, avec des organes intacts, l'affaissement du boulet se produit jusqu'au sol, le suspenseur devient très proéminent sous la peau, il s'élargit ; or, l'élargissement du suspenseur lors de sa tension ne favorise guère son allongement ; 3° l'effort du suspenseur consiste en une dilacération du tissu conjonctif interfasciculaire qui le décompose en ses fibrilles élémentaires (voir fig. 8) ; or, ce tissu dilacéré est tout à fait inélastique.

Tout cela étant dit, non pour le plaisir d'une vaine critique, mais simplement pour montrer combien il reste de lacunes dans nos connaissances *précises* sur les « efforts de tendons ».

La **fréquence** de l'effort du suspenseur du boulet est grande chez les chevaux de selle : sans aller jusqu'à lui reconnaître une importance égale à la moitié des cas de toutes les dilacérations tendineuses, disons que la statistique de l'École de cavalerie pour 1897, avec 17 efforts du suspenseur sur 70, représente bien à peu près leur proportion normale chez les chevaux d'armes. L'effort peut se produire soit sur le corps du suspenseur, soit sur l'une quelconque de ses branches.

Causes. — Les sauts, le travail à faux dans les tournants, le travail à la longe des voltigeurs ou des inoccupés sont les causes soit uniques, accidentelles, soit, bien plus souvent, renouvelées et progressives des efforts du suspenseur. Ces efforts par travail à faux sont généralement des efforts d'une seule branche. Nous avons eu la bonne fortune de faire une étude quasi expérimentale de l'effort du suspenseur du boulet lors de la première épreuve éliminatoire imposée aux candidats du Raid international de Bruxelles à Ostende.

Sur 12 chevaux ayant fait deux fois deux ou trois tours d'une piste de 2720 mètres au galop de 440, quatre furent affectés d'efforts du suspenseur. Ces chevaux étaient des chevaux de carrière en travail régulier, la piste était ensablée mais d'élasticité très irrégulière. Trois de ces lésions bénignes guérirent ; la quatrième occasionna l'abatage immédiat de la monture dont les deux suspenseurs étaient totalement dilacérés. M. Pader a mis à jour une cause très importante des efforts du suspenseur dans la région de Nîmes ; là, les suspenseurs contiennent des filaires dans la proportion de 80 sur 100 et il est évident que l'altération parasitaire de ces ligaments

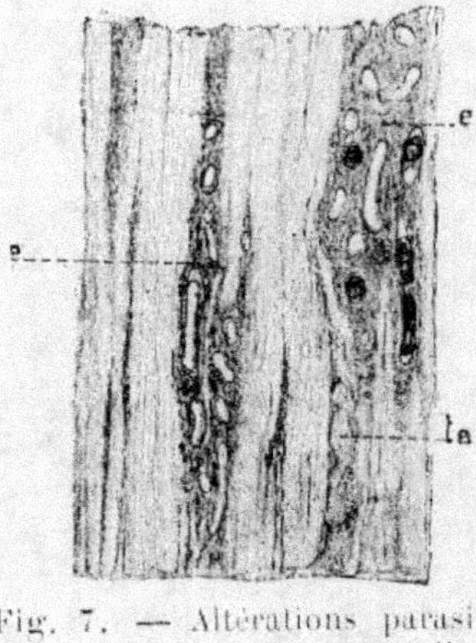

Fig. 7. — Altérations parasitaires des suspenseurs (d'après Pader).

e, galeries creusées par la filaire ; — la, tissu ayant subi la transformation graisseuse.

doit favoriser extraordinairement l'effort du suspenseur et peut-être aussi des tendons conjoints. Mais ces parasites ne paraissent pas aussi nombreux ailleurs que dans la région de Nîmes (Voy. fig. 7).

Les **symptômes** sont faciles à mettre en évidence, le suspenseur est bien détaché des autres tendons sur nos chevaux de sang et ses altérations sont très manifestes. La boiterie est notable, la sensibilité TRÈS ACCUSÉE, la chute du boulet existe dans certaines dilacérations du corps, l'œdème ou l'induration généralisée ou unilatérale est assez accentuée.

En pressant fortement les branches d'un suspenseur sain, l'une contre l'autre, on détermine une certaine douleur qu'il faut se garder de confondre avec la sensibilité exagérée de l'effort du ligament.

Fig. 8. — Effort du suspenseur (figure originale).

Les **Altérations anatomiques aiguës** nous ont été révélées par l'autopsie de la jument abattue *immédiatement* après l'épreuve citée plus haut. Sur le membre droit, le suspenseur, net dans son quart supérieur (Voy. fig. 8) se trouve décomposé dans tout le reste de son étendue et particulièrement au niveau de son attache sésamoïdienne interne en toutes ses fibrilles élémentaires. Il a un aspect chiffonné, succulent et ressemble à une mèche de chanvre imprégnée de liquide sanguin, trop longue pour occuper la place qui lui est réservée.

Au membre gauche, le suspenseur dilacéré est de plus divisé en cinq gros faisceaux presque entièrement rupturés. Le perforant et le perforé sont également rupturés au bas de la coulisse sésamoïdienne et par cette solidarité excessive, ils semblent protester contre l'antagonisme des fonctions que leur assigne l'hippomécanique.

Les altérations chroniques peuvent affecter le corps et les branches du suspenseur ainsi que les ligaments sésamoïdiens ; les uns et les autres peuvent doubler de volume par prolifération du tissu conjonctif interfasciculaire.

Le **traitement** prophylactique de la lésion primaire ou des rechutes est l'abaissement des talons, l'exercice en ligne droite et non en cercle, l'absence de sauts et l'utilisation de bandages contentifs du boulet.

L'inflammation des tissus périphériques joue ici un rôle beaucoup moins important que dans les efforts du perforé.

Le feu est le traitement de choix, pourtant quand il y a simple dilacération d'une branche, l'engorgement périphérique avec la douleur et la chaleur sont bien vite réduits par l'insufflation et le massage.

La gravité de certaines dilacérations du suspenseur est extrême ; quand l'affaissement du boulet est notable, la réforme s'impose pour le cheval de selle.

Les efforts d'une seule branche ou les légères dilacérations du corps guérissent et M. Jacoulet (C. 1891) a même obtenu la réapparition sur l'hippodrome d'un cheval affecté d'une déchirure complète du corps du suspenseur. Il estime même « que le claquage du suspenseur est le moins grave de tous », c'est une opinon très personnelle.

Consécutivement il peut survenir un certain redressement du boulet facilitant les récidives, la bouleture et ses conséquences squelettiques.

Les EFFORTS DES LIGAMENTS SÉSAMOÏDIENS INFÉRIEURS et même leur rupture, ou la fracture des os sésamoïdiens s'observent après des chutes, des sauts ou lors d'altérations trophiques (ostéomalacie, ostéite de fatigue, névrotomies).

Les **symptômes** sont ceux d'un grave « effort de boulet » ; l'irrigation, l'immobilisation, les vésicants, le feu, doivent être utilisés successivement dans tous les cas ; la réforme et parfois l'abatage s'imposent. Une tumeur indurée sur le milieu de la face postérieure du paturon peut être le signe commun d'un effort chronique des ligaments sésamoïdiens inférieurs ou d'une déchirure ancienne du perforant ; c'est toujours une grave lésion pour le cheval de selle.

RUPTURE ET EFFORT DU FLÉCHISSEUR DU MÉTATARSE

La rupture de la corde du tibio-pré-métatarsien n'est pas rare sur nos montures. C'est même pendant son service militaire que Fromage de Feugré découvrit, pour la première fois, l'existence de cette rupture tendineuse. Il l'observa, nous disait Goubaux, à la suite d'une blessure reçue par un cheval sur un champ de bataille et le trajet de la balle ne pouvait laisser aucun doute sur la cause des symptômes si spéciaux que Solleysel attribuait à une distension de la corde du jarret, à cause de sa flaccidité symptomatique.

L'immobilisation du sujet et une bonne application de vésicatoire sur la région antérieure de la jambe provoquent la guérison en deux mois.

Outre la rupture, nous avons observé l'*effort* avec tuméfaction des parties inférieures de l'un ou l'autre tendon du tibio-pré-métatarsien, surtout à l'entrecroisement de leurs branches.

Cet effort détermine une boiterie postérieure assez notable avec flexion naturelle douloureuse, tuméfaction localisée au siège de la lésion, chaleur et sensibilité au toucher. Le traitement est le même que celui opposé à la rupture de ces tendons.

DÉSINSERTION DU TENDON DES BIFÉMORO-CALCANÉENS

A côté des désinsertions des perforants, perforés, suspenseurs et ligaments sésamoïdiens dus aux troubles trophiques, il est bon de rappeler l'observation suivante relevée par Cagny (C, 1900).

« La poulinière Terra-Nova avait dû être retirée de l'entraînement dès la première année pour une boiterie à la suite de laquelle était apparue une volumineuse exostose de la face externe du boulet et du paturon. Elle avait une dizaine d'années, lorsqu'un jour de saillie elle s'affaisse sous le poids de l'étalon, paraissant avoir une fracture du jarret. Dans un effort pour se relever, la même lésion se produit sur l'autre jarret. La corde du bifémoro-calcanéen s'était détachée de chaque calcaneum, entraînant avec elle une lamelle osseuse. »

SHORESHINS TENDINEUX

En avant des canons, les chevaux entraînés jeunes présentent souvent une convexité de toute la région : cette convexité est due soit à une ostéite généralisée de l'os, avec ou sans périostite secondaire, soit à des altérations péritendineuses de l'extenseur antérieur des phalanges, soit à l'association de ces lésions. Nous en reparlerons en étudiant l'ostéite de fatigue.

Traitement : Repos, réfrigération, massages.

XIX. — DE LA JARDE

On a longtemps enseigné que la jarde était une tare osseuse. Mais il n'en est rien ; 99 fois sur 100, c'est une lésion tendineuse, ainsi que je l'ai répété en 1897 (T) après Sipière (*R. M.*, 1re série, t. IV) et Jacoulet (C. 1891).

La jarde clinique la plus fréquente, celle que nous observons presque journellement à Saumur, *est une rupture partielle du ligament calcanéo-métatarsien sur la tête du métatarsien rudimentaire externe.*

Etude anatomique. — Il existe des jardes traumatiques et des bourses séreuses qu'il suffit de signaler.

Au niveau de la jarde, le jarret présente, au-dessous du tissu conjonctif sous-cutané :

1o Une arcade post-métatarsienne formée d'une lame aponévrotique analogue à l'arcade post métacarpienne et qui, jetée au-dessus du tendon perforé, le maintient appliqué contre la région tarso-métatarsienne en lui formant une gaine contentive ; à l'intérieur de cette gaine, le perforé est tapissé, entouré par une lame conjonctive assez épaisse, plus celluleuse que fibreuse, toujours humide, et qui, sans doute, facilite le glissement du tendon dans la gaine, car il n'existe pas de synoviale de glissement.

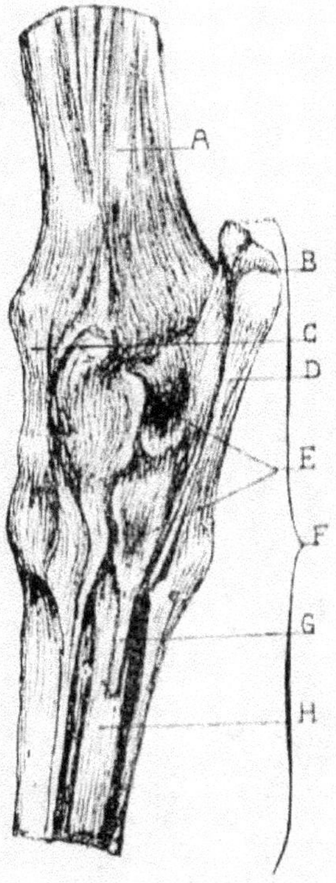

Fig. 9. — Ligaments de la face postérieure du jarret.

A, tibia (face postérieure). — B, sommet du calcanéum. — C, ligament latéral interne. — D, ligament calcanéo-métatarsien. — E, ligament tarso-métatarsien. — F, levier calcanéo-métatarsien. — G, bride tarsienne — H, ligament suspenseur du boulet (MONTANÉ, *L'extérieur du cheval*).

2° En-dessous et en dedans, on trouve la gaine tarsienne des anatomistes avec le perforant qui la traverse et la synoviale qui la lubréfie ;

3° En-dessous et en dehors, on trouve le ligament calcanéo-métatarsien qui ne se contente pas de s'attacher sur le cuboïde et la tête du métatarsien rudimentaire externe, mais se prolonge en formant une bordure fibreuse sur le bord postérieur de ce métatarsien (voir. fig. 9).

Le ligament tarso-métatarsien, la bride tarsienne, le ligament suspenseur du boulet, forment les couches plus profondes.

Causes. — Les chevaux nerveux, irritables, s'acculant sur les membres postérieurs, présentent soudainement une jarde ; c'est une tare *acci-*

dentelle survenant par exemple à la suite d'un demi-tour sur les jarrets pendant une défense. La jarde est une affection des jeunes chevaux, ainsi que le montre la statistique des chevaux de l'Ecole de cavalerie affectés de jarde en 1897.

Chevaux de 4 ans : 7 sur 99 soit 7 0/0 de l'effectif ;

Chevaux de 5 ans : 10 sur 152 soit 6 0/0 de l'effectif ;

Chevaux de 6 à 10 ans : 13 sur 458 soit 2,8 0/0 de l'effectif ;

Chevaux de 11 à 16 ans : 11 sur 337 soit 3 0/0 de l'effectif.

Cette statistique montre aussi que la jarde guérit et disparaît sur beaucoup de sujets affectés dans leur jeune âge.

C'est une maladie des mauvais jarrets ; elle est souvent concomitante à l'ostéo-arthrite ankylosante et Sipière a pu écrire avec raison que les fils de Caravan héritaient « non seulement des tares osseuses qu'il possédait, mais encore des jardes qu'il n'avait pas ».

Saxifrage transmettait ses jardes à presque tous ses produits. Schütz, né à l'école de Saumur en 1898, a hérité de la jarde que nous avions soignée chez sa mère au moment de la naissance du poulain.

Comment une maladie accidentelle peut-elle être héréditaire ?

La chose peut être expliquée par ce fait que la jarde peut accompagner l'ostéo-arthrite ankylosante et que celle-ci frappe, comme nous le verrons, tous les tissus articulaires d'une déchéance organique ; ou bien que, chez ces organismes ostéitiques, les tissus ligamenteux subissent, comme le tissu osseux, le vice de nutrition hérité de l'ancêtre. Mais quelle que soit la faiblesse de ces explications, il faut savoir accepter l'*enseignement des faits* et les consigner dans les archives de la vraie science. Qu'on ne me fasse surtout pas dire que la jarde est toujours héréditaire et rien qu'héréditaire, ce serait tout à fait contraire à ma pensée, mais elle est parfois héritée, et elle est alors le plus souvent concomitante d'une ostéo-arthrite ankylosante héréditaire.

Symptômes. — Au niveau de la tête des métatarsiens, on constate une tuméfaction de l'étendue d'une main d'enfant, déterminant un profil convexe, avec chaleur, peu de douleur, une boiterie assez minime.

Souples à la pression quand le membre est levé, les jardes deviennent dures et résistantes quand le membre est à l'appui. Leur ponction ne provoque l'issue d'aucun liquide. Progressivement elles se condensent et déplacent leur axe vertical de dedans en dehors pour le placer sur la tête du métatarsien rudimentaire externe, puis la condensation, la réduction du volume progresse avec le temps et la jarde s'évanouit souvent d'elle-même après un, deux ou trois ans en ne laissant nulle trace.

Le travail peut être continué à l'extrême rigueur avec une jarde récente si on évite les sauts, les acculements, mais la reproduction de la cause accidentelle est immanente et ses conséquences seront très aggravantes de la lésion première.

La boiterie est d'ailleurs parfois notable et commande alors le repos absolu ; cette boiterie est caractérisée par une gène de flexion analogue à celle provoquée par l'éparvin.

Diagnostic. — Extrêmement facile, les symptômes étant très caractéristiques ; on ne saurait confondre avec la jarde la plus commune et qui pour ce fait doit conserver le vieux nom, les autres tuméfactions de la région dues à des causes très diverses : contusions, kystes séro-sanguins ou exostoses, cicatrices, vessigon tarsien, lésions de l'ostéo-arthrite tarsienne, suros.

Les **jardons** ne sont que des *anomalies de grosseur* des têtes métatarsiennes sans lésions pathologiques.

Lésions anatomiques. — Au début, œdèmes inflammatoires péritendineux et ligamenteux, avec induration du tissu conjonctif qui s'accole au perforé, pénètre dans ses travées interfibrillaires et lui donne l'apparence d'un tissu affecté de tendinite chronique.

D'autres soudures tendino-ligamenteuses, d'autres manifestations inflammatoires des tissus fibreux ont été notées par Sipière. Et nous n'avons observé que sur un seul sujet, et personne n'a confirmé ou infirmé notre observation de la lésion que nous considérons comme essentiellement constitutive de la jarde commune des jeunes chevaux (C. 1900).

« C'est un claquage profond du ligament calcanéo-métatarsien avec rupture des fibres au niveau du bord postérieur de la tête du métatarsien rudimentaire ; celle-ci a produit, dans le faisceau des fibres qui se continuent le long du bord postérieur du métacarpien rudimentaire externe, une solution de continuité, une anfractuosité close, sur le pourtour de laquelle les abouts fibreux, saumonés, montrent leurs extrémités rupturées baignant dans une sérosité foncée. La lésion essentielle de la jarde clinique, externe, est donc, dans ce cas, une rupture partielle du ligament calcanéo-métatarsien sur la tête du métatarsien externe. » Nous n'avons pas eu l'occasion de faire de nouvelles autopsies depuis cette date, mais nos observations cliniques assez nombreuses ont confirmé notre manière de voir. Il est pourtant indispensable de l'appuyer ou de l'infirmer par de nouvelles constatations cadavériques.

Traitement. — Repos. Vésicant bénin ; l'onguent Weber est parfois suffisant ; le proto-iodure vert, à l'état naissant, est indiqué. Le feu en raies ou en pointes non pénétrantes est résolutif. Les tendinites traumatiques par feu pénétrant doivent être évitées.

Les douches, les massages, les guêtres ad hoc sont d'excellents moyens hygiéniques complémentaires.

Le dressage prudent, en ligne droite, en avant, sans acculement, sans sauts retenus, sans tête à queue, doit être recommandé.

XX. — OSTÉITE DE FATIGUE

> Le processus pathologique des affections du squelette du cheval consécutives aux efforts locomoteurs, n'est que l'hyperextension considérable du processus paléontologique déterminateur, chez les solipèdes, de la prééminence locomotrice. (G. Joly, R. S. 1897).

Historique. — L'ostéite de fatigue est la fille de Saumur. De telles clameurs ont accueilli son entrée dans la pathologie vétérinaire que la voix de ses présentateurs n'a pas toujours été bien entendue et bien comprise.

Il est certainement utile, maintenant qu'un peu de calme règne autour des progrès continus de la nouvelle venue, d'exposer sa genèse.

Ayant constaté que les *suros* faisant boiter les jeunes chevaux étaient souvent post-métacarpiens et non pas intermétacarpiens, je fus pris de doute sur l'exactitude des données classiques concernant ces tares osseuses si fréquentes et si facilement explorables. Des recherches nécropsiques me convainquirent rapidement que cette étude était complètement à refaire ; je l'entrepris (C. 1896) et vis bientôt que les suros intermétacarpiens étaient une simple modification de l'ankylose intermétacarpienne progressivement évolutive.

Les suros étaient si peu connus que les autres tares osseuses devaient l'être encore moins, et me voilà explorant les jarrets comme j'avais exploré les canons. Les découvertes se succédèrent aussi nombreuses qu'imprévues. Un sujet (Florin) mort accidentellement pendant un traitement pour boiterie d'éparvin n'avait pas d'exostoses, pas de périostose, mais des ankyloses symétriques aux deux jarrets paraissant congénitales, et une ostéo-arthrite profonde sans rapports avec les ligaments articulaires (T. 1897).

Ces soudures, tantôt congénitales, tantôt pathologiques, se multiplient bientôt, elles peuvent se former avant tout travail, par un processus comparable et souvent unifié à celui qui préside aux ankyloses intermétatarsiennes. L'éparvin est aux ankyloses intertarsiennes ce que le suros est aux ankyloses intermétacarpiennes. De ces rapprochements découlent nos études sur la solipédisation (*R. S.*, 1897, T. et C. 1898).

Mais les formes coronaires, à leur tour, souvent concomitantes des éparvins et des suros ne sont généralement, chez nos chevaux de selle, que des ostéo-arthrites ankylosantes de la couronne (C. 1898).

Et toutes les lésions phalangiennes, si nombreuses, si variées, si méconnues, ne peuvent, elles non plus, se séparer des formes coronaires, si bien que nous osons écrire, non sans recevoir une bordée de railleries : « les hippiatres nous avaient légué les tares osseuses, les maréchaux nous avaient légué les maladies essentielles du sabot. Mais ces deux héritages avaient même source, ils provenaient l'un et l'autre de la maladie *professionnelle* du cheval : *l'ostéite de fatigue*. »

Toutes ces conclusions étaient fortement appuyées sur d'innombrables faits anatomo-cliniques et M. le Vte P[al] Jacoulet nous soutenait de sa haute science clinique pendant que notre jeune collaborateur L. Vivien nous apportait les données conformes de l'histologie.

Enfin toutes ces études de 1896-1899 étaient ainsi résumées (T. 1899) : « le travail imposé à nos chevaux peut déterminer, à une échéance variable, une *fatigue squelettique* traduite par une ostéite avec manifestations extérieures de tares osseuses et de déformations diverses. Cette *ostéite de fatigue* est une affection héréditaire... »

Pendant ce temps, voici comment le professeur G. Barrier parle éloquemment au nom des anciennes doctrines :

« Les tares osseuses sont des exostoses, des périostoses, qui siègent toujours au point d'insertion d'un ligament,

« En dehors des traumatismes, des chocs extérieurs, même de certaines lésions inflammatoires du voisinage dit M. Barrier (C. 1898), je ne reconnais qu'une cause *déterminante* à l'éparvin : c'est une hyperextension ligamenteuse due à un effort mécanique excessif du jarret.

« A cet accident, *prédisposent* les jarrets peu développés, étranglés, coudés, les aplombs défectueux, les tares osseuses ou molles des autres jointures ; tous les services qui impliquent la détente énergique prolongée, répétée des membres postérieurs (selle, chasse, monte, gros trait, etc.), le jeune âge, la précocité du travail, l'inexpérience des animaux, les glissades, etc.

« Avec Eberlein et beaucoup d'autres, je ne crois pas à l'*hérédité de l'éparvin*, pas plus qu'à celle des efforts de tendons, des entorses, des déchirures musculaires, des fractures, etc. La lésion initiale de l'éparvin est due à une cause exclusivement mécanique et on peut la constater sur les jarrets les mieux conformés. *C'est un accident de la locomotion* qu'on observe ou qu'on n'observe pas sur la descendance, bien que les procréateurs en soient atteints ; *c'est un accident* qui apparaît, et quelquefois plus fréquemment sur des produits dont l'ascendance était indemne ; c'est un *accident* auquel prédisposent la faiblesse du jarret, la mauvaise conformation, et c'est seulement cette prédisposition que le père ou la mère peuvent transmettre aux enfants. »

« L'appareil *desmeux* et l'appareil squelettique ne se présentant pas avec le même degré de résistance dans le conflit locomoteur, il est de règle que l'altération du plus faible précède toujours la lésion de l'autre ; en d'autres termes, les ligaments se tiraillent, se déchirent partiellement, avant que les os, qui ont pourtant subi les mêmes violences, se mettent à réagir...

« *L'appareil desmeux doit se léser le premier*, cette considération est fondamentale dans le débat. »

De l'étude anatomo-physiologique du squelette tarsien

« on doit conclure que, dans la rangée sous-astragalienne du tarse, c'est le scaphoïde et le grand cunéiforme qui sont le plus surchargés, puis viennent le petit cunéiforme et le métatarsien interne ; enfin le cuboïde et le métatarsien externe. Donc ce sont les parties médio-internes de la base du jarret qui *doivent* les premières ressentir le contrecoup des percussions locomotrices, toutes choses qu'on sait d'ailleurs depuis longtemps, mais que l'anatomie explique à merveille. »

A ces données, Sanson apporte l'appui de sa grande science zootechnique en affirmant que l'éparvin ne saurait être héréditaire puisque c'est une lésion accidentelle, « il est de notion courante que les suros ne sont point héréditaires... et il serait bien difficile de comprendre que le siège d'une *périostose* pût influencer sur sa puissance héréditaire. » L'éparvin se développe d'ailleurs sous l'influence du travail de l'articulation ou tout au moins en coïncidence avec lui.

Et contrairement à nos dires, le professeur Barrier ajoute que la présence de lésions anatomiques sur les deux jarrets d'un sujet affecté d'éparvins « est loin d'être constante ».

Quant à l'analogie qu'on essaie d'établir à Saumur entre la pathogénie de l'éparvin et celle des formes coronaires « elle ne supporte pas l'examen ».

Telle est, si j'ai su rester véridique tout en voulant être bref, la doctrine classique de la pathogénie des tares osseuses. La pathogénie de chaque tare a de plus à son service une démonstration hippo-mécanique convenable, servant à expliquer pourquoi et comment elle se développe sous l'influence des accidents de la locomotion : pour les suros c'est la descente du métacarpien interne ; pour l'éparvin c'est l'obliquité de haut en bas et de dehors en dedans des plans articulaires tarsiens, etc.

Tout cela paraît logique, bien conforme aux données d'autres sciences et présenté avec une maëstria expérimentée par le professeur Barrier.

Un seul point l'embarrasse tout d'abord : H. Bouley anciennement puis Cadiot et Almy récemment ont vu que l'éparvin n'est pas toujours rien qu'une *périostose*.

« Si l'éparvin n'est parfois qu'un suros haut placé, disent ces derniers auteurs, le plus généralement il envahit les articulations tarsiennes. Dans ce cas il est tantôt superficiel, dû à des tiraillements ligamenteux, et forme sur les arthrodies tarsiennes inférieures une sorte de cal qui en réalise l'ankylose ; tantôt et beaucoup plus souvent, il est bien l'expression d'arthrites sèches enflammées. »

Le professeur G. Barrier reconnaît la justesse de ces dires mais en spécifiant bien que ces lésions arthritiques sont toujours secondaires : « l'arthrite est l'aboutissant, la complication ultime de l'éparvin. »

Conclusion. — En négligeant de nombreux points secondaires, la doctrine classique de 1898 et la doctrine saumurienne présentaient des *divergences fondamentales* sur les causes primaires et les lésions primaires des tares-osseuses. On peut les résumer ainsi :

	DOCTRINE CLASSIQUE DE 1898	DOCTRINE SAUMURIENNE DE 1898
CAUSES PRIMAIRES . .	Accident de la locomotion non héréditaire	Fatigue squelettique individuelle d'abord, héréditaire ensuite.
LÉSIONS PRIMAIRES. .	Lésions desmeuses. Périostoses	Ostéite de fatigue (Ostéo-arthrite, ostéo-périostite, ostéo-desmite, ostéo-podophyllite, etc.)

Le hasard peut-être, et peut-être aussi le retentissement des discussions françaises firent éclater de tous côtés : en Allemagne, en Italie, en Amérique et en France, des travaux importants sur les lésions squelettiques de nos chevaux. Aussi, actuellement (C. et divers), on peut nettement constater que, tout en critiquant la doctrine saumurienne, les défenseurs de la doctrine classique évoluent progressivement vers elle, ainsi que le montre le second tableau suivant :

	DOCTRINE CLASSIQUE DE 1903	DOCTRINE SAUMURIENNE DE 1903
CAUSES PRIMAIRES . .	Surmenage locomoteur non héréditaire	Fatigue squelettique individuelle d'abord, héréditaire ensuite.
LÉSIONS PRIMAIRES . .	Ostéite... de surmenage	Ostéite de fatigue Ostéo-arthrite, ostéo-périostite, ostéo-desmite, ostéo-podophyllite, etc.)

Le surmenage n'étant, par définition, que la fatigue poussée à l'extrême, il n'existe plus qu'une divergence fondamentale entre notre doctrine immuable de 1898 et la doctrine classique progressivement évolutive : c'est à propos de l'hérédité ou de la non-hérédité de cette ostéite de fatigue ou de surmenage.

Nous montrerons combien elle est héréditaire.

Mais nous allons étudier immédiatement les principales manifestations cliniques de l'ostéite de fatigue en spécialisant notre étude aux phénomènes observés sur les chevaux de l'armée, puisque les localisations de l'affection varient notablement dans leur siège et dans leurs manifestations conformément aux variations du mode de travail imposé, c'est-à-dire du mode de production de la fatigue squelettique.

Statistiques françaises. — (*Tares molles et dures*).

1885	.	4440 en France	avec	4 pertes	et	348 en Algérie	avec	0 perte
1889	.	4445	—	0	—	611	—	0 —
1891	.	4357	—	1	—	625	—	0 —
1893	.	5326	—	1	—	615	—	6 —
1895	.	5086	—	2	—	557	—	1 —
1897	.	5485	—	4	—	593	—	0 —

1897	Tares molles	2517	Algérie	298
	Tares dures	2968		195

A l'intérieur, l'augmentation de la morbidité pour tares est manifeste, toute proportion d'effectif gardée, puisque l'effectif se maintient approximativement entre 110.000 et 120.000 depuis 1881. Jusqu'en 1892 inclus, elle n'atteint jamais 4900 ; depuis elle ne s'abaisse jamais à 5000.

En Algérie, une poussée de tares est très manifeste, de 1887 à 1894 ; elle correspond à l'introduction abusive de l'étalon anglais dans les haras d'Algérie ainsi que l'a déclaré l'Inspecteur général Faverot de Kerbrech. Il élimina progressivement ces reproducteurs néfastes en Algérie, ainsi que leurs produits ; et les tares disparurent progressivement avec eux.

En 1897, les tares osseuses priment à l'intérieur les tares molles, c'est le contraire en Algérie ; ce fait relevé pour une seule année doit être régulier.

DES SUROS

SOUDURES INTERMÉTACARPIENNES ET SUROS INTERMÉTACARPIENS. — L'étude anatomique du cheval de Solutré ne laisse aucun doute à Toussaint sur la séparation constante du métacarpien principal et des métacarpiens rudimentaires de ce solipède des temps quaternaires. Cette constatation fit rechercher par cet auteur quels étaient, en 1873, les lois de la soudure de ces os sur les chevaux lyonnais.

Voici les résultats de son étude : « l'union des trois os du canon est un fait constant à partir d'un certain âge, et elle commence vers six à sept ans, par la soudure des métacarpiens internes ; les métatarsiens internes se soudent presque en même temps, puis viennent les métacarpiens externes et enfin les os correspondants du membre postérieur. Il arrive que ceux-ci ne se soudent qu'à un âge très avancé ; la soudure se fait par l'ossification progressive du ligament inter-osseux. »

Les premiers anatomistes vétérinaires Lafosse, Girard ne rencontraient ces soudures que chez les vieux chevaux et j'ai montré par des faits précis qu'il n'était plus rare de les rencontrer à Saumur sur les pur sang de deux ans et les anglo-normands de trois (1).

M. Vivien a examiné 3000 canons à l'atelier d'équarrissage de Nancy et établi que : 1° sur 100 métacarpiens :

Il y a 87 fois soudure entre les rudimentaires et le principal,

68 soudures doubles ; 18 internes ; 1 externe.

2° sur 100 métatarsiens, il y a 44 fois soudure, généralement interne et limitée à la tête de l'os.

Cette statistique est indépendante de toute considération d'âge, de race, et de nature du travail.

Avant tout travail on constate souvent, sur les chevaux précoces, les premières phases du processus unificateur des métacarpiens et même la soudure intermétacarpienne avec ou sans suros (Houlette) comme la soudure intertarsienne avec ou sans éparvin (Chevalier).

L'unification des métacarpiens et des métatarsiens est donc bien progressivement évolutive, par conséquent héréditaire. Vogt a donc pu prédire en toute assurance « qu'il arrivera peut-être un moment où une soudure ossifiante réunira, dès la naissance, les trois métacarpiens ».

Comment s'opère la soudure intermétacarpienne? Avant nos travaux, les classiques ne s'occupaient guère des rapports existant entre la soudure normale et la formation du suros ; celui-ci était le résultat « des tiraillements subis

(1) M. Jacoulet a constaté des soudures métacarpiennes sur une pouliche de 14 mois (C. 1903).

par le ligament inter osseux sous l'influence des pressions

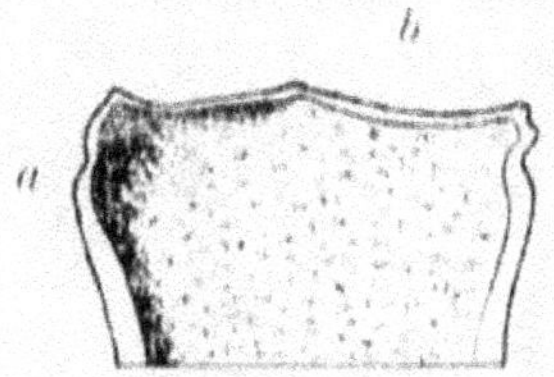

Coupe longitudinale de l'épiphyse supérieure du métacarpien principal.

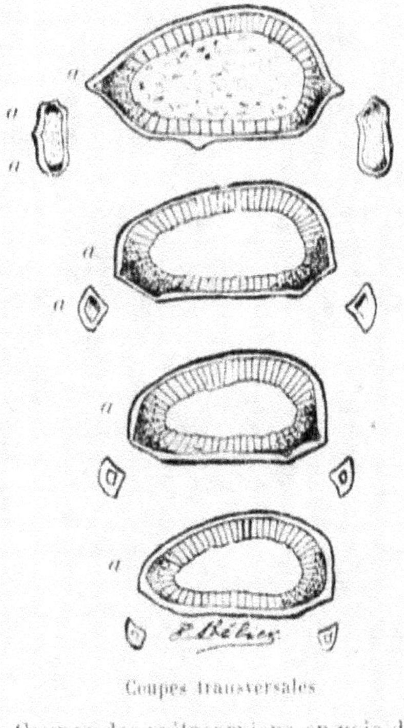

Coupes transversales

Fig. 16. — Coupes des métacarpiens en voie d'unification. (cheval Ali-Baba).

aaa Ecchymoses caractéristiques de l'ostéite raréfiante qui provoquera la soudure intermétacarpienne. — *b*, la même ostéite qui peut provoquer l'ostéo-arthrite carpienne (figure originale).

verticales qui s'exercent sur la tête des métacarpiens rudimentaires pendant les allures rapides ».

Et c'est en constatant combien tout cet enseignement était en contradiction avec les faits de la clinique saumurienne et les résultats de nos autopsies que j'ai commencé les recherches personnelles qui ont envahi depuis tant d'autres affections de l'appareil locomoteur.

J'ai démontré 1° qu'il existait des suros post-métacarpiens tout à fait indépendants du ligament intermétacarpien et même de toute attache ligamenteuse aponévrotique.

2° Que le ligament intermétacarpien était disposé de telle façon que les pressions de haut en bas sur le métacarpien rudimentaire devaient le détendre au lieu de le distendre.

Voici comment s'opère la soudure intermétacarpienne et la formation des suros.

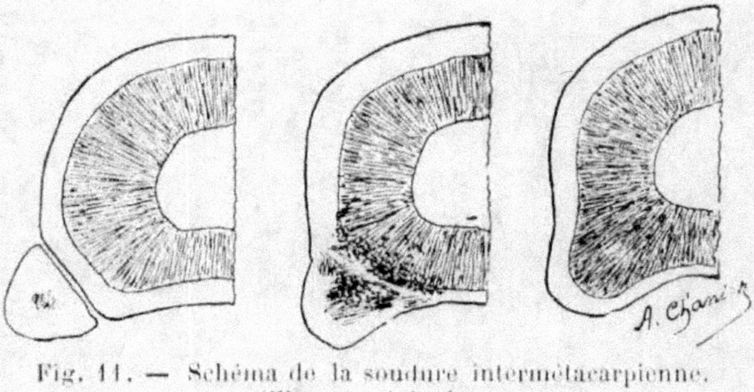

Fig. 11. — Schéma de la soudure intermétacarpienne. (Figure originale).

Si l'on fait une coupe transversale d'un métacarpien provenant d'un jeune cheval, on constate que la muraille osseuse est composée de deux couches d'aspects macroscopiques dissemblables. La plus profonde, plus jaune et d'épaisseur plus considérable, est complètement enveloppée par l'externe, blanche et de moindre épaisseur.

Cette dernière correspond aux couches osseuses sous-périostiques où les systèmes Haversiens sont rares, où, par conséquent, le tissu est plus dense. La couche interne correspond au tissu osseux normal, à vascularisation ordinaire (voy. fig. 10 et 11).

Si la coupe intéresse un métacarpien où la soudure est en voie d'évolution et au début de cette évolution, on constate que synchroniquement et dans les deux métacarpiens accolés, la couche interne souvent ecchymosée prend plus d'importance, s'étend et gagne à travers la couche périphérique, allant à la rencontre de celle de l'os opposé. A une période plus avancée, les deux couches internes se sont rencontrées et unissent complètement au travers des couches périphériques les tissus autrefois distincts.

Microscopiquement on a l'explication de ce phénomène. Comme l'a montré Vivien (fig. 12) la couche vasculaire profonde, jaune, pousse des bourgeons congestifs à travers les couches sous-périostiques anémiées et les transforme en couches vasculaires. L'exagération de ce phénomène transforme les territoires envahis en ostéite raréfiante. Le même phénomène se produisant synchroniquement dans les deux os accolés, il arrive un moment où de l'ancienne séparation des deux organes : Couches vasculaire, — C. sous-périostique. — Ligament. — C. sous-périostique. — C. vasculaire, il ne reste plus qu'un vaste territoire envahi par l'ostéite raréfiante. Puis l'ostéite restitutive apparaît mais sans rétablir la différenciation anatomique primitive, c'est-à dire en produisant un tissu osseux uniforme dans tout le territoire touché, tissu osseux qui subit plus ou moins la condensation. Quand le processus est terminé, l'ossification est complète. Une telle évolution montre combien nous sommes loin de l'hyperextension ligamenteuse provocatrice de la périostite causale du suros d'après les données classiques.

Le ligament *subit* une ossification d'origine profonde qu'il n'a guère provoquée ; et entre l'ossification normale et l'apparition du suros intermétacarpien, il n'y a que des

I

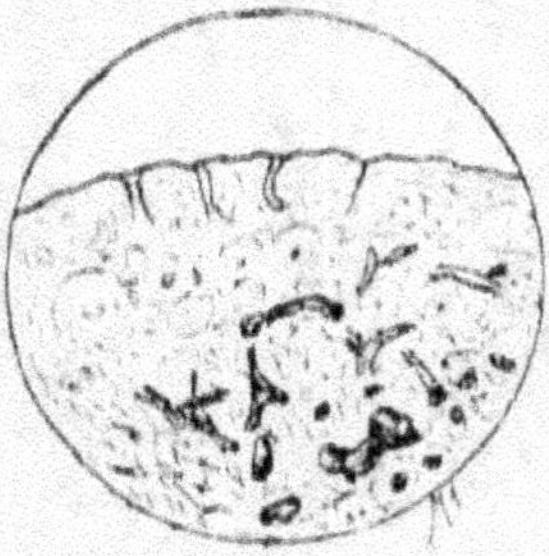

Le bord du métacarpien rudimentaire où l'ostéite commence profondément.

II

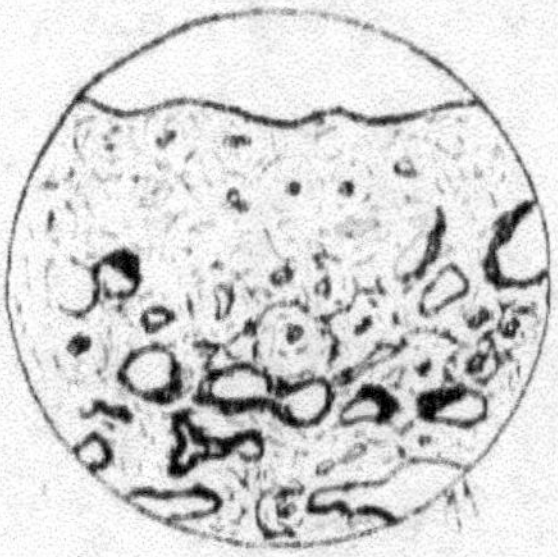

L'ostéite progresse.

III

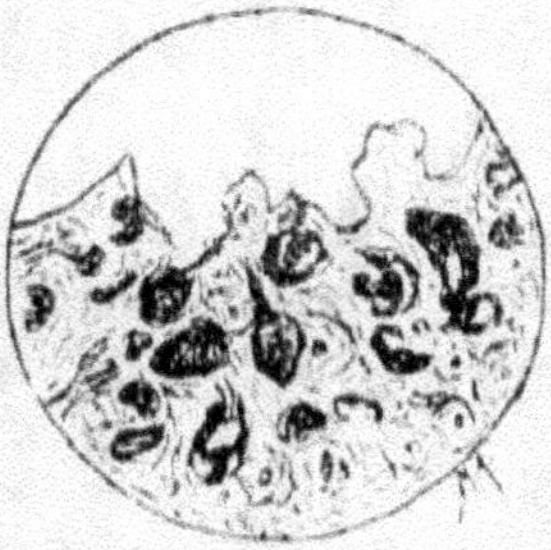

Le bord du métacarpien absolument transformé par l'ostéite raréfiante.

IV

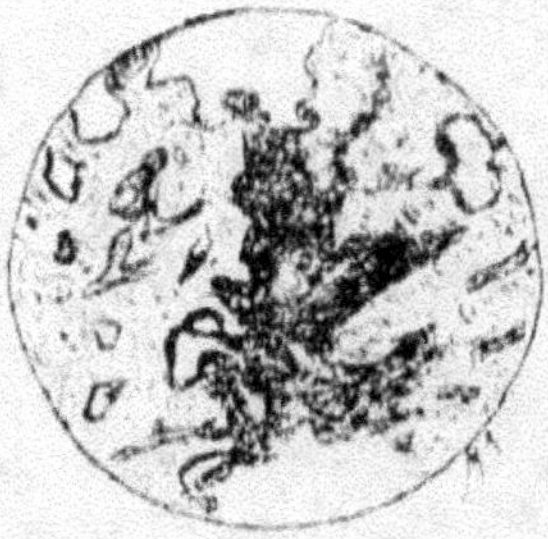

Les deux métacarpiens réunis par une zone d'ostéite raréfiante au moyen du ligament intermétacarpien transformé et en voie d'ossification.

V

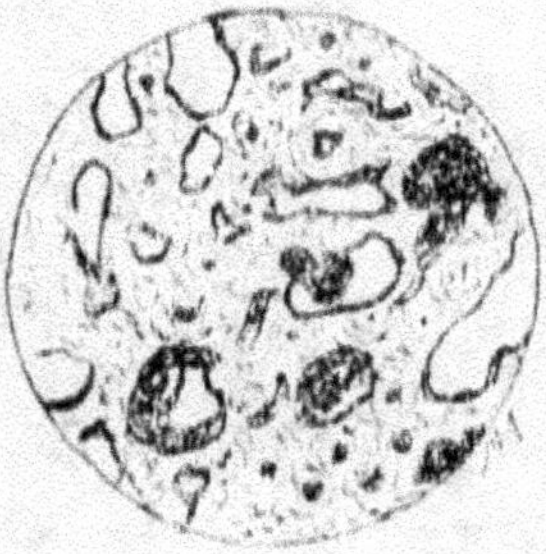

Le même ligament en voie d'ossification à un stade plus avancé. La condensation s'opère.

VI

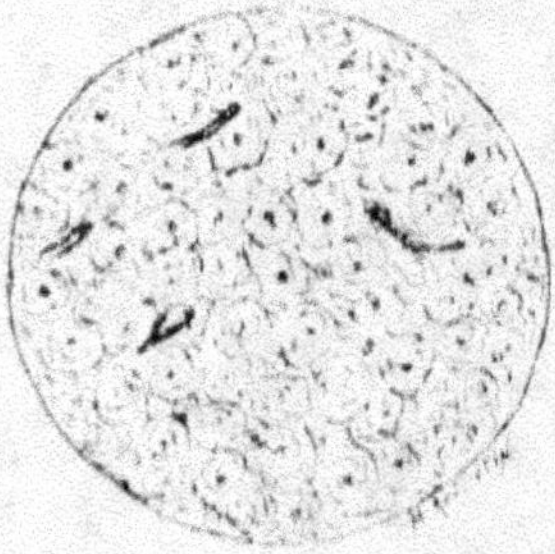

L'ossification est complète, l'ostéite est même devenue condensante ; l'unification des deux os est parfaite.

Figures représentant des préparations histologiques de L. Vivien.

Fig. 12.

nuances absolument insensibles reliées entre elles par la formation des tissus osseux nouveaux comblant avec plus ou moins d'exubérance le vide naturel existant préalablement entre les métacarpiens, puis le surplombant par endroit et formant enfin des exostoses proéminentes, les suros des anciens.

L'ostéite métacarpienne, souvent localisée dans les régions contiguës aux couches sous-périostiques, peut devenir tellement générale que l'exostose peut surgir à l'intérieur du canal médullaire (Vivien) ou en dehors de toute attache ligamenteuse (Joly) et fréquemment en arrière du métacarpien rudimentaire (suros postmétacarpiens).

Il est très facile de se rendre compte macroscopiquement que la soudure normale comme la formation des suros intermétacarpiens a toujours lieu par une ossification double transformant le tissu ligamenteux par ses deux extrémités et venant se confondre en sa région médiane.

Les couches ostéogènes sous-périostiques participent à la formation de la soudure intermétacarpienne et l'exostose est surtout le produit de leur prolifération comme le montre la coloration blanche habituelle du suros. Mais l'union intime, la dépendance de cette périostéite locale et de l'ostéite intermétacarpienne se décèle en ce que, *sur la même syna rose*, on voit la périostéite productive du suros agir ou n'agir pas en montrant tous les degrés d'intensité sur différents points alternativement échelonnés de la soudure intermétacarpienne. Si l'action de l'arcade postmétacarpienne agissant sur les couches ostéogéniques sous-périostiques était vraiment prépondérante, les suros s'étaleraient ou ne s'étaleraient pas sur toute la hauteur de l'attache aponévrotique et non au niveau d'un point localisé et variable de cette attache ainsi que Vogt l'a fait remarquer. Houlette nous donnera d'ailleurs une preuve (voy. fig. 29) qu'un suros peut surgir chez un osteique en l'absence de tout travail.

Pourtant, l'influence du tiraillement ligamenteux pour

être secondaire n'est pas nulle dans la formation *du suros*.

C'est au niveau du ligament intermétacarpien que se localise l'ostéite de soudure quand elle reste quasi physiologique et c'est au même niveau qu'apparaît l'exostose. Mais ces ostéites quasi physiologiques et pathologiques ne sont pas le résultat d'une hyperextension accidentelle d'un ligament quelconque mais bien celui d'une simple manifestation réactionnelle de l'os en des régions soumises à un travail permanent.

D'autre part, et au même titre que les pressions, les chocs, les contre-coups du travail locomoteur, les tractions incessantes et les tiraillements des attaches ligamenteuses *contribuent à la production de la fatigue squelettique et à l'ostéite profonde qui en découle* et qui trouve dans les fibres ligamenteuses le canevas sur lequel elle va broder son exostose révélatrice. Ici c'est l'action incessante de l'arcade post-métacarpienne sur les ligaments intermétacarpiens qu'il faut avoir en vue, comme nous allons le préciser dans l'étude des suros post-métacarpiens.

Causes des suros intermétacarpiens. — L'étude que nous venons de faire sur le mode de production de l'ossification intermétacarpienne et du suros nous montre que leur étiogénie est inséparablement liée. Interprétant une phrase peu claire de Solleysel, le grand clinicien H. Bouley semble bien d'ailleurs l'avoir pressenti en écrivant :

« Le suros peut être considéré comme le résultat de l'ossification anticipée et morbidement exagérée de l'appareil synarthrodial, interposé entre les péronés et l'os principal avec lequel ils doivent faire corps normalement, lorsque le développement du squelette est achevé.

Hérédité. — La solipédation progressive du canon de nos chevaux étant acceptée par tous les auteurs français ou étrangers qui l'ont *sérieusement* étudiée, il s'ensuit que l'hérédité de la soudure intermétacarpienne et par conséquent du suros n'est plus sérieusement contestée.

Mais au milieu des nombreux faits d'observation qui fournissent des preuves directes de cette hérédité, nous aimons à retenir celui-ci parce qu'il est d'ordre très général :

« Les chevaux de la République Argentine n'avaient pas de suros jusqu'au moment de l'importation des étalons anglais. Les demi-sang eurent des suros quand on les mit au travail, et la preuve de la transmission de cette exostose était si évidente que tout cheval atteint de suros avait une plus grande valeur, car cela prouvait qu'il avait du sang anglais (Huntig) ».

Fatigue individuelle. — Evidemment, l'ostéite de fatigue héréditaire ne peut venir que de l'ostéite de fatigue individuellement acquise et accumulée par les ancêtres. Lors de *travail*, la fatigue individuelle hâte toujours la soudure intermétacarpienne et provoque le suros ; le *jeune âge du sujet*, sa *vigueur* et son *énergie* au travail, la *violence* de celui-ci ont une grande influence sur la précocité et l'irrégularité des phénomènes ; la *débilité organique*, les *vices de nutrition* et de *conformation* du squelette ne sont évidemment pas sans influence sur la résistance du tissu osseux à l'apparition d'une ostéite de fatigue morbide provocatrice de suros pathologiques ; mais on a commis de ce côté une regrettable erreur en ne voyant pas que l'ostéite de fatigue est la plus grande productrice de ces prétendues causes de sa production.

Un canon ou une articulation frappés par l'ostéite de fatigue héréditaire reste grêle et viciée dans ses aplombs par le fait même de son état pathologique. Une alimentation défectueuse a été également invoquée, mais les chevaux arabes n'ont guère de suros et les p. s. anglais en ont beaucoup ; les vieux bretons n'en ont pas et les jeunes normands infiniment ; toutes ces causes banales et contradictoires ont vraiment peu d'influence sur nos chevaux de troupe où règne en maîtresse l'ostéite de fatigue acquise, héréditaire ou mixte.

SUROS POSTMÉTACARPIENS

En 1884, Dieckerhoff émit une théorie hippo-mécanique nouvelle sur la production du suros *intermétacarpien* par l'hyperextension unique de l'aponévrose antibrachiale en ses points d'attache métacarpiens. Son travail, repoussé par tous les auteurs allemands, n'était même pas mentionné dans les classiques français postérieurs les plus riches en bibliographie germanique. Je l'ignorais totalement en 1896, quand M. Nocard a donné le jour à ma découverte des suros *postmétacarpiens*. Ces suros, ainsi que tous les autres doivent être actuellement regardés comme une manifestation extérieure d'une ostéite profonde au point d'attache d'une aponévrose dont la distension et le relâchement sont incessants. C'est une réaction ossifiante de l'aponévrose postmétacarpienne.

En 1896, j'étais dominé par les théories hippomécaniques que je trouvais radicalement fausses au sujet de la formation des suros, mais que je remplaçais trop complètement par une théorie plus exacte, mais où la mécanique animale tenait encore une place exclusive. Il est toujours vrai que l'action de l'arcade postmétacarpienne sur les métacarpiens rudimentaires est la cause mécanique la plus influente de la soudure intermétacarpienne, des suros intermétacarpiens et des suros postmétacarpiens. Il est toujours vrai que des traces manifestes d'inflammation des attaches desmeuses sur le bord postérieur des métacarpiens se rencontrent parfois pour attester cette influence et que d'exceptionnels « claquages » s'observent en ces points. Il est toujours vrai que la périostéite est intense au point où se développera le suros postmétacarpien. Mais, à la base de nos données de 1896, il est indispensable de placer l'ostéite profonde et primaire du métacarpien rudimentaire, puis de faire influencer sa marche progressive de dedans en dehors par l'action de l'arcade postmétacarpienne et la participation finale de la couche ostéogène sous-périostique au résultat pathologique, le suros postmétacarpien.

La figure 9 reproduit une série de coupes des métacarpiens d'*Ali-Baba*, demi-sang du midi, mort à 4 ans, de pasteurellose, sans indisponibilités connues, malgré des lésions caractérisées d'ostéo-arthrite tarsienne. Ces coupes montrent que l'ostéite du métacarpien rudimentaire qui préside à la soudure intermétacarpienne se retrouve à la même profondeur et progressant encore de dedans en dehors au niveau de l'attache de l'arcade post-métacarpienne, au niveau du point de formation du suros postmétacarpien. Celui-ci sera bien le résultat d'une périostéite, mais la périostéite n'évoluera que secondairement, quand l'ostéite profonde, par son envahissement progressif, aura apporté à la région la vascularisation nécessaire à ses fonctions nouvelles.

L'ostéite profonde des métacarpiens rudimentaires se manifeste cliniquement encore par la fréquente *fracture* de ces petits stylets dont l'extrémité libre peut également subir une notable hypertrophie chaude et douloureuse.

Etude clinique. — Ces suros siègent dans la région du canon, au niveau du point supérieur où le tendon perforant cesse d'être bien explorable et isolable des tissus environnants, recouvert qu'il est alors par l'arcade aponévrotique post-métacarpienne.

Chez les jeunes chevaux fins, on perçoit très bien, à travers la peau, le sillon qui sépare le métacarpien rudimentaire du métacarpien principal : le suros post-métacarpien est en arrière de ce sillon, tout à fait à la partie postérieure du métacarpien rudimentaire

C'est le suros qui, par sa situation comparativement postérieure, a été accusé de gêner les mouvements des tendons Généralement localisé au côté interne, il peut se rencontrer sur le côté externe (Voy. fig. 43).

La plus grande partie des suros faisant boiter sont des

suros postmétacarpiens. Les suros mal placés des anciens hippiâtres, qui étaient censés gêner le fonctionnement des tendons, ne sont autres que les suros postmétacarpiens que nous étudions aujourd'hui d'une façon un peu plus exacte. On s'est mépris et sur la fréquence du suros postmétacarpien, et sur son siège réel, et sur la nature de la gêne mécanique qu'il apporte au fonctionnement régulier du membre.

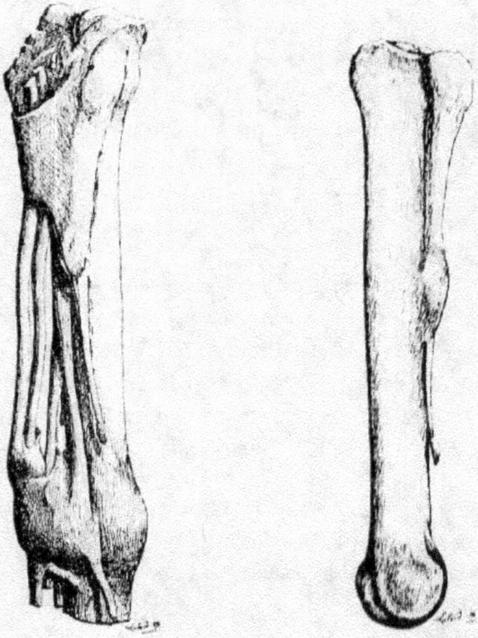

Fig. 13. — Suros postmétacarpien et suros mixte (figure originale).

Il existe certainement des suros placés dans la gouttière destinée à loger le suspenseur qui peuvent gêner le fonctionnement de ce ligament, mais ces suros, très difficilement décelables par l'exploration clinique, n'étaient certainement pas visés par les anciens auteurs, qui attribuaient aux suros postmétacarpiens un rôle qui ne leur convient nullement. S'étalant d'avant en arrière et non d'un côté à l'autre, ils ne sauraient gêner les tendons. Comme tous les suros, ils font surtout boiter quand ils apparaissent, et non quand ils ont acquis tout leur développement. En réalité, la gravité relative du suros postmétacarpien opposée à celle du suros intermétacarpien réside en ce que l'immobilisation nécessaire à la guérison, à la consolidation définitive des tissus de nouvelle formation, est infiniment plus difficile à obtenir à l'union déjà disjointe d'une arcade aponévrotique et d'un os, qu'entre deux os presque immobilisés à l'état physiologique.

DES SUROS MIXTES. — La figure 13 nous montre que le suros postmétacarpien s'unit au suros intermétacarpien par des nuances indiscontinues.

DES SUROS TRAUMATIQUES. — Les coups, les heurts, les tiraillements accidentels provoquent une lésion différente, par sa genèse, des manifestations de l'ostéite de fatigue : c'est une périostéite plus ou moins superficielle avec ses phases raréfiantes et productives. Souvent, la lésion bien localisée est peu douloureuse, mais elle se généralise parfois et détermine des symptômes très aigus et une boiterie très accentuée. Le suros traumatique a une situation variable sous une peau généralement cicatrisée. Certaines pièces anatomiques montrent que les suros traumatiques eux-mêmes sont plus nombreux et plus volumineux sur les chevaux ostéiques que sur les autres.

Symptômes et diagnostic des suros. — L'âge du cheval boiteux concordant avec l'époque des soudures intermétacarpiennes dans sa sorte est un commémoratif qu'il ne faut jamais négliger de prendre.

La chaleur et la sensibilité sont assez rares dans le cas d'ostéite profonde mais elles deviennent manifestes quand le suros apparaît. La boiterie est assez accentuée, les injections de cocaïne la localisent au-dessus du boulet ; l'épreuve de la flanelle diminue souvent son intensité. On ne doit évidemment jamais prendre pour un suros le bouton terminal du métacarpien rudimentaire, même s'il est anormal.

Un suros qui fait boiter est toujours chaud et sensible à la pression.

Traitements des suros. — *Traitement prophylactique.* — Travail restreint pendant la durée de l'ossification intermétacarpienne. Les douches, les bains, après le travail, combattent les poussées aiguës de l'ostéite ankylosante.

Traitement thérapeutique. — Favoriser l'ankylose intermétacarpienne tout en combattant ses manifestations pathologiques, tel doit être le but du traitement thérapeutique.

Le repos prolongé après un premier signe d'inflammation au niveau d'un des points d'attache de l'arcade ou du ligament interosseux métacarpien ; ce repos aidé des vésicants, du feu, qui précipitent l'évolution des phénomènes réparateurs, est le traitement rationnel à utiliser.

Mais ce repos, toujours trop long au gré des officiers chargés du dressage, peut être parfois prévenu et toujours notablement diminué par l'utilisation d'une flanelle ou d'une guêtre embrassant le boulet afin de modérer son affaissement et remontant jusqu'au pli du genou pour modérer la projection en arrière de l'arcade postmétacarpienne.

Plusieurs fois nous avons obtenu instantanément la diminution de la boiterie occasionnée par un suros au moyen de la simple application d'une flanelle bien serrée et bien mise.

Plusieurs fois nous avons remis des chevaux en service, encore légèrement boiteux d'un suros, quand nous avons eu la certitude qu'un appareil frénateur du jeu de l'arcade postmétacarpienne leur serait appliqué pendant le travail. Ainsi, leur dressage put être continué sans inconvénient.

L'extirpation du suros au moyen de la gouge ne doit

être faite que dans des cas exceptionnels. En général, l'opération est simple, la cicatrisation par première intention fréquente, mais parfois on détermine une ostéite profonde causale d'une boiterie de longue durée, alors que le suros n'aurait peut-être jamais déterminé de claudication. On ne doit jamais refuser d'exécuter cette opération simple et brillante, mais on ne doit jamais taquiner de sa propre initiative un suros qui sommeille ; l'âge se chargera tout seul de niveler la plupart des canons de notre cavalerie. L'usage interne des vaso-constricteurs, utilisables dans toutes les manifestations de l'ostéite de fatigue, sera ultérieurement étudié.

DES SHORES-SHINS. — Le shore-shin est une convexité du profil antérieur d'un canon souvent postérieur.

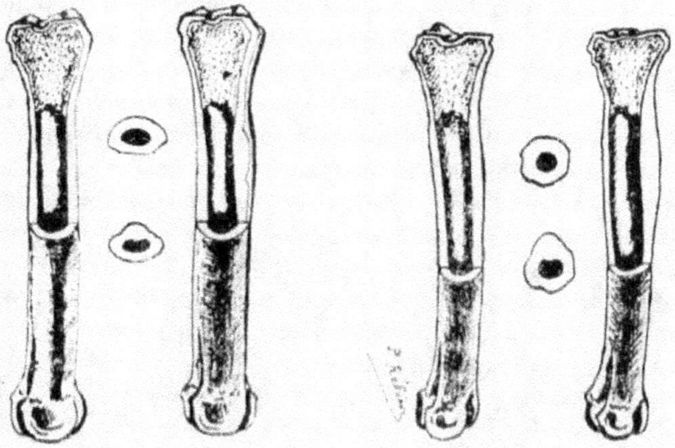

Métacarpiens. Métatarsiens.

Fig. 14. — Shores-shins antérieur (cheval Florin) et postérieur, avec pièces de comparaison (figure originale).

Cette convexité est due parfois à une induration péritendineuse des extenseurs de phalanges, parfois à une périostite superficielle produite par contiguité de tissu, parfois à une ostéite métacarpienne totale. La figure 14 représente des shores-shins antérieurs et postérieurs produits par une ostéite profonde ; l'épaississement fusiforme de la paroi antérieure du métacarpien de Florin est exclusivement due à l'épaississement de la substance osseuse profonde, et non à celui de sa substance blanche sous-périostique.

Le shore-shin comme le suros peut développer son profil convexe aussi bien à l'intérieur du canal médullaire qu'à l'extérieur.

Dans l'armée, les shores-shins ne sont plus que déplaisants à l'œil.

DE L'ÉPARVIN

Quand on sectionne longitudinalement le métacarpien ou le métatarsien d'un jeune cheval affecté d'ostéite de fatigue (voy. fig. 10), on peut constater que la zone d'ostéite raréfiante qui envahit progressivement les couches sous-périostiques pour déterminer l'ankylose intermétacarpienne ou intermétatarsienne, se prolonge *sans discontinuité* sous le cartilage épiphysaire du canon où elle provoque les lésions de l'ostéo-arthrite ankylosante du carpe ou du tarse. L'ankylose intermétacarpienne et les ankyloses intertarsiennes ne sont donc que des localisations d'un même processus. On voit d'ailleurs très fréquemment ces deux ankyloses intimement unies sur la même pièce anatomique, puisque « l'éparvin n'est parfois qu'un suros haut placé. »

Avant 1897, l'éparvin était la tare la mieux étudiée, puisque c'est à propos de lui seul que l'on avait soulevé un petit coin du voile qui cachait les vérités nouvelles.

Lésions. — Au début, c'est une ostéite raréfiante des os tarsiens et particulièrement du grand cunéiforme, du scaphoïde, de l'épiphyse du métatarsien principal.

Notre figure 15 est extraite d'un travail d'Eberlein sur l'éparvin, postérieur aux premiers des nôtres, mais qui s'accorde avec eux sur tout ce qui concerne les altérations anatomo pathologiques.

Cette ostéite raréfiante disséminée avec ecchymoses inflammatoires noirâtres dans toute l'épaisseur des os n'est nullement localisée au niveau des points d'attache ligamenteux. Progressivement elle va s'épanouir soit vers les cartilages articulaires qu'elle vascularise et détruit de dessous en dessus, soit vers le périoste.

Une ulcération cartilagineuse incurvée située sur le rebord longeant la marge articulaire antérieure, mais toujours en retrait de quelques millimètres sur elle, est une lésion fréquente (voir fig. 31). Mais souvent aussi c'est dans la partie médio externe du scaphoïde ou du grand cunéiforme qu'on trouve les premières fissures, les premières craquelures (voir fig. 16) du tissu carti-

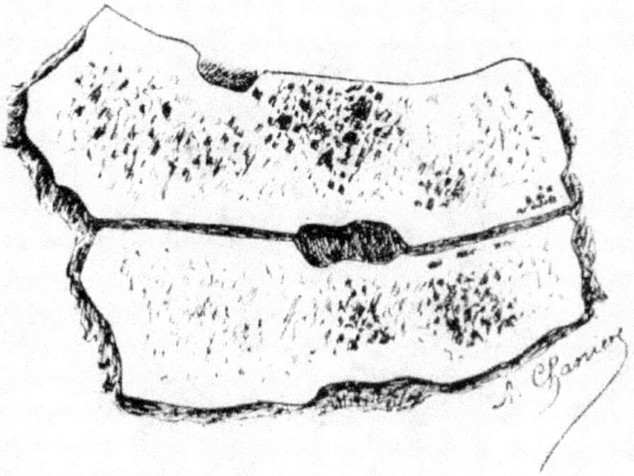

Fig. 15. — Lésions primaires de l'éparvin d'après Eberlein.

lagineux prêt à l'ulcération ; celle-ci s'effectue bientôt en effet et gagne de proche en proche. L'ulcération cartilagineuse peut ainsi transformer les plans articulaires en une vaste surface rugueuse presque dépourvue de revêtement hyalin. Puis, les surfaces osseuses enflammées se soudent l'une à l'autre, s'ankylosent ; l'ostéite raréfiante fait place à l'ostéite condensante et tellement condensante qu'elle peut être atrophiante ; c'est une guérison relative.

Pendant ce temps, le processus atteint le périoste et produit parfois des ostéophytes ; mais le plus souvent chez les chevaux de selle le périoste reste stérile nous faisant assister à une ossification des tissus inter-cunéens ou cunéo-métatarsiens unifiant en un bloc plus ou moins compact les os de la base du tarse. (Voy. fig. 17.)

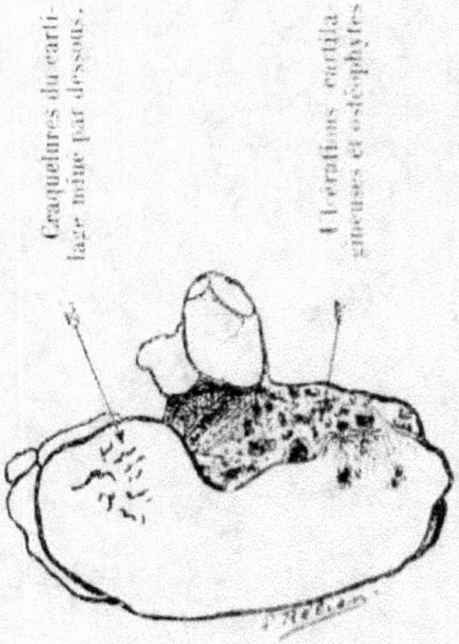

Fig. 46. — Deux phases de l'ostéo-arthrite ankylosante du tarse (figure originale).

Ces ostéo-arthrites ankylosantes sans exostoses sont excessivement fréquentes chez nos chevaux de selle et on s'expliquerait mal qu'elles aient pu rester si longtemps ignorées des auteurs ayant écrit sur l'éparvin, si l'on ne savait que les pièces de nos musées d'École prélevées sur de vieux chevaux de trait, n'étaient conservées que pour montrer combien l'enseignement donné était fondé, c'est-à-dire combien l'*exostose* était localisée *au point d'attache du ligament* dont l'hyperextension était sa cause déterminante exclusive.

Pourtant Sipière avait bien observé ces ankyloses sans exostoses ; mais à cette époque éloignée on n'aurait osé discuter les doctrines classiques et l'auteur sépara « l'ankylose du jarret » de « l'éparvin » en spécifiant que « l'ankylose du jarret est le résultat d'une maladie géné-

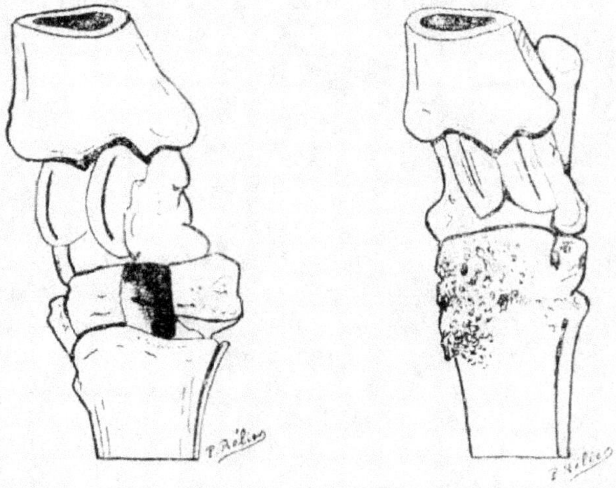

Fig. 17. — Ostéo-arthrite ankylosante à droite, proliférante à gauche (éparvin) du cheval Hamlet 1/2 sang de sept ans, (figure originale).

rale de l'articulation et non pas d'un éparvin proprement dit. » Cette distinction n'a pas de raison d'être comme le prouvent les deux jarrets du même cheval représentés par la figure 17.

Après l'éparvin-exostose vient l'éparvin cerclant sur les jarrets où l'ostéo-arthite générale est entourée d'une couronne d'exostoses.

Comme nous l'avons écrit dans notre premier travail sur l'éparvin, il arrive parfois que l'ossification des ligaments scaphoïdo-cunéens précède l'ulcération cartilagineuse et donne ainsi une fausse ankylose précédant l'ankylose vraie ; et dans ces cas, les attaches ligamenteuses jouent un rôle attractif sur les manifestations extérieures de l'ostéite profonde. La traction normale, physiologique des ligaments, agissant sur un os enflammé soit par un vice de nutrition, soit par des percussions, froissements ou tiraillements répétés, devient la source d'une exacerbation des phénomènes inflammatoires au niveau du point d'attache de ces ligaments ; mais la soudure scaphoïdo-cunéenne due à cette arthrite marginale débute encore, et très régulièrement, du côté externe au niveau du canal de l'artère pédieuse perforante (voy. fig. 32).

L'influence des tiraillements ligamenteux dans la production de l'éparvin, si bien étudiée par le professeur Barrier, n'est donc pas plus une erreur absolue que celle que nous avons commise en étudiant, en 1896, l'influence de l'arcade postmétacarpienne dans la production des suros. L'erreur n'existe que dans l'affirmation que cette influence est *primaire* alors qu'elle est très certainement secondaire chez les chevaux de selle ainsi que nous l'avons longuement expliqué en 1898 et d'avoir voulu trouver dans cette influence secondaire l'*unique* cause déterminante des tares osseuses.

Je puis donc répéter aujourd'hui ce que j'écrivais dans mon premier mémoire sur l'éparvin, celui qui mit le feu aux poudres, en 1897.

« En réalité, ce qu'on appelle et ce qu'on traite sous le nom d'éparvin désigne un processus pathologique complexe qui correspond successivement :

« En première phase : à une arthrite sèche des articulations tarsiennes inférieures, d'où l'éparvin-arthrite.

« En seconde phase : à une ankylose des articulations enflammées, d'où l'éparvin-ankylose.

« En troisième phase : à une exostose localisée, de par la constitution anatomique du jarret, au côté interne de la base de l'articulation, d'où l'éparvin-exostose.

« En quatrième phase : la maladie a débordé les articulations tarsiennes inférieures et envahi le pourtour des articulations tarso-métatarsiennes et tarsiennes supérieures, d'où l'éparvin-cerclant.

« Ces quatre phases de la maladie du jarret qu'on désigne et qu'on traite sous le nom d'éparvin ne se succèdent pas d'une façon régulière et synchrone dans toute l'étendue du jarret ; au contraire, elles se chevauchent par zones de plus en plus étendues, une zone ayant terminé sa seconde ou sa troisième phase quand la voisine subit seulement les premières atteintes de l'affection. »

Causes de l'éparvin. — *Hérédité.* — M. Jacoulet et nous-même avons publié plusieurs faits d'hérédité de l'ostéo-arthrite tarsienne. Nous avons rappelé ceux consignés par certains auteurs anciens (Sipière) ou modernes (Adrian, Virey, Magnin, Cagny). Au lieu de montrer des faits d'hérédité de chacune des manifestations de l'ostéite de fatigue, il est préférable de démontrer leur hérédité commune.

Fatigue individuelle. — Encore une fois, l'ostéite de fatigue et ses localisations tarsiennes ou autres ne sont devenues héréditaires qu'après avoir frappé les squelettes ancestraux de lésions permanentes et constamment reproduites.

Il est universellement reconnu que le *travail du jeune âge* est le plus grand producteur des lésions squelettiques constitutives de l'ostéite de fatigue. Mais sans vouloir diminuer en rien l'énorme influence de cette cause, il faut bien remarquer que les ânes, les chevaux arabes, les bretons, etc., travaillent à un âge excessivement tendre et sont particulièrement réfractaires aux « tares osseuses » en général et aux « éparvins » en particulier.

La *vigueur*, l'*énergie des travailleurs* sont aussi des causes très importantes de fatigue squelettique si cette énergie est utilisée sans modération.

Le mode de travail a certainement une grande influence sur les localisations habituelles de l'ostéite de fatigue et sans doute aussi sur les modes de manifestation de ses localisations habituelles. Les percussions agissent surtout chez les chevaux de galop, les tiraillements chez les chevaux de trait et l'ostéite qui découle de ces deux formes de fatigue peut bien être plus souvent centrale dans le premier cas et plus souvent marginale dans le second.

Les *mauvais aplombs*, les *vices de conformation* jouent aussi un certain rôle, mais répétons qu'à leur propos on a longtemps commis une erreur en ne voyant pas que l'ostéite de fatigue était la plus grande productrice des vices d'aplomb et des défauts de conformation qu'on disait causes de l'éparvin alors qu'ils n'en étaient plus que symptômes. Ce que nous avons dit de l'influence causale de l'alimentation à propos des suros pourrait être reproduit ici sans modification.

Symptômes de l'éparvin. — Le seul symptôme pathognomonique de l'éparvin, avons-nous écrit en 1897, est une marche particulière, caractéristique, causée par un obstacle à la flexion des articulations de la base du jarret. Cette marche particulière est tantôt une boiterie véritable, tantôt une simple irrégularité d'allure.

Au début de la maladie, cet obstacle à la flexion des articulations n'est qu'illusoire; le défaut de flexion résulte d'un effort volontaire de l'animal, destiné à éviter la douleur; plus tard, il peut être réel.

Dans tous les cas, l'animal s'efforce de suppléer à la flexion des articulations du jarret par une marche différente de la normale. Pendant l'allure du trot, cette marche spéciale peut être ainsi analysée : mouvement d'affaissement et de projection en avant de la partie de la croupe correspondant au jarret douloureux ou ankylosé ; diminution de flexion de l'articulation malade, facile à constater par l'examen comparatif du jarret opposé ; exagération de la flexion du boulet. Malgré cette flexion anormale des rayons supérieurs et inférieurs, l'insuffisante flexion du jarret n'est pas entièrement compensée et le membre entier se projette en avant, avec raideur, dans un mouvement d'abduction surtout sensible dans les rayons inférieurs, le sabot du membre malade s'éloignant moins du sol que son congénère.

Comme dans toute expression symptomatique, des variantes individuelles sont constatées. Chez les chevaux clos du derrière, l'adduction du membre peut remplacer l'abduction.

Chez quelques sujets, la pointe du jarret est portée en dehors par un pivotement du membre sur la pince avant son lever, etc..., mais toutes ces variations sont dominées par la projection du membre sans flexion du jarret, et elles sont d'ailleurs destinées à rendre cette projection possible.

Cette irrégularité d'allure doit être examinée à froid. A chaud, elle tend à disparaître. Sa première apparition peut être précédée souvent d'une période prodromique où la boiterie n'est encore que de la gêne. En d'autres cas, son apparition semble brusque et inopinée.

Exceptionnellement, l'éparvin évolue d'une façon tout insidieuse, sans amener d'indisponibilité réelle : on ne le découvre que très tard, ou même pas du tout. Comme l'ankylose intermétacarpienne, l'ankylose intertarsienne peut devenir quasi-physiologique.

La boiterie est visible au pas ; elle s'exagère dans le tourner sur place ; la flexion forcée du jarret l'accuse davantage ; elle est plus nette sur le cheval monté que sur l'animal attelé.

A l'écurie, le cheval atteint d'éparvin porte généralement son membre en avant de la ligne d'aplomb ; il pose le pied en pince, fléchit le boulet, les articulations fémoro-rotulienne et tibio-astragalienne, la croupe restant affaissée. Au repos comme en marche, l'appui s'effectue en pince.

De telles modifications dans la marche et dans la station doivent fatalement et rapidement entraîner des déformations persistantes du membre affecté d'éparvin.

Le boulet, dont les flexions sont exagérées, ne tarde pas à montrer des signes de fatigue. Une autre altération, sur laquelle j'ai le premier attiré l'attention des vétérinaires, est d'un secours capital pour le diagnostic de l'éparvin, c'est *l'affaissement de l'ilium.*

Affaissement iliaque. — L'asymétrie du bipède antérieur est principalement manifeste aux extrémités digitales; l'asymétrie du bipède postérieur se manifeste surtout au niveau de sa soudure à la tige rachidienne, aux sommets contigus des angles internes de l'ilium (Voy. fig. 18).

Le dénivellement des éminences osseuses constitutives de l'angle de la croupe est un signe d'une haute valeur pour le diagnostic des boiteries du membre postérieur. Son existence, en dehors de toute affection aiguë du membre, permet d'affirmer l'ancienneté de la lésion qui détermine la claudication.

« L'éparvin figurant comme la cause la plus fréquente des boiteries chroniques du train postérieur, l'abaissement de l'angle interne de l'ilium sur le cheval en position d'aplomb devra faire porter attentivement l'attention sur le jarret... (Liénaux). »

Ce dénivellement se décèle le plus facilement pendant la marche du cheval au pas, directement en face de l'observateur.

« Ici comme dans toute autre boiterie, l'émaciation musculaire précède l'atrophie des os; mais celle-ci se répare moins vite et persiste alors que la première a déjà cessé d'exister...

« Il n'est pas rare de trouver une asymétrie croisée de la croupe; ...

« Sur le membre atteint depuis longtemps et devenu indolore, c'est l'atrophie osseuse qui domine, sur celui qui souffre depuis peu, l'atrophie musculaire attire seule l'attention. Quand la lésion sera plus avancée sur ce dernier membre, les deux éminences de l'angle de la croupe reprendront le même niveau... (Liénaux). »

Pourtant la déformation iliaque peut être provoquée par une irrégularité fonctionnelle d'origine lointaine ; elle peut être aussi congénitale (Belli).

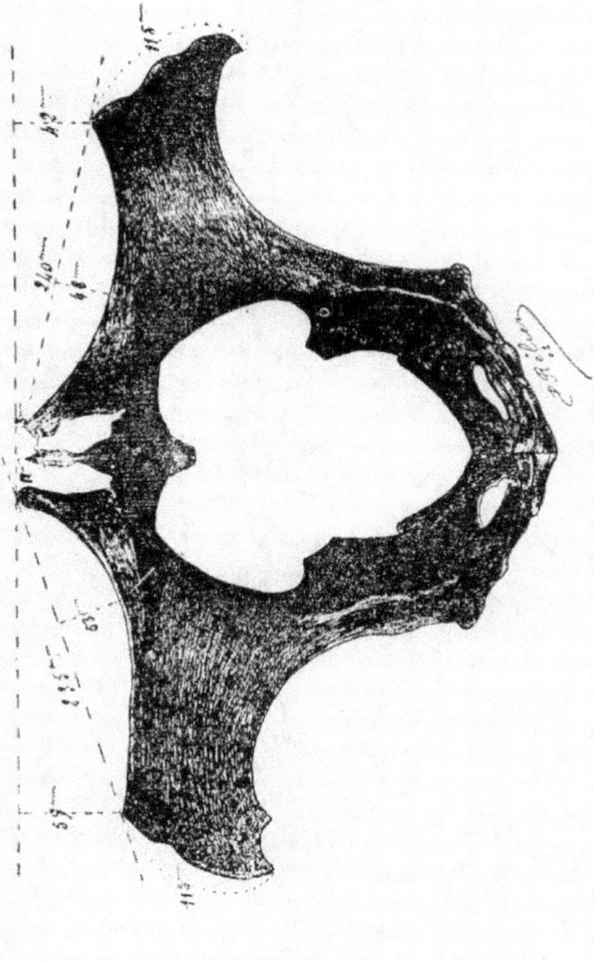

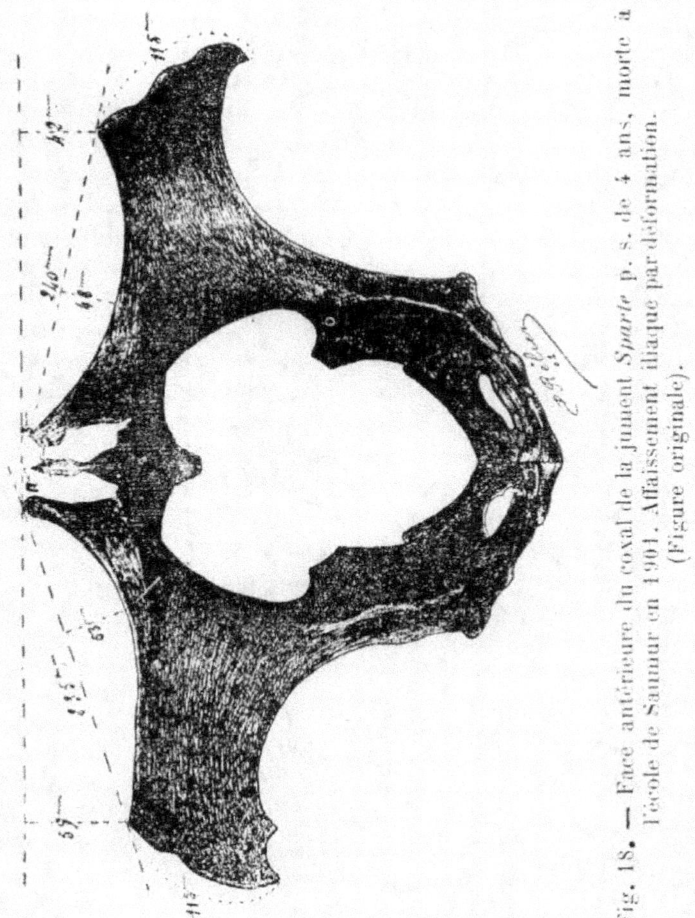

Fig. 18. — Face antérieure du coxal de la jument *Sparte* p. s. de 4 ans, morte à l'école de Saumur en 1901. Affaissement iliaque par déformation. (Figure originale).

L'*aplomb* des membres postérieurs d'un cheval affecté d'ostéo-arthrite tarsienne est toujours faussé. Bien souvent l'inégale déviation des membres rend l'attitude ou la marche asymétrique.

Les *défenses* au début du travail, le départ au galop, la *marche de travers* pendant les premiers pas sont souvent causés par des ostéo-arthrites tarsiennes.

Symptômes locaux. — Les symptômes locaux de l'éparvin sont les signes généraux de l'inflammation aiguë ou chronique : dolor, calor, tumor, ou seulement les traces de cette inflammation passée (tumor).

La *douleur*, au début, est variable d'intensité ; si elle peut être mise en relief par la pression extérieure de la main, elle se manifeste surtout lors de la flexion, sur place ou en marche, de l'articulation.

La douleur devient nulle quand l'ankylose a immobilisé les arthrites locales ; mais quand la fatigue intervient chroniquement, la douleur est considérable. C'est avec raison que Solleysel a remarqué qu'alors l'éparvin « fait perdre le boyau au cheval ».

La *chaleur* est perceptible comparativement au niveau des jarrets.

Dans les poussées inflammatoires aiguës, il peut y avoir une certaine augmentation de volume des tissus recouvrant la lésion, par suite de leur imprégnation d'une plus grande quantité de sang et de lymphe, mais cette *tuméfaction* est toujours très minime.

L'*exostose* n'apparaît vraiment qu'à la troisième phase du processus de l'arthrite tarsienne. Mais dès avant son apparition réelle, on la cherche et on croit la trouver, tantôt dans des saillies osseuses naturelles, tantôt dans la légère tuméfaction inflammatoire des tissus environnant l'articulation malade.

La gravité de l'éparvin ne réside pas dans l'exostose dont l'apparition doit être considérée comme un signe favorable. C'est un appareil de contention qui s'installe autour d'une articulation irrémédiablement atteinte et dont chaque mouvement est désormais douloureux.

Parfois le jarret affecté d'ostéo-arthrite ankylosante, loin d'être tuméfié, est atrophié : atrophié à sa base montée sur un canon grêle et atrophié comme lui ; atrophié dans ses reliefs internes.

Les scaphoïdes du jarret de Houlette (voy. fig. 31) ont 58 mm. de large, 45 mm. d'épaisseur et 12 mm. de hauteur, ceux des poulains de même âge et de même race dont les articulations se sont développées normalement atteignent facilement 67 mm. de large, 57 mm. d'épaisseur, et 17 mm. de hauteur.

Les jarrets de Houlette, vierge de tout travail, étaient grêles parce qu'ils étaient malades ; ils ne sont pas devenus malades sous l'influence du travail parce qu'ils étaient grêles.

Les *vessigons articulaires* sont souvent symptomatiques de l'ostéo-arthrite ankylosante.

L'évolution de l'affection est excessivement variable. On peut, arbitrairement, répartir les malades dans les trois catégories suivantes :

« A. — Evolution insidieuse et continue sans indisponibilité réelle ; l'ankylose des os de la base du tarse se produisant sans provoquer plus de signes réactionnels que l'ankylose quasi-physiologique des synarthroses métacarpiennes.

« B. — Période prodromique insidieuse, faisant place ultérieurement à la boiterie caractéristique, persistante ou non.

« C. — Apparition brusque et accentuée des premiers symptômes de la maladie.

a) On conserve à l'Ecole de Saumur le squelette du cheval Sicambre, qui fut plus de quinze ans une des merveilles du manège quand, monté par le général L'Hotte, il accomplissait les airs de haute école réputés les plus difficiles.

Or, Sicambre est affecté d'ostéo-arthrite ankylosante des deux jarrets, surtout accentuée à gauche, et jamais il n'a accusé de boiteries des membres postérieurs

L'ankylose tarsienne s'est donc effectuée aussi normalement chez lui que la soudure de ses métacarpiens rudimentaires, confondus avec les métacarpiens principaux du sommet de leur tête jusqu'à l'extrémité de leur bouton, que la soudure de ses métatarsiens internes au principal, que la soudure de son cubitus à son radius, que la soudure de ses vertèbres sacrées entre elles et avec la dernière lombaire, etc.

Sicambre n'est pas un phénomène au point de vue de l'évolution de ses ankyloses tarsiennes ; ses imitateurs sont nombreux dans l'effectif de l'Ecole de cavalerie.

b) Les exemples du second mode évolutif abondent, nous n'en citerons pas ici.

Ceux du troisième mode *c*) seront de moins en moins fréquents à mesure que l'on saura mieux percevoir les premiers signes de l'affection. Il doit en être souvent de l'éparvin comme de la fourbure ; il est « explosif » pour les observateurs superficiels ou accidentels, il est progressif pour les bons cliniciens régimentaires.

A Saumur, avec M. Jacoulet, nous avons décelé des ostéo-arthrites ankylosantes du jarret depuis l'âge de 6 mois et nous les avons suivies jusqu'à la réforme, à 3 ans 1/2, avant tout travail.

Diagnostic différentiel — Je n'oserais affirmer que l'éparvin *accidentel* produit par une hyperextension du ligament latéral de l'articulation tarsienne soit un mythe, mais il est certainement excessivement rare ; l'éparvin *traumatique* est moins imaginaire.

Il est le plus souvent unilatéral et la trace du coup de pied ou de l'atteinte causale se laisse constater sur la peau ; généralement il n'occasionne pas de boiterie.

Traitements de l'éparvin. — L'ostéo-arthrite ankylosante n'étant souvent qu'une manifestation locale de l'ostéite de fatigue, il importe de ne pas négliger dans le traitement à lui opposer celui qui convient à l'affection générale dont il n'est qu'une localisation. Nous avons constaté qu'un certain nombre de médicaments étaient favorables à la disparition des symptômes de toutes ses localisations, même les plus aiguës (fourbure).

Ces médicaments agissent sans doute comme modérateurs de l'afflux sanguin, comme vaso-constricteurs, mais quel que soit leur mode d'action, l'important est de connaître leurs effets thérapeutiques.

L'émétique (10 grammes), l'antifébrine (25 grammes), la pilocarpine (10 centigr.), l'*érécoline* (5 centigr.), l'ésérine (5 centigr.) à doses plus ou moins rapprochées sont les médicaments que nous avons utilisés avec le plus de succès.

Le traitement local doit combattre les manifestations aiguës par les refrigérants ou favoriser l'ankylose par les vésicants ou les feux très étendus. Le feu en feuilles de fougère de chaque côté du jarret est assez plaisant à l'œil, le feu en pointes pénétrantes dans les exostoses internes est puissant dans ses effets. Je ne conçois pas du tout l'utilité de la section de la branche cunéenne ou de l'ostéotomie du cal immobilisateur de la jointure malade ; ce sont des opérations au moins inutiles. Les névrotomies du sciatique et du tibial, que j'ai expérimentées, ne conviennent nullement pour le cheval de selle.

Quand l'ankylose naturelle ne produit qu'une gêne, une raideur, dans les articulations « en travail », le repos favorisera la soudure silencieuse, progressive et régulière des os de la base du tarse.

Si le travail est indispensable, il doit être très méthodique, en ligne droite, en avant, sans à-coups, sans acculement, sans sauts, jusqu'à la disparition parfaite de toute chaleur, de tout vessigon articulaire symptomatique, et de toute feinte.

La ferrure doit être munie de petits crampons postérieurs, le cheval affecté d'ostéo-arthrite ankylosante, en devenant un peu pinçard, montre qu'on soulage sa douleur en exhaussant ses talons.

Le traitement prophylactique doit être poursuivi par la sélection des reproducteurs dont le squelette a résisté aux épreuves qui attendent les produits.

DES FORMES CORONAIRES

Lésions. — On les observe principalement sur les membres postérieurs.

Au début, on constate, comme dans l'éparvin, une usure cartilagineuse, puis des ulcérations elliptiques irrégulières, avec des sillons parallèles à bords taillés à pic ou biseautés dans un cartilage progressivement aminci (Voy. fig. 19). Parfois ces ulcérations sont plus loca-

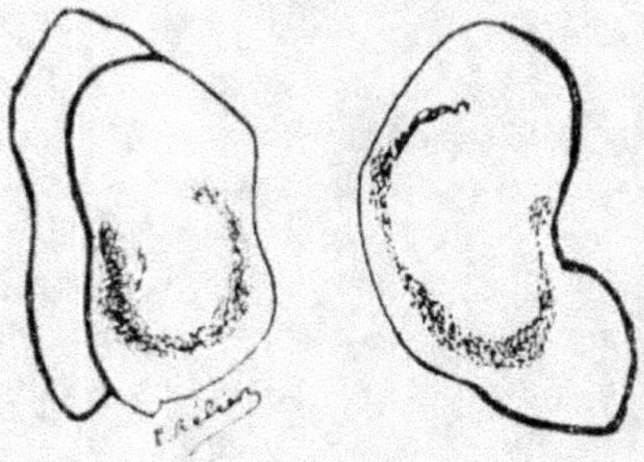

Fig. 19. — Lésions primaires de l'ostéo-arthrite ankylosante de la couronne (figure originale).

lisées et montrent, avec évidence, que l'ostéite profonde dont elles sont la révélation est provoquée par des chocs répétés et non par une hyperextension ligamenteuse. (Voy. fig. 20). Au 2e stade, les ulcérations se multiplient, les ostéophytes cerclent les abouts articulaires puis l'ankylose se complète progressivement. Parfois, comme dans l'ostéo-arthrite ankylosante tarsienne, les ossifications des ligaments périarticulaires précèdent les lésions centrales et déterminent des fausses ankyloses.

Etude histologique. — *Toujours*, aussi bien dans le cas de lésions centrales que de lésions périarticulaires, la lésion commence dans le tissu osseux des régions sub-chondrale ou sous-périostique. Les premières modifications s'observent dans les systèmes de Havers, puis se déroulent les phases habituelles et successives de l'ostéite condensante. L'ostéite provoque la destruction du

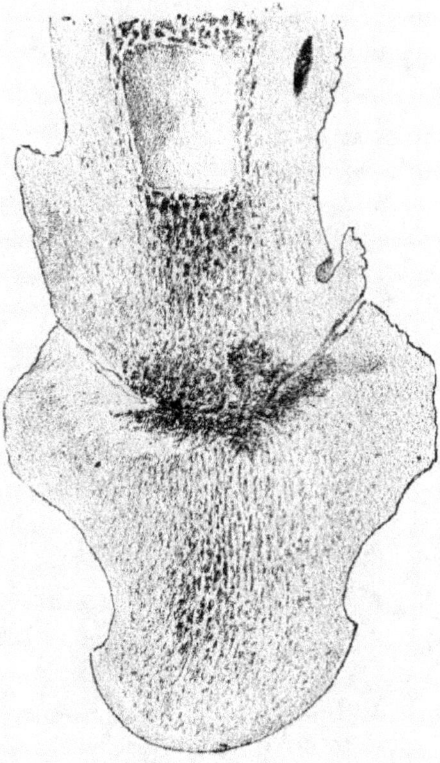

Fig. 20. — Coupe de l'articulation coronaire avec ostéite raréfiante des 1re et 2e phalanges et usure des cartilages articulaires, grandeur naturelle (d'après Udriski).

(1) *Monatshefte für praktische Heilkunde*, Stuttgart, 1900, Enke.

cartilage avec ankylose vraie et une périostite ossifiante avec ostéophytes. Parfois aussi l'ostéite primaire peut être sous-périostique et sans s'étendre beaucoup en profondeur, déterminer une périostéite ossifiante provocatrice de la fausse ankylose

L'ostéoporose peut persister longtemps et même toujours sur les couronnes ankylosées. Nous possédons une pièce anatomique, dont le tissu osseux a perdu toute résistance à la pression de l'ongle, la scie y entre avec une extrême facilité ; il n'y a plus de délimitation précise entre le tissu compact, le tissu spongieux et la substance médullaire ; sa fracture ne serait qu'un jeu.

La marche clinique de l'ostéo-arthrite ankylosante de la couronne est tout à fait comparable à celle de l'ostéo-arthrite-ankylosante du tarse : *a)* Production insensible de lésions qui ne se décèlent qu'à la mort ; *b)* période prodromique insidieuse ultérieurement suivie d'une boiterie persistante ou non. *c)* Apparition brusque et accentuée des premiers symptômes de la maladie.

Les **symptômes** sont évidemment variables avec le mode d'installation de l'ankylose, la boiterie peut être très accentuée ou à peine perceptible, de peu de durée ou incurable. La chaleur, la douleur, subissent les mêmes variétés de manifestations. L'apparition de l'exostose est généralement rapide, brutale, l'œdème environnant en accentue encore le volume, puis tout s'atténue, se condense et permet parfois encore l'utilisation prolongée de la monture.

Pronostic. — La forme coronaire antérieure est moins grave que la forme coronaire postérieure ; celle-ci, plus grave que l'éparvin, détermine le plus souvent la réforme du malade.

Diagnostic différentiel. — La déformation de la région quand il y a « forme », étudiée comparativement, est caractéristique. La chaleur régionale, la douleur et la boiterie sont très accusées ; elles s'accentuent pendant

2 ou 3 jours. Les efforts du fussplatte ont des symptômes généralement unilatéraux assez dissemblables. Les ostéites de fourbure, d'encastelure, naviculaire ont des symptômes différenciés par leurs localisations et leurs manifestations spéciales.

Causes. — Analogues à celles de l'éparvin : le galop sur les routes dures favorise considérablement l'apparition des formes coronaires.

Traitement. — Analogue à celui de l'éparvin, les bains tièdes et prolongés sont faciles à utiliser lors des manifestations aiguës. Les névrotomies sont la dernière ressource actuelle du vétérinaire.

OSTÉO-ARTHRITE DÉFORMANTE DU GENOU

Les localisations de l'ostéite de fatigue au niveau du genou ont été particulièrement étudiées par MM. Jacoulet (C. 1900) Lefebvre et Thary (B. L. 1901). Solleysel avait déjà reconnu leur gravité ; Cherry les dénomme en 1845 « éparvins du genou ». Cagny a fait connaître combien elles étaient fréquentes sur les jeunes chevaux de courses ; nous en avons décrit cinq cas dans notre rapport annuel pour 1900, tous, ayant été observés cette même année sur le seul effectif du 7e Dragons.

Symptômes cliniques. — Le symptôme capital de l'ostéo-arthrite déformante du carpe est une élévation de température très manifeste à l'exploration palmaire de la région interne de la base du genou ; à cette chaleur vient s'adjoindre plus tardivement une exostose de la face interne de la base articulaire (Voy. fig. 21).

Comme l'ostéo-arthrite tarsienne, celle du carpe s'accompagne de vessigons articulaires symptomatiques et de déviations d'aplombs qui sont le plus souvent ici une cagnardise accentuée.

La boiterie est généralement très intense.

Lésions. — Aucune observation clinique suivie d'autopsie n'a encore été publiée, mais Lefebvre et Thary ont trouvé à l'atelier d'équarrissage des lésions correspondantes à celles que devaient sans doute présenter les malades de leur clinique régimentaire.

Ces lésions (Voy. fig. 21) correspondent au degré ultime de l'affection ; elles sont en général plus inférieures, plus déformantes et moins ankylosantes que celles de l'ostéo-arthrite tarsienne.

L'ostéite des os tarsiens est primitivement prédominante à proximité de l'artère pédieuse perforante, dans la région médio-externe de l'articulation moyenne de la base du tarse ; au contraire, les lésions primitives de l'ostéite carpienne débutent dans les métacarpiens internes, et n'envahissent que lentement les os de la région carpienne.

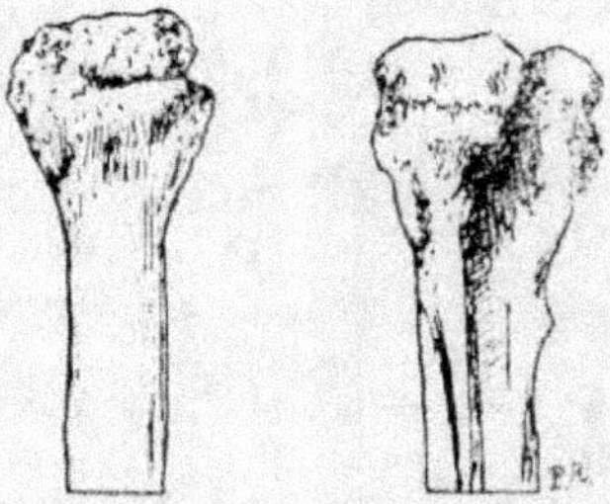

Fig. 21. — Ostéo-arthrite du carpe (d'après Lefebvre et Thary).

MM. Lefebvre et Thary ont montré que l'ostéo-arthrite déformante du genou s'accompagnait souvent de multiples manifestations de l'ostéite de fatigue.

« Une jument de pur sang nous offrait, dans un temps relativement court, simultanément, ou successivement, de telles tares molles et dures, vessigons articulaires des jarrets, éparvins, suros, vessigon et ostéite des genoux, forme, et enfin encastelure, qu'elle devint absolument incapable de rendre le service qu'on pouvait espérer d'elle. »

Cependant le développement bilatéral des ostéo-arthrites carpiennes paraît moins fréquent que celui des ostéo-arthrites tarsiennes, mais des séries d'autopsies nous causeront, sans doute, les mêmes surprises que celles qui nous frappèrent dans l'étude des lésions anatomiques tarsiennes, puisqu'il est certain que les suros intermétacarpiens sont le plus souvent bilatéraux.

Pronostic. — « Le pronostic des ostéo-arthrites du genou est généralement grave, car il reste presque toujours, après la disparition de la boiterie, une gêne mécanique, une déformation de la région et une faiblesse de l'articulation, qui diminuent la qualité et la valeur de l'animal.

La plupart des chevaux de nos observations font des fautes à toutes les allures, et se couronnent, sans autre cause saisissable que la lésion plus au moins accusée de l'articulation, cause dont on ne paraît pas se rendre compte, la plupart du temps (Lefebvre et Thary). »

« **Le traitement** que nous employons est le traitement classique ; mais nous donnons la préférence au feu en pointes superficielles et au feu en raies, parce que nous avons cru remarquer que le feu en aiguilles pénétrantes paraissait provoquer une poussée aiguë et aggraver la situation (L. et T.). » La névrotomie du médian permet quelquefois de prolonger l'utilisation des malades.

« Lorsque la maladie prend une marche progressive, tous les traitements externes échouent. » Il faut lui opposer, à doses répétées, la médication interne que nous préconisons.

AUTRES OSTÉO-ARTHRITES

Nous signalons simplement l'ostéo-arthrite de la 2e articulation phalangienne (Karnbach), et l'ostéo-arthrite fémoro-tibiale (Zalewsky) que nous n'avons observées qu'une fois.

DES FORMES DU PATURON

En France, on distingue la forme du paturon de la forme coronaire. En Allemagne et en Italie on les confond. Bien qu'elles ne soient l'une et l'autre qu'une localisation de l'ostéite phalangienne, les secondes se rangent à côté de l'éparvin parmi les ostéo-arthrites, les premières se rapprochent au contraire des suros postmétacarpiens dans le groupe des ostéo-desmites.

Nous verrons (v. fig. 28) que la forme du paturon peut commencer son développement progressif avant tout travail, en même temps que les autres manifestations de l'ostéite de fatigue, et dans ces cas, le tiraillement ligamenteux n'a été que le fonctionnement absolument normal d'un ligament en son point d'attache Au contraire, la forme du paturon se développe d'après Siedamgrotzky comme conséquence de l'irritation locale du périoste à la suite de tiraillements incessants ou violents, du fussplatte, chez les chevaux bouletés.

La vérité la plus commune est entre ces conceptions extrêmes, comme pour le suros postmétacarpien. Nous en avons donné une démonstration directe avec le p. s. Carillon, 8 ans (v. fig. 22). Ce sujet présente, entre autres tares osseuses, sur les deux bords latéraux de son paturon antérieur droit, une traînée d'exostoses plus accentuées en dedans qu'en dehors. Ces formes du paturon, régulièrement situées au niveau des insertions ligamenteuses de la région, sont formées de tissu jaune, ecchymosé, enflammé, en continuation directe de coloration et d'aspect avec les tissus osseux profonds par transformation de tissu blanc sous-périostique, qui subit, au niveau des formes, une interruption, plus accentuée de ton et d'étendue en dedans qu'en dehors. C'est une preuve manifeste que, pour les formes du paturon, comme pour les suros, les tiraillements ligamenteux, même les plus discrets (Carillon ne boitait pas), peuvent provoquer une ostéite qui devient partie intégrante de l'ostéite de fatigue

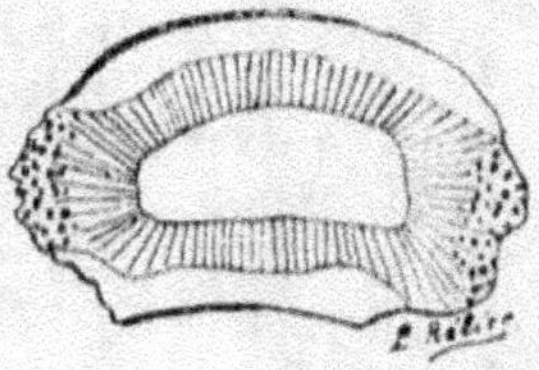

Fig. 22. — Coupe d'un paturon affecté de formes.

et ne limite nullement son action à une irritation locale du périoste.

Cette ostéite, comme celle de toutes les autres localisations de l'ostéite de fatigue, débute dans la substance profonde et progressivement remanie de dedans en dehors les couches sous-périostiques. Chez nos chevaux de sang, les formes coronaires seules sont fréquentes ; les formes du paturon comme les formes cartilagineuses n'apparaissent guère que sur les sujets présentant d'autres manifestations ostéitiques. Le plus fréquemment aussi, les formes du paturon s'accompagnent d'exostoses aux points d'attaches des ligaments sésamoïdiens et d'ostéophytes épiphysaires qui démontrent la prédisposition de la phalange à toutes les manifestations de l'ostéite de fatigue.

On peut se reporter à ce que nous avons dit lors de l'étude des formes coronaires pour l'examen des *symptômes*, du *diagnostic*, du *pronostic* et des *traitements utiles*.

La forme traumatique est encore plus fréquente que le suros traumatique chez certaines populations chevalines ; contentons-nous de rappeler les anciens dires du Vre Mre Mercier, au sujet des chevaux kabyles. « Ces chevaux offrent d'énormes formes occasionnées par les entraves que les indigènes leur placent aux paturons antérieurs quand ils les lâchent dans les champs. La détérioration de ces chevaux est telle que sur trois ou quatre cents il ne s'en trouve pas dix qui, à cinq ans, ne soient gravement tarés. »

OSTÉITES DE LA TROISIÈME PHALANGE

Statistiques françaises. — (*Maladies essentielles du pied*).

Années	entrées à l'Intérieur avec			entrées en Algérie avec		
1889	2431	22	pertes	364	5	pertes
1891	2294	27	—	399	2	—
1893	2915	57	—	323	5	—
1895	2402	38	—	298	3	—
1897	2386	26	—	273	3	—

Observations : Nous avons déjà constaté que les boiteries

essentielles (des autres régions que le pied) diminuent à mesure que l'effectif augmente et nous pouvons constater aussi que les « maladies essentielles du pied » n'augmentent pas. Ce n'est certes pas que les pieds de nos chevaux soient meilleurs, mais nous savons mieux qu'autrefois prévenir et guérir les lésions de ces pieds de plus en plus délicats.

A l'école de Saumur, un vétérinaire spécialiste professe la maréchalerie et l'étude des maladies déformantes du sabot, puisque la ferrure pathologique représente une importante fraction des moyens thérapeutiques que la vétérinaire peut leur opposer. Pour cette cause, nous ne ferons donc point ici l'étude complète des affections du pied et nous limiterons nos considérations sur ce sujet à l'exposé de nos études personnelles et des études connexes se rapportant aux localisations intra-unguéales de l'ostéite de fatigue. Est-il nécessaire de rappeler que les boiteries par affections du pied sont très fréquentes et que la triple exploration du membre pour rechercher la déformation, la chaleur et la sensibilité doit toujours commencer par le pied ?

OSTÉITE DE FOURBURE

Historique. — La fourbure, disaient Cadiot et Almy, en 1898, « est l'inflammation de la membrane tégumentaire du pied » et ils signalaient en treize mots le processus atrophique du bord antérieur de la troisième phalange comme complication ultime de la fourbure chronique.

Les Allemands discutaient encore en 1909 pour savoir si la fourbure est une pododermatite profonde ou une pododermatite superficielle.

Tel était l'état des connaissances classiques, en France et à l'étranger, au moment où nous avons publié le résultat de nos études.

Intimement uni dans ces recherches avec MM. Jacoulet et Vivien (T. 1899 et 1901 — C. 1899 et 1900) nous avons démontré successivement que : — I. La *subfourbure* est fonction d'une ostéite du troisième phalangien. — II. Trois jours après le début d'une fourbure suraiguë, l'ostéite du troisième phalangien est intense, tandis que la podophyllite n'existe pas encore. — III. Dans les cas graves, l'ostéite phalangienne est souvent si importante que l'os du pied disparaît presque complètement et que les deux autres phalanges sont atteintes. — IV. La face plantaire peut disparaître alors que la podophyllite classique est peu intense (Voy. fig. 25). — V. Les kéraphyllocèles ne sont parfois qu'un exsudat cicatriciel destiné à remplir le vide laissé par la disparition de l'os sous le coup d'une ostéite raréfiante. — VI. D'une étude anatomo-clinique nous déduisons que « La congestion de la chair du pied, au moins avec le degré qu'on lui constate dans la fourbure, est postérieure à l'ostéite phalangienne ». — VI. Les manifestations cliniques de la fourbure sont en parfaite concordance avec l'accentuation de l'ostéite phalangienne dont nous figurons les lésions progressives et épanouissantes de la pince aux talons et de bas en haut sur les quatre sabots du même cheval (Voy. fig. 23 et 24). — VII. Les lésions de l'ostéite de fourbure héréditaire se constatent avant tout travail en concomitance avec les lésions de toutes les autres localisations de l'ostéite de fatigue.

Peu après, M. X. Lesbre (L. 1900 et 1901) confirme nos travaux en les accompagnant de considérations inexactes sur la limitation de l'ostéite de fourbure à la partie périostique du 3e phalangien. Il étudie aussi les rapports de l'ostéite saumurienne avec la podophyllite classique et les déformations de la boîte cornée.

Le professeur Liénaux (Annales belges) étudiant un fait clinique trouve qu'il plaide en faveur de la primauté ou de la contemporanéité des lésions osseuses qu'il constate en même temps que les lésions communes de la fourbure (1).

(1) Le Pr Sendrail (*Encyclopédie Vétérinaire*, de Cadeac, 1903) accepte également la contemporanéité fréquente.

Malgré tous ces faits, MM. Cadiot et Almy persistent à écrire en 1903 :

« Joly, Vivien et quelques autres, considèrent la fourbure aiguë comme une manifestation de l'ostéisme. Les conditions dans lesquelles la fourbure aiguë apparait, sa brusque explosion et sa rapide résolution dans la plupart des cas, comme les lésions témoignent que le processus évolue primitivement dans la membrane tégumentaire. La phalange participe à ce processus pour peu que l'affection se prolonge mais ces lésions sont secondaires et contingentes. »

Comme on le voit, les auteurs du beau traité de pathologie chirurgicale, qui ne voient guère dans leur clinique que des malades sans prodromes, s'imaginent que la fourbure apparait en une brusque explosion et c'est principalement pour cette cause qu'ils refusent même leur contrôle à nos travaux.

Nous serons donc obligés de leur répéter avec Bracy-Clark (1829) que la fourbure n'est pas du tout une affection explosive :

« Dans le plus grand nombre des chevaux qui tombent fourbus, ces accidents suivent une marche lente, insensible... une fièvre sourde et lente, très peu apparente pour des personnes peu au fait de ces matières, accompagne la destruction du pied, telle était la maladie des pieds du très célèbre cheval de course, l'*Eclipse*, dont les os sont, dans ce moment, devant moi ; telle est la maladie peu soupçonnée d'un grand nombre d'autres chevaux. »

Symptômes. — Les classiques divisent les fourbures en aiguës et chroniques, ils méconnaissent les plus intéressantes, les plus fréquentes chez nos chevaux de sang, la fourbure latente, et la subfourbure.

Fourbure latente. — Progressivement, dès le jeune âge, le sabot se déforme, se cercle, prend le profil du sabot chinois, élève ses talons, creuse ses lacunes et s'encastelle. Les propriétaires ne s'aperçoivent d'aucun signe alarmant, c'est la fourbure héréditaire des auteurs italiens. Nous avons autopsié deux demi-frères fourbus dès leur première année.

Subfourbure. — Dès le premier travail, les symptômes s'accentuent ; on peut, mais non toujours, constater de la chaleur, une sensibilité des pieds traduite par une marche peu franche sur le terrain dur ; dans tous les milieux où l'on utilise les chevaux de sang, il existe, comme l'a dit Bracy-Clarck, un grand nombre de ces subfourbures dont les déformations unguéales s'accentuent avec l'âge sans provoquer parfois d'indisponibilités réelles. D'autres fois, au contraire, la feinte apparaît, la chaleur devient manifeste, l'appui du talon perceptible, la sole va se bomber progressivement. Enfin la fourbure aiguë peut se greffer sur la subfourbure et faire croire à une explosion subite de la maladie alors qu'elle minait les tissus sous-cornés depuis plusieurs années.

Fourbure aiguë. — Les symptômes classiques, si caractéristiques, en sont universellement connus.

Fourbure chronique — On l'a décrite comme succédant à la fourbure aiguë, c'est parfois exact.

Altérations anatomiques. — Les altérations macroscopiques de l'ostéite de fourbure sont essentiellement variables. Les os des pieds des poulains précités avaient le profil antérieur concave et étaient le siège d'une ostéite généralisée. Nous reproduisons (v. fig. 23 et 24) les résultats d'une étude histologique sur les quatre os du pied d'un cheval fourbu depuis 48 jours. Les lésions dermiques et cornées de la fourbure trop exclusivement étudiées jusqu'à ce jour ne nous arrêteront pas.

Causes. — Paralysie des vaso contricteurs par la névrotomie, la fatigue par surcharge permanente ou excès de travail, les intoxications par surmenage ou toxines microbiennes et alimentaires. L'hérédité peut être prédisposante ou déterminante des formes latentes. Saumur a vu passer en 1902, trois frères subfourbus d'identique façon.

En campagne, deux causes agissent fréquemment ; ce

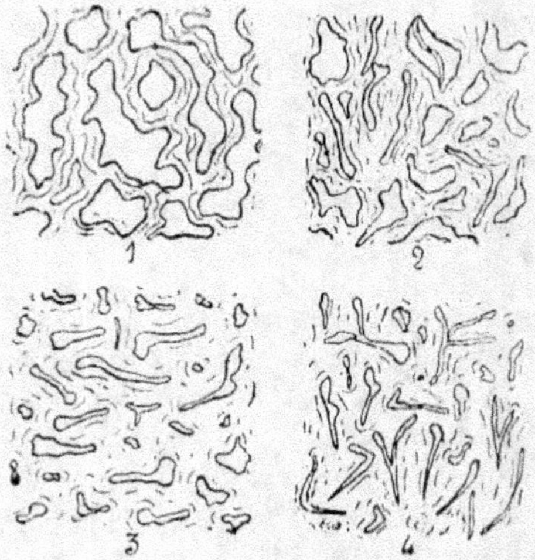

Fig. 23. — Coupe du plan médian du bord plantaire des troisièmes phalanges d'*Histrion*, fourbu depuis 48 jours. 1, memb. ant. g. — 2, m. ant. droit. — 3, memb. post. droit. — 4, m. post. (Joly et Vivien).

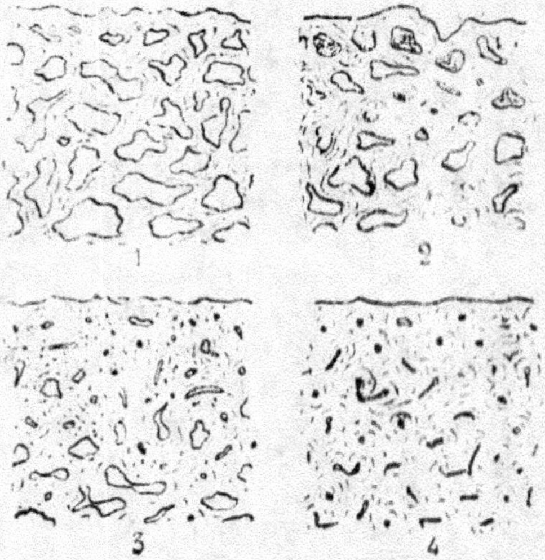

Fig. 24. — Coupe horizontale de la lame compacte antérieure des phalanges précédentes à la base de l'éminence pyramidale. 1, membre ant. gauche. — 2, m. ant. droit. — 3, m. post. droit. — 4, os normal pour comparaison (Joly et Vivien).

sont : 1° l'alimentation avec le seigle, le blé, l'orge, 2° la stabulation permanente sur les bateaux.

Le jeune âge des sujets, le sang anglais, ont montré leur influence prédisposante dans la dernière campagne anglo-égyptienne.

L'application d'un feu puissant, un purgatif violent (aloès) peuvent déterminer chez les subfourbus une poussée aiguë, désastreuse pour l'opérateur. C'est assez dire que chez eux la poussée aiguë est toujours imminente.

Pronostic. — La fourbure latente, la subfourbure, peuvent très bien permettre un travail prolongé ; la menace restera menace pendant toute la vie du sujet, mais nous répétons que bien des prétendues fourbures apoplectiques ont été préparées par une fourbure latente ou une ostéite phalangienne avoisinante. La fourbure aiguë est aujourd'hui victorieusement combattue.

Traitements. — *T. prophylactique.* Combattre les causes et particulièrement l'hérédité de l'ostéite de fatigue sous toutes ses formes.

Abaisser les talons des subfourbus, ne pas les déferrer ou les munir d'une ferrure trop légère non amortissante des réactions. Fuir les sols durs, l'immobilité forcée, le surmenage, les aliments et les médicaments toxiques ; craindre la névrotomie et les feux trop énergiques pour les pieds en instance de fourbure aiguë.

Traitement curatif. — L'Ésérine-pilocarpine, l'arécoline, l'antifébrine, l'émétique et tous les médicaments vaso-constricteurs réussissent. Dans les cas apoplectiques la saignée est toujours indispensable ; nous avons utilisé avec succès la ligature d'une artère digitale. Les bains froids prolongés sont excellents. Les rainures et amincissements cornés sont utiles. La ferrure joue un rôle important : au titre préventif en amortissant les réactions et soulageant les régions antérieures surmenées ; au titre curatif par de nombreux procédés orthopédiques.

OSTÉITE D'ENCASTELURE

Historique. — A l'ostéite des régions antérieures de la troisième phalange, correspond la fourbure ; à l'ostéite des régions postérieures correspond l'encastelure, mais il ne faut pas croire avec M. Lesbre, professeur à l'École de Lyon, qu'une séparation anatomique puisse être faite entre les deux, elles se confondent souvent et sont essentiellement variables, comme intensité et étendue réciproques.

C'est à M. le V^re^ en 2e Huret, qu'est due la première étude sur l'ostéite d'encastelure ; il envoya son travail à la Société Centrale qui ne prêta qu'une insuffisante attention à ses dires.

Fin 1899, ignorant encore l'excellent travail de M. Huret, nous écrivions dans notre rapport annuel : L'encastelure est souvent fonction de l'ostéite de fatigue.

Cette encastelure *par surmenage* peut se différencier cliniquement de l'encastelure par *insuffisance fonctionnelle* : par les commémoratifs, par les constatations des autres lésions du membre malade, et surtout *par l'irrégularité de ses manifestations*, affectant parfois un côté du sabot avec beaucoup plus d'intensité que l'autre :

L'encastelure par insuffisance fonctionnelle est une atrophie régulière, générale, de tout le pied.

L'encastelure de fatigue, par ostéite primaire, est essentiellement irrégulière et localisée, ou au moins, très prédominante dans la région lésée.

C'est cette encastelure que nous observons chez les jeunes chevaux arrivant des annexes de remonte et dont l'ostéite phalangienne se manifeste extérieurement par des formes, des bleimes, des prodromes de maladie naviculaire.

Avec M. Jacoulet, nous avons démontré combien l'ostéo-arthrite ankylosante du jarret déterminait, chez les jeunes chevaux, l'atrophie de cette importante articulation ; malgré les contestations intéressées de certains orateurs, ce fait frappera tous les observateurs qui voudront se donner la peine de le contrôler dans un milieu approprié; si ces jarrets étaient entourés d'une boîte cornée, on les trouverait *encastelés*. L'ostéite phalangienne est aussi réelle que l'ostéo-arthrite du tarse, mais elle était cachée à nos yeux par une enveloppe cornée dont on s'est borné à constater l'*encastelure*. C'est l'encastelure par ostéite de fatigue qui est, dans la majorité des cas, l'encastelure de nos chevaux de troupe; le grand clinicien Henri Bouley ne s'y serait pas trompé, puisqu'il a enseigné ceci :

« Chez les chevaux employés à des allures rapides, les sabots ne se rétrécissent que consécutivement aux douleurs dont les parties internes deviennent le siège par le fait même des actions et réactions violentes qu'elles ont à supporter. »

En 1900, je pris connaissance du beau travail de Huret, dont je vais reproduire de longs extraits à peu près inédits :

« Une troisième cause d'encastelure, dit Huret, est la déformation que subit la troisième phalange sur la presque totalité des pieds ferrés.

« Examinez de près les phalanges de pieds encastelés, vous constaterez que toute la partie postérieure est plus développée relativement à la partie antérieure que sur les phalanges provenant de pieds normalement conformés.

« L'apophyse rétrossale se prolonge loin en arrière, l'apophyse basilaire dépasse en hauteur le niveau de la surface articulaire, l'échancrure postérieure est considérablement rétrécie (1).

« Sur les pieds encastelés dont j'ai fait l'autopsie, j'ai presque toujours trouvé le degré d'hypertrophie en rapport avec le degré d'encastelure.

« L'apophyse rétrossale se développe en arrière à la façon d'un coin qui se logerait de force dans l'angle des talons, en repoussant les arcs-boutants (v. fig. 26).

« Cette néoformation osseuse ne peut faire sa place sans

(1) Certaines de ces constatations avaient été faites et figurées par Bracy-Clark; il attribue ces lésions à la ferrure. En effet, c'est la ferrure qui permet la fatigue.

comprimer, sans meurtrir la chair veloutée de la sole, la chair feuilletée des talons et des arcs-boutants.

« Je crois que c'est là la principale raison des bleimes d'encastelure *qui guérissent dès que, par l'amincissement de la corne, on permet aux tissus vivants de se prêter à la déformation que la phalange leur impose.*

« Le travail ossifiant est très net à l'apophyse basilaire. Sur les beaux pieds, l'apophyse basilaire ne dépasse pas le niveau de la surface articulaire. Sur les pieds qui s'encastellent, il se forme une sorte de mur osseux qui surplombe l'articulation (v. fig. 27).

« Le profil latéral de la troisième phalange qui, sur beaux pieds, est rectiligne ou légèrement brisé, devient tout à fait concave par le renversement en dehors de l'os de nouvelle formation. »

« Cette dernière muraille osseuse qui, ferme et résistante, vient prendre la place du cartilage souple et élastique, repousse en dehors la muraille qui, étant mobile à cet endroit, se prête à l'agrandissement qui lui est demandé en redressant les courbures des parties avoisinantes. Si la corne, déjà altérée, n'est pas assez souple pour se prêter à cette déformation, elle se rompt et on a une seime quarte. »

« Le profil du sabot en quartier est aussi influencé par la déformation de l'apophyse basilaire. Régulièrement oblique et rectiligne sur les pieds vierges, il est nettement concave sur les pieds encastelés, par le redressement de la partie supérieure de la muraille.

Alors que l'aspect plantaire du pied n'est pas encore modifié, l'origine du mal existe déjà au bourrelet. Celui-ci, rejeté en dehors, produit une muraille à profil brisé et une corne à avalure droite qui vient buter contre l'éminence patilobe qu'elle comprime et tend à atrophier.

L'ostéite des apophyses basilaire et rétrossale n'agit pas seulement d'une façon mécanique pour produire les symptômes secondaires à l'encastelure, bleime, seime, concavité de la muraille en quartier.

. . . .

Le plus souvent, dans l'encastelure, c'est en quartier que se produit l'exagération de la prolifération cornée en un point correspondant au centre du cartilage, au point initial des formes, un peu en arrière de l'insertion du ligament latéral articulaire, ce qui permet de supposer que le bourrelet peut être influencé par le travail inflammatoire de l'ostéite basilaire ou les tiraillements ligamenteux articulaires.

Dans ces conditions, l'avalure est impossible, car la rigidité du fer et l'adhérence entre eux des tubes cornés s'opposent à ce que le mouvement de descente de la corne soit plus rapide en un endroit aussi localisé. »

Cette corne, produite en excès, arrive néanmoins à se loger en refoulant le bourrelet en haut et en lui donnant le profil ondulé caractéristique du début de l'encastelure.

A côté des lésions décrites par Huret, il faut encore tenir compte 1° des dénivellements plantaires par atrophie progressive du bord plantaire interne et de la face interne de la troisième phalange, qui déterminent la cagnardise ostéitique et localisent de préférence l'encastelure au côté interne du sabot ; 2° de la différence d'épaisseur de la paroi plus mince du côté interne où elle cède plus promptement aux sollicitations de l'ostéite basilaire qui, au contraire de l'encastelure, est toujours plus productive du côté externe.

En 1898, le Vre en 1er Magnin avait déjà signalé ce dénivellement plantaire, en montrant sa fréquence et son importance en maréchalerie. Pader avait aussi observé quelques faits d'ostéite d'encastelure, mais c'est bien à Huret qu'il faut attribuer les vues les plus heureuses sur cette question. Je laisse aux professeurs de maréchalerie le soin de montrer toute la fécondité des données de Huret, dans ses rapports avec les lésions podophylliennes (Delpérier) et les déformations cornées constitutives de l'encastelure de fatigue.

L'étude de l'ostéite d'encastelure, n'est, bien entendu, qu'une partie de la pathogénie de cette affection, puisqu'il existe une encastelure par atrophie progressive de tous les tissus du pied, par défaut de fonctionnement.

Traitement : Vaso-constricteurs, hydrothérapie, maréchalerie.

OSTÉITE DE BLEIME

Je rappelle simplement les dires précités de M. Huret.

DES SEIMES

Le rôle de l'ostéite phalangienne n'est pas nul, dans l'étiogénie des seimes, mais il n'a pas encore été précisé.

Il existe d'importants travaux sur les seimes dans le Journal des V^res M^es, et, entre autres, la démonstration que la seime quarte est, en partie, fonction du trot sur route dure ; c'est très exact.

FORMES CARTILAGINEUSES

Pathogénie. Notre étude de l'ostéite d'encastelure nous a fourni déjà quelques lumières sur la Pathogénie de la forme cartilagineuse.

D'après les travaux de Blanc (L. 1898) le cartilage complémentaire de l'os du pied doit être considéré comme partie intégrante de cet os. Le développement de la forme n'est que l'exagération de l'ossification normale, toujours progressive, du cartilage coronaire. Et les causes des formes d'origine non traumatique sont celles qui facilitent la vascularisation du cartilage et occasionnent des poussées inflammatoires dans les régions postérieures du pied. Chez les chevaux de trait des grandes villes, les pieds plats, volumineux, à talons bas, le travail sur le pavé, en mode soutenu, agissent d'une façon toute spéciale ; mais ces conditions n'agissent pas, ou presque pas, sur nos chevaux de troupe, au contraire, pourrait-on dire.

La forme cartilagineuse n'est en somme qu'une localisation de plus de l'ostéite de fatigue, et, ce n'en est, pour nous, qu'une localisation secondaire.

Aussi, l'ossification exagérée des cartilages complémentaires s'accompagne toujours, à l'école de cavalerie, de signes variés d'ostéisme général et particulièrement de signes d'ostéite de la troisième phalange.

Au contraire, les troisièmes phalanges les plus nettes, celles dont les cartilages ne sont nullement ossifiés et dont les apophyses basilaires et rétrossales sont restées indépendantes, appartiennent aux sujets vierges de toute tare osseuse, vierges de toute manifestation ostéique. Je pourrais citer des exemples de races, de familles, et d'individus.

L'ostéisme héréditaire est donc la cause *la plus générale* des formes cartilagineuses.

Les traumatismes provoquent la forme cartilagineuse par un mécanisme un peu différent.

Symptômes. — Le manque de souplesse, la proéminence légère existant sur la couronne externe au niveau des régions antérieures du cartilage complémentaire, un peu de chaleur, une boiterie notable, l'encastelure, permettent un diagnostic facile, *après examen comparatif* des deux membres. La forme traumatique est recouverte de cicatrices cutanées.

Traitements. — Des rainures à un centimètre du bourrelet avec la rénette ou la scie, des bains, des vésicants en cas de boiterie persistante et une ferrure décomprimante des régions douloureuses du sabot, c'est-à-dire, une ferrure désencastelant les régions supérieures, tout en atténuant les réactions postérieures. La névrotomie a été tout particulièrement recommandée par Nocard, contre les formes cartilagineuses ; la névrotomie unilatérale externe paraît suffisante au premier abord, mais elle est souvent inefficace à cause de la généralisation des lésions dont la forme cartilagineuse n'est qu'un symptôme. Dans les cas aigus, la ligature artérielle remplacerait peut-être avantageusement la névrotomie.

OSTÉOPHYTES DE SMITH

Smith, V[re] M[re] anglais, a décrit et étudié les exostoses qui siègent à la face interne des apophyses rétrossales et basilaires, et qui seraient cause de nombreuses boiteries obscures chez les jeunes chevaux de l'armée des Indes, avant, ou dès le début de leur dressage. Comme cause de l'affection, Smith reconnaît l'hérédité, l'immobilité sur les navires et toutes les causes de congestion du pied.

Nous avons fréquemment trouvé des exostoses paraissant identiques à celles décrites par Smith ; nous les trouvons mélangées à l'ostéite de fourbure ou d'encastelure, c'est une nouvelle localisation de l'ostéite de fatigue qu'il n'était peut-être pas très utile de faire.... si tardivement.

OIGNON

Tumeur osseuse de la face plantaire provoquée par l'ostéite de fourbure et rarement par des traumatismes. Rare dans l'armée. Traitement général de l'ostéite de fourbure et ferrure protectrice spéciale.

OSTÉITE NAVICULAIRE

Fréquence. — « La maladie naviculaire est l'écueil des connaisseurs, des « hommes de cheval » et des empiriques..... Au début, le diagnostic exige du flair et autre chose que des notions d'hippologie. » (Cadiot et Almy).

Ces dires sont assurément l'expression d'une vérité ancienne mais qui a cessé d'être vraie dans l'armée. A la suite des Vétérinaires, on a cru à la maladie naviculaire aussi fréquemment qu'on croyait autrefois à l'écart ou à l'allonge. Or, la maladie naviculaire est rare : en ouvrant tous les sabots des anciens boiteux que l'on peut autopsier, on rencontre rarement l'ostéite naviculaire, et très fréquemment l'ostéite phalangienne. De plus, l'ostéite naviculaire est rarement seule et rarement prédominante. (V. fig. 25 et 26) (Lecl. 1903).

Diagnostic. — Le diagnostic de la maladie naviculaire peut être aussi précis que celui des ostéites phalangiennes, et dès que la cocaïnisation des plantaires nous a localisé la cause de la boiterie dans le sabot, nous soumettons celui-ci à l'épreuve du coin de Lungwitz (Lecl. 1903). Si vraiment le cheval boite de sa poulie naviculaire, on n'a qu'à tendre fortement le perforant sur elle pour déterminer une douleur manifeste ; si l'appareil naviculaire fonctionne naturellement, la souffrance est nulle.

Or, généralement, sur dix boiteux du pied soumis à l'épreuve du coin de Lungwitz, un seul répond, les autres ont de l'ostéite de fourbure avec chaleur antérieure et premier appui en talon ; les autres de l'ostéite d'encastelure avec chaleur en talon et premier appui en pince ; les autres de l'ostéite généralisée avec variantes coronaires cartilagineuses, de Smith, ou associations diverses.

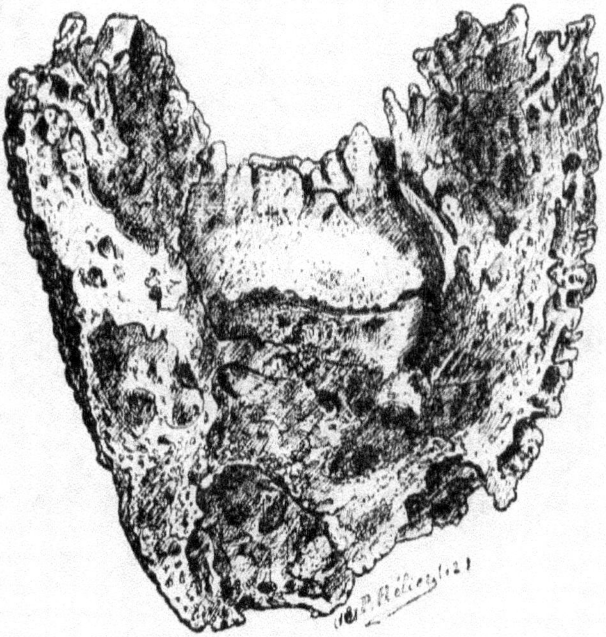

Fig. 25. — Ostéite naviculaire compliquant l'ostéite de fourbure (figure originale).

Symptômes. — Boiterie sans symptômes locaux, localisée par la cocaïne à l'intérieur du sabot ; le cheval pointe à l'écurie, et craint l'appui énergique au début du travail. L'appui de la fourchette (fer à planche), l'abaissement des talons, augmente la boiterie ; l'épreuve du coin de Lungwitz lève tous les doutes.

Lésions. — Le Vte en 1er Magnin (C. 1890 et A. 1897 et 1898) a fait de belles études sur la maladie naviculaire ;

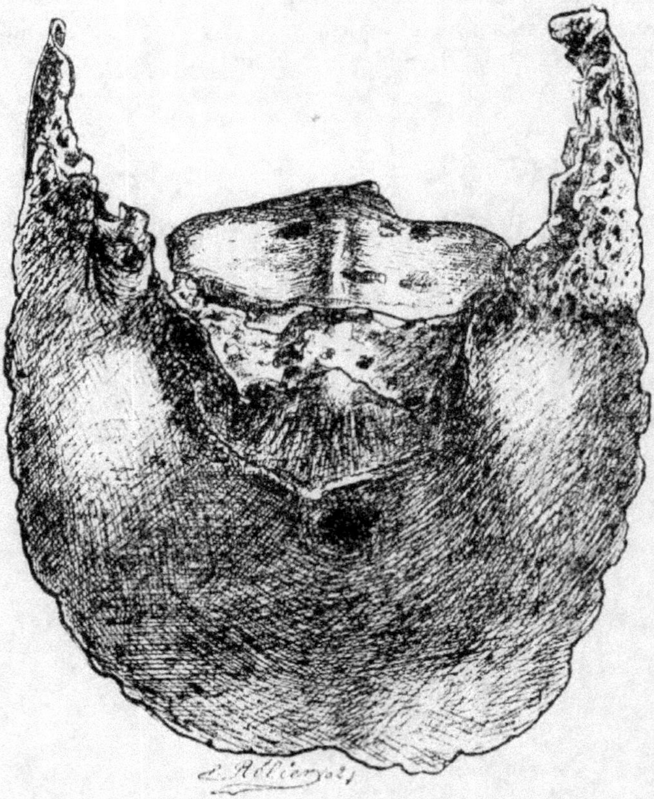

Fig. 26. — Ostéite naviculaire compliquant l'ostéite d'encastelure (figure originale).

il paraît avoir voulu établir que la maladie naviculaire était surtout une ostéite naviculaire, avec décortication cartilagineuse, usure du tendon et synovite consécutive.

L'aponévrose plantaire s'est râpée, usée, au contact de la surface osseuse correspondante, comme le ferait une corde inerte au frottis d'une pierre non polie ; et on y voit, toujours sur cette même face de nombreux bouts de faisceaux fibreux, libres par une extrémité et plus ou moins enroulés sur eux-mêmes.

Le cartilage d'encroûtement de la face inférieure de l'os naviculaire a perdu sa teinte blanchâtre et son épaisseur ; il est très aminci, ulcéré, laissant à nu, par places, le tissu osseux irrégulier et raboteux, ce qui donne au doigt passant à sa surface une sensation de rugosité très accusée et toute particulière. Sa teinte grisâtre, ambrée et transparente, le fait ressembler à un enduit artificiel, permettant de voir à travers sa substance de nombreuses nodosités osseuses grosses comme des grains de millet ou des têtes d'épingles tout au plus.

Dès 1890, M. Magnin avait étudié l'ostéite raréfiante du sésamoïde et l'ostéite condensante cicatricielle. Et, si l'on se rappelle combien sont rares chez les chevaux de selle les efforts du perforant, combien le squelette y est au contraire fréquemment lésé, combien souvent la maladie naviculaire est double, concomitante aux ostéites phalangiennes, apparaissant dans les mêmes conditions étiogéniques, il ne restera plus de doute sur la nature exacte de la maladie naviculaire : ce n'est, le plus souvent, qu'une manifestation locale de l'ostéite de fatigue qui, comme la forme cartilagineuse ou le suros postmétacarpien, ajoute aux lésions essentielles, fondamentales de l'ostéite de fatigue, des lésions de voisinage lui donnant un caractère original.

Traitements. — La névrotomie est le traitement classique. Ce serait sans doute le cas de dire ici combien les praticiens militaires ont contribué à l'étude des résultats thérapeutiques et au perfectionnement du manuel opératoire des névrotomies coronaires ou médianes : Comény, Puthoste, Magnin, Rousseau, Jacoulet, Deysine, ont largement contribué à rendre cette opération courante et efficace comme dernière ressource thérapeutique.

Nous utilisons la névrotomie coronaire, haute externe

et basse interne (à cause des atteintes) dans le cas de maladie naviculaire et la névrotomie du médian, quand l'ostéite a envahi les régions carpo-métacarpiennes. Les troubles trophiques consécutifs sont à peu près aussi fréquents dans un cas que dans l'autre. Toujours deux mois de repos sont indispensables avant la remise au travail qui peut être suivie d'un brillant succès, ou d'une réforme prochaine. Tant que le sabot reste chaud, la remise en service est dangereuse.

Les traitements internes anti-ostéitiques, les réfrigérations énergiques et prolongées, la ferrure élevant les talons (épreuve de Lungwitz), sont des ressources thérapeutiques à utiliser. La ferrure lourde, amortissante des réactions, et les appareils amortisseurs de toute nature, sont à envisager dans le traitement de la maladie naviculaire comme dans celui de toutes les manifestations douloureuses de l'ostéite de fatigue.

OSTÉITE VERTÉBRALE

En étudiant l'influence de l'entraînement sur le squelette des chevaux de courses, Cornevin avait été frappé des énormes modifications subies par la région lombaire des chevaux de courses. Il fit trois autopsies de p. s. anglais abattus pour fracture survenue sur l'hippodrome.

« Deux des chevaux de courses étudiés par nous n'avaient que cinq vertèbres lombaires avec le nombre normal de cervicales et de dorsales ; le troisième, en avait six, mais quoiqu'il ne fût âgé que de quatre ans, la cinquième et la sixième vertèbres étaient complètement soudées tant par leurs apophyses transverses que par leurs corps. »

MM. Jacoulet et Vivien ont particulièrement étudié l'ostéite vertébrale (C. 1901) : ostéite raréfiante au début, amincissant la substance compacte, et favorisant les fractures ; ostéite ankylosante ensuite, envahissant les cartilages et soudant entre eux les corps vertébraux pour faire une tige rachidienne inarticulée qui rompt et ne plie pas.

Les **Symptômes** de l'ostéite vertébrale sont : défense avant la monte, affaissement sous le cavalier, ou voussure des reins, marche de travers, défense au départ, mauvais état d'entretien. Quand on fait l'autopsie des chevaux ayant présenté ces symptômes, on ne trouve pas toujours des lésions macroscopiques d'ostéite raréfiante, car la structure vertébrale rend difficile cette constatation.

Diagnostic différentiel. — Souvent l'ostéite vertébrale s'accompagne d'autres localisations d'ostéite de fatigue, et les ostéites tarsiennes peuvent occasionner d'ailleurs des symptômes analogues à ceux de l'ostéite de la colonne vertébrale, mais accompagnés de symptômes locaux plus précis. On a confondu l'ostéite vertébrale avec le mal des chiens, mais la marche en roulis, les symptômes paralytiques ou ataxiques de la myélite ne se rencontrent pas dans l'ostéite vertébrale ; la myosite des tiqueurs pourrait plus facilement prêter à confusion.

Traitement. — Repos et antifébrine 50 grammes par jour en deux fois, pendant dix jours, puis, promenade en main pendant dix jours avec régime phosphaté, et reprise du traitement à l'antifébrine pendant dix jours.

OSTEITES DÉFORMANTES DES APLOMBS

Nous avons déjà dit combien les ostéo-arthrites carpiennes et tarsiennes étaient déformantes des aplombs antérieurs et postérieurs. A propos de l'encastelure, nous avons parlé des dénivellements plantaires. Nous pouvons donc simplement rappeler que l'ostéite déformante peut agir à la fois sur tous les rayons du membre, et que M. Jacoulet a constaté la même déformation sur trois générations d'une famille de p. s.

DE L'OSTÉITE DE FATIGUE EN GÉNÉRAL

Dans toutes les localisations de l'ostéite de fatigue que nous venons d'envisager c'est, en somme, toujours le même processus qui agit : l'ostéite raréfiante débute profondément dans les systèmes de Havers et transforme progressivement les couches osseuses sous-périostiques, le périoste lui-même et les attaches ligamenteuses qu'elle ossifie (*ostéite proliférante*), ou bien, dirigeant sa marche vers les cartilages articulaires, elle les mine par la base, les détruit et produit l'ankylose articulaire (*ostéite ankylosante*), ou bien *l'ostéite condensante*, qui toujours succède à l'ostéite raréfiante devient *ostéite atrophiante*, à moins qu'elle unisse ses effets à la phase précédente pour constituer *l'ostéite déformante* des articulations et des aplombs. Dans les sabots comme sur la colonne vertébrale, on observe ces mêmes variétés de lésions osseuses.

Mais toutes ces phases de l'ostéite de fatigue *n'ont rien de spécifique*. Ce sont les phases normales de l'ostéite traumatique, c'est la simple exagération pathologique des phénomènes physiologiques qui président à la formation et à la nutrition du squelette. Tous ces modes d'action sont en effet utilisés par les processus physiologiques pour obtenir la soudure normale de noyaux d'ossification d'un même os, ou d'os normalement unifiés, pour créer les crêtes et les tubérosités d'attache des ligaments, etc.

L'ostéite de fatigue n'est donc pas une ostéite spécifique et ce qui la caractérise, c'est justement sa finalité ultra physiologique. Et nous voici obligés de dire un mot de la « *solipédisation des Equidés dans les temps actuels* » ; de cette solipédisation qui fut critiquée jusque dans son appellation mais qui eut aussi les honneurs de plusieurs traductions, et eut pour parrain devant l'Académie des Sciences un des plus éminents paléontologistes, Albert Gaudry (T. ; C. ; et C. R. S. 1898) C'est lui qui a montré que le solipède était le type le plus parfait de la locomotion rapide sur la terre ferme et que ce type s'était lentement constitué à travers la longue série des âges qui sépare l'époque tertiaire de nos temps actuels (1). Et nul mieux que lui n'était capable de

(1) Gaudry, *Les Enchainements du monde animal dans les temps géologiques*.

reconnaître l'entrée dans le domaine pathologique du processus paléontologique qui depuis les temps tertiaires simplifiait les membres des prééquidés, qui depuis les temps quarternaires tentait l'unification des trois métacarpiens restants et qui enfin, grâce à la fatigue imposée par l'homme, obtenait en cent ans une poussée évolutive particulièrement intense dans les métacarpes et dans les tarses.

Montrer que le suros et que l'éparvin ne sont que les aboutissants pathologiques d'une évolution mille fois séculaire, c'est démontrer combien leur hérédité est fatale et combien leur genèse est peu accidentelle.

La soudure des métacarpiens commence souvent et parfois s'achève avant tout travail. Le suros ne peut séparer son étiogénie de celle de la soudure intermétacarpienne. L'ostéite de soudure intermétatarsienne est souvent indiscontinue avec l'ostéite des ankyloses tarsiennes et de l'éparvin. L'ostéite coronaire évolue en même temps et de la même manière que l'ostéite tarsienne. Toutes les localisations de l'ostéite de fatigue sont indissolublement réliées entre elles et avec les soudures devenues quasi physiologiques au métacarpe, au tarse, à la région lombaire, etc. L'ostéite de fatigue ne peut se séparer de la solipédisation et comme elle, elle est progressivement évolutive et par conséquent héréditaire.

M'autorisant de très savants auteurs dont le dernier serait M. Le Dantec (*Biologie*, 1903), je pourrais rappeler les très nombreux faits d'hérédité de l'ostéite de fatigue consignés dans mes publications personnelles ou celles de M. Jacoulet, mais je me contenterai de présenter le fait qui m'a semblé le plus démonstratif; il s'agit de l'histoire de la jument Houlette.

Les figures numérotées de 27 à 32 représentent les pièces squelettiques de Houlette, petite fille d'*Archiduc*, étalon de pur sang, ardent propagateur des tares osseuses qu'il possédait. Parmi ses descendants, un frère de notre sujet montra *dès sa première année* « deux éparvins gros comme des œufs de pigeon ».

D'abord élevée en vue de la reproduction dans le grand haras où elle naquit, Houlette, *absolument vierge de tout travail*, est vendue vers la fin de sa troisième année à la remonte où elle reste également, *vierge de tout travail*, pendant un peu moins d'un an.

A la fin de sa quatrième année, elle se fracture le bassin en s'embarrant, on la vend pour la boucherie et ses membres, que nous savions frappés d'ostéisme, nous sont abandonnés :

« Les troisièmes phalanges antérieures sont atteintes d'ostéite de fourbure en avant, d'ostéite d'encastelure en arrière.

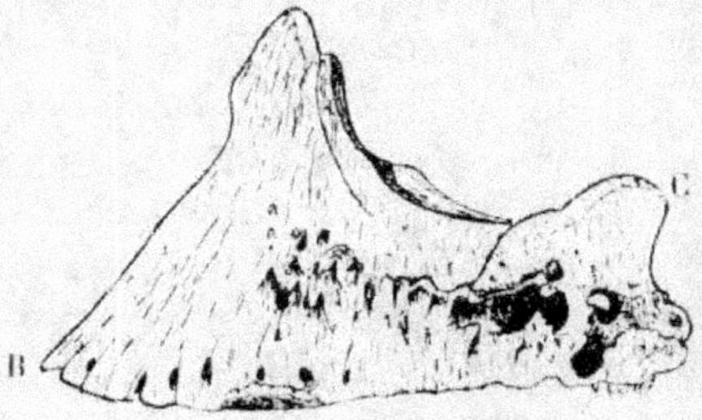

Fig. 27. — Troisième phalange de Houlette (fig. originale).

A, ostéite proliférante de fourbure ; — B, ostéite raréfiante de fourbure ; — C, ossification cartilagineuse constituant la forme ; — D, ostéite d'encastelure, ostéite de bleime.

Macroscopiquement, l'ostéite de fourbure (Voir fig. 27), se révèle par des signes discrets ; des ostéophytes existent sur les bords plantaires entre les mamelles et les quartiers ; les pertuis vasculaires paraissent dilatés ; la pince est déprimée ; la scissure préplantaire est jalonnée d'aiguilles osseuses proéminentes. Histologiquement, on constate de l'ostéite raréfiante disséminée sur plusieurs points, au voisinage du bord plantaire où elle attaque, par leur partie profonde, les deux lames compactes de l'os.

L'*ostéite d'encastelure* répond parfaitement aux caractères formulés par Huret. Les quatre apophyses basilaires forment une éminence surplombant de plus d'un centimètre pour les externes la surface articulaire, ce sont en somme quatre formes cartilagineuses.

Le profil latéral de la troisième phalange est concave au lieu d'être rectiligne.

Le profil inférieur de l'apophyse rétrossale est convexe.

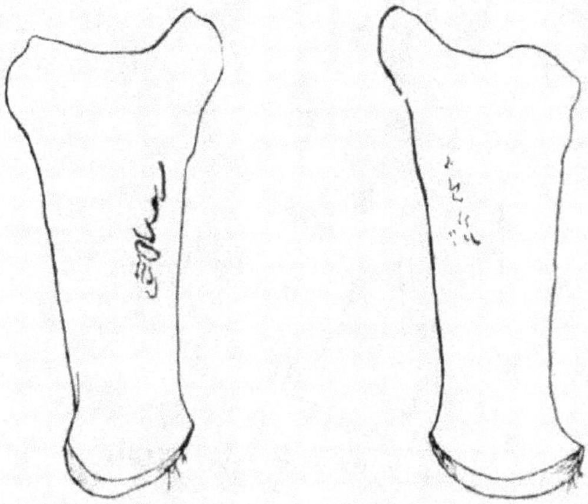

Fig. 28. — Paturons antérieurs gauche et droit de Houlette.

Les quatre apophyses basilaires de Houlette s'unissent par un pont osseux aux éminences patilobes atrophiées. Donc, les lésions macroscopiques de l'ostéite d'encastelure et des formes cartilagineuses sont déjà très accentuées sur ce sujet de quatre ans, vierge de tout travail.

Formes du paturon. — Nous avons démontré que les formes du paturon sont dues à l'ossification plus ou moins exubérante des ligaments phalangiens en leur point d'attache squelettique affecté d'ostéite ; or on remarque ici que les tubérosités d'attache des ligaments phalangiens sont infiniment plus développées sur le paturon gauche de Houlette que sur son paturon droit (Voy. fig. 28). On peut en conclure que cette exubérance est sans doute le commencement d'une forme du paturon, et l'on en est convaincu quand on constate que l'examen histologique comparatif des tubérosités externes révèle une ostéite raréfiante en pleine évolution à gauche. Cette ostéite, d'origine profonde, poussait actuellement à la périphérie des bourgeons vasculaires qui s'ossifient immédiatement. La direction de ces bourgeons semble indiquer que le tissu néoformé est guidé par l'attache ligamenteuse qui existe à ce niveau ; il y a moins exostose qu'ossification.

Suros (Voy. fig. 29). — La soudure intermétacarpienne

Fig. 29. — Métacarpiens de Houlette soudés avec suros (figure originale).

existe au côté interne des deux grêles canons de cette jument de quatre ans, vierge de tout travail. Un suros existe à l'intérieur de la soudure des métacarpiens internes et médians.

Éparvins (Voir fig. 30, 31, 32). — Des ulcérations sur le scaphoïde et le grand cunéiforme, une usure cartilagineuse longeant à quelques millimètres en arrière la marge antérieure du scaphoïde, une ankylose scaphoïdo-cunéenne encore incomplète et qui, conformément à la règle générale, a commencé symétriquement, sur les 2 jarrets de Houlette et du *côté externe*, au niveau des parois du canal de l'artère pédieuse perforante, traduisent macroscopiquement chez Houlette les premières phases de l'ostéo-arthrite ankylosante du tarse, c'est-à-dire de l'éparvin.

Toutes ces lésions sont identiques aux lésions primaires des tares osseuses consécutives à l'ostéite de fatigue due au surmenage squelettique qu'ont subi Archiduc et ses ancêtres

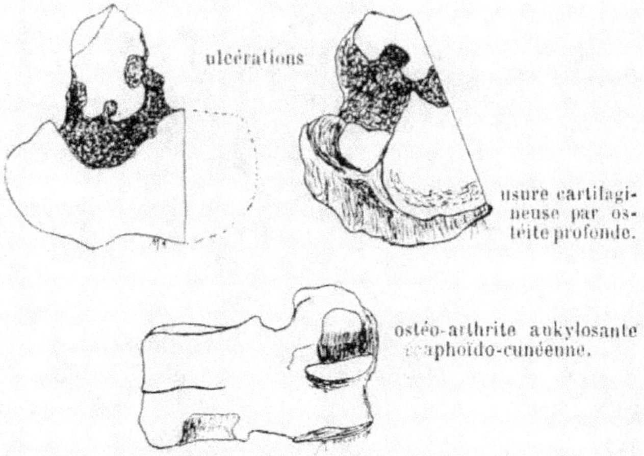

Fig. 30, 31, 32. — Scaphoïdes et cunéiformes de Houlette.

Les lésions de l'ostéite de fatigue des ancètres de Houlette se sont donc reproduites chez elle sur presque tous les rayons osseux sans aucune fatigue personnelle malgré un régime alimentaire choisi et sans maladie infectieuse autre qu'une gourme bénigne. Elles sont l'évidente manifestation d'une affection héréditaire (1).

(1) M. Jacoulet a décrit en 1903 (C) les altérations ostéitiques de la pouliche *Natte d'or*, âgée de 14 mois. Elle présentait une ostéo-arthrite coronaire avec formes coronaires très développées (nous avons les pièces sous les yeux) ; une ostéo-arthrite tarsienne; une soudure des métacarpiens avec suros. Toutes ces lésions sont analogues à celles produites par la fatigue indivi-

XXI. — FRACTURES

Statistiques françaises :

En 1889, à l'intérieur 376 malades avec 39 morts et 232 abattus. En Algérie 100 entrées avec 94 pertes.

En 1891 à l'intérieur 461 malades avec 57 morts et 295 abattus. En Algérie 110 entrées avec 101 pertes.

En 1893 à l'intérieur 532 malades avec 76 morts et 322 abattus. En Algérie 102 entrées avec 98 pertes.

En 1895 à l'intérieur 471 malades avec 67 morts et 276 abattus. En Algérie 71 entrées avec 64 pertes.

En 1897, fractures de l'appareil locomoteur, 378 malades avec 25 morts et 280 abattus. En Algérie 59 entrées avec 58 pertes.

En 1897, fractures des autres régions, 151 malades avec 46 morts et 29 abattus. En Algérie 15 entrées avec 11 pertes.

Statistiques allemandes :

En 1899, on observe :	En 1898, on observe :
463 fractures avec 140 guérisons;	445 fractures avec 140 guérisons;
37 réformes ;	46 réformes ;
77 morts ;	57 morts ;
186 abatages ;	182 abatages ;
23 en traitement.	52 en traitement.
Le siège des fractures fut :	Le siège des fractures fut :
Tête 36 fois.	Tête 32 fois.
Vertèbres 136 fois.	Vertèbres 108 fois.
Membres :	Membres :
195 dont 89 du paturon.	305 dont 100 du paturon.
— 81 du canon.	— 85 du canon.
— 30 du radius.	— 39 du radius.
— 29 du tibia.	— 23 du tibia.
— 10 de la 3e phal., etc.	— 22 de la 3e phal., etc.

duelle ; on les observe sur les produits des marais vendéens, des collines granitiques du Limousin, des montagnes pyrénéennes, des vallées sablonneuses saumuriennes, des gras pâturages normands, etc., comme sur les meilleurs produits des meilleurs haras de p. s. Le *patrimoine héréditaire* (Le Dantec) est donc la principale cause de ces lésions ; l'éducation et l'alimentation individuelles n'en sont que des causes secondaires.

Les pertes ne sont donc que de 50 à 60 0/0 et les guérisons complètes comprennent environ le 1/3 des malades. Le rôle du Vre Mre dans le traitement des fractures n'est donc pas négligeable, s'il est moins important que celui du médecin de l'homme.

Les données classiques concernant les symptômes, le diagnostic et le traitement des lésions osseuses étant très complètes et très générales, nous signalerons seulement ici un des points de l'étiologie des fractures élucidé par nos études sur l'ostéite de fatigue.

Nos chevaux se fracturent souvent les vertèbres et les membres à la suite de causes traumatiques violentes (coups de pied, chutes, etc.), mais d'autres fois aussi sous des influences minimes ou inappréciables.

Le paturon et le canon sont les rayons des membres le plus souvent fracturés. Or, nous avons montré par de nombreux exemples, avec MM. Jacoulet et Vivien, que leur fracture était souvent due à l'ostéite de fatigue dans sa phase raréfiante.

Ces fractures par ostéite de fatigue sont fréquentes chez les chevaux de courses, on les attribuait à des violences mécaniques souvent imaginaires.

Aujourd'hui, la preuve de l'influence désastreuse de l'ostéite raréfiante sur le squelette de nos montures est faite ; il faut les coucher avec soin, éviter les contractions musculaires surtout quand on les castre et pour cela *« décontracter et mobiliser leurs mâchoires au moment des efforts »*. Quand un muscle se décontracte, tous les autres s'épanouissent en même temps.

XXII. — DES TARES MOLLES

La *tare molle*, allant de l'éponge à l'arthrite chronique du jarret, sera sans doute bientôt rejetée de nos classifications avec les autres entités léguées par l'hippiatrie et disjointes par les progrès scientifiques.

HYGROMA DU GENOU. — Très fréquents sur les jeunes chevaux vivant en liberté dans les parcours et les écuries-bergeries des annexes de remonte où ils se frappent le genou contre les clôtures et le bord inférieur des mangeoires, ces hygromas font souvent le désespoir des directeurs d'annexe de remonte par leur ténacité.

Il faut guérir le jeune cheval sans le tarer et l'hydrothérapie, les astringents, les onguents fondants anodins, comme les ponctions capillaires aseptiques, sont insuffisants pour obtenir le premier résultat, tandis que les vésicants énergiques comme le bistouri occasionnent souvent le second.

Le juste milieu reste encore à déterminer ; les injections iodées ou coagulantes, un peu lentes dans leur effet curatif, constituent pourtant le traitement de choix.

LE CAPELET est encore une tare désespérante par sa ténacité et dont on ne connaît pas le traitement désirable. Tare bénigne, elle ne cède pas, dans bien des cas, aux traitements bénins. Nous avons eu recours récemment aux insufflations gazeuses, aux injections coagulantes ; ce ne sont pas encore des traitements en correspondance judicieuse avec la déformation à traiter. L'ablation chirurgicale donne parfois des résultats désastreux.

N'oublions pas que la première condition à remplir est de s'assurer qu'on a mis le sujet en traitement dans l'impossibilité de ruer ou de se frotter la pointe des jarrets, et utilisons alors un des nombreux traitements classiques : onguent Weber, acétate de chaux, hydrothérapie, vésicants, iodurés.

Des Vres Mres ont préconisé les raies d'acide azotique ; l'onguent Metzger, etc. Ces procédés ne valent pas mieux que ceux que nous déclarons insuffisants.

L'EPONGE ou hygroma du coude est une affection bénigne, mais désagréable à l'œil, assez tenace et sujette à récidive.

Traitements préventifs. — Ferrure à éponge tronquée ;

bourrelet volumineux fixé au-dessus du genou pendant le repos à l'écurie pour empêcher tout contact entre le pied et le coude pendant le décubitus.

Traitements thérapeutiques. — Comme sur le capelet, l'onguent Weber donne parfois d'excellents résultats sur une éponge récente ; mais l'éponge kystique doit être ponctionnée largement au cautère et badigeonnée deux fois par jour *intus et extra* avec la teinture d'iode jusqu'à réduction. On a préconisé l'ablation à la ligature élastique et même l'ablation au bistouri avec asepsie opératoire et suture cutanée consécutive (Ducasse). La réussite de cette intervention chirurgicale, assez incertaine, ne doit être tentée qu'avec prudence.

En somme, les hygromas du genou, du jarret et du coude, fréquents dans l'armée, mais n'entravant pas, en général, le service des montures, sont difficiles à faire disparaître sans un traitement peu en rapport avec leur bénignité apparente.

Les vétérinaires militaires doivent rechercher un traitement plus pratique que tous ceux préconisés jusqu'à ce jour.

HYDARTHROSES. — Causes. — L'origine des hydarthroses est excessivement variée, nous avons déjà vu que :

I. — a) Elles sont le reliquat de la diathèse rhumatismale. b) Elles sont symptomatiques d'une déchirure du perforant en arrière du paturon (molettes) ou dans la gaîne tarsienne (vessigons tendineux) ou encore d'une déchirure du perforé dans la gaîne carpienne (vessigon carpien). Elles sont également symptomatiques d'un effort d'une branche du suspenseur, de l'anneau du perforé ou d'un tiraillement, d'une déchirure ligamenteuse ou tendineuse quelconque. La réaction inflammatoire qui reste souvent discrète dans le tissu fibreux dilacéré se manifeste avec violence dans les synoviales avoisinantes et les synovites symptomatiques ont trop souvent été prises pour une entité propre alors qu'elles n'étaient qu'un symptôme.

c) Le plus souvent, les hydarthroses articulaires du carpe et du tarse sont des symptômes d'ostéo-arthrite de ces articulations.

II. — Après avoir montré que le vessigon et la molette peuvent être une manifestation symptomatique d'une altération tendineuse, ligamenteuse, osseuse avoisinante, il faut reconnaître que cette même manifestation peut s'installer par simple infiltration œdémateuse passive.

Que de fois molettes et vessigons ont apparu, à la suite d'un œdème sous-cutané causé par des crevasses, un trauma, une vésication, etc... ? L'exsudat intrasynovial ne se résorbe pas avec la même facilité que l'œdème sous-cutané, mais il peut être de même nature passive ; enfermée dans une outre, la sérosité en excès y reste plus longtemps que dans les tissus largement balayés par les courants circulatoires thérapeutiques.

III. — Entre ces hydarthroses symptomatiques et ces hydarthroses œdémateuses, il existe, comme toujours en biologie, une foule d'états intermédiaires : les molettes ou les vessigons apparaissent sans lésions tendineuses, ligamenteuses ou osseuses visibles, même à l'autopsie, et sans œdème passif. Ils tiennent peut être à ces deux causes unies ou séparées, mais agissant avec discrétion extrême sous les noms de « fatigue » sans lésion clinique ou « d'engorgement » sans œdème manifeste. L'outre synoviale, une fois remplie, gêne le mécanisme des agents locomoteurs voisins, et ses parois froissées s'épaississent, s'indurent progressivement, devenant bientôt un obstacle au bon fonctionnement des coulisses tendineuses ou des points articulaires qu'elles étaient chargées de lubrifier : il faut alors les traiter comme entité morbide.

Symptômes. — L'hydropisie d'une synoviale articulaire ou tendineuse se manifeste à l'extérieur par la proéminence de culs de sac décrits dans toutes les hippologies. Les deux vessigons du jarret, tendineux ou articulaire, ont trois culs de sac : deux latéraux en avant de la corde du jarret, et un troisième inférieur qui est antéro-interne pour le vessigon articulaire et postéro-interne pour le vessigon tendineux. Or, beaucoup des hydarthroses des jarrets de nos chevaux de cavalerie n'ont que les deux culs de sac latéraux ; ce sont des *kystes synoviaux* qu'il faut bien connaître et différencier en vue de leur traitement relativement facile.

Ils ont été étudiés récemment par Jouanne de Soissons, Violet, Mathis, le Vre en 1er Lesbre ; ils sont formés par les culs de sac de la synoviale articulaire qui se sont séparés par cloisonnement, et ne se vident plus pendant le lever du membre.

Traitement. — Le traitement sera pathogénique, par conséquent absolument divers suivant qu'on devra attaquer une hydarthrose symptomatique d'une lésion tendineuse ou ostéique, ou qu'on visera une hydarthrose d'origine œdémateuse.

I. Dans le premier cas, il faut traiter la lésion dont l'hydarthrose n'est qu'un symptôme. Nous savons déjà le faire.

II. Dans le second cas, les agents provocateurs de nouveaux œdèmes sont absolument néfastes ; ils doivent être remplacés par les douches, les massages, la promenade, et tous les agents provocateurs d'une suractivité circulatoire et lymphatique, résorbatrice des œdèmes rebelles. Les molettes et les vessigons des jeunes chevaux disparaissent souvent d'eux-mêmes par la gymnastique fonctionnelle modérée et, contre eux, le barrage de la veine de Solleysel nous paraît juste aussi ridicule que le feu en pointes pénétrantes.

III. Les manifestations tendineuses, ligamenteuses, ostéiques, guéries ou assoupies, ont cessé d'être la cause active de l'hydarthrose et celle-ci, conservant en propre les manifestations inflammatoires qu'elle partageait d'abord avec les tissus avoisinants, devient elle-même cause de gêne locomotrice ou simplement tare persistante qu'on vous demande de combattre.

Les traitements les plus variés ont alors été utilisés ; preuve de la difficulté que les praticiens ont rencontrée dans la solution du problème.

Deux fois, en 1851 et 1859, l'étude des tares molles fut proposée comme sujet de concours aux V[res] M[res] par la commission d'hygiène hippique et deux fois les mémoires présentés à ce concours furent déclarés insuffisants, par Bouley et Reynal qui nous privèrent ainsi de la publication des observations de nos prédécesseurs. Nous savons pourtant que Lescot fit l'ouverture de la synoviale avant 1859, conformément aux dires suivants du rapporteur Reynal :

Beaucoup demeurent attachés à la cautérisation, comme donnant des résultats, sinon parfaits, au moins certains ; d'autres associent les deux méthodes ; ils pratiquent la ponction après avoir cautérisé : ce dernier moyen est employé par les Arabes pour le traitement des molettes. Après la cautérisation, ils ouvrent la synoviale d'une manière très grossière avec un couteau, ils recouvrent ensuite la molette d'un mélange de miel et de goudron, et condamnent leurs animaux à la plus complète immobilité pendant quinze jours, trois semaines, un mois même.

Ce procédé paraît efficace de l'aveu de bon nombre de vétérinaires ayant séjourné en Afrique ; du reste, modifié dans ce qu'il a de grossier dans le manuel opératoire, il a donné de bons résultats à l'auteur du mémoire.

Blaise (*R. M.*, 2e série, t. XVI) nous fait connaître, avec d'autres détails, le manuel opératoire des Arabes, il s'exprime ainsi :

« En Algérie, les tares de toutes sortes, dures ou molles, héréditaires ou acquises, sont très fréquentes, parce que les chevaux sont montés jeunes à toutes les allures. Sur 10 chevaux présentés aux comités d'achat, 5 au minimum portent dans le creux ou à la face interne du jarret de petites cicatrices ou des taches blanches tranchant sur le fond de la robe, qui sont des traces évidentes de ponctions pratiquées par les indigènes, dans le but de faire disparaître des vessigons disgracieux. J'avoue, à ma grande honte, que les Arabes, si on les juge d'après les résultats qu'ils obtiennent, sans que l'on s'inquiète des accidents mortels dont ils sont la cause, opèrent avec plus de succès que les Français. L'indigène ne s'occupe pas de l'influence que peut avoir l'air atmosphérique pénétrant dans les articulations ou les grandes gaines tendineuses ; il ponctionne les tumeurs molles au moyen d'une faucille dont le bout est rougi par le feu ; lorsque le vessigon est vidé, il recouvre l'articulation, le jarret par exemple, sur lequel il pratique la ponction tout aussi bien en dedans qu'en dehors, d'une épaisse couche de cire ou de suif ; il entrave ensuite le cheval et le laisse au repos absolu. Cette façon de faire, qui réussit souvent, ne serait pas de mode en Europe, où les procédés opératoires sont raffinés, mais elle me semble donner de bons résultats, puisque de nombreux chevaux qui ne présentent pas trace de molettes ou de vessigons ont été opérés par ce procédé. »

M. Jacoulet et nous-même (C. 1899 et 1900) avons repris le procédé des Arabes en le soumettant aux règles de la chirurgie moderne; des succès magnifiques ont couronné les premières tentatives de M. Jacoulet, mais le procédé reste délicat et exceptionnel. MM. Meynard et Moreau opèrent chirurgicalement les hygromas ; ils n'ont pas encore éprouvé d'insuccès (Lecl. 1903). Le vétérinaire en 2e Savary eut deux succès et un insuccès, en opérant des molettes (A. 1903).

Les injections iodées d'Urbain Leblanc ont été utilisées dès 1864 par Liard (J. M. 1864), puis Dupon, etc. Elles sont souveraines contre les kystes synoviaux du jarret, utilisables dans les molettes et les vessigons tendineux ; elles doivent être rejetées contre le vessigon articulaire, bien qu'elles aient procuré quelques succès très anciens, à Dupon notamment (J. M. t. VIII).

Nous avons injecté, avec un certain succès, la solution coagulante de Cagny dans les molettes et les vessigons.

Les vieux procédés : Vésicants mercuriaux et iodés, cautérisations en raies formant une feuille de fougère étendue sur chaque face du jarret conservent leurs indications lorsque le vessigon est symptomatique d'une lésion ligamenteuse ou ostéo-arthritique, puisqu'ils agissent sur la cause elle-même.

XXIII. — DES BLESSURES PAR LE HARNACHEMENT

Importance de cette étude. — L'étude des blessures produites par le harnachement est très importante par suite du grand nombre de chevaux rendus indisponibles pour cette cause, pendant les campagnes, les routes, les manœuvres ; c'est-à-dire pendant les périodes où chaque malade est une non-valeur, un embarras, dont la guérison est d'autant plus difficile à obtenir que les causes de sa maladie sont persistantes et les moyens de guérison peu abondants.

Le but exclusif du V[re] M[re] doit être de diminuer le plus possible le nombre de ses blessés pendant les marches et les combats, soit en prévenant par ses conseils le nombre des blessures, soit en appliquant un traitement permettant l'utilisation du blessé, soit en évacuant les malades dont la guérison ne peut être obtenue que par une opération chirurgicale.

Il doit donc être prévoyant, ingénieux, et sûr de son diagnostic.

De nombreux mémoires : Mitaut (brochure), Dutreilh, Bernard, Wiart, Delamotte (R. M., 1re s., t. IX et 2e s., t. XI et XIX, Kopp, J. M, t. II, ont été publiés sur ce sujet. Ceux de Wiart et de Delamotte nous fourniront de nombreux documents.

Statistiques Françaises :

En	malades avec	pertes à l'intérieur ;	malades avec	pertes en Algérie
1889	1095	7	365	3
1891	1251	1	374	0
1893	886	2	406	0
1895	957	0	342	1
1897	849	2	258	0

Les Prussiens accusent :

En	effectif	blessures de harnachement avec 2 réformes	
1999	78100	44	
1898	77140	471	2 réf. 1 abatage
1897	77400	258	1 réf. 2 abatages

Notre statistique complète indique une diminution de morbidité et de mortalité ; celle-ci devient presque nulle, trois pertes en 4 ans pour un efffectif de 120.000 chevaux.

Fréquence. — Les indications précédentes concernant la mortalité sont certainement exactes, mais celles relatives à la morbidité ne donnent qu'une pâle idée des luttes que le Vre Mre doit soutenir contre les blessures par le harnachement, car celles-ci sont surtout fréquentes quand les chevaux sont loin des infirmeries et des registres où se puisent les statistiques.

Voici des documents plus précis :

En campagne. — « Les quatre cinquièmes des chevaux de prises reçus par le dépôt de Postdam en 1806 sont blessés de manière à ne pouvoir s'en servir qu'après leur guérison qui sera longue... J'attribue les blessures considérables de ces chevaux à deux causes principales, l'une que ces chevaux n'ont pas été dessellés (d'après l'aveu des prisonniers) depuis 30 jours et l'autre que les prisonniers ont soustrait les couvertures (*R. C.* t. XVI, p. 584). »

Les chevaux français pris par les Russes en 1812 étaient inutilisables à cause de leurs blessures par le harnachement ; la même cause produit de nombreux indisponibles pendant la guerre d'Espagne, la campagne de Waterloo, la guerre de Crimée (Smith). Pendant la campagne d'Italie, (1859) il y eut des régiments ayant un tiers et même la moitié de leurs chevaux atteints de blessures plus ou moins graves. Des batteries d'artillerie reviennent en France avec 15 ou 20 chevaux complètement hors de service par blessures très graves (Mitaut).

En 1870, à l'armée de Metz, sur un effectif de 320 chevaux d'artillerie, en un mois et demi environ, Wiart relève 78 blessures de harnachement : 29 dans la région du garrot dont 5 abcès, 10 cors et 14 excoriations ; 16 dans la région de l'épaule, 9 sur les côtes, 8 sur les reins, 8 au passage des sangles ; 4 seulement sur le dos, etc.

En route. — Le 4e régiment provisoire de cavalerie arrive de France à Postdam en 1807

« dans un grand état de délabrement, les deux tiers des chevaux sont menés en main et la moitié de ceux-ci sont si grièvement blessés qu'ils devront rester à Postdam. »

Un détachement de 268 hommes arrive de France à Postdam le 21 décembre 1806 ; 68 chevaux restent à Postdam « vu que les blessures dont ils sont atteints ne leur permettent pas de continuer la route en ce moment. Dans le seul détachement de 40 hommes du 25e dragons, il s'est trouvé la moitié des chevaux blessés très grièvement. Le maréchal des logis qui en a le commandement a négligé ses devoirs en route, j'ai (le général Bourcier) écrit au colonel du régiment pour le faire punir à son arrivée, *mais l'artiste vétérinaire* qui a voyagé avec le détachement m'ayant paru plus coupable encore, je l'ai fait mettre *en prison.* » (R. C).

Manœuvres. — En 1881, des marches de concentration et de dislocation d'une durée de 8 jours, à raison de 32 kilomètres par jour faits à une vitesse de 9 kilomètres à l'heure ont encadré 13 jours de manœuvres ; elles ont occasionné, pour un effectif de 410 chevaux, 32 blessures de harnachement dont 7 graves (Wiart).

Personnellement, après 30 jours de manœuvres très dures par une température élevée, nous avons constaté que tous les dos des chevaux de notre régiment de cavalerie légère portaient au moins une usure des poils, une dénudation cutanée, une excoriation ; les blessures nécessitant un traitement, surtout fréquentes sur le sommet des dernières côtes, s'élevaient au quart de l'effectif.

Etiologie. — Nous diviserons nos causes en prédisposantes et déterminantes, bien que nous n'ayons aucune illusion sur la valeur de cette distinction. Nous étudierons les blessures produites par la selle, la bride ou le licol, les harnais.

I. Blessures par la selle. — Les blessures occasionnées par la selle sont surtout fréquentes sur les côtés de la base du garrot, le sommet des dernières côtes, le passage des sangles.

Causes prédisposantes. — *a*) **Conformation défectueuse du dessus.** — Les chevaux dont le garrot est bas et arrondi ont très souvent cette région meurtrie latéralement par la selle. Les montures dont le garrot est très haut, maigre et tranchant sont au contraire blessées au sommet de cette région. Le dos creux et ensellé rend très difficile une répartition régulière du poids du cavalier et du harnachement. Le dos tranchant est généralement un dos peu musclé, ce défaut est grave pour un cheval de selle.

b) **Maigreur du dos.** — Si l'on examine, sur des chevaux très maigres, la disposition architecturale du dos, on constate que, sur un assez grand nombre de sujets, la partie supérieure de la voûte costale, celle qui constitue, avec les vertèbres, la base de la région sur laquelle pose la selle, est légèrement oblique de haut en bas et d'arrière en avant, les dernières côtes étant sensiblement plus élevées que celles qui les précèdent (Delamotte).

L'ilio-spinal ayant considérablement perdu de son volume, le dos est devenu plongé en avant et a laissé au niveau des dernières côtes vers le bord externe du muscle précité un point culminant où la peau va être fortement et presque directement comprimée sur des surfaces squelettiques par l'extrémité des bandes de la selle.

La maigreur, l'émaciation des montures est la cause principale des blessures généralisées à des centaines de chevaux par régiment.

Il faut donc toujours avoir son attention portée sur l'état d'entretien général de l'effectif quand on prévoit des fatigues persistantes, des séjours au bivouac, une alimentation insuffisante, ou toute autre cause d'amaigrissement rapide de nos montures.

Les chevaux dont on compte les côtes au départ des manœuvres sont autant de prédisposés aux blessures de harnachement. Dans deux escadrons qui manœuvrent ensemble, les blessures de harnachement sont inversement proportionnelles au bon état d'entretien des montures.

c) **Insuffisance de dressage et d'entraînement**. — Ce que tout cavalier peut observer sur lui-même, s'observe aussi sur les montures. Un cavalier novice ou qui a perdu l'habitude de monter blesse infiniment plus facilement qu'un cavalier entraîné.

Ici comme partout l'organe s'adapte progressivement à sa fonction.

« C'est par l'exercice que le dos se fait à la selle et que les autres points du corps se font aux différentes parties du harnachement. C'est par le dressage que l'animal arrive à exécuter son travail sans se livrer aux mouvements gauches ou désordonnés qui produisent généralement des blessures.

Sans faire perdre à la peau de sa souplesse, par la diminution des sécrétions qui l'entretiennent, l'exercice du cheval sellé augmente la résistance du tégument, rend le tissu conjonctif sous-jacent plus serré, et diminue par conséquent la prédisposition aux tuméfactions séreuses ou sanguines et aux blessures diverses.

Quand les montures ne sont pas suffisamment préparées à subir les fatigues d'une route ou d'une campagne, les changements qui se manifestent dans leur état d'embonpoint, à la suite des fatigues éprouvées, ont aussi pour conséquence de changer les rapports primitivement existants entre la selle et la région du dos. De là, pour les chevaux non entraînés, une prédisposition à se blesser (Wiart). »

d) **Constitution du tissu cutané**. — Dans chaque race prédomine un tempérament type, mais dans chaque individu aussi le tempérament peut être différencié (G. Joly R. M. 2e série, t. XIV, p. 780).

L'influence néfaste des tempéraments lymphatiques et nerveux sur la résistance du tissu cutané aux pressions de la selle est principalement due à la faible vitalité de la peau dans le premier cas et à sa trop grande finesse, à sa trop grande délicatesse dans le second.

En dehors de la constitution des tissus cutanés, Wiart remarque d'ailleurs, « que les chevaux calmes et froids sont moins souvent blessés que les chevaux irritables ». Et c'est ici qu'il faut enregistrer l'influence très grande de l'ostéisme sur les blessures de harnachement. Tous les ostéiques frappés dans leurs jarrets ou leurs colonnes vertébrales sont rendus irritables et quinteux au commencement du travail et ont presque toujours des allures irrégulières et une irrégulière répartition de la charge.

e) **Vitalité relative du tissu cutané chez les individus.** — Dans les organismes affaiblis, épuisés par une cause quelconque, le tissu cutané réagit mal contre les causes perturbatrices de ses fonctions et se laisse désorganiser avec facilité. Rien n'est plus fréquent que les blessures du garrot par le *surfaix d'écurie* chez les chevaux malades ou convalescents de graves maladies. Il en est de même chez les chevaux très fatigués.

f) **Nature du travail.** — Toutes choses égales, plus le travail est long et pénible, plus nombreuses sont les blessures par le harnachement. Un escadron qui fait 100 kilomètres en une seule étape aura plus de chevaux blessés à l'arrivée que celui qui fait 3 étapes de 33 kilomètres.

Les colonnes qui ont le moins de blessés sont celles dont les allures sont réglées sur la vitesse moyenne des chevaux. Les à-coups, les allures trop rapides ou trop ralenties favorisent par des modes différents les blessures de harnachement.

Lorsqu'on part avant le jour ou par alerte, et surtout dans les marches de nuit, beaucoup de cavaliers, par insouciance, fatigue ou sommeil, rompent l'équilibre de la charge et causent ainsi des blessures par frottement ou par compression. Le travail en terrain accidenté, la marche sur des routes défoncées ou sur des bas-côtés barrés de caniveaux sont des causes de blessures, par suite de l'irrégularité des allures.

g) **Circonstances extérieures.** — La température et les intempéries jouent un rôle dans la production des blessures de harnachement. Celles-ci sont plus communes pendant les grandes chaleurs qu'en saison froide; plus fréquentes par la pluie qui mouille hommes et bêtes et détériore le harnachement, que par un temps sec. — Lorsque la température est basse, la peau fonctionne moins et offre plus de résistance aux frottements ; les animaux, stimulés par le froid ou l'air vif, marchent plus vite et plus régulièrement. — Lorsque, au contraire, la température est élevée, la peau mouillée par la sueur, s'entame facilement, si les animaux, harcelés par les insectes, se tracassent sans cesse, ou si, gênés par la raréfaction de l'air, ils marchent lourdement.

Causes déterminantes. — Dans le groupe des causes prédisposantes, nous avons réuni toutes les causes inhérentes à l'individu, aux milieux ambiants, réservant celles qui tiennent aux *applicata* pour le groupe des causes déterminantes.

h) **Corps étrangers comprimés entre la selle et les tissus vivants.** — Rangeons ici les cicatrices indurées ou glabres, les croûtes, les poils agglutinés, les souillures cutanées de toutes sortes, l'épiderme parcheminé d'une blessure antérieure traitée par les astringents, les durillons, les verrues, les tumeurs mélaniques et tout ce qui enlève à la peau sa souplesse, sa netteté ou son intégrité. Des piqûres d'insectes, assez fréquentes au bivouac, provoquent un œdème et deviennent cause première d'une blessure ultérieure.

Entre la peau et la selle on place ordinairement une couverture ou un tapis. « Les hommes plient mal et placent mal la couverture : laissent des plis qui font bourrelet et blessent le cheval ; ou bien ils ne la relèvent pas dans l'évidement de la selle et ils la laissent trop fortement tendue sur l'épine dorsale. — Lorsque la couverture est mouillée, elle se durcit et se plie difficilement. On découvre quelquefois qu'un mauvais cavalier a mis sur le dos de son cheval une couverture souillée de boue ou contenant même des graviers ou des petits cailloux (Delamotte) ». L'auteur anonyme d'une brochure sur les blessures de harnachement éditée chez Lavauzelle écrit que : avec la selle paquetée la couverture est un mal nécessaire puisqu'il faut l'emporter en campagne et habituer le dos du cheval au contact de ses quatre épaisseurs de laine. « Mais, en principe, je la juge si pernicieuse que je n'hésite pas à lui imputer tous les dos qualifiés mauvais et qui ne le sont devenus que par sa présence quotidienne. Et j'appuie cette appréciation sur de nombreuses expériences faites avec des chevaux qui ne pouvaient faire les manœuvres sans se blesser dès le début et que j'ai ramenés indemnes grâce à la suppression de la couverture deux mois avant de partir ».

i) **Poids excessif.** — La *principale* cause occasionnelle des blessures du dos, c'est le poids énorme que porte le cheval de selle. Ce poids se compose du cavalier, de la selle, du paquetage et de la charge, plus ou moins pesante suivant que le bissac, les fontes sont plus ou moins remplis d'avoine et d'objets divers. Les chevaux de notre cavalerie légère portent jusqu'à 120 kilogs, c'est-à-dire deux cavaliers.

L'expérience prouve qu'il faut faire une grande différence entre le poids mort et le poids vivant porté par un cheval, aussi bien au point de vue de la fatigue générale imposée à la monture qu'à celui de la fréquence des blessures de harnachement. La bonne répartition du poids du harnachement et du cavalier est très importante à étudier : les chevaux de cavalerie blessent surtout en arrière et à droite ; ce sont donc les deux régions dont on doit éviter la surcharge par une bonne équilibration de la charge morte ou vivante.

Dans l'artillerie, au contraire, Delamotte a remarqué que les blessures sont plus fréquentes sur les parties antérieures et latérales du dos (8e, 9e, et 10e côtes) que sur la partie postérieure, et à gauche plutôt qu'à droite.

Ces différences tiennent au harnachement, à l'armement des cavaliers et à leurs fonctions spéciales; il est intéressant de les connaître au point de vue de la prophylaxie.

Lorsque les cavaliers descendent fréquemment de cheval, les selles tournent, les couvertures se déplacent, les blessures sont favorisées.

j) **Défectuosités de la selle.** — Il est nécessaire que les panneaux des selles rembourrées soient adaptés à la conformation du dos du cheval. Chaque selle doit, par sa forme, sa longueur et sa largeur, être appropriée au dos de la monture ; une selle trop longue, trop courte, trop large, trop étroite, trop incurvée, trop droite, blesse fatalement le cheval.

Il est indiqué de laisser à chaque monture, au moment des longues marches, la selle qui s'est adaptée à sa conformation par l'usage ; de même qu'une selle « se fait au cavalier » sous l'influence des pressions variables comme siège et étendue du point d'appui, intensité, etc., avec chaque individu; de même elle se fait au dos de l'animal et le tout s'harmonise, s'assouplit de concert et travaille dans les meilleures conditions possibles.

La liberté du dos ainsi que celle du garrot et du rognon doivent toujours être suffisamment grandes, attendu que, sur la ligne médiane, la peau repose directement sur les sommets des vertèbres, et qu'elle se mortifie rapidement lors de sa compression entre l'arête osseuse et un autre corps dur. Lorsque les deux panneaux se sont rejoints sur la ligne médiane, par suite de leur aplatissement, la selle roule sur le dos du cheval et le blesse. Si l'arcade du pommeau est trop étroite, elle comprime les côtés du garrot et produit des lésions très longues à guérir.

Les selles défectueuses par leur confection, par l'insuffisance, l'inégalité ou la dureté de la matelassure ; les selles brisées dont les arçons sont cassés blessent forcément les animaux.

Il en est de même pour celles qui manquent de consistance ou de solidité. On blesse moins ses chevaux avec une selle ample et forte, qu'avec une selle petite et légère.

Les hommes, autorisés à monter des chevaux en couverture, improvisent des étriers et des étrivières avec les cordes à fourrage, la longe ou les rênes, qu'ils font appuyer plus ou moins directement sur la peau du cheval. Les ordonnances montent parfois à cheval avec des étrivières attachées au surfaix. Ce sont autant de causes fatales de blessures.

Blessures des différentes régions. — **Blessures du garrot.** — Le cheval est blessé au garrot toutes les fois que les panneaux ou l'arcade compriment cette région, c'est-à-dire lorsque la liberté de garrot laisse à désirer, parce qu'elle est trop étroite, trop basse ou trop large.

Il ne faut pas oublier que telle selle qui paraissait très bien convenir à tel cheval, lorsqu'elle était placée neuve et sans charge sur l'animal en bon état, pourra très vite appuyer sur les parties défendues (garrot, milieu du dos et du rein) lorsque ses panneaux se seront tassés, lorsqu'elle portera le cavalier et le paquetage et lorsque le dos sera devenu plongeant en avant par l'amaigrissement. Si la couverture est trop tendue sur le garrot par les panneaux qui la tirent chacun de son côté, elle lime la peau par les déplacements latéraux continuels de la selle, d'où des excoriations. Pour éviter ces accidents, on dresse les cavaliers à toujours passer la main sous la couverture au niveau du garrot Quand la couverture s'est ramassée dans la liberté de garrot et remplit l'arcade, elle cause parfois de légères blessures. Si les crins de la base de la crinière sont pris sous la selle, ils peuvent produire aussi de petites érosions.

Blessures du rein. — Elles se produisent lorsque le troussequin, la palette ou les pointes sont trop surchargés par le manteau, le bissac, etc.; lorsque le paquetage ou le galbe du bissac débordent les pointes et viennent appuyer directement sur la peau; quand les panneaux ne sont pas suffisamment rembourrés en arrière, ou bien lorsqu'ils sont trop rapprochés ou trop écartés l'un de l'autre.

Blessures des côtés de la poitrine et du passage des sangles. — Si l'on sangle trop fort, la circulation est interceptée dans certains endroits, et des tumeurs œdémateuses se forment soit en avant, soit, le plus souvent, en arrière du passage des sangles, sous la poitrine et quelquefois sur les côtes. Si les sangles sont trop lâches, au lieu de produire des œdèmes, elles causent des écorchures par leur va et vient qui froisse la peau.

Quelques chevaux sont constamment excoriés au *passage des sangles* à cause de la direction défectueuse de la ligne sterno-abdominale : le ventre étant volumineux surplombe la poitrine et les sangles glissent en avant.

Les sangles en cuir trop dures blessaient souvent les chevaux sur les côtes ou sous la poitrine. Les sangles en corde sont incontestablement préférables, mais elles peuvent encore pincer la peau ou la froisser par la saillie des cordes transversales aux points de bifurcation.

Lorsque les sangles ne sont pas assez longues, une boucle et sa couture appuient sur les côtes, au lieu de se trouver sur la couverture ou sur le faux quartier; elles entament la peau, soit directement, soit en la pinçant contre le bord du faux quartier. Ces blessures s'observent souvent sur les chevaux à poitrine très ample.

Le faux quartier, quand il est replié en dedans ou quand il est trop pressé par les sangles, cause parfois des blessures assez profondes.

Blessure de la croupe et de la queue dans l'artillerie. —

La croupière, lorsqu'elle est trop tendue et lorsque sa couture est trop saillante, blesse parfois les chevaux sur la croupe. — Les traits réunis en paquet et fixés sur la croupière des chevaux haut le pied causent assez souvent des blessures.

Lorsque la croupière est trop serrée, le culeron peut blesser l'appendice caudal sur ses côtés ou sur sa face inférieure.

Blessure de l'angle de l'épaule. — Sur les chevaux à dos maigre, plongeant, avec l'angle postérieur de l'épaule très saillant, il se produit f quemment, sur cet angle ou sur le bord postérieur de l'épaule, des plaies de la peau et même parfois d'énormes kystes hématiques dont la guérison est assez lente, le jeu de cette région très mobile contrariant constamment la cicatrisation. Ces blessures sont causées par le choc continuellement répété de l'épaule contre la tête du panneau.

II. Blessures produites par la bride ou le licol. — Les blessures de la nuque et de la base des oreilles sont produites par les dessus de tête de bride, de bridon ou de licol trop durs, trop serrés ou trop larges ; ces blessures sont fréquentes sur les chevaux qui tirent au renard. Les blessures du chanfrein sont causées par des muserolles trop étroites, par celles qui *sont encrassées* ou qui manquent de souplesse. Les licols neufs sont souvent trop rigides et blessent les animaux sur le nez, sur la pointe de la crête maxillaire et sur les bords des ganaches. Les licols trop petits ont le même inconvénient.

Certains licols ont de grosses boucles placées sur les faisceaux des nerfs de la cinquième paire, et la compression qu'elles déterminent sur ces nerfs peut amener une paralysie de la lèvre inférieure, qui devient tombante. Il suffit de supprimer la cause pour voir disparaître l'effet.

Les chevaux sont blessés aux barres et aux commissures des lèvres par des mors défectueux, ou par des cavaliers brutaux ou ayant la main dure. Les chevaux peuvent encore se blesser aux dits endroits lorsqu'on les attache par les rênes de la bride ou du bridon, le mors étant laissé dans la bouche Dans ce dernier cas, il peut y avoir arrachement du petit sus-maxillaire, fracture du col du maxillaire inférieur ou coupure de la langue. Les chevaux qui tirent à la main sont exposés aux blessures des barres et des commissures labiales ainsi qu'aux blessures de la barbe causées par la gourmette.

III. Blessures produites par les harnais. — Sur le bord supérieur de l'encolure on observe assez communément des blessures déterminées par le dessus de cou de la bricole, lorsqu'il est trop étroit, trop dur ou mal ajusté. Cette courroie n'a pas d'autre rôle que celui de tenir le corps de bricole ; elle ne doit supporter aucun effort.

Le colleron blesse souvent aussi les limoniers sur l'encolure, quand les crins sont usés ou coupés trop courts, et surtout lorsque les flèches des voitures sont trop basses.

Les blessures du poitrail et de la pointe des épaules sont produites par le corps de bricole quand les chevaux n'ont pas été préparés peu à peu aux tractions ; lorsque ce corps de bricole manque de largeur, de souplesse, de rembourrage, ou lorsqu'il est encrassé ou trop étroit ; quand la bricole est mal ajustée, et surtout lorsque les traits sont attachés directement sur la voiture, au lieu d'être fixés à un palonnier *L'absence de palonnier* est, pour les limoniers, une cause très fréquente de blessures.

Les chevaux se blessent surtout au poitrail et aux pointes des épaules lorsque les voitures sont trop chargées, les routes défoncées, les montées trop rapides et l'allure trop vive. Les blessures ne sauraient être imputées spécialement à la bricole ; car on en observe beaucoup plus avec les colliers.

Blessures causées par le collier, le mantelet, la sellette et les traits. — Un collier trop large, trop étroit, mal confectionné, mal rembourré ou encrassé blesse facilement les chevaux, surtout lorsqu'ils ont à exercer de forts tirages.

Ces blessures ont leur siège au bord supérieur de l'encolure, sur le bord antérieur ou à la pointe des épaules et au poitrail. Elles sont généralement d'une guérison très lente, et la pellicule cicatricielle reste assez longtemps délicate.

Le mantelet et la sellette peuvent aussi produire des blessures, s'ils sont mal ajustés.

IV. Blessures des animaux de bat. — Ce qui a été dit des traumas causés aux chevaux de selle s'applique également aux chevaux et aux mulets de bât, animaux chez lesquels les blessures de toutes sortes se montrent si fréquentes et si intenses qu'on pourrait croire que bien peu de précautions sont prises pour les prévenir.

Dans les batteries de montagne et dans les compagnies du train des équipages, lorsque les marches ont été très longues et continues, presque tous les mulets sont couverts de plaies larges et profondes sur le garrot, le dos, le rein, et les côtes. Ces diverses lésions sont dues tantôt à la forme, à la confection ou à l'application défectueuse du bât ; tantôt à une charge considérable mal répartie ou mal fixée, quand ce n'est pas à toutes ces causes réunies.

Sur les mulets qui ont le dos voussé, les panneaux appuyant davantage par leur milieu que par leurs extrémités, on observe constamment des blessures assez graves sur la partie saillante des dernières côtes sternales et des premières asternales. Ces blessures laissent des cicatrices excessivement fragiles, de sorte que les récidives se manifestent avec une décourageante rapidité.

La disproportion du bât, son excès de longueur, comme sa brièveté, sa largeur exagérée ou son exiguité, son manque de stabilité, l'uniformité des panneaux pour tous les dos possibles, leurs détériorations fréquentes sont les principales causes de blessures.

Le plus souvent, la charpente du bât n'est pas assez arrondie, et la sangle n'est pas assez large (Decroix).

Rembourrage, couverture. — On peut améliorer un bât par un bon rembourrage; mais c'est là une opération difficile, qui se fait trop souvent à la hâte. Un premier rembourrage s'affaisse promptement, et au bout de peu de jours il faut le compléter ou le modifier.

On peut obvier en partie à cet inconvénient en plaçant sous le bât une couverture pliée en quatre, en huit ou en douze. Mais alors, si le muletier n'a pas la précaution de la bien relever de manière qu'elle n'appuie pas sur l'épine dorsale, elle peut déterminer des blessures très graves et même mortelles, lorsqu'elles ont leur siège au garrot.

La charpente en bois ne pouvant s'écarter, et se resserrant plutôt, devient quelquefois trop étroite par l'adjonction de seize épaisseurs de couverture, de là des blessures effrayantes sur les parois de la poitrine, où le bât ne devrait exercer qu'une compression modérée.

On néglige trop ce principe de physique, savoir : que la stabilité est d'autant plus grande que le centre de gravité est situé plus bas relativement à la base de sustentation. Pour que le chargement fût bien fait, il faudrait que les objets les plus lourds fussent placés en bas, et les plus légers en haut. C'est l'inverse qui a lieu (Decroix). M. Lasserre m'affirme pourtant que les mulets blessent surtout quand le fardeau est réparti latéralement, le fardeau, même plus lourd, placé au sommet du bât, est celui qui occasionne le moins de blessures.

Ainsi ce sont les mulets porteurs de la pièce et de l'affût qui, dans les batteries de montagne, sont le plus chargés et blessent le moins.

Surcharge. — Un animal qui a un chargement modéré, par un temps sec, est trop chargé quand il pleut. A chaque étape, la répartition de la charge devrait donc être modifiée en raison des variations atmosphériques ; c'est là ce qui rend bien difficile la préservation des blessures.

Lésions. — De cette étude étiologique, il ressort que les causes des blessures de harnachement agissent sur les tissus de deux manières différentes : 1° par *compression* ou *pincement*; 2° par *frottement* ou *froissement*.

1° L'obstacle apporté à la circulation cutanée, soit par la pression continue de la charge, soit par l'étreinte des courroies ou des sangles, soit par un pincement quelconque, est une des causes les plus communes des lésions déterminées par le harnachement. Si l'arrêt de la circulation n'est qu'imparfait ou momentané, il ne produira que *des œdèmes* (*a*); s'il est plus puissant ou plus prolongé il déterminera des nécroses cutanées dont l'expression habituelle est *le cor* (*b*), partie mortifiée plus ou moins large et plus ou moins profonde, qui va quelquefois, au delà du derme, gagner les tissus sous-jacents.

2° Le frottement ou son exagération le froissement détermine, suivant son intensité : une *usure du poil* (*c*) avec ou sans érythème; des excoriations (*d*); des plaies (*e*).

Quand ils ont déterminé des dilacérations du tissu conjonctif sous-cutané ou des déchirures de petits vaisseaux il en résulte des *kystes séreux* (*f*), des *hématomes* (*g*).

Ces modes d'action unis ou séparés peuvent donner aussi naissance à des collections purulentes (*abcès*) (*h*) et à des nécroses profondes connues sous les noms de « maux de garrot », « maux de nuque », « abcès froids de la pointe de l'épaule » que nous n'étudierons pas en détail puisqu'ils sont loin d'être spéciaux aux chevaux de troupe.

a) **Œdèmes**. — On les rencontre fréquemment sur les côtés du garrot et au passage des sangles. Leur nom indique qu'il s'agit d'un épanchement diffus, indolore ou peu douloureux qu'on a voulu différencier en catégories chaudes ou froides, en oubliant les œdèmes mixtes qui sont les plus nombreux. L'œdème apparaît peu après le desseller, il est dû à la congestion réactionnelle des tissus morbidement comprimés ou pincés; s'il n'apparaissait pas à la suite de cette compression morbide, c'est que les tissus ne pourraient plus réagir, ils auraient perdu leur vitalité, seraient nécrosés et donneraient naissance à un *cor*.

Les œdèmes ont un volume très variable, ceux des parties déclives étant en général plus volumineux que ceux des régions élevées.

Comme conséquence de l'œdème on a souvent une chute des poils 20 ou 30 jours après sa constatation et sa disparition même rapide, parfois aussi un simple changement de leur coloration ou même absence totale de conséquence éloignée.

b) **Cor**. — Privés de sang par une compression forte et prolongée, le derme et les tissus sous-cutanés se mortifient, se dessèchent et forment une eschare dont les dimensions diminuent de dehors en dedans. Cette eschare, c'est le *cor*.

La partie mortifiée dénudée ou non est dure et parcheminée. En l'incisant couche par couche, on voit que la partie superficielle du derme a une teinte rouge brun qui, peu à peu, devient rose clair. Le tissu cellulaire est le siège d'une infiltration séreuse généralement peu étendue.

L'eschare formée peut rester stationnaire si, par l'emploi des moyens prophylactiques, on a su atténuer sa cause déterminante. Cependant, il arrive un moment où, soit par les seuls efforts de l'organisme, soit sous l'influence connexe de l'irritation causée par la compression, une poussée inflammatoire s'établit autour de la partie mortifiée. Mais ces phénomènes se développent lentement, et le cheval atteint de cette blessure peut continuer assez longtemps son service avant d'avoir à en souffrir. Aussi, en campagne, est-il indiqué de n'intervenir avec l'instrument que pour hâter l'élimination spontanément commencée.

La poussée inflammatoire qui se termine par suppuration provoque entre les parties saines et les parties mortifiées la formation d'un sillon disjoncteur. Lorsque ce sillon est complet, l'eschare, soulevée peu à peu par le pus, tombe au bout de sept ou huit jours.

c) **L'usure des poils** s'observe fréquemment sur le sommet des dernières côtes, il indique la venue prochaine de l'excoriation si les frottements continuent. Quand elle s'accompagne d'érythème, le repos complet du tissu cutané doit être ordonné avec insistance pour éviter de graves lésions prochaines d'un organe à bout de résistance.

d) **Les excoriations** des tissus cutanés varient beaucoup de gravité suivant la région où on les observe et la facilité qu'on possède de supprimer leur cause de production.

e) **Les plaies** plus ou moins étendues et profondes sont des excoriations exagérées ou anciennes compliquées d'infiltration séreuse ou de suppuration ; la plaie est une porte ouverte aux agents producteurs des abcès, des lymphangites, etc., il faut la fermer sans retard.

f) **Le kyste** est une poche formée aux dépens du tissu conjonctif et remplie d'un liquide séreux. Le kyste du garrot atteint généralement un volume considérable : il se développe sur le sommet et les parties latérales. Ceux des épaules ont parfois aussi de fortes dimensions ; ceux du dos et des reins, en raison du peu de laxité du tissu cellulaire de ces régions, ont souvent un volume bien inférieur aux précédents.

Les collections séreuses ne sont généralement pas accompagnées d'œdème périphérique ; elles ont une fluctuation très nette et sont peu douloureuses au toucher.

Les plus volumineux et ceux situés sur le garrot et les reins sont les plus graves.

g) Les **hématomes** sont des kystes contenant du sang ; ils en sont peu différenciables bien qu'on ait voulu leur spécialiser la crépitation sanguine et l'infiltration périphérique.

h) Les **abcès** peuvent naître d'emblée sous l'influence des mêmes causes que les lésions précédentes, souvent aussi ils en sont une conséquence ; on peut les distinguer suivant les idées classiques en abcès chauds et en abcès froids (de la pointe de l'épaule chez les chevaux de trait).

Il faut ouvrir les abcès chauds sans retard ; ceux du garrot sont les plus graves de tous, ils peuvent avoir de fâcheuses conséquences.

Traitement. — *Le traitement prophylactique* découle des données étiologiques longuement étudiées précédemment.

Le V^re M^e n'est pas toujours appelé à donner son avis sur la prophylaxie des blessures de harnachement, mais ils ne doit rien ignorer de cette prophylaxie afin de prévenir les récidives quand une première lésion a livré la monture à ses soins thérapeutiques.

Il ne doit pas non plus hésiter à formuler un avis discret et bien fondé à son colonel s'il s'aperçoit, avant le départ pour les manœuvres, qu'une catégorie de chevaux est prédisposée aux blessures de harnachement.

Mitaut s'exprime ainsi, au sujet de la prophylaxie en cours de route : « Dans sa visite sanitaire générale qui a lieu au séjour, sous les yeux du chef de corps, le plus ordinairement, le vétérinaire doit, en s'assurant de l'état sanitaire, ne pas négliger de passer la main sur le garrot, le dos et les lombes. C'est le seul moment où il lui soit possible de bien voir tous les chevaux, et rien n'est plus facile que de faire alors prendre note exacte des indisponibles, en signalant les sujets qui auraient de la tendance à se blesser pour qu'on les surveille davantage.

« Pendant les deux semaines qui suivent l'arrivée du régiment dans la nouvelle garnison, il faut encore continuer l'exploration des régions précitées. Presque toujours on constate sur quelques chevaux de petites bourses séreuses, des cors plus ou moins étendus, qui avaient échappé à l'examen ou se sont depuis prononcés davantage et dont la cure peut être activée. »

C'est pendant cette période de repos relatif succédant aux fatigues des campagnes, des routes, des manœuvres que le vétérinaire doit remettre les dos en état, non seulement les dos des « blessés » mais aussi ceux des sujets affectés de cors, de durillons n'ayant pas entraîné d'indisponibilités, mais qui créeraient pour les prochaines routes ou manœuvres une cause probable de blessures, en jouant le rôle de corps étrangers.

Les manœuvres, la campagne où la route étant commencée, le *traitement prophylactique* doit prévenir l'indisponibilité du sujet légèrement blessé ou l'aggravation d'une blessure nécessitant l'indisponibilité.

Il nous paraît bon de rappeler ici les préceptes de M. Wiart au sujet du rôle exact du vétérinaire en route, en manœuvres et en campagne.

« Prévenir les blessures, les pallier ou les guérir le plus vite possible, diminuer les inconvénients qu'elles déterminent, différer la pratique des opérations sanglantes, si elle n'est absolument urgente, conserver dans le rang le plus possible de chevaux valides, tel est le rôle principal, rôle plutôt préventif que curatif, dévolu aux vétérinaires à la suite des armées.

« Si limité qu'il soit,... ce rôle n'en a pas moins une grande importance ».

Pour arriver à ce but on utilise journellement les moyens suivants résumés par Delamotte :

Si l'on découvre une blessure quelconque, des soins spéciaux devront être immédiatement apportés, mais il faudra aussi rechercher l'origine de cette blessure afin de prévenir la récidive. Le harnachement devra donc être l'objet d'un sérieux examen, car l'exécution des modifications nécessaires à ce harnachement doit marcher de pair avec le traitement médical ou chirurgical de la blessure.

On empêchera la compression douloureuse de certaines régions au moyen de fontaines ; on élargira, au besoin, la liberté de garrot et de rein ; on élèvera la selle par le rembourrage de la partie des panneaux qui ne porte pas sur la blessure. On devra examiner, palper et fouiller la matelassure pour voir si elle est convenablement répartie et si ses crins ne forment pas de pelotes dures, etc.

Si le cheval n'est blessé que légèrement sur le garrot, on pourra placer la selle ou la sellette un peu plus en arrière et supprimer la charge de devant. S'il est blessé sur les reins, il faudra plier la couverture plus court afin que son bord postérieur ne touche pas la plaie. S'il est blessé sur le dos, on fera une *fontaine*, une *chambre* dans les panneaux, dans le tapis, ou dans une vieille couverture.

Pour leurs chevaux blessés sur le dos, les Prussiens emploient un épais tapis de paille confectionné, à la manière des stores, avec des tiges de paille maintenues parallèles au moyen de petites cordes dont les extrémités servent à la fixation sur les bandes en bois de l'arçon.

Ce tapis est donc placé au-dessus de la couverture. C'est dans cette sorte de paillasson que l'on creuse des trous-fontaines pour soustraire les blessures aux compressions qui les aggraveraient. Un morceau de toile fine est cousu sur la couverture, au point correspondant à la blessure pour éviter les frottements durs.

Les sacs-allonges confectionnés avec de la toile de sacs à distribution, bourrés de paille, de foin ou mieux de crin végétal et fixés à la bande donnent de très bons résultats.

Dans quelques cas, il est indiqué d'adapter de faux panneaux à l'avant ou à l'arrière, de râper la bande à l'endroit où elle blesse, ou de plier la couverture de manière à diminuer l'épaisseur sur telle ou telle région.

La peau de chevreuil bien entretenue, placée sur le dos des chevaux de pur sang à trop fine fourrure donne d'excellents résultats. Ils reçoivent ainsi le secours d'une fourrure empruntée qui les place dans d'excellentes conditions de résistance aux blessures par la selle.

Il est encore indiqué de coudre sur le tapis ou sur la couverture, de la toile cirée, du caoutchouc mince, de la peau de mouton, de la peau de chevreuil ou de la peau de daim, etc..., afin d'éviter tout frottement rude sur la plaie, qu'on recouvre d'une pommade astringente. Ce moyen permet parfois aussi d'utiliser le blessé ; mais il vaut généralement mieux, quand il n'y a pas de raison qui s'y oppose, laisser l'animal indisponible et se hâter de le guérir par un traitement approprié. Si l'on continue de seller un cheval blessé, généralement la blessure s'aggrave sous l'influence des frottements qu'on ne peut éviter d'une façon absolue; tandis qu'en immobilisant le cheval, on le guérit très vite, et l'on évite les longues indisponibilités occasionnées par les blessures étendues.

Dans l'artillerie et dans le train des équipages, on peut presque toujours utiliser les chevaux blessés par le harnachement. Il suffit de changer leurs affectations.

Doit-on desseller le cheval dès l'arrivée à l'étape ? — Telle est la question maintes fois posée et toujours résolue différemment. Delamotte dit oui avec une énergie d'apôtre et donne d'excellentes raisons à l'appui de ses convictions. Wiart conseille « de laisser les chevaux sellés à l'arrivée au gîte d'étape, et d'autant plus longtemps sellés que la route parcourue a été plus longue »

Jacoulet et Chomel s'expriment ainsi : « le règlement dit : « Lorsque la marche a été d'une certaine durée, les chevaux ne doivent pas être dessellés de suite. » Le règlement est sage.

« Si en arrivant à l'étape on pouvait assurer aux chevaux toute la sollicitude dont ils ont besoin, il y aurait à les laisser sellés les inconvénients suivants : fatigue inutile, danger de détérioration du harnachement, pression continue du dos, entrave à la circulation, formation de cors, phlegmons, plaies profondes, etc. là où il n'y aurait peut-être eu qu'œdèmes, excoriations. Mais dans l'immense majorité des cas, les nombreuses exigences du service en route ne permettent de compter ni sur les hommes, ni sur les cadres inférieurs pour assurer aux chevaux les soins indispensables ; dans ces conditions le *desseller* immédiat aurait pour conséquence une réaction trop brusque, l'arrêt subit de la transpiration, le refroidissement de la peau du dos, le soulèvement de tumeurs œdémateuses......

« En garnison et toutes les fois que le service le permet, il est préférable de desseller de suite. Mais alors le cheval doit être activement bouchonné, massé sur le dos par des tapotements, avec les deux mains à plat. »

Traitement thérapeutique. — *a*) **Œdèmes.** — Le lavage du dos et le massage immédiat des parties comprimées par la selle préviennent la formation des œdèmes. S'ils se forment néanmoins, le massage peut être rendu plus actif par l'utilisation de l'eau salée, ou du vinaigre chaud.

Une compression méthodique pratiquée avec une étoupade, une éponge ou une motte de gazon constamment imbibées d'une solution légèrement astringente (eau blanche, solution de Knaupp) facilite la résorption du liquide épanché. L'application d'une épaisse couche d'acétate de chaux est excellente. Quand ces moyens n'ont pu réussir, il faut se résigner à utiliser les fondants iodés ou mercuriels. Les anciens Vres Mres Mitaut, Bernard, Wiart n'hésitent jamais à prescrire le vésicatoire. « Si au bout de 48 heures, dit Bernard, les astringents n'ont pas amené d'amélioration, il faut bien vite les abandonner et passer au vésicatoire que l'on applique, après avoir rasé les poils de la partie, en couche épaisse, sur toute la surface malade. »

Il est vrai qu'en 1855 les chevaux de pur sang étaient rares dans l'armée ; sur nos chevaux de sang, 2/3 de pommade de rouge mélangés à 1/3 de vésicatoire donnent un onguent énergique au point voulu.

Le vésicatoire rend le cheval indisponible une dizaine de jours, et quand un savonnage a fait tomber les croûtes sèches, il reste une peau glabre très prédisposée aux blessures nouvelles.

b) **Cor.** — Quand le cor n'est accompagné d'aucune irritation superficielle ou profonde, dit Wiart, il est simplement indiqué, en campagne, d'éviter qu'il ne s'aggrave en modifiant la selle ou la charge. Mais si l'inflammation est grande, si la suppuration se rassemble sous les parties mortifiées, il faut activer l'élimination de l'eschare par l'emploi du vésicatoire. Une fois que le sillon disjoncteur est à peu près creusé, le bistouri secondera les efforts de la nature. Rien ne sert de se hâter ; car la plaie consécutive à l'opération est d'autant plus profonde et plus lente à se réparer que l'opération a été pratiquée plus tôt. En garnison, on pourra recourir de suite au vésicatoire, car les motifs invoqués dans le cas opposé n'existent plus. L'opération de l'enlèvement d'un cor est des plus faciles ; c'est une simple dissection dans laquelle la pointe du bistouri est guidée par la différence de coloration des tissus. Après l'enlèvement de l'eschare, la cavité sera comblée avec un tampon d'ouate imbibé d'alcoolé d'aloès, de glycérine pure, iodée ou phéniquée.

c et *d*). L'*usure des poils* et les *excoriations* guérissent d'elles-mêmes si la cause productrice est supprimée. Une selle nue est plus nuisible sur un dos excorié qu'une selle montée ; si les frottements doivent être évités, on fera marcher les animaux à poils ou montés avec précaution plutôt que de leur laisser sur le dos un harnachement ballant.

En 1855, Bernard s'exprimait ainsi : « Depuis que la poudre de Knaupp est connue nous avons quelquefois employé sa solution quand le derme est à vif ; mais nous l'avons bien vite abandonnée, attendu que par son action énergique elle dessèche la surface de la plaie, la durcit et donne lieu à une croûte, sorte d'eschare, qui simule parfaitement un cor et l'on est obligé de l'enlever, ce qui aggrave le mal et en retarde la guérison. » Les dires de Bernard n'ont pas cessé d'être exacts et nous préférons, après désinfection du derme, son badigeonnage à la teinture d'aloès et le remplacement de l'épiderme absent par une gaze d'ouate. Cette gaze, infiniment mince, doit retenir entre ses mailles transparentes une goutte de collodion iodoformé. Ce pansement propre, non proéminent, nous a paru supérieur à tout autre.

Le Bulletin Officiel réglemente, à la date du 10 mars 1902, l'emploi du glycéré mimotannique.

e) **Plaies**. — Le même pansement où la teinture d'iode

remplace l'alcoolé d'aloès convient aussi aux plaies plus profondes.

Le vésicatoire reste ici un médicament très précieux, mais si la plaie laisse prévoir une indisponibilité de longue durée, l'évacuation, actuellement facile, s'impose. A l'infirmerie ou dans les dépôts de chevaux malades, les plaies seront traitées par les procédés antiseptiques qui ne peuvent s'accommoder du séjour sur les grandes routes et dans les écuries d'auberges.

Avant de renvoyer le blessé on protégera la blessure contre les infections du voyage.

Anciennement, les Prussiens plaçaient sur les blessures graves un emplâtre de térébenthine collé sur le la toile (Lund'sche Pflaster). Cet emplâtre, recouvrant complètement le mal, devait rester en place jusqu'à ce qu'il tombe. En 1870, pour qu'il ne tombe pas, on ne dessellait plus les montures blessées pendant huit ou quinze jours après lesquels on enlevait souvent ensemble : la selle, l'emplâtre et toute la peau du dos. C'est un procédé barbare, onéreux, qu'on ne saurait trop condamner.

f et *g*) **Kystes et hématomes**. — Mitaut s'élève absolument contre l'ouverture des kystes et des hématomes ; il préconise le vésicatoire, puis un second vésicatoire, puis un emplâtre au sublimé, enfin le feu en raies ou en pointes superficielles. « On peut encore espérer voir le mal s'amoindrir par la résorption du liquide... au bout d'un temps plus long : *mais il faut bien se garder d'y faire des plaies pénétrantes.* »

Bernard, dès 1855, préconise une ponction première suivie de compressions et de topiques astringents, Dutheil, à la même époque, est beaucoup plus audacieux. Il a recours : 1° aux résolutifs énergiques, 2° à l'incision du kyste et à la cautérisation au fer rouge « jusqu'à ce qu'on juge la fausse membrane détruite. » 3° à l'extirpation.

Ces deux derniers auteurs savent bien qu'ils sont en

contradiction avec les classiques, mais « dans aucun cas ils n'ont eu à le regretter. »

Wiart, en 1882, dit encore : Tous les kystes qui siègent au garrot, sur le rein et aux épaules doivent être traités par les applications vésicantes réitérées ou par la cautérisation en pointes fines. S'il y a nécessité absolue de ponctionner une collection séreuse, il faut le faire largement. Nous traversons la tumeur de part en part, nous recouvrons toute la surface d'une large friction vésicante et nous maintenons à demeure une mèche imprégnée de vésicatoire.

Collections sanguines. — Wiart se comporte de la même manière à l'égard des tumeurs sanguines ; s'il intervient avec l'instrument, ce n'est qu'au bout de quelques jours, lorsque la tumeur est bien constituée et limitée, que l'inflammation persiste et qu'il y a tendance à la suppuration.

Jacoulet et Chomel disent en 1900 : « Il faut se garder en général d'ouvrir les kystes du garrot et de l'encolure à cause du danger de nécrose, c'est-à-dire du mal de garrot et d'encolure. »

« Les kystes du dos et des membres pourront être traités par des frictions fondantes répétées, combinées ou non avec des ponctions capillaires également répétées : par le feu pénétrant ou mieux, dans bien des cas, par l'excision chirurgicale complète suivie de la suture de la peau, en prenant toutes les précautions aseptiques et antiseptiques de rigueur. Pour le feu, la ponction et l'excision chirurgicale, les conséquences seront d'autant plus simples et l'intervention plus efficace que la lésion sera chronique et qu'elle entrera déjà dans la phase résolutive. »

Nous sommes encore plus audacieux. La temporisation doit persister pendant les routes, c'est évident; mais une fois arrivé à l'infirmerie, il faut absolument ouvrir largement le kyste et détruire la membrane kystique. Le feu en pointes pénétrantes ou les simples ponctions laissent toujours après elles une tumeur indurée très longue, infiniment longue à disparaître et une règle formelle doit présider au traitement des blessures de harnachement. *Le tissu cicatriciel ne doit jamais former relief au-dessus des régions avoisinantes.*

h) **Abcès et fistules**. — Ici, tout le monde est d'accord pour commander la ponction, le drainage et l'antisepsie. Le permanganate de potasse à 1 % est particulièrement recommandable contre les fistules du garrot et de l'encolure, il détermine une sclérose cicatricielle très spéciale et très efficace.

i) **Durillons**. — En passant la main sur le dos des montures, on constate souvent des indurations épidermiques qui formeront corps étranger lors des prochaines marches et qu'il faut éliminer en les détruisant par le feu ; des pointes excessivement rapprochées, accolées, traversant l'épaisseur dermique les font disparaître en deux septénaires.

j) **Tumeurs indurées**. — Quand on est en présence de tumeurs indurées formées par un derme épaissi, un kyste très ancien à parois fibreuses formant dôme au dessus des plans environnants, il faut bien étudier si, en raison de sa situation, il sera cause probable d'une nouvelle blessure. Si oui, il faut l'extirper à tous prix, l'exciser avec la peau avoisinante sous forme d'une côte de melon, essayer la cicatrisation par première intention et se résigner en cas d'impossibilité à une cicatrice plane infiniment moins redoutable que l'ancien dôme velu. Le Vte en 1er Guerruau a publié un bon travail sur le traitement des blessures de harnachement par l'autoplastie. Il déclare cette opération utile contre les cicatrices indurées, les tumeurs fibreuses, les cicatrices glabres. Il recommande d'opérer avant les mues d'automne et de printemps, d'anesthésier le patient, d'atteindre en profondeur « toute l'épaisseur du peaucier », de faire un pansement compressif pour le relever, un pansement ouaté consécutif : la cicatrisation se fait en quinze jours, mais l'indisponibilité doit se prolonger trois ou quatre mois. « Cette opération remet en leur état normal tous les chevaux au dos vulnérable qui, chaque année, dès les premières étapes, sont des non-valeurs. » (A. 1902).

k) Les moyens de traitement à utiliser contre les **blessures par harnais d'écurie** sont simples ; la suppression de la cause amène rapidement la guérison.

Les blessures par le *surfaix* sont généralement superficielles et se traduisent par la chute d'une croûte épidermique englobant les poils ; l'application de teinture d'iode hâte l'épidermose cicatricielle.

Les *flanelles* provoquent des engorgements qui feraient croire à des efforts tendineux si l'absence de symptômes fonctionnels, la présence de quelques croûtes épidermiques, ne permettaient au vétérinaire expérimenté un diagnostic exact. Les douches, la promenade, les massages sont indiqués.

Les *blessures des barres* immobilisent parfois pour longtemps la monture qui, jusqu'à parfaite guérison, ne doit *jamais* recevoir le mors d'un bridon dans la bouche, mais être conduite au moyen d'une cavecine. Le vétérinaire doit se contenter, le plus souvent, de surveiller la formation des esquilles pour les éliminer et lotionner les blessures avec de l'eau boriquée légère. L'usage de l'iodure de potassium à l'intérieur combat les tuméfactions étendues du maxillaire inférieur. Les grands délabrements chirurgicaux de cette région sont particulièrement contre indiqués chez le cheval de selle dont la conduite doit rester délicate ; la chirurgie doit y être essentiellement conservatrice.

XXIV. — BLESSURES DIVERSES

Statistiques françaises.

	malades	pertes à l'intérieur	malades	pertes en Algérie
1887	17830	109	1517	10
1889	16379	167	2417	15
1891	18392	173	2562	11
1893	20857	211	2937	11
1895	20338	154	2823	18
1897	21184	132	2878	14

Les blessures diverses augmentent les chiffres de leur morbidité sans augmenter celui de leur mortalité, donnant une nouvelle preuve des progrès de la thérapeutique vétérinaire.

Sous cette appellation vague on a enregistré : *a*) *les blessures par coups de pied* : (ouverture des articulations ou des synoviales tendineuses, ostéo-périostites traumatiques n'aboutissant pas à la fracture, déchirure de l'œsophage, de la trachée, etc., etc. ; *b*) *les contusions diverses* : (atteintes, hématomes, kystes traumatiques ; *c*) *les embarrures*, prises de longe, de chaîne, etc. ; *d*) *les clous de rue*, les tacots et même *e*) les blessures de guerre que nous étudierons dans un chapitre séparé.

Dans le mémoire précité, Wiart a indiqué la morbidité par « blessures diverses » dans un régiment exécutant les marches manœuvres de 1881 (8 jours de marche, 13 jours de manœuvres, 8 jours de marche).

Atteintes	25	dont	11	graves
Blessures diverses . .	16	—	6	—
Coups de pied. . . .	14	—	6	—
Couronnés	8	—	4	—
Enclouures	8	—	2	—
Clous de rue	6	—	1	—
Enchevêtrures et crevasses	6	—	1	—

Total 83 dont 32 graves sur un effectif de 410 chevaux (plus du 1/5 de l'effectif).

A l'armée de Metz, en 1870, le même auteur relève sur un effectif de 320 chevaux d'artillerie pour une période d'un mois et demi environ : 34 coups de pied ; 28 enchevêtrures et crevasses ; 16 contusions ; 10 plaies contuses dans le transport ; 11 clous de rue ; 8 atteintes ; au total 107, le tiers de l'effectif.

Nous n'avons pas l'intention d'étudier en détail toutes les blessures diverses, mais seulement celles qui sont le plus fréquemment observées sur le cheval de troupe.

ATTEINTES. — Les atteintes sont très fréquentes chez les chevaux de selle, particulièrement sur ceux qui sautent des obstacles artificiels. Elles sont variées par leur cause et par la lésion qui en résulte.

Elles peuvent être produites sur un membre par le sabot du même bipède antérieur ou postérieur.

En signalant simplement le cheval qui *s'atteint*, se *coupe* ou *s'entretaille*, je m'occupe immédiatement du KYSTE DU CANON ET DU BOULET, toujours représenté à la clinique de Saumur. Le travail en cercle favorise beaucoup sa production. Au début, il existe un engorgement chaud, douloureux qu'on peut prendre pour un symptôme d' « effort de tendon ou de boulet » malgré son *unilatéralité* interne pathognomonique ; sous l'influence de l'hydrothérapie plus ou moins médicamenteuse, le kyste se délimite rapidement ; il faut le traiter chirurgicalement.

Il est indispensable de transformer la paroi kystique en écumoire par des ponctions ignées multiples, de l'ouvrir largement à sa partie déclive, de l'irriguer avec la solution de Lugol, puis de doucher et évacuer les exsudats jusqu'à cicatrisation complète. C'est le moyen de traitement le plus expéditif.

Les décollements sont généralement trop étendus pour pouvoir être traités par le débridement total et la destruction de la membrane kystique ; il faut donc attaquer celle-ci par le cautère sur toute son étendue et donner une issue suffisante aux exsudats pathologiques et thérapeutiques de la poche en traitement au moyen d'un débridement inférieur.

ATTEINTES AU BOURRELET. — Les *atteintes* sont aussi produites sur un membre antérieur par le membre postérieur du même côté. Les plus fréquentes se manifestent au bourrelet des talons, leur traitement se résume en deux mots connus de tout chef de cavalerie : coupez et enveloppez. Mais enveloppez proprement et *fortement* pour permettre le travail immédiat. Un lavage à l'eau cuivrée, un petit amincissement corné parfois, un peu de ouate de tourbe, trois tours de bande, quatre au plus, très fortement serrés et lissés avec le pouce, en n'oubliant jamais de goudronner le tout.

Les Atteintes sur les tendons sont fréquentes aussi, elles peuvent intéresser la peau, les tissus péritendineux, le perforé, les deux tendons fléchisseurs ou même le suspenseur (Pierre, Brandis, Guillobey, R. M. 2e s., t. XVI et XVIII).

Traitement. — Souvent la section est assez nette et peut être traitée aseptiquement, même dans le cas de ténotomie double, ainsi que Pierre l'a démontré. En règle très générale, il faut coucher les chevaux qui nous arrivent porteurs de *blessures diverses récentes*. Il faut les coucher pour bien aseptiser la région, bien suturer les tissus lésés, bien appliquer les pansements. En voulant, *par paresse* ou *gloriole*, panser nos blessés debout, on se place dans de mauvaises conditions de succès et on perd vingt jours en prétendant gagner vingt minutes ; on perd le prix de vingt pansements en voulant économiser celui d'un litre d'eau bouillie.

Ne cherchons pas d'excuses en invoquant l'heure et l'état du tube digestif du blessé. Quand un cheval revient du travail, il est susceptible d'être couché sans danger et notre personnel comme nous-même devons avoir pour principe de coucher le *plus promptement possible* tout cheval récemment blessé.

La conduite du chirurgien ne peut être prévue qu'en ses grandes lignes ; ligaturez ou tordez les vaisseaux, aseptisez la région, sectionnez les lambeaux, suturez les lèvres et faites un pansement destiné à rester en place pendant un septénaire ou plus.

Quand la blessure est tellement dilacérée qu'il n'y a aucune chance d'obtenir une cicatrisation immédiate, l'irrigation continue donne d'excellents résultats, mais il faut une irrigation *vraiment continue*, la nuit comme le jour.

Si les tissus péritendineux ont été lésés, il subsiste,

après cicatrisation, une lésion analogue à l'effort péritendineux, et qu'il faut traiter comme lui ; si le tissu tendineux a été sectionné, la réforme s'impose généralement car la tendinite récidivante et expansive est presque fatale avec le service de la selle.

La pince ou la voûte du fer postérieur peut atteindre *le coude*, y sectionner la peau ou produire une lésion variable ; ici encore il faut chercher la cicatrisation par première intention. Parfois les *atteintes du coude* sont produites par un fer antérieur ; presque toujours du sang reste sur la partie contondante et indique les modifications préventives à faire subir à la ferrure.

BLESSURES PAR COUPS DE PIED. — Causes. — Les blessures par coups de pied sont journalières dans l'armée ; certaines juments pisseuses coûtent excessivement cher à l'État. Le vétérinaire doit toujours solliciter la castration ou la réforme de ces juments, quelles que soient leurs qualités d'endurance ou de solidité. Aux manœuvres ou en campagne, les chevaux sont attachés souvent à côté d'un voisin inconnu dont aucun bat-flanc ne les sépare et les coups de pied sont encore plus communs qu'en garnison.

Sur les régions charnues, les coups de pied occasionnent des hématomes, des épanchements séreux, des plaies étudiés ailleurs.

Sur les diaphyses des os, ils provoquent le plus souvent une petite section de la peau et une périostéite plus ou moins étendue. Aux manœuvres, le traitement coutumier de cette blessure consiste en l'application d'un vésicant sur une étendue allant du diamètre d'une pièce de 5 francs à celui de la paume de la main.

Grâce à la poussière des routes (qui, au dire de nos anciens, avait une action très favorable à la cicatrisation des blessures de toutes sortes), à l'élévation habituelle de la température, ces vésicatoires de manœuvres se dessèchent rapidement et en règle très générale font obtenir en

4 jours la disponibilité du blessé. Il est pratique, aux manœuvres, de recourir d'emblée à ce mode de traitement et de ne pas perdre son temps à rechercher l'asepsie de la blessure et sa cicatrisation par première intention. En garnison on peut agir suivant ses goûts prononcés pour le mieux ou pour le simple, mais aux manœuvres, il faut choisir le simple et ici c'est l'emploi immédiat du vésicatoire.

S'il existe des complications, on doit renvoyer le blessé à l'infirmerie ou au dépôt de chevaux blessés le plus voisin ; là, la chirurgie perfectionnée reprend ses droits.

Les **BLESSURES DES ARTICULATIONS**, aussi fréquentes que graves sur les chevaux de l'armée, possèdent une bibliographie militaire très nourrie.

Nous tenons de M. le V[re] P[al] Ph. Thomas le récit suivant : « En passant une visite sanitaire avec mon V[re] en 1re Bronchican, du 1er Spahis, avant 1870, nous assistâmes à l'ouverture d'une articulation du jarret par un coup de pied. Aussitôt mon V[re] en 1er se précipita vers le blessé, posa son doigt sur la petite plaie par laquelle jaillissait un filet de synovie, puis ayant reçu de mes mains une épingle à suture, ferma cette plaie comme on ferme une saignée. Le blessé, aussitôt conduit à l'Infirmerie, fut placé dans l'appareil à suspension et son jarret fut entièrement recouvert d'un large vésicatoire ; 5 à 6 heures après, la suture entortillée fut enlevée avec précaution, car déjà l'engorgement provoqué par le vésicant était suffisant pour produire l'occlusion complète de la plaie articulaire. Un mois après le cheval sortit de l'infirmerie guéri. Il ne faut pas perdre de vue que le vésicatoire est un puissant antiseptique par la phagocytose qu'il provoque ; c'est aussi un occlusif parfait. »

Cadiot et Almy ont fait un excellent exposé des traitements successifs préconisés contre les plaies pénétrantes des synoviales.

L'emploi du sublimé pour obtenir l'occlusion des blessures synoviales se trouve préconisé dès les premières relations des V[res] M[res] sur ce sujet (1847). L'utilisation plus tardive du nitrate d'argent dans le même but est due à un de nos prédécesseurs, M. Barthes ; ce médicament est parfois héroïque (*R. M.*, 1re série, t. XIV).

Je rappelle simplement les bons effets de l'irrigation continue, de l'égyptiac, du perchlorure de fer, de la glycérine, ce n'est plus guère que l'histoire d'un passé qui fut l'objet de bien des discussions dans le J. M. Actuellement, il faut, à l'exemple d'Alix, d'Adrian, de Goux, de Cellier, aseptiser la région ; la liqueur de Van-Swieten, dit Alix, suffisante pour obtenir l'asepsie des arthrites traumatiques récentes, peu étendues, à écoulement synovial restreint, est avantageusement remplacée au début par la solution au 1/10 de chlorure de zinc dans le cas de plaies fistuleuses déjà anciennes et par la solution de bichlorure au 1/100 dans le cas d'arthrites très graves, quoique récentes, à écoulement synovial purulent abondant.

Dumas a guéri plusieurs cas d'arthrite suppurée du jarret par des injections de permanganate de potasse à 2/100 et Montazel par la solution du même sel à 1/200. Après ces auteurs, nous avons eu d'excellents résultats du permanganate à 1/100 dans les arthrites purulentes du jarret, dans les blessures fistuleuses du garrot (et même en injecti— sclérogène autour des tumeurs). Les fistules s'entourent rapidement d'un anneau scléreux cicatriciel qui se rétracte progressivement.

Pour pratiquer la désinfection, il ne faut pas craindre d'avoir recours à un débridement, à une contre-ouverture, à un drainage et Graux recommande avec raison d'immobiliser l'articulation après sa désinfection. Il est vrai qu'il recommande un pansement silicaté ; un pansement ouaté permettant de nouvelles désinfections et une surveillance attentive paraît préférable dans la plupart des cas.

Malgré tout, il ne faut pas croire la guérison fatale ; plus d'un malade périra encore d'arthrite suppurée. Les chevaux souffrent infiniment plus d'une lésion grave à un membre postérieur que d'une lésion comparable à un membre antérieur ; leur sustentation est bien plus pénible, et nos chevaux fins se servent souvent très mal de l'appareil à suspension ; ils se laissent aller, se blessent, et doivent en être retirés. Alors survient le décubitus avec ses sphacèles cutanés, la fourbure du pied postérieur fiché à l'appui, l'amaigrissement extrême, l'abatage ou la mort. Il y a vingt ans, cette terminaison était la règle assez générale : elle doit devenir de moins en moins fréquente.

BLESSURES PAR LA FOURCHE, LES CISEAUX, L'ÉPERON

Les fourches en fer, dites fourches Américaines se voient parfois dans les écuries de l'armée ; c'est une arme terrible entre les mains du garde d'écurie ; elles causent principalement des synovites traumatiques des gaines sésamoïdiennes si, par imprudence ou maladresse, la dent de la fourche se heurte ou est heurtée contre le boulet du cheval et des arthrites si la rencontre s'effectue au niveau du jarret.

Des coups de couteau peuvent être donnés par des cavaliers à une mauvaise monture : des blessures de la vulve, du rectum peuvent être produites par un coup de fourche en bois, un coup de manche à balai. Avant de rendre compte qu'un méfait de cette sorte est décelé par la situation, la nature, la forme de la plaie, le Vre Mre doit être bien sûr de la justesse de son diagnostic, car le garde d'écurie, ou le cavalier responsable, sera sous le coup d'une punition très grave (1).

Les blessures par coup d'éperon ne sont graves que dans le cas de chute, de blessure de la veine de l'éperon, etc. ; aucune prescription spéciale ne peut être faite au sujet du *traitement* de toutes ces blessures.

(1) Séon-Rochas cite des actes criminels pratiqués en 1830 et ayant pour résultat la mort des chevaux. De pareilles mœurs ont disparu de l'armée.

BLESSURES PAR SAUTERELLES. — Assez souvent arrive à la visite du matin, un cheval porteur d'une longue et profonde blessure de la fesse produite par le crochet de la sauterelle du bat-flanc. Ces blessures, peu souillées, se cicatrisent souvent par première intention si le chirurgien remplit bien la condition indispensable d'éviter les mouvements consécutifs à la suture.

Il faut donc opérer debout pour éviter le relever, immobiliser le sujet (car la peau des fesses du cheval est très résistante), bien désinfecter la région, faire une suture profonde des muscles au catgut si c'est utile, une suture cutanée avec des épingles, laisser parfois un petit drain dans la partie déclive, recouvrir le tout de collodion iodoformé et *attacher le blessé au ratelier pendant trois semaines.*

Si le blessé se couche une seule fois, il fera fatalement craquer le raccommodage de sa culotte ; s'il ne se couche pas, les blessures des fesses se cicatrisent par première intention aussi souvent que celles du front. Ce résultat est d'autant plus urgent à obtenir que la plaie longue et large mettrait longtemps à se cicatriser par suppuration et marquerait la monture d'une tare indélébile.

Les *naseaux*, les *paupières* s'accrochent aussi aux sauterelles dans la position du tête à queue ; les naseaux se ressoudent bien, les paupières doivent plus souvent être amputées.

BLESSURES VARIÉES. — Il nous faut rappeler la méthode *Coulet* qui, vers 1864, eut une grande vogue. Coulet eut l'idée de diluer l'onguent vésicatoire dans la teinture de cantharides et d'injecter ce mélange dans les fistules des maux de garrot, de nuque, les blessures du couronnement, les kystes, etc.

Le Vre Pal Mitaut fut un des ardents propagateurs de la méthode Coulet qui fut expérimentée (par ordre ministériel) dans toute l'armée (*J. M.*, t. II).

Le Vre en 2e Salle a fait connaître les excellents résultats obtenus. J'ai préconisé (C. 1890) les injections de pommade au biiodure de mercure diluée dans l'huile bouillie en lieu et place de l'injection de vésicatoire. Le biiodure a été également recommandé à l'état pulvérulent sur les ulcères et les plaies d'été par Bussy et Cavalin (*R. M.*, 2e s., t. XVIII).

EMBARRURES ET PRISES DE LONGE. — En garnison, ces blessures sont fréquentes, mais en manœuvres elles deviennent bien plus graves sur les chevaux attachés par des moyens très divers. Si la peau d'un paturon postérieur a été sciée par une longe, il est inutile de traîner à sa suite un tel blessé qui ne peut guérir que par le repos et l'immobilisation dans un pansement ouaté. Je souligne les bons effets de la solution de sulfate de cuivre à 1/100 pour éviter les engorgements consécutifs aux embarrures légères et prises de longe récentes.

CLOUS DE RUE. — Au traitement classique du clou de rue, je n'ai rien à ajouter; au contraire, j'ai beaucoup à retrancher.

Chaque fois qu'on fait l'opération complète du clou de rue avec rugination du sésamoïde, on opère en vue de la réforme du blessé. Cette opération réussit chez les chevaux de trait, mais non chez les chevaux de selle qui demeurent régulièrement incapables de reprendre leur service malgré une parfaite cicatrisation et six mois de gymnastique fonctionnelle.

Watrin disait: n'opérez *jamais* les clous de rue, je dirai seulement : opérez le moins possible, évitez à tous prix la soudure du perforant au sésamoïde qui constitue pour le cheval de selle une cause de boiterie irrémédiable. Pour cela, amincissez immédiatement toutes les blessures par clou de rue qui vous sont présentées, débridez l'orifice extérieur, faites pénétrer la canule d'une petite seringue pleine de liqueur de Villate dans cet orifice et forcez cette liqueur de Villate à jaillir fortement au fond de la fistule et à rejaillir en jets multiples à l'extérieur. Vous aseptisez ainsi la fistule en la cautérisant légèrement. Puis les bains d'eau cuivrée pendant 24 ou 48 heures feront le reste presque toujours. Si la boiterie persiste, insistez encore sur les bains *permanents* au sulfate de cuivre avant de recourir à l'opération.

Le Vre en 2e Vivien (Lec. 1903) a fait connaître les propriétés toutes spéciales du lysol pur dans le traitement des affections du pied. En cas de clou de rue, il imbibe la corne vivante, l'assouplit et pénètre jusqu'au fond de la fistule pour y accomplir ses fonctions antiseptiques.

TACOTS. — Les tacots sont fréquents après les manœuvres et les chasses à travers la bruyère ; il faut les arracher en *prenant bien soin de les déchausser* de la corne où ils sont encastrés sans les briser et sans les couper. Une fois déchaussés, on les arrache avec de fortes pinces et on soigne la blessure comme celle d'un clou de rue bénin.

Il faut toujours s'assurer qu'un second ou un troisième tacot n'accompagne pas celui ou ceux qui ont frappé tout d'abord l'attention du cavalier, plusieurs tacots se rencontrent souvent ensemble chez un même cheval.

Il existe des ferrures préventives et curatives à utiliser contre les blessures par tacots, clous de rue, les atteintes, section de tendons, etc.

XXV. — BLESSURES DE GUERRE

Documents. — Les écrits des Vres Mres sur les blessures de guerre sont peu nombreux. Deux seulement nous font connaître des faits observés pendant les combats, ce sont ceux de Kopp (1) relevés pendant la guerre d'Italie (1859) et de Daray (2), relevés pendant la guerre franco-allemande (1870-1871).

Par contre, de nombreuses expériences ont été faites

(1) *J. M.*, t. I, p. 5.
(2) *R. M.* 2e série, t. II.

sur des chevaux vivants et morts pour étudier les effets des nouvelles armes mises en service. M. le Vre Pal Aureggio (1) a fait connaître en 1888 le résultat des expériences de Von Beck avec des projectiles pour fusils et par lui-même avec des balles de revolver.

En 1893, Ellenberger et Baum (2) publient un mémoire sur les effets des projectiles des fusils de 8 mm. tirés sur des cadavres.

Vers la même époque, Démosthènes (3) expérimente, sur des chevaux vivants, l'action entre 5 mètres et 1400 mètres du projectile cuirassé Mannlicher de 6 mm. 1/2.

En 1895, Gabeau (4), Vre à l'Ecole d'Infanterie, rapporte le résultat de ses expériences sur cadavre avec projectiles du fusil modèle 1886, tirés à 100 et 200 mètres de distance.

L'année suivante Lehmann (5) fait des expériences comparatives avec le Mannlicher.

En 1899, Walker, vétérinaire anglais, étudie les effets des balles Dum-Dum sur deux chevaux vivants.

Chaque année, à Saumur, nous pratiquons l'abatage par fusillade d'un sujet d'études.

Le traité de chirurgie de guerre du médecin inspecteur Delorme peut être consulté avec fruit par les Vres Mres.

Le petit nombre des documents relevés par nos anciens pendant nos si nombreuses guerres continentales et nos fréquentes expéditions coloniales tient surtout à la non organisation du service vétérinaire en campagne qui n'est réglementé que depuis 1876.

Dépôts de chevaux blessés. — Napoléon Ier manque toujours de cavalerie et, en homme prévoyant, il installe derrière ses armées des dépôts de chevaux où « tous che-

(1) *R. M.*, 2e série, t. XV, p. 289.
(2) Berlin. Archiv., XIX, p. 277.
(3) *Abeille médicale* 1894.
(4) *A.* 1895, p. 209.
(5) *R. M.*, 3e série, t. I, p. 1015.

vaux fatigués ou blessés iront se remettre ». Pendant la campagne de 1806-1807, de nombreux petits dépôts de cavalerie sont installés à Würtzbourg, Baireuth, Erfurt, etc. et bientôt concentrés à Postdam sous l'inspection du général Bourcier. L'armée française s'avançant toujours vers l'est, de nouveaux dépôts sont créés à Lenczyc, puis à Varsovie. Mais le dépôt de Postdam reste le grand dépôt de la Grande Armée ; à un moment donné il compte 3807 chevaux, dont 2347 blessés et, pour les soins thérapeutiques, le général Bourcier a sous ses ordres trois sous-lieutenants « venant de l'école d'hippiatrique de Lyon » et huit artistes vétérinaires. La plupart des blessés l'avaient été par le harnachement et aucun document vétérinaire sur les blessures de guerre ne sortit de ces hôpitaux d'armée.

Le V^re^ P^al^ Goux préside en Italie (1859) à la création de dépôts d'animaux blessés et malades, mais il n'a laissé, à notre connaissance, aucune relation des observations de pathologie chirurgicale qui ont dû être faites dans ces dépôts.

Pendant la guerre du Mexique (1862-1867), Liguistin créa plusieurs établissements de ce genre, mais ses relations (*J. M.*, t. III) visent surtout les blessures par le harnachement, la misère physiologique ou les maladies coloniales.

Pendant la conquête du Dahomey, Roynard tenta d'établir un dépôt de chevaux malades ou blessés, mais dans son intéressant récit de cette campagne coloniale, où les combats meurtriers furent nombreux, M. Scheulameur ne nous fournit, comme étude des blessures de guerre, que la mention d'une cuisse emportée par un obus.

Les pertes de chevaux par blessures de guerre sont pourtant plus nombreuses que les pertes de cavaliers ou d'artilleurs.

Voici quelques exemples de mortalité comparative (Smith).

BATAILLE DE WATERLOO (armée anglo-hollandaise).

Artilleurs.			Chevaux d'artillerie.		
Tués.	Blessés.	Disparus.	Tués.	Blessés.	Disparus.
135	425	63	608	149	80
Total : 623.			Total : 837.		

Cavaliers anglo-prussiens.			Chevaux de cavalerie.		
Tués.	Blessés.	Disparus.	Tués.	Blessés.	Disparus.
868	2245	967	1923	1064	1701
Total : 4080.			Total : 4688.		

A Marengo, la brigade Kellermann, forte de 470 chevaux avant l'action, n'en comptait plus que 150 le soir.

La grosse cavalerie perdit 500 chevaux sur 800.

A Sadowa la cavalerie autrichienne perd :

Hommes.			Chevaux.		
Tués.	Blessés.	Disparus.	Tués.	Blessés.	Disparus.
317	348	314	1055	235	850
Total : 979.			Total : 2140.		

A Mars-la-Tour, en 1870, la cavalerie prussienne perd 1341 hommes et 1486 chevaux sur un effectif de 9114.

Les pertes des allemands en 1870-1871 furent de :

7,325 tués 5,547 blessés 1,723 disparus	14,595 hors de combat par le feu.
23,000 morts ou réformés p^r maladies ou usure.	
Total : 37,595.	

On divise généralement les armes de guerre en armes blanches et en armes à feu, celles-ci peuvent-être divisées en armes portatives (de l'infanterie) et en armes non portatives (de l'artillerie). Nous étudierons leurs effets dans l'ordre de cette classification.

BLESSURES PAR ARMES BLANCHES

Sabre, Épée, Lance, Baïonnette. — Les blessures par armes blanches sont des incisions ou des piqûres toujours compliquées d'un certain trauma. Les écrits des Vres Mres à leur sujet sont peu importants ; aux mémoires de Kopp et de Daray, nous n'avons à ajouter que les observations de Prévost, de Jacoulet (R. M. 3e s., t. I) et quelques faits inédits de notre clinique personnelle.

Fréquence. — A la guerre, les blessures par armes blanches sont peu importante comparativement aux blessures par armes à feu. Delorme dit que le rapport entre ces deux sortes de blessures a été sur l'homme de 1,4 0/0 en 1870 ; de 3 0/0 pendant la guerre d'Amérique. A Montebello (Guerre d'Italie 1859) il fut pourtant de 23,8 0/0 sur les Autrichiens qui furent chargés à la baïonnette.

Ces proportions doivent être plus grandes sur les chevaux que sur les hommes, car les chevaux se blessent fréquemment les membres par les armes abandonnées sur le champ de bataille et sont fréquemment blessés aussi par les sabres de leurs propres cavaliers ou les lances des cavaliers amis.

Incisions. — Le sabre est une arme *d'estoc*, c'est-à-dire piquante et *de taille*, c'est-à-dire tranchante. Les blessures tranchantes doivent se rencontrer exclusivement sur les régions non protégées par le cavalier et son paquetage, particulièrement vers les montants de la bride que l'adversaire cherche à couper afin de supprimer la conduite du cheval ennemi. Les coups portés sur la main de bride ne doivent pas atteindre la monture protégée par sa crinière ; ceux portés sur la croupe sont des accidents.

A la suite de la charge de Villeneuve d'Ingré près d'Orléans, le 4 décembre 1870, dans laquelle trois escadrons de cavalerie française furent en contact avec 4 escadrons de hussards allemands, le V^re P^s Thomas n'a relevé dans l'escadron d'éclaireurs algériens que cinq coups de sabre sans gravité sur la croupe, l'encolure et la tête des 100 chevaux engagés, tandis que les deux capitaines, un lieutenant et environ 15 hommes de l'escadron reçurent des coups de sabre plus ou moins graves.

Ces blessures se caractérisent par des sections de la peau, des muscles, des tendons, des vaisseaux et des nerfs ; souvent le lambeau de la lèvre déclive est pendant.

Les os sont rarement sectionnés, pourtant la figure 33 représente la section complète de la lèvre d'une poulie astragalienne ; cette section fut faite à Saumur sur un cadavre non dépouillé servant à la leçon du coup de sabre.

Les os de la face du cheval peuvent aussi être entamés assez profondément. — Le bout du nez, les lèvres, les oreilles sont facilement amputés. — La section du facial est facilitée par sa situation superficielle.

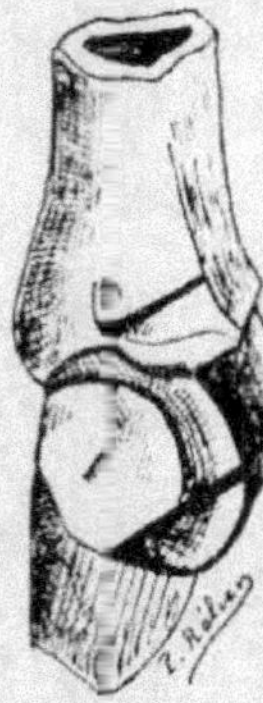

Fig. 33. — Lésions osseuses par coup de sabre.

Les sections de tendons fléchisseurs ne peuvent être produites que par un homme à pied (faucheurs polonais révoltés contre les Russes) ; la section de la corde du jarret équivaut à l'abatage du cheval.

Les hémorrhagies varient avec l'importance des vaisseaux sectionnés ; elles sont plus importantes que lors de piqûre ou de blessures par balle du même vaisseau.

Communément, ces blessures sont peu graves, elles diffèrent peu des blessures chirurgicales ou des sections accidentelles, pourtant Daray prétend que leur cicatrisation par première intention est beaucoup plus rare à cause du trauma qui les accompagne, mais nos moyens de thérapeutique chirurgicale se sont notablement perfectionnés depuis 1870.

En principe, après la ligature des artères, l'enlèvement des caillots, des esquilles osseuses, etc., on doit immédiatement tenter la réunion des tissus sectionnés sous le couvert de l'asepsie ou de l'antisepsie possible.

Piqûres. — La pénétration du sabre, de l'épée, des baïonnettes volumineuses ou de la lance *dans les cavités splanchniques* est généralement grave par les hémorrhagies internes qu'elle provoque.

Mais la baïonnette actuelle, à cause de sa ténuité, détermine souvent des blessures curables. Lorsqu'elle frappe bien perpendiculairement, elle fait une blessure quadrangulaire et minuscule ; si, au contraire, l'incidence de l'arme est oblique, la forme de la blessure est circulaire ou étoilée, à bords nets ou frangés. Lorsque aucune complication ne survient, la guérison de la plaie se fait avec une étonnante rapidité. En huit jours, la cicatrisation est terminée. On peut dire, en règle générale, que s'il n'y a pas lésion d'un organe très important, tel que le cœur, les gros vaisseaux et les poumons, et que s'il ne se déclare pas d'hémorrhagie interne amenant un dénouement presque immédiat, le pronostic devient favorable.

Le Dr Sieur, étudiant la pénétration de la baïonnette *dans l'abdomen* de l'homme et du chien, dit que les blessures de l'intestin grêle se guérissent souvent, par suite du glissement des parois intestinales oblitérant l'ouverture faite par la baïonnette et de la non issue du contenu intestinal dans la cavité péritonéale. Ces conditions peuvent se rencontrer aussi chez le cheval, si on en juge par la fréquente innocuité des ponctions intestinales dans le flanc gauche.

La blessure du gros colon ou du cæcum, volumineux, minces, peu mobiles, toujours plus ou moins remplis d'aliments pâteux, doit être infiniment plus grave. Au contraire, les trois tuniques de l'estomac par suite de leur rétraction inégale forment, souvent, comme nous l'avons constaté lors de blessures par balles, des écrans réciproques à leurs solutions de continuité. L'issue des aliments dans la cavité péritonéale est ainsi impossible.

La déchirure de *la rate* par coup de pied, toujours grave, peut néanmoins guérir; la piqûre de cet organe par une baïonnette n'est certainement pas plus dangereuse.

Nous n'avons pas de repère pour apprécier la gravité relative des blessures *du foie*, *des reins*, *de la vessie*, etc. La piqûre *du poumon* par l'épée ou le sabre n'est pas fatalement mortelle; les hémorrhagies pulmonaires sont toujours plus importantes chez le cheval que chez l'homme, mais combien de fois n'en avons-nous pas déterminées par des ponctions exploratrices dans les poumons hépatisés sans qu'il en résulte le moindre inconvénient pour la guérison du malade. Si l'arme était propre et de volume restreint, on doit espérer sauver le blessé après une ou deux semaines de repos. Des coups de couteau donnés par vengeance brutale dans la poitrine de nos montures guérissent fréquemment.

Les blessures *du cœur*, elles-mêmes, produites par une épée ou une fine baïonnette peuvent laisser quelques chances de guérison; celle des *gros vaisseaux* sont infiniment plus graves.

Dans tous ces cas, la non intervention chirurgicale doit être la règle absolue dans notre médecine. Les explorations ne peuvent être que nuisibles, il faut se contenter d'une suture intéressant les muscles sous-cutanés, la peau, et empêchant l'entrée de l'air dans la cavité péritonéale ou pleurale.

Quand il y a issue de matières alimentaires par la blessure abdominale, l'abatage s'impose, la péritonite étant fatale. Mais dans tous les autres cas de piqûre dans les cavités splanchniques, si l'hémorrhagie n'est pas mortelle (ce qui est vite démontré) on doit immobiliser ou évacuer rapidement les animaux à poumons étroitement perforés ou à abdomen ponctionnés sur les dépôts de chevaux blessés, car bien des guérisons y pourront survenir *rapidement* qui ne se produiraient certainement pas à la suite du régiment.

Les piqûres dans les *masses musculaires* (Daray, obs. VII) sans hémorrhagie notable doivent se traiter par le drainage et la suture aseptique. Dans le cas d'hémorrhagie abondante, le tamponnement aseptique donne d'heureux résultats. Un cheval de notre régiment, blessé d'un coup de lance dans la région de l'ars avec forte hémorrhagie veineuse, put faire 6 kilomètres pour revenir au quartier et y guérir après tamponnement de sa blessure et suture cutanée contentrice.

Quand l'hémorrhagie siège sur un membre, l'application d'un bandage *très serré*, fait à la rigueur avec un ou deux mouchoirs de poche, et placé principalement au-dessus de la lésion, arrête l'écoulement du sang. On peut aider la compression utile du mouchoir par un tampon quelconque appliqué directement sur le trajet du vaisseau en attendant sa ligature Les *sections* de l'artère humérale, lors d'une tentative malheureuse de névrotomie médiane, sont rarement mortelles, même sans ligature de l'artère et par simple application d'un pansement compressif bien appuyé.

Les blessures en *séton* ne sont pas rares; elles sont relativement bénignes. Avec M. Jacoulet (loc. cit.), nous avons traité à Saumur une blessure de lance, formant séton complet entre le pénis et l'abdomen. Malgré son apparence de gravité immédiate, la cicatrisation fut obtenue rapidement et sans complication.

M. Prévost cicatrisa en 13 jours un séton produit par la hampe d'une lance pénétrant au niveau de la mamelle droite pour sortir au milieu de la fesse gauche ; la blessée mourut ultérieurement du tétanos.

Dans ces blessures, les vaisseaux et les nerfs sont souvent écartés et respectés ainsi que les tuniques fibreuses et les aponévroses.

La VIIIe observation de Daray a rapport à un séton sous la peau de la tête produit par coup de lance. Poncet, du 2e lanciers en 1863 (*J. M.*, t. I.), signale aussi une cicatrisation *par première intention*, d'une blessure produite par une baguette de fusil lancée comme projectile et traversant l'encolure.

« Une particularité que je crus importante pour diminuer la gravité de mon pronostic, c'était la distance de quatre centimètres environ entre les ouvertures de la peau et celle des muscles, ce qui faisait de cette blessure une plaie en quelque sorte sous-cutanée ; *circonstance qui s'opposait à peu près complètement à l'introduction de l'air extérieur.*

« Une blessure *béante* des muscles de l'encolure et du ligament cervical traitée par tout autre moyen (immobilisation et douche) eût-elle guéri comme celle dont je viens de relater l'histoire ? »

Ainsi s'exprimait Poncet avant les travaux de Pasteur sur les germes de l'air, bien avant par conséquent les applications chirurgicales qu'en ont déduites les deux Guérin, l'un en préconisant le pansement ouaté, l'autre en préconisant la chirurgie sous-cutanée.

En campagne, l'évacuation des blessés de cette sorte n'est pas absolument commandée ; utile dans le cas de M. Prévost, car la marche eût été très nuisible à la guérison de son empalé, elle est discutable dans le cas de Poncet et absolument inutile dans le cas de Daray et dans celui de M. Jacoulet.

Les piqûres *des membres* sont particulièrement intéressantes comme étant les plus nombreuses et comme étant à peu près toutes justiciables du traitement. Nous en avons soigné plusieurs à Saumur sur des chevaux dont le membre antérieur est embroché lors des courses de tête ; les piqûres des tendons fléchisseurs restent très douloureuses pendant plusieurs semaines, malgré leur cicatrisation rapide sous le couvert de l'antisepsie. Étant donnée cette indisponibilité presque fatale lors de lésions tendineuses, les blessés en cette région doivent être évacués. — Les deux relations de blessures par armes blanches faites par Kopp pendant la campagne d'Italie ont pour objet la pénétration dans les paturons de baïonnettes abandonnées sur le champ de bataille.

Dans l'un, la baïonnette (1) a pénétré à la face externe et antérieure du paturon pour ressortir du côté interne après avoir traversé le tendon des extenseurs des phalanges. Dans le second cas, la baïonnette a pénétré à la face externe du paturon pour ressortir dans le pli du paturon après avoir traversé le tendon des fléchisseurs des phalanges. Kopp souligne la boiterie intense des premiers jours, une suppuration intense aussi, la guérison dans un cas, l'insuccès probable dans l'autre. — Les armes laissées sur le sol et la peau des extrémités du cheval doivent évidemment être très souillées sur un champ de bataille ; les blessures de cette sorte nécessitent encore l'évacuation des blessés.

Les blessures articulaires peuvent très bien guérir rapidement par l'asepsie, l'antisepsie et le repos ; on en a guéri en 1870 au moyen du vésicatoire ou autres agents très inférieurs en puissance curative à ceux que nous avons indiqués lors des ouvertures articulaires par blessures diverses.

BLESSURES PAR ARMES PORTATIVES

Fusils. — Les armes à feu modernes se perfectionnent chaque jour, il est impossible de prévoir de quels fusils et de quels canons seront armés nos futurs ennemis de la future guerre. Il faut nous contenter d'étudier ici les effets des projectiles lancés hier, aujourd'hui et demain par nos propres armes.

(1) Les baïonnettes de 1859 étaient beaucoup plus volumineuses que les baïonnettes actuelles.

Les fusils lancent *des balles*. — Kopp et Daray ont étudié les blessures par balles tout en plomb d'un calibre de 17 à 18 mm. des armes autrichiennes, allemandes (Dreyse) et françaises (Chassepot) en 1859, 1870 et 1871.

La balle Dreyse, d'un poids de 31 grammes, avait une vitesse initiale de 296 mètres. La balle Chassepot, du poids de 24 grammes, avait une vitesse initiale de 410 mètres. Les études de Kopp et Daray méritent encore d'être consultées, puisque les balles de l'artillerie pourvues d'une vitesse minime ont parfois une simplicité encore plus grande et que, dans nos campagnes coloniales on trouve les armes européennes démodées entre les mains de nos ennemis (Dahomey), (Tonkin), (Madagascar).

En 1874, la France adopte un fusil lançant des balles en plomb de 11 mm., du poids de 25 grammes, ayant une vitesse initiale de 420 mètres et faisant 800 tours à la seconde. C'est avec ce fusil que le Dr Delorme exécute ses recherches sur les effets des blessures de guerre chez l'homme.

Quelques expériences du Dr Von Beck sur les chevaux sont également faites avec un fusil de 11 mm. lançant des balles en plomb.

En 1886, la France adopte une arme lançant des balles de 8 mm, pesant 15 grammes 4 avec une vitesse initiale de 615 mètres et animée d'un mouvement de rotation triple de celui indiqué pour le modèle 1874. La balle 1886 est munie d'une enveloppe en maillechort.

La carabine de la cavalerie française modèle 1890 lance des balles analogues à celles du fusil modèle 1886.

En France, comme partout, on a reconnu que ces balles *humanitaires* sont *insuffisantes* car elles ne mettent pas toujours immédiatement hors de combat les hommes et les chevaux qu'elles peuvent atteindre. *Elles manquent de puissance d'arrêt.*

Au cours de l'expédition du Dahomey, dans les campagnes du Soudan et du Tchad, nos officiers ont vu des sauvages continuer à combattre malgré une perforation du thorax par une balle Lebel. Pareille constatation fut faite au Chitral par les Anglais qui entendirent leurs ennemis donner le sobriquet de *fusil d'enfant* au Lee-Metford, et cependant ce fusil lance une balle du calibre de 7 mm. 7 pesant 13 gr. 9. Enfin il n'est pas jusqu'à l'ancienne balle Italienne (calibre 10 mm. 65 et du poids de 20 grammes) qui ne se soit montrée impuissante à briser l'élan des Abyssins.

Aucune de ces balles ne sera utilisée sans doute dans les prochaines guerres. En France nous possédons une cartouche de mobilisation à balle spéciale dont les effets destructeurs sont beaucoup plus intenses que ceux de la balle modèle 1886.

Les Anglais ont utilisé déjà la *balle Dum-Dum* dont le plomb, à nu vers le sommet, se déforme facilement ; Walker a fait connaître ses terribles effets sur deux chevaux vivants. Ils ont aussi utilisé une *balle à pointe creuse*, dont la pointe offre une petite cavité ouverte, entièrement tapissée par la chemise en nickel du projectile. En deçà de 600 mètres pour les os et de 400 mètres pour les tissus mous, la chemise nickelée éclate près de sa pointe et le plomb s'étale en champignon au-devant d'elle en provoquant de vastes déchirures.

En présence de cette variation incessante des projectiles employés et de leurs effets, il nous semble qu'une étude synthétique est peu pratique et qu'il vaut mieux jeter un coup d'œil rapide sur les différents effets produits par chacun des types que nous venons d'énumérer.

Lésions produites par les balles. — Contusions. — Sous le premier empire, les simples contusions par *balles mortes* étaient fréquentes. En 1859, on en observe encore en Italie ; on en observera de moins en moins à mesure que les vitesses initiales deviendront plus grandes ; mais à cause des ricochets, des balles d'obus, de revolver, etc., les simples contusions par balle ne disparaîtront jamais totalement.

La contusion détermine une mortification cutanée formant eschare, du diamètre du projectile, à bords nets. Cette eschare se détache lentement, dit Delorme, et laisse après sa chute une plaie ayant peu de tendance à se cicatriser et qui fournit une cicatrice déprimée.

Erosions et sillons. — Le sillage d'une balle frôlant une région peut se traduire par une blessure à bords plus ou moins déchirés, ecchymosés, noircis, qui saignent peu mais se cicatrisent lentement.

Plaies en cul-de-sac. — Encore fréquentes en 1870, elles devenaient de moins en moins nombreuses à mesure que la vitesse initiale du projectile s'accroissait.

Ellenberger et Baum n'ont retrouvé qu'une seule balle déformée dans la cuisse d'un cadavre tiré transversalement 77 fois avec des projectiles genre 1886, mais 11 balles et l'enveloppe d'une douzième (sur 30) sont restées dans le corps d'un cadavre frappé en position frontale (distance : 250-600 mètres).

Le revolver donne généralement lieu chez le cheval à une plaie en cul-de-sac ; les balles Dum-Dum aussi et nos balles de mobilisation peut-être si elles culbutent ou se déforment.

Les lésions des *plaies en cul-de-sac* ne diffèrent des *plaies en séton* que par leur moindre longueur correspondante, la présence du projectile en leur fond évasé et l'absence du trou de sortie.

Des plaies en séton (nous étudierons successivement les lésions produites par les différentes balles dans les différents tissus et organes de l'économie). Le *trajet* des projectiles qui forment séton à travers le corps du cheval (ou qui s'arrêtent dans son économie) n'est pas toujours rectiligne.

« Souvent le trajet s'infléchit dans un ou plusieurs points et prend une direction angulaire, curviligne ou sinueuse. Les déviations trouvent une explication dans la différence de densité, d'élasticité, de structure intime, de tension des différents tissus (Daray). »

La balle peut rencontrer un corps dur sur lequel elle se brise en plusieurs fragments, constituant tout autant de petits projectiles séparés capables de produire des accidents graves.

Les singularités de certains trajets des balles ont été longuement soulignées par les anciens chirurgiens de l'homme (contour des os, sétons sous-cutanés étendus, etc.).

La balle à enveloppe métallique modèle 1886 fait régulièrement des trajets rectilignes.

Les balles nouvelles, avons-nous dit, produiront parfois des trajets irréguliers.

Lésions de la peau (1). — *Daray* constate, en 1870, que les ouvertures d'entrée sont plus petites que les ouvertures de sortie, bien qu'on discute sur ce sujet. L'ouverture d'entrée est nette, déprimée, et plus petite que le projectile qui l'a produite : sa circonférence est noirâtre, elle contient souvent des poils et donne passage, dans la majorité des cas, à une petite quantité de sang ; celle de sortie est saillante, irrégulière et présente moins de contusions. Quand le coup est tiré à bout portant, l'ouverture d'entrée est plus large ; la force expansive de la poudre, combinant son effet à celui de la balle, contond violemment les parties.

Von Beck : « Quand un projectile frappe avec force dans des tissus dépressibles, délicats, mous, élastiques, il les traverse en creusant un canal d'un diamètre variable et à la façon d'un emporte-pièce sans aucune déchirure. Si l'angle d'incidence est droit, l'ouverture d'entrée correspond au diamètre de la balle, elle est par conséquent cir-

(1) Nous renvoyons, une fois pour toutes, à nos précédentes indications sur les conditions des observations et expériences faites par Kopp, Daray, Von Beck, Aureggio, Ellenberger et Baum, Démosthène, Walker, Gabeau, Lemann et nous-même.

culaire ; les bords, un peu renversés en dedans, sont souvent noircis par la graisse et la poudre et présentent en même temps des traces de meurtrissures.

Lorsque l'on a tiré sur un cheval, on trouve toujours à l'entrée, et même plus profondément dans le canal, des petits poils très fins qui n'ont éprouvé aucune modification.

A la sortie d'un séton simple « la peau a cédé pour ainsi dire devant le projectile, elle est légèrement soulevée et ne présente qu'une petite ouverture allongée ».

Ellenberger et *Baum* qui opèrent sur cadavre disent que l'ouverture d'entrée est en général plus petite que la circonférence de la balle mais qu'elle augmente quand la distance est inférieure à 250-350 mètres.

Ce fait n'est nullement confirmé par nos expériences personnelles. Une balle tirée à 5 mètres, immédiatement après la mort, simulait à s'y méprendre l'orifice produit par le trocart à thoracentèse de nos caisses de chirurgie ; elle était donc remarquablement étroite.

Trou d'entrée — Trou de sortie

Fig. 34. — Trous d'entrée et de sortie d'une balle de cavalerie (carabine modèle 1890) tirée à 100 m. de distance à travers la région dorsale de la tige rachidienne (fractures des côtes, sillons pulmonaires, fractures vertébrales), sur cheval vivant.

Nous figurons (v. fig. 33) les trous d'entrée et de sortie d'un projectile de 8 mm. (carabine modèle 1890) tiré à 100 mètres sur un cheval vivant.

Ici, l'orifice d'entrée est plus petit que la circonférence

de la balle, tandis que l'orifice de sortie est très grand et déchiré parce que le projectile avait traversé et broyé plusieurs os et entraîné des esquilles avec lui. Quand la balle cuirassée n'a rencontré que des parties molles, l'ouverture de sortie reste circulaire et est à peine différenciable de l'ouverture d'entrée.

Avec les balles Dum-Dum, à pointes creuses, explosibles, culbutantes, l'ouverture de sortie n'existe généralement pas, mais comme la blessure « s'élargit en forme de cratère » il faut la prévoir énorme quand elle existera.

Muscles (*Daray*). — Une balle frappant perpendiculairement les parties molles s'y enfonce en creusant un canal proportionnel à son volume et dont le fond est plus large et plus évasé que l'entrée. Si le tissu est traversé, les dimensions transversales du *trajet s'accroissent de l'ouverture d'entrée vers l'ouverture de sortie.*

Tout le long du trajet, la balle détruit une couche plus ou moins épaisse de tissus qui sont broyés, incapables de vivre et constituent l'eschare, laquelle doit être éliminée par la suppuration Cette plaie a de la tendance à se rétrécir, d'abord par l'effet de la contusion, et en second lieu par l'effet seul de l'élasticité des tissus.

Von Beck. — Quand une balle traverse l'encolure, la balle creuse dans les couches musculaires épaisses un canal plus large que les ouvertures cutanées et aponévrotiques superficielles.

Mais les parois sont lisses, sans aucune déchirure, la solution de continuité est le résultat d'une sorte de perte de substance. Après le passage du ligament cervical, le trajet est moindre que le précédent, il semble que les muscles cèdent plus facilement et offrent moins de résistance.

Il en résulte que le canal devient de plus en plus étroit.

Ellenberger et Baum. — Les plaies des muscles plats sont en général lisses et un peu plus petites que le diamètre de la balle. Les trajets sont parfois difficiles à voir.

Les plaies des muscles épais et volumineux sont plus grandes, plus déchirées et le sont d'autant plus que les muscles sont éloignés de l'orifice d'entrée.

Le trajet s'élargit à travers un muscle épais et l'ouverture d'entrée peut n'y être que la moitié de l'ouverture de sortie. — Les trajets musculaires sont particulièrement déchirés quand le projectile a traversé auparavant un os et entraîné avec lui de nombreuses esquilles.

Dans de grandes déchirures on trouve parfois les nerfs et les vaisseaux conservés intacts d'une manière remarquable.

En somme, bien que les constatations de Von Beck et d'Ellenberger et Baum soient contradictoires au sujet de la dimension progressive du séton musculaire, on est en droit de conclure, au point de vue du pronostic des blessures des parties molles par les balles de petit calibre à chemises métalliques régulières, que : « les lésions des parties molles sont absolument insignifiantes, les sétons musculo-cutanés se présentent dans les conditions les plus favorables à une réunion immédiate : canal étroit, simple séparation des fibres musculaires, sans mortification, sans broiement apparent : au moins, si les orifices suppurent, le trajet virtuel a ses parois naturellement en contact et disposées à se souder. » C'est la conclusion du Dr Chauvel après expériences des mêmes projectiles sur des cadavres humains.

Gabeau ayant opéré sur un cadavre donne des appréciations pessimistes et contradictoires avec nos observations faites dans des conditions à peu près analogues mais sur sujet vivant.

Il trouve l'ouverture d'entrée de même dimension que la balle, le trajet musculaire de beaucoup supérieur à son diamètre et contenant des débris musculaires.

Lehmann trouve encore les lésions du Mannlicher plus graves que celles du Lebel en vertu d'un pouvoir explosif plus intense, mais toutes ces notes pessimistes s'évanouissent devant les cicatrisations par première intention de la plupart des blessures musculo-cutanées reçues pendant les dernières guerres.

Walker : Balles Dum-Dum. « La peau du flanc enlevée, on se trouve en présence d'une plaie des muscles assez large pour permettre d'introduire la main dans l'abdomen. »

Von Beck : projectiles explosibles. — L'ouverture d'entrée (région du cou) s'élargit en forme de cratère ; les muscles sont déchirés sur une étendue considérable (6 à 10 cm. de diamètre) ; pas d'ouverture de sortie.

Tissu conjonctif, aponévroses, tendons, ligaments. — En général ces tissus sont traversés par des trajets étroits, linéaires par tous les projectiles. Dans nos expériences personnelles les aponévroses diaphragmatiques et sous-scapulaires étaient pourtant largement déchirées.

Gabeau dit que le trajet fourni par la balle Lebel dans le tissu tendineux est d'un diamètre double du projectile. Les fibres tendineuses sont déchirées et tordues.

Os. — *Daray* : Les effets des balles sur les os sont très variés, « ils diffèrent pour les os plats, les os longs, pour le tissu compact et le tissu spongieux. Si une balle frappe le corps du fémur, il est rare qu'elle n'y produise pas une fracture comminutive ; si le même os est traversé près de son extrémité spongieuse, il arrive souvent que la balle s'y creuse un canal ou qu'elle le traverse sans produire la moindre esquille. Sur un os plat, elle peut être réfléchie par l'os d'abord et ensuite par les parties molles qui le recouvrent. Si le corps de l'os est prismatique comme le tibia, la balle, en frappant obliquement sur l'un de ses bords, peut l'emporter ; celle-ci au contraire se divisera en deux fragments si elle vient frapper le bord tranchant de l'os. »

Von Beck fait les mêmes constatations qu'*Ellenberger et Baum*. Voici ces dernières.

1° *Os longs* (Humérus, Radius, Métacarpien, Métatarsien, Tibia, Fémur).

Les blessures épiphysaires des os longs se traduisent par des trous avec fissures. Quelquefois on observe la fracture de l'épiphyse, dans ce cas le projectile lèse aussi la diaphyse. Les coups d'effleurement provoquent l'éclatement des épiphyses.

Les projectiles frappant la diaphyse amènent constamment la destruction complète de l'os, ou de très fortes esquilles (V. fig. 35). Les coups d'effleurement provoquent l'éclatement. Le cubitus se comporte comme les os courts et compacts.

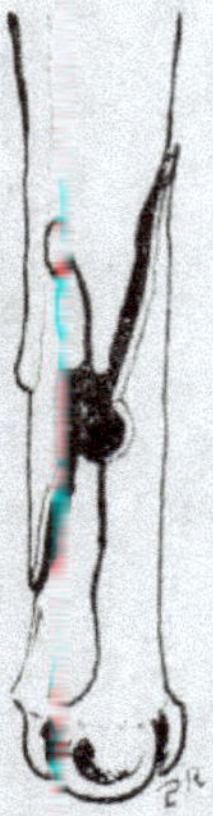

Fig. 35. — Coup de feu à travers la diaphyse d'un métatarsien (d'après Ellenberger et Baum).

Os courts et compacts (Phalanges, vertèbres, cubitus, maxillaire inférieur). — Si le côté d'un os court est effleuré par un projectile, une partie de l'os éclate sans autres lésions que de légères fissures. Si un os court est frappé dans son milieu, il est fracassé, quelquefois troué avec des esquilles.

Os plats (Scapulum, apophyse épineuse des vertèbres, branches du maxillaire supérieur, atlas, os de la tête sauf le maxillaire.)

Les os plats sont généralement troués. Le trou est rond, petit avec ou sans esquilles à la face d'entrée. Il est plus gros, généralement esquillé à celle de sortie (V. fig. 35). L'os plat est fendu, s'il a été frôlé. L'extrémité diaphysaire du scapulum se fracasse, la crête est trouée ou esquillée.

Le corps du maxillaire se comporte comme les os courts.

Côtes. — Si la côte est atteinte dans sa moitié, il y a un trou du diamètre du projectile (même un peu moins) avec de grandes fissures et quelques petites esquilles à la sortie. Si la côte est atteinte sur le bord, celui-ci est emporté.

Si un projectile, après avoir traversé le thorax, rencontre une côte, celle ci est fracassée et il y a une solution de continuité.

Cartilages. — Les plaies sont généralement petites, nettes, en forme de fente. Si le cartilage est effleuré, une partie est emportée sans bavures et sans fissures. Dans le larynx il y a des trous avec de faibles fissures.

Dents. — Les dents sont broyées.

Ven Beck fait remarquer que la plaie osseuse des balles à chemises d'acier est plus nette que celles des balles en plomb ; « les lésions ne dépassent pas certaines limites, les os brisés sont encore maintenus par le périoste, les muscles, les vaisseaux, les nerfs sont moins déchirés, le projectile, après avoir brisé une résistance, continue sa route plus régulièrement. »

Au contraire, *Démosthène* constate qu'avec la balle cuirassée du Mannlicher « les os ne sont jamais perforés régulièrement ; dans tous les cas et à toutes les distances les fractures, aussi bien des os spongieux que des os longs et plats, ont été des fractures esquilleuses à grands fracas ».

Avec la même arme *Lehmann* obtient des lésions à peu près analogues.

Gabeau a observé une fracture de la première phalange par *contre-coup* à la suite d'une blessure de la région supérieure du boulet. Il estime que dans tous les cas le périoste est soulevé, déchiré.

Personnellement, nous constatons qu'une balle tirée à bout portant sur le frontal l'a broyé une première fois et n'a fait qu'un trou à l'emporte-pièce une seconde fois. Dans les deux cas il s'agissait du coup de grâce d'un cheval fusillé, tiré normalement avec mêmes armes, mêmes projectiles, et à même distance. Il faut donc tenir compte de l'individualité blessée.

A 100 mètres, les côtes sont discontinues aussi bien à l'entrée qu'à la sortie, la colonne vertébrale est disloquée sur l'étendue de quatre vertèbres dorsales. Le corps de l'humérus éclate en morceaux, etc.

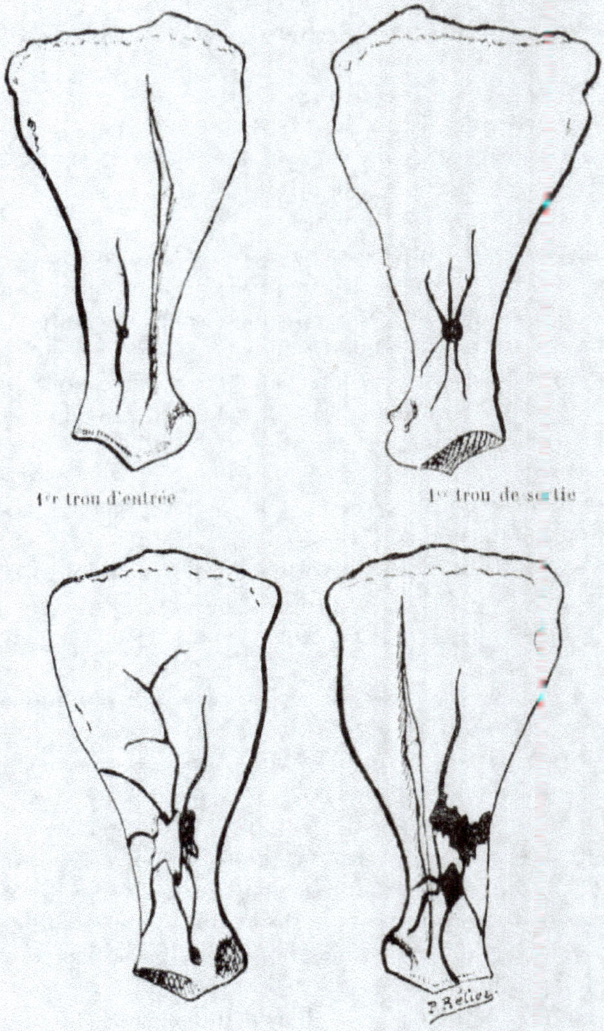

Fig. 36. — Coup de feu à une distance de 300^{m}.
Balle Mannlicher (d'après Lehmann).

Les balles nouvelles feront encore plus de ravages.

« *Une balle Dum-Dum* traversa la rotule vers son côté interne et la fractura en deux morceaux, puis remontant elle brisa le fémur à son tiers moyen y faisant une véritable bouillie osseuse. »

Une autre balle frappe en dessous du coude : « Les plaies d'entrée et de sortie sont très petites, les extrémités du radius, du cubitus et les condyles de l'humérus sont broyés.

Articulations. — Les blessures des articulations avec ou sans lésions des os sont toujours graves mais non absolument mortelles.

Daray (obs. II) relate une blessure par balle de l'articulation fémoro-tibiale, suivie de réforme avec guérison probable. Une blessure de l'articulation coronaire par balle suivie de guérison (obs. IV). Une blessure du genou par éclat d'obus également suivie de guérison (obs. V).

Ellenberger et Baum constatent que « les blessures articulaires sont diverses suivant la direction du projectile frappant l'articulation. Lorsque le cartilage de recouvrement est touché, il est broyé, mais il arrive que le trajet, passant au-dessus ou au-dessous, le laisse absolument intact.

Gabeau donne toujours une note trop pessimiste que ses observations sur cadavre semblent pourtant justifier.

« L'articulation est éclatée ; les os sont réduits en miette ; les ligaments sont arrachés, dilacérés, rompus. »

A Fourmies, en 1896, le Dr *Delorme* a soigné sur l'homme neuf plaies pénétrantes articulaires produites à très courte distance par le fusil Lebel, « tous les blessés suppuraient mais ils se rétablirent dans des conditions relativement favorables ».

Poumons. — *Von Beck.* Les blessures des poumons produites par le projectile Lorenz ont toujours la forme d'un trou rond sans déchirures.

En général disent *Ellenberger et Baum*, le poumon est fortement déchiré et le trajet plein d'esquilles, rarement il existe un trajet simple ; il s'agrandit à sa sortie.

Démosthène remarque que chez les chevaux, les plaies pulmonaires n'intéressant aucun gros vaisseau ont déterminé des hémorrhagies formidables.

Nous avons personnellement assisté en effet à un véritable « jet de sang » à la suite d'un simple effleurement supérieur des poumons. *Brisavoine* constate que la balle Lebel crée à travers les poumons un large foyer hémorrhagique et réduit en pulpe leur tissu.

Les blessures pulmonaires par projectiles doivent être beaucoup moins graves chez l'homme que chez le cheval. Ici, le diamètre du trajet est plus grand que celui de la balle et la zone ecchymosée ou réduite en pulpe toujours assez étendue.

Cœur. — *Daray* relate une mort immédiate par blessure du cœur. « Le cœur est déchiré vers sa partie postérieure. Le ventricule droit est ouvert. »

Von Beck constate parfois des trajets nets, souvent des déchirures.

Intestins. — *Von Beck* : Dans les plaies de l'intestin, l'ouverture a toujours été circulaire, avec issue lente du liquide.

Ellenberger et Baum. — Dans l'intestin grêle les plaies sont rondes et petites ; dans le gros intestin elles sont larges, béantes et déchirées.

Démosthène. — Les blessures de l'intestin ont montré, lorsque le cheval atteint avait mangé, un véritable éclatement du viscère. Les lésions étaient un peu moins prononcées sur les intestins vides.

Nimier. « Lorsque les balles *à pointes creuses* viennent à frapper des organes cavitaires renfermant des liquides, elles déterminent des ravages vraiment épouvantables qui laissent loin derrière eux tout ce que peut produire la balle Dum-Dum, car sous l'influence de la pression excessive que la rencontre d'un liquide fait subir à l'air contenu dans la pointe creuse, la balle éclate en mille morceaux qui transpercent et détruisent les tissus tout autour.

Estomac. — Nous avons déjà dit que les tuniques stomacales nettement perforées par une balle peuvent se constituer en écrans réciproques et empêcher l'issue des matières alimentaires.

Foie et Rate « *Ellenberger et Baum* — *Von Beck*. — Le foie et la rate présentent un trajet sans éclatement notable.

Démosthène. — Les blessures du foie et de la rate sont simples.

Gabeau, Lehman. — Ces viscères offrent des lésions considérables.

Sabot. – *Gabeau*. — Traversé de part en part, les trous d'entrée et de sortie intracornés sont presque imperceptibles.

Vaisseaux. — Avec les anciens projectiles, les artères étaient plus ou moins « machurées » et dès lors il y avait fort souvent une hémostase véritable due au projectile lui-même. Avec les projectiles à chemise métallique, la balle coupe net les artères et produit une hémorrhagie majeure.

Les nerfs sont sectionnés de même.

En résumé les lésions produites par les divers projectiles sont très différemment appréciées par les divers auteurs. *Von Beck* donne la note optimiste, *Demosthène, Gabeau* et *Brisavoine* la note pessimiste.

Les résultats obtenus sur les blessés humains de Fourmies et de Manille montrent que la note optimiste était juste au point de vue de la facile curabilité des lésions. Il serait pourtant imprudent de conclure des résultats humains aux résultats caballins. Les chevaux ont les os plus volumineux, les poumons plus vasculaires que les hommes, mais pour le moment, nous n'avons guère à notre disposition que les résultats humains suivants :

A Fourmies, après une fusillade exécutée avec l'arme modèle 1886, à très courte distance, il y eut 8 morts immédiates et 34 blessures. — Ces 34 blessures dont quelques-unes étaient « effrayantes » donnèrent des succès constants, vitaux et fonctionnels.

Quelques exemples recueillis sur les blessés espagnols

à Manille « indiquent l'innocuité fréquente des blessures par des balles de petit calibre, et animées d'une vitesse initiale considérable : membres traversés de part en part sans effusion notable de sang, avec orifices d'entrée et de sortie minuscules, et cicatrisation en quelques jours avec restitution ad integrum des fonctions du membre lésé ; os ne présentant d'autres lésions qu'une perforation à l'emporte-pièce. La poitrine elle-même, l'abdomen, ont pu être traversés de part en part, sans lésions suffisantes pour arrêter la marche en avant du blessé.

M. Brémaud signale, par exemple, deux malades : l'un ayant reçu une balle pénétrant dans le dos, entre la 9e et la 10e côte, à deux travers de doigt à gauche de l'épine dorsale, et ressortant en avant à 1 centimètre en dehors et à droite de l'appendice xyphoïde ; un autre atteint d'une balle entrée sous la clavicule gauche et ressortie entre l'omoplate gauche et la colonne vertébrale, et qui se sont rendus sans soutien à l'ambulance, et ont pu reprendre leur service actif après quelques jours seulement de présence à l'hôpital.

Au cours des récentes campagnes du Chili, de Grèce et de l'Afrique du sud, de nombreux médecins ont rapporté des faits analogues.

Donc on est en droit de dire avec Uzac : « les projectiles modernes tendent de plus en plus à produire des blessures profondes mais avec des trajets réguliers, sans mâchures, comme ceux d'un instrument piquant : trou d'entrée à l'emporte-pièce ne dépassant pas le calibre de la balle, trajet étroit, en gouttière, des aponévroses et des muscles, quelquefois des os, puis trou de sortie unique, étoilé, à peine supérieur au calibre du projectile, tels sont en général leurs caractères ; dans certaines conditions, assez rares, on observe des fractures comminutives et des effets explosifs. »

Aussi est-on bien décidé à utiliser dans les futures guerres des « cartouches de mobilisation » faisant des blessures au moins aussi graves que celles des anciens projectiles.

Quelles seront ces lésions ?

C'est le secret de l'avenir (1).

Les médecins essayent déjà de les escompter en étudiant les blessures produites par les balles déformées (Uzac).

Le trou d'entrée ne présentera de caractères spéciaux que lorsque les balles auront frappé les tissus après leurs déformations ; il sera alors très irrégulier, de dimensions très variables.

Le trou de sortie, quand il existera, sera encore plus irrégulier, simple ou multiple.

Les trajets ne seront guère comparables les uns aux autres.

Les fractures comminutives des os seront beaucoup plus fréquentes.

Les blessures produites sur *les viscères* seront particulièrement graves.

Et l'*arrêt* du projectile plus ou moins fragmenté dans les tissus constituera une complication fréquente et redoutable.

Symptômes. — En dehors de la constatation des lésions locales et des troubles fonctionnels qu'elles déterminent (troubles que nous n'examinerons pas en détail car ils sont aussi variables que le siège des blessures et s'observent dans toutes les blessures de ces diverses régions), les anciens notaient comme symptôme propre aux blessures par projectiles d'armes à feu « un engourdissement des tissus lésés avec diminution de la sensibilité et abaissement de la température (Daray). »

Delorme cite des exemples caractéristiques de la *stupeur locale* des tissus blessés chez l'homme qui ampute son membre avec un couteau de poche, etc. Cette stupeur locale ne dure ordinairement que quelques heures, on doit la mettre à profit sur nos blessés qu'il est pratiquement impossible de chloroformer immédiatement après l'action.

(1) Nous ne croyons pas pouvoir publier ce que nous savons sur les cartouches de mobilisation.

On a constaté aussi chez l'homme une *stupeur générale* ou *choc traumatique* qui n'a pas été signalé par les vétérinaires.

Les projectiles de petits calibres qui manquent de *puissance d'arrêt* ne possèdent probablement pas cette dernière fonction. « Aucun des blessés de Fourmies frappés à si courte distance avec la balle de 8 mm. n'a éprouvé de sensation de choc violent, n'a fait de chute ou n'a dû être relevé d'un état syncopal, alors même que des épiphyses ou des diaphyses avaient été atteintes... En général, les plaies saignèrent peu (Delorme »).

Diagnostic. — Le diagnostic de la blessure de guerre ne peut souffrir aucune difficulté. Le diagnostic de la lésion sera vite fait par le relevé du trajet certain ou probable et par l'étude des symptômes fonctionnels et locaux constatés.

Pronostic. — Le V^re^ M^re^ doit, immédiatement après la blessure, juger de sa gravité et pronostiquer la guérison rapide et prompte du blessé ou son abatage immédiat. L'étude détaillée des lésions que nous venons de faire lui permettra sans doute d'asseoir son jugement sur des connaissances théoriques assez précises, car les connaissances pratiques lui manqueront toujours au début d'une campagne.

La nature du projectile doit influencer beaucoup son pronostic, les trajets produits par des balles à chemises métalliques non déformées pouvant permettre la guérison rapide même avec une épiphyse perforée comme à l'emporte-pièce, même avec une cavité splanchnique traversée d'un séton à ouverture de sortie minime. M. Aureggio a pronostiqué les résultats probables des blessures produites par Von Beck et lui-même, mais bien entendu son pronostic n'a pas été soumis à l'épreuve de la pratique. Sur 151 coups de feu des expériences de Von Beck, il relève 108 blessures immédiatement mortelles, incurables ou nécessitant l'abatage et 43 guérisons possibles. Sur 24 blessures par revolver, il compte 18 blessures mortelles ou nécessitant l'abatage et 6 guérisons possibles ou certaines.

Les résultats obtenus sur l'homme blessé par les balles à chemises métalliques sont plus encourageants que les pronostics de M. Aureggio qui totalise d'ailleurs des blessures de projectiles très variés.

Les blessures par balles déformables nécessiteront sans doute l'abatage de tous les blessés atteints dans les cavités splanchniques ou dans l'intégrité de leur squelette locomoteur.

Des considérations très différentes de celles envisagées par le pronostic médical imposeront parfois aussi l'abatage d'un blessé économiquement curable. En 1871, au combat de Teniet Djaboub (Djurjura occidental) (où notre camarade Montmarqué trouva la mort), le Vre Pal Ph. Thomas dut faire précipiter dans un ravin profond ses chevaux blessés, la situation critique de la colonne commandant la parfaite mobilité de tous ses animaux.

Traitements. Les contusions et les blessures non pénétrantes sont soignées aseptiquement, autant que possible.

Blessures pénétrantes. — La première indication est d'arrêter les hémorrhagies graves par compression ou double ligature des artères ou des veines.

Jadis, et le mémoire de Daray est précieux à consulter sur ce sujet, on prescrivait : « de ramener la plaie si contuse, si inégale aux conditions d'une plaie simple » et *le débridement* des aponévroses, des ligaments, était nécessaire pour éviter *l'étranglement* du trajet et des tissus mortifiés, la rétention du pus et des produits pathologiques, comme l'extraction des projectiles, des esquilles et des corps étrangers.

Déjà en 1870, Daray se demande si le débridement préventif est toujours utile « Nous nous rangerions volontiers, dit-il, du côté des Vétérinaires qui voudraient attendre une indication pour débrider, quelle que fût la structure de la partie blessée.

« Après un combat à Artenay, quelques blessés furent conduits à Orléans. Un d'eux avait eu l'articulation rotulienne traversée par une balle. L'étranglement était à craindre, la plaie était entourée de toute part de plans fibreux. Notre vétérinaire en 1er résolut cependant de ne pas débrider et fit appliquer, après de nombreuses lotions astringentes, de l'onguent vésicatoire. Ce malade guérit parfaitement. »

Mais il n'admet pas un seul instant qu'il ne soit indispensable d'extraire les corps étrangers.

« Tous les chirurgiens sont d'un accord unanime sur la nécessité d'extraire les corps étrangers, qu'on peut regarder comme de véritables ennemis enfermés dans l'organisme, y développant une foule d'accidents, et s'opposant à la cicatrisation de la moindre blessure, tant qu'on n'en pratique pas l'extraction. L'extraction des corps étrangers est donc une indication indispensable et naturelle. »

Puis, « une fois la plaie placée dans les conditions de cicatrisation » Daray recommande l'usage de l'eau froide pendant 4 ou 5 jours après lesquels la suppuration s'établit et commence à détacher l'eschare. Il préconise les pansements phéniqués et parfois les sutures.

Il arrivera certainement que le vétérinaire sera appelé à soigner des blessés loin de toute cantine médicale ou vétérinaire, il doit bien se rappeler alors les bons effets que l'on a obtenus jadis des *pansements à l'alcool* Ce médicament se trouve partout, hélas! souvent plus facilement que l'eau pure « l'alcool appliqué sur les plaies récentes à un degré assez élevé de concentration a pour propriété de les préserver de la suppuration ou d'en retarder l'apparition. »

Actuellement, la plupart des chirurgiens et surtout ceux qui ont acquis une expérience personnelle des blessures de guerre les considèrent comme des plaies aseptiques devant guérir sous un pansement occlusif immétement appliqué.

Les trajets peuvent être évidemment souillés par quelques poils mais ceux de l'homme le sont par les résidus vestimentaires et la règle générale indiquée ci-dessus procure aux chirurgiens humains les plus nombreux succès.

Les projectiles à chemise métallique évacuent généralement d'eux-mêmes le corps du blessé, mais s'ils y restent, on doit les abandonner à un enkystement probable.

Il n'est indiqué de les extirper que s'ils sont à fleur de peau où s'ils sont l'occasion certaine d'une complication. Il est bon de rappeler à ce sujet combien *il est essentiel de remettre le blessé dans la position où il se trouvait au moment de sa blessure.*

En opérant ainsi, et en cas d'impossibilité matérielle en replaçant les régions dans leur position première, on aura une idée véritablement exacte des lésions produites et si cela est nécessaire, on retrouvera facilement le corps étranger cherché. Dans les dépôts de chevaux blessés, la radiographie pourra éclairer le chirurgien sur les opérations utiles.

Avec les balles déformables ou basculantes des guerres futures, nous n'aurons sans doute plus de résultats aussi brillants qu'aujourd'hui. Les trajets anfractueux et multiples de nos blessés suppureront ; alors nous aurons recours à l'antisepsie, aux pansements ouatés, etc., etc.

Il me paraît inutile d'entrer dans les détails de toutes les opérations, variées à l'infini, que l'on peut être obligé de pratiquer pour obtenir la guérison des blessures de guerre avec ou sans extirpation des poils, d'un projectile, des esquilles, d'un morceau de couverture ; avec ou sans drainage de la blessure, contre ouverture, débridement, etc. Tout cela est de la chirurgie courante.

Complications des blessures de guerre : Je crois inutile de parler ici du *tétanos* et de la *gangrène septique*, mais il reste important d'appeler l'attention sur les *hémorrhagies secondaires* qui pourront compliquer des blessures quelques jours après le début du traitement.

Darray signale la guérison d'un blessé dont l'artère humérale sectionnée fut suivie d'une hémostase naturelle. Il est évident que, dans ce cas, le Vre doit prévoir l'imminence d'une hémorrhagie secondaire et qu'il doit, à défaut de la ligature des abouts, prescrire au moins un *repos absolu* jusqu'à oblitération parfaite de la blessure artérielle.

Souvent les parois vasculaires sont contusionnées mais laissées en place, l'hémorrhagie ne survient qu'après élimination de l'eschare mortifié.

BLESSURES PAR PROJECTILE D'ARTILLERIE

Le Vre Pal Merche, analysant les mémoires envoyés au concours de 1873 entre les Vres Mres dit avec Delamotte : « Quant aux blessures déterminées par des boulets, des éclats d'obus, etc., elles sont d'une gravité telle, par suite de l'écrasement des chairs, de l'épanchement considérable de sang qu'elles occasionnent et du broiement des parties osseuses, qu'il n'y a pas lieu de s'en occuper, la conservation des sujets devenant impossible. » Cela était vrai avec les projectiles pleins (boulet) ou les obus frappant de toute leur masse et Kopp fournit cinq observations de ces sortes de blessures qui sont toutes confirmatives de l'opinion pessimiste de Merche.

Pendant la guerre franco-allemande l'obus remplace le boulet. Une enveloppe de fonte a sa cavité centrale remplie de poudre ; à un moment donné la poudre fait explosion et divise le projectile en un nombre variable de fragments qui sont projetés au loin ; les blessures sont plus nombreuses mais plus restreintes et les soins vétérinaires plus efficaces.

Daray rapporte dix observations de blessures par éclats d'obus que M. Aureggio a bien résumées dans le tableau suivant :

RÉGIONS BLESSÉES	PROJECTILES OU ÉCLATS D'OBUS	DÉSIGNATION DES ORGANES LÉSÉS	BLESSURES SUIVIES DE MORT OU D'ABATAGE	GUÉRISON	TRAITEMENT
Cuisse gauche	Eclat d'obus	Cuisse traversée à la partie inférieure, fémur effleuré, muscles déchirés, hémorrhagie mortelle (fémorale).	Mort le 8e jour hémorrhagie		Douches
Articulation fémoro-tibiale	Eclat d'obus	Bord externe de la rotule avec esquilles et tubérosité antérieure du tibia.	Mort le 15e jour infection putride		Permanganate de potasse
Genou droit	Eclat d'obus	Articulation ouverte et extrémité inférieure du cubitus éraillée, écoulement de synovie.		En un mois	Douches vésicatoires
Partie inférieure de l'encolure	Eclat d'obus (100 gr.)	Plaie au cou près épaule, hémorrhagie, long trajet fistuleux, allant jusqu'aux vertèbres.		Guérison longue	Eau phéniquée
Croupe à droite	Enorme éclat d'obus	Vaste plaie de la base de la queue à la hanche, profonde de 3 centimètres, pas de lésion osseuse.	Mort de fièvre hectique		Pansements phéniqués
Région lombaire	Eclat d'obus	Délabrement considérable de la région, apophyse intacte, cependant paraplégie instantanée.	Mort par résorption purulente le 9e jour		Pansements phéniqués
Base de la queue	Eclat d'obus régulier	2 coccygiens cassés et trajets dans la fesse droite, éclat dans les muscles.		Après trois semaines	Pansements phéniqués
Cuisse droite	Eclat d'obus	A la partie externe et médiane de la cuisse, plaie très profonde sans lésion osseuse.		En bonne voie de guérison après un mois	Pansements phéniqués
Région coxo-fémorale	Eclat d'obus	Plaie très profonde, tête du fémur cassée en deux et une branche de l'ischium brisée.	Abatage		
Épaule	2 éclats d'obus	Muscles de l'épaule, puis lésion de l'os : après un mois 1/2 environ de traitement on retire un débris de couverture		Deux mois environ	Eau fraîche

La mortalité ne fut donc que de 50 0/0; avec nos moyens thérapeutiques actuels elle aurait encore été inférieure.

Mais l'obus de 1870 fut bientôt remplacé par un projectile susceptible de fournir un plus grand nombre d'éclats. Celui du canon de 90 millimètres, remplacé avant d'avoir servi, pesait 8 kilogrammes 685 et devait projeter 250 éclats ainsi composés : Galettes, 77 ; balles, 160 ; culot, 1 ; fusée, 1 ; grenade, 5 ou 6 ; enveloppe, 4 ou 5.

Je figure (V. fig. 37) un éclat de l'enveloppe de ce projectile qui a provoqué la demi-section de la tige rachidienne au niveau d'une vertèbre cervicale avec mort immédiate du cheval placé à 400 mètres du point d'éclatement.

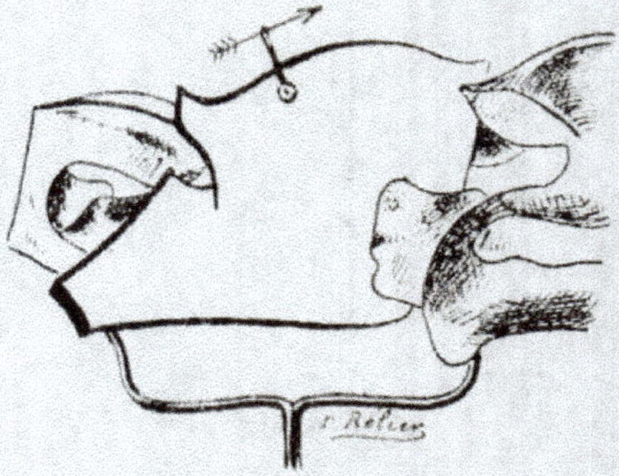

Fig. 37. — Fracture des 3e et 4e vertèbres cervicales. (Mort instantanée (de Malbec).

En 1897, on adopte un canon de 75 millimètres qui tire deux espèces de projectiles :

1° Des obus à balles ;

2° Des obus à explosif.

Les obus à balles sont de deux sortes : *a*) obus à charge arrière ; *b*) obus Robin modèle 1897.

Ces obus agissent comme de petits canons qui projettent leurs balles avec une vitesse initiale approximative de 400 mètres.

Delorme classe les plaies par éclats d'obus comme les blessures par balles : 1° en érosions, éraflures, sillons, gouttières ; 2° en plaies en cul de sac ou perforations incomplètes ; 3° en sétons ou perforations complètes ; 4° en abrasions plus ou moins étendues.

Les plaies en cul de sac sont les plus nombreuses. En général l'orifice d'entrée est sensiblement plus petit que la dimension du trajet. Il n'est pas rare de trouver des fragments d'obus volumineux cachés au fond de trajets à orifices très étroits. Les bords de l'ouverture sont habituellement déchiquetés, meurtris et décollés.

Après l'extraction du corps étranger, les parois de la cavité ont très peu de tendance à revenir sur eux-mêmes : c'est un fait très général.

Des corps étrangers très variés peuvent être projetés par la force explosive de l'obus : au siège de Bitche, le Dr Poignon a extirpé la diaphyse fémorale d'un blessé de la fesse d'un soldat voisin.

Pronostic. — Les blessures par éclats d'obus sont beaucoup plus graves que celles faites par les balles. L'attrition, la déchirure des tissus rendent impossible toute réunion par première intention. Les balles des obus font des blessures analogues à celles des balles rondes du Ier empire à vitesse initiale très faible.

Les gros projectiles, ou les pierres, les branches d'arbres qu'ils détachent, peuvent produire des contusions un peu analogues à celles des coups de pied de cheval mais infiniment plus graves et allant depuis l'épanchement sanguin à la déchirure des vaisseaux, à la fracture des os sans que la peau soit entamée.

Le traitement de toutes ces lésions n'a rien de bien spécifique, il doit être soumis aux grandes règles de la pathologie chirurgicale.

EFFETS PARTICULIERS DE CERTAINS EXPLOSIFS

La mélinite, la crésylite et de nombreux explosifs pourront joindre leurs effets spéciaux à ceux des blessures par projectiles de guerre. « Les fragments des projectiles à mélinite, gros comme des pois, font aux parties molles des plaies excessivement graves, plaies profondes, multiples, déchirées. Les os sont brisés nets et leurs cassures ne se prolongent pas en fissures.

Il semble que la vitesse prodigieuse du corps vulnérant lui permette de briser l'os dès son premier contact. » — (Aureggio).

Aperçu de la mortalité générale des chevaux de l'armée, des principales causes qui influencent cette mortalité et des principales maladies qui l'effectuent.

ANNÉES	EFFECTIFS	Achats des REMONTES	QUALITÉ des FOURRAGES	Chiffres des Pertes	Proportion pour 1000	Morve	Pleuro-pneumonie	Affections typhoïdes	Gourme	Maladies intestinales	Mortalité sur 1000 malades	OBSERVATIONS
1830				1	100							(1) Jusqu'en 1878 les pertes consignées ci-contre ne concernent que les troupes de l'intérieur, Algérie non comprise.
1835					84							
1840					111							
1841					125							
1842					107							
1843					74							
1844					71							
1845	33648			2603	76	47	47					
1846	41793		Bonne	2619	64	35	14.7					
1847	44883		id.	2413	54	26	13.1	0.9				
1848	57146	13596	Très bonne	3592	63	23	17.7	3.1				Révolution, préparation à la guerre.
1849	67363	6930	Bonne	3687	55	25	11.1	2.1				
1850	60726	6323	id.	3217	53	26	10.7	0.9				
1851	56243	6241	Médiocre	2548	44.5	20	10.3	1.0				
1852	55025	9201	id.	2191	39.8	16	10.5	0.1				
1853	54974	1032	Très médiocre	2527	45.9	48	12	2				
1854	63596	10247	Bonne	3884	60.7	18.6	20.2	2.18	0.37	3.07		Guerre de Crimée.
1855	69612	31454	id.	4218	61	22.4	18.4	2.72	0.35	3.14		
1856	72643	10412	id.	4773	65.7	25.5	13.07	2.83	0.13	4.68		
1857	56213	7435	id.	2093	37.2	16.2	7.09	1.33	0.16	2.71		
1858	50659	7252	id.	1464	28.1	10.1	5.73	1.29	0.20	5.87		
1859	63428	14278	id.	3402	53.6	9.3	14.18	7.12	0.28	4.14		Guerre d'Italie.
1860	63912	5212	id. (2)	1899	29.7	10.3	5.54	1.97	0.10	2.53		(2) Récolte 1859, bonne. — 1860, mauvaise.
1861	64262	6865	Récolte 61, méd.	1682	26.1	8.7	6.115	1.30	0.07	2.50		
1862	54404	5009	— 62, bonne.	1404	25.8	9.2	4.163	1.52	0.11	2.40		
1863	51648	6270	Bonne	1476	28.5	8.8	6.432	1.82	0.07	2.458		
1864	48939	6401	id.	1402	28.6	7.8	6.743	2.47	0.20	2.738		
1865	50755	604	id.	1499	29.5	6.4	6.623	2.24	0.14	3.66		
1866	48656			1243	25.5	4.6	6.72	2.47	0.14	3.39		
»	»	»		»	»	»	»	»	»	»		Invasion allemande.
1872	68428			3234	51	18.7	8.22	1.39		4.01		
1873	80186	7708		2455	30.6	10.8	5.03	1.54		1.42		
1874	77741	10992	Av. B. Foin méd.	2661	34.2	11.2	5.48	2.05		1.45		
1875	84348	14520	id.	2727	32.3	9.2	6.65	1.15		4.88		
1876	91254	11459	id.	3693	40.4	13.5	8.01	2.27		4.54		
1877	95409	13442	Av. exotique F. m.	2937	30.8	6.8	6.42	1.26		4.68		
1878	101074	14422	Av. exotique F. m.	3060	30.5	6.9	6.2	1.1	0.57	5.05	51.5	A partir de 1878 les troupes d'Afrique sont comprises dans les chiffres indiqués ci-contre.
1879	104207	12112	id.	3132	30	6.7	6.1	1.7	0.33	4.6	51.1	
1880	102581	12708	id.	2642	29.7	7.7	4.2	1.4	0.41	3.8	48.6	
1881	114600	20128	Bonne	4327	37.7	3.8	6.3	4.1	0.52	6.6	55.7	Campagne de Tunisie et Sud-oranais
1882	112851	13202	Médiocre	3546	31.8	3.4	6.2	4.6	0.41	7.7	51.6	
1883	113425	14776	Assez bonne	2953	26	1.4	6.1	1.07	0.39	5.8	41.9	
1884	108824	11675	Inférieure	2497	22.9	1.7	4.6	0.62	0.41	5	36.5	
1885	106580	15145	id.	2386	22.7	1.9	4.3	0.70	0.29	4.8	35.5	
1886	58904	13112	Médiocre	2393	24.2	2.1	5.2	0.77	0.80	5.6	37.1	
1887	104254	14125	Bonne	2430	22.8	0.8	4.2	1.0	0.62	4.3	35.7	
1888	111303	16266	Au-dessus de la moy	2835	25.5	0.9	5.8	0.46	0.9	6.3	38.5	
1889	111525	15829	Assez bonne	2754	24.7	1.0	4.9	0.49	0.9	6.4	39.4	
1890	111235	15832	Bonne	2644	23	0.9	5.03	0.4	0.58	5.1	36.2	
1891	111314	15047	id.	2803	23.49	1.4	5.08	0.60	0.55	5.4	38.1	
1892	122043	11247	id.	2973	24.36	1.8	4.8	0.5	1	5.5	37.8	A partir de 1892, des chevaux primitivement *réformés* et ne figurant pas dans les pertes sont *vendus* pour la boucherie et comptés comme *abattus*.
1893	123454		id.	2892	23.47	0.7	3.4	0.3	1.1	6.2	36.4	
1894	122569		Orge et foin du Canada	2776	22.75	0.3	4.1	0.1	0.6	7.3	35.3	
1895	122591		Bonne	2761	22.50	0.2	4.2	0.3	0.8	6.3	33.6	
1896	123577		id.	2815	22.77	1.2	4.4	0.8	0.1	5.5	33.8	
1897	122211		id.	2716	22.22	0.2	4.0	0.8	1.2	5.8	31.7	
1898	122645		id.	2519	20.54	0.15	3.95	0.27	0.94	5.53	29.7	

Statistique relevée dans les mémoires de la Commission d'hygiène hippique.

La Mortalité générale des chevaux de l'armée française qui était de 160 pour 1000 en 1830, de 50 ‰ en 1850, de 30 ‰ en 1860 et aussi en 1880 (à cause du recul infligé à notre état sanitaire par la guerre de 1870-71), n'est plus actuellement que de 20,54 ‰. Cette énorme amélioration a été surtout produite par les moyens prophylactiques opposés à la Morve et aux affections pulmonaires ; isolement des contagieux ; aération permanente des écuries. En 24 ans, la mortalité pour 1000 animaux traités est passée de 51,5 à 29,7, cette belle amélioration est due aux progrès des thérapeutiques médicales et chirurgicales.

Statistiques prussiennes (données générales).

(Extraites du Jahresbericht Veter när)

ANNÉES	EFFECTIFS	Chiffres des pertes: Morts, abattus, et malades réformés	Proportion pour 1000: avec les réformés	Proportion pour 1000: sans les réformés	PERTES POUR: Morve (nombre de cas).	PERTES POUR: Influenz. Pferdestaupe, Hyperämie der Lunge-Lungen und Brustfellentzündung	PERTES POUR: Unterleibstyph., Brustseuche, Rothlaufseuche	PERTES POUR: Gourme	PERTES POUR: Maladies intest. Kolik Darmentzündung	Observations
1901	86000	2008 (1668 | 340)	25		11			3		(1) Dans l'effectif ne comptent pas : les remontes, la gendarmerie (Leib-gendarm.), les Écoles d'artillerie (Fuss-artillerie Schiesschule), les forestiers (garde jager), les corps bavarois et le corps saxon (XIIe) fort de 6252 chevaux en 1897.
1899	78400	1563 (1275 | 293)	20.0	16.3	13	32	82	6	475	
1898	77141 (1)	1563 (1257 | 306)	20.2	16.3	1	78	91	»	486	
1897	77404	1643 (1349 | 304)	21.4	17.4	2	92	126	»	490	
1896	77156	1628 (1271 | 357)	21.2	16.5	4	59	91	»	476	
1895	76402	1635 (1321 | 316)	21.4	17.3	13	39	60	»	496	
1894	76343	1704 (1335 | 369)	22.3	17.5	»	?	59	2	539	
.....	....	....	.....	.....	.....	....	.....	.	.....	
1889	73207	1659 (1322 | 337)	22.7	18.1	»	?	?	?	?	
1888	69515	1237 (906 | 331)	17.8	13.0	»	36	58	»	261	

Ces statistiques ne sont pas absolument comparables aux statistiques françaises pour de nombreuses raisons :

1° Parce que nos pertes et réformes sont celles de tout l'effectif sans aucune exception tandis que les pertes et réformes ci-dessus sont celles relevées exclusivement sur les chevaux malades.

2° Parmi ces motifs de réforme nous trouvons des fractures au nombre de 37 en 1898, de 46 en 1899, c'est-à-dire plus du 1/10e des cas ; en France nous aurions vendu ces malades à la boucherie et nous les aurions comptés parmi nos *abattus* et non parmi les *réformes*.

3o Les chevaux de remonte ne figurent pas dans la statistique ci-dessus.

4o La morve nous coûte encore 153 chevaux en 1896, tandis qu'elle a presque disparu de l'armée prussienne, protégée qu'elle est contre les invasions extérieures par le fonctionnement d'une sévère police sanitaire civile.

5o L'armée d'Afrique charge défavorablement les statistiques générales de l'armée française.

Voici ce que deviennent les statistiques françaises métropolitaines, dégagées de la mortalité des chevaux de remonte.

	Perte par effectif		
Garde républicaine	5,90 0/00	N'incorporant pas les chevaux de remonte ils ont une mortalité moyenne de 15,6 0/00 (58.854 chevaux avec 921 pertes).	Moyenne générale totale 21,38 0/00 d'effectif.
Chasseurs . . .	15,43 —		
Cuirassiers . . .	15,94 —		
Dragons	14,80 —		
Hussards	17,42 —		
Ecoles.	23,75 —	Incorporant les chevaux de remonte.	
Génie et train . .	22,45 —		
Artillerie. . . .	19,84 —		
Remontes . . .	64,24 —		

Le chiffre de 15,6 0/00 est inférieur à tous les chiffres de mortalité des cavaleries européennes, la hollandaise exceptée.

Nous avons d'ailleurs montré déjà que les affections des jeunes chevaux qui chargent tant les statistiques de l'armée française chargeraient bien davantage celles de l'armée prussienne puisque, dans les remontes, nous perdons seulement 10 à 16 0/00 de nos gourmeux alors qu'ils perdent 18 à 27 0/00 des leurs.

Statistiques russes (données générales) effectif en 1877, 145,225 chevaux (1).

		1881	1882	1883	1884	1885		1895	1896	1897
Sur 1000 chevaux d'effectif on a observé dans les lazarets vétérinaires.	malades	328.9	330.2	307.0	318.0	340.0	—	391.9	392.8	387.8
	réformes (impropres au service)	5.3	11.0	4.1	7.0	5.2	—	2.5	1.7	1.9
	morts (après maladie)	18.5 }	13.7 }	12.1 }	13.0 }	14.0 }	—	10.0 }	10.6 }	11.1 }
	morts (subitement ou accidentellement)	1.4 } 23.7	? } 16.3	? } 16.3	? } 17.1	? } 18.4	—	? } 11.4	? } 12.4	36.5 } 16.25
	abattus (comme incurables)	3.8 }	3.1 }	4.2 }	4.1 }	4.4 }	—	1.4 }	1.8 }	1.5 }
Perte pour la cavalerie y compris la réforme.		25.5	23.2	24.05	28.1	20.0	—	—	—	—
— artillerie —		25.0	25.1	19.2	16.2	16.0	—	—	—	—
— cosaque —		35.4	36.4	22.4	25.0	28.1	—	—	—	—
D'autres documents paraissant se rapporter à tout l'effectif par armes et par district et non plus aux seuls animaux traités dans les lazarets, fournissent des renseignements plus intéressants. Sur 1000 chevaux d'effectif furent réformés	Cosaques	—	—	—	—	—	—	—	15.86	15.86
	Artillerie	—	—	—	—	—	—	—	16.50	14.53
	Cavalerie	—	—	—	—	—	—	—	12.46	13.82
Pertes pour mort ou abatage	Cosaques	—	—	—	—	—	—	—	36.78	38.75
	Artillerie	—	—	—	—	—	—	—	28.43	29.57
	Cavalerie	—	—	—	—	—	—	—	28.76	28.51

(1) D'après le *Jahresbericht*, t. VII, p. 194, pour les années 1881-1885. D'après une traduction allemande pour les autres années.

Ces documents contradictoires semblent montrer que la moitié des chevaux morts ou abattus, 28 p. 0/00 au minimum en 1896, n'ont pas passé par les lazarets

En 1897, la cavalerie de l'Amour perd en effet 73 0/00 de son effectif par réforme et 110.24 par mort et abatage.

En 1897, l'artillerie du Turkestan perd également 28,5 0/00 de son effectif par réforme et 47,5 par mort et abatage.

En 1897, les cosaques du Kasan perdent 43 0/00 de leur effectif par réforme et 133,3 par mort ou abatage.

A Moscou, la mortalité de la cavalerie est de 63.5 0/00. Celle des cosaques du Don de 125 0/00. A Varsovie, elle s'abaisse à 19,10 et les plus bas chiffres sont obtenus au Caucase avec une mortalité de 18,4 pour la cavalerie, 20,2 pour l'artillerie et 17,7 pour les cosaques.

Dans les lazarets, la morve fut constatée 278 fois en 1892, 313 fois en 1893, 216 en 1894, 142 en 1895, 185 en 1896. Les coliques de 1897 au nombre de 8013 donnent 529 morts soit 66 0/00.

Statistiques anglaises (données générales).

ANNÉES	EFFECTIFS	Morts et Abattus	0/00 DE L'EFFECTIF	PERTES POUR Morve	Gourme	Appareil respiratoire	Appareil digestif
1886	14377	234	18.8	»	»	»	»
1887	13018	266	18.7	0	5	»	»
.....	.....	.....	.....	.....	.....	.....	.....
1892	?	?	21.3	»	»	»	»
1893	?	?	20.9	»	»	»	»
1894	13192 chev 178 mulets	312 4	33.7	0	9	59	79
.....	.....	.....	.....	.....	.....	.....	.....
1899	Très variable par suite de la guerre du Transvaal	661 sur 14522 malades	57,3 °/₀₀ malades	1	19	256 sur 1540 malades	83 sur 485 malades
1900		1088 sur 13395 malad.	66,3 °/₀₀ malades	24	34	455 sur 2366 malades	407 sur 428 malades
ÉGYPTE							
1887	1022 chevaux 867 mulets 421 cham.		43,6 °/₀₀ de l'eff 33,2 id. 203,4 id.	»	»	»	»
1894	672 chevaux 150 mulets	32 5	47,7 30,0 } 44,8	0	»	»	»
AFRIQUE DU SUD							
1887	717 chevaux et mulets	»	225,9 °/₀₀	»	»	»	»
1894	586	33	57,2 °/₀₀	»	»	»	»

Observations générales. — Les pertes de l'armée anglaise étaient *à l'Intérieur* très comparables aux nôtres avant la guerre du Transvaal qui leur donne 60 pertes pour 0/00 malades alors que nous en perdons 30. (Influences de nombreux achats de jeunes chevaux).

En Egypte, leurs pertes sont très supérieures à celles de l'armée algérienne, les premières étant de 43 à 47 p. 0/00 de l'effectif des chevaux et les nôtres de 28,5 en 1897, de 28,2 en 1896, etc.

***

Statistiques italiennes.

1886 (1). — Effectif 36.430 chevaux donnent 852 morts, 482 abattus, soit 36,6 comme pertes sur 1000 d'effectif.

Les pertes pour la cavalerie sont de 24,8 0/00
— l'artillerie — 31,6 0/00

1889 (2). — Effectif 47,288 donnent 3692 réformés, 936 morts et 597 abatages; soit 32,4 comme pertes sur 1000 d'effectif.

Les pertes pour la cavalerie sont de. . . 22,4 0/00
— l'artillerie sont de . . . 46,7 0/00
— les dépôts d'élevage sont de 71,6 0/00

Il y eut 406 abatages pour morve et farcin.

		morts et abattus	mortalité
1901. — Effectif de l'armée	35093	705	2,01 0/0
Remonte et génie	7100	357	5,03 0/0
Au total . . .	42193	1062	2,52 0/0

Il y eut 99 abatages pour morve et farcin.

***

Statistiques hollandaises (1901 et 1900).

1901. — Effectif 4993 donnent 5970 malades avec 59 morts ou abattus, soit une mortalité de 1,18 0/0. (Y compris les Remontes, 460 chevaux donnant 4 morts et abattus).

	malades	morts ou abattus	années
Maladies de l'appareil respiratoire.	277	10	1901
	200	8	1900
Maladies de l'appareil digestif.	396	15	1901
	404	13	1900
Coliques.	160	9	1901
	179	11	1900

(1) D'après Leclainche, Recueil 1888, p. 684.
(2) *Giornale militaire officiale*, p. 2, 12 décembre 1890.

En 1901 la morbidité pour l'appareil respiratoire est de 5,5 0/0, la mortalité de 3,6 0/0 ; la morbidité pour l'appareil digestif est de 7,9 0/0, la mortalité de 3,7 0/0 ; la morbidité pour les coliques est de 3,2 0/0, la mortalité de 5,6 0/0.

***

Statistiques comparées des infirmeries vétérinaires
(France, Angleterre, Hollande, Prusse et Russie)

NATIONS	EFFECTIFS	ANNÉES	NOMBRE DE MALADES	POUR 0/0 D'EFFECTIF	GUÉRIS ET P. 0/0	MORTS ET ABATTUS ET P. 0/0	OBSERVATIONS
France.	106.244	1897	73.447	69.4	68.471 (93.2)	2.507 (3.4)	Le reste en traitement
Angleterre	13.192	1895	9.225	69.9	8.204 (89.9)	312 (3.3)	Le reste réformé ou en traitement
Hollande.	4.993	1901	5.970	119.	5.683 (95.)	59 (1.18)	
Prusse.	77.404	1897	28.395	36.68	25.765 (90.7)	1.339 (4.7)	
Russie.	145.225	1897	57.617	38.7	54.028 (93.7)	1.841 (3.2)	

Morbidité et mortalité pour affections de l'appareil digestif
(mêmes années).

France : 7913 malades (7,4 0/0) donnent 7253 guérisons (91,9) et 595 morts ou abatages (7,5 0/0), le reste en traitement.

Angleterre : 640 malades (4,7 donnent 485 guérisons (75,7) et 79 morts ou abatages (12,3), le reste incurable (78) ou en traitement.

Hollande : 396 malades (7,9) donnent 375 guérisons (94,7) et 15 morts ou abatages (3,7), le reste réformé ou en traitement.

Prusse : 3911 malades (5,0) donnent 3355 guérisons

(85,7) et 534 morts et abatages (13,6), le reste réformé (8) ou en traitement.

Russie : 9875 malades (6,7) donnent ? guérisons (?) et 561 morts ou abatages (5,6) le reste réformé (19) ou en traitement.

Morbidité et mortalité pour affections de l'appareil respiratoire.

France, 4997 malades (4,7 0/0) donnent 4357 guéris (87,2) et 339 morts ou abattus (6,7 0/0), le reste en traitement.

Angleterre 855 malades (6,3) donnent 697 guéris ou améliorés (81,5) et 59 morts ou abattus (6,9) le reste incurable (79) ou en traitement.

Hollande 277 malades (5,5) donnent 257 guéris (92,8) et 10 morts ou abattus (3,6) le reste réformé ou en traitement.

Prusse 669 malades (0,8) donnent 525 guéris (77,1) et 120 morts ou abattus (17,9) le reste réformé (10) ou en traitement.

Russie 5745 malades (3,9) donnent 4323 guéris (77,6) et 364 morts ou abattus (6,3) le reste réformé (305) ou en traitement.

Pour cette étude comparative nous avons choisi l'année 1897, pour la France, la Prusse et la Russie : 1° parce qu'elle était la dernière statistique française publiée au moment de nos recherches (mai 1902) ; 2° parce qu'elle était la seule statistique française groupant les maladies sous les rubriques (affections des appareils digestif et respiratoire) ; 3° parce que nous n'avions à notre disposition qu'une statistique russe assez complète, celle de 1897. Nous nous sommes servis des statistiques anglaises pour 1895, les dernières étant trop défavorables à nos confrères anglais à cause de la guerre du Transvaal qui bouleverse leurs cadres et leurs effectifs et provoque une mortalité (à l'intérieur) de 6 0/0 au lieu de 3,3 0/0 en 1895. La statistique hollandaise est de 1901, celle de 1900 est peu différente; elles sont toutes aussi favorables. Les documents italiens, trop sommaires, ne peuvent être analysés; l'armée autrichienne ne publie pas de statistiques vétérinaires.

Nous avons porté notre comparaison sur les résultats obtenus dans le traitement des affections des appareils respiratoire et digestif parce qu'elles sont de beaucoup les plus nombreuses, les plus graves et les plus régulières dans leurs manifestations comme dans leurs descriptions classiques internationales.

De cette statistique comparée des infirmeries vétérinaires il résulte que la morbidité générale des armées hollandaise, anglaise et française est environ le double de celle des armées russe et prussienne. Cela tient principalement à ce que les chevaux de remonte comptent en grand nombre dans les premiers effectifs, et ne comptent pas en Prusse.

Malgré cette situation défavorable, la Hollande puis la France indiquent partout le plus haut chiffre de guérisons et la mortalité générale inférieure. La Prusse indique une morbidité générale inférieure et partout une mortalité très supérieure, triplée pour les affections de l'appareil digestif.

Les résultats thérapeutiques obtenus par les vétérinaires militaires des différentes armées semblent être en rapport avec leur instruction générale et professionnelle, comme avec le degré de considération et d'autorité qu'ils ont dans leurs armées respectives. Très régulièrement, la mortalité *générale* diminue quand la morbidité augmente, c'est-à-dire que plus le nombre de chevaux placés sous la surveillance du vétérinaire est grand, moins il en meurt.

Sur 1000 chevaux hollandais, 79 sont confiés aux soins vétérinaires pour affections de l'appareil digestif et 3 *de l'effectif général* meurent.

Sur 1000 chevaux prussiens 50 seulement sont confiés aux soins vétérinaires pour affections de l'appareil digestif et 6 *de l'effectif général* meurent.

Cette loi est très régulière pour tous les chiffres des

différentes statistiques vétérinaires qui peuvent être comparés. Nous laisserons à d'autres plus autorisés le soin de tirer de ces constatations les justes déductions qu'elles comportent.

XXVII. — AFFECTIONS COLONIALES

Un livre sur les maladies du cheval de troupe doit nécessairement s'occuper des affections qui déciment les effectifs caballins de nos troupes coloniales. Malheureusement, si une expérience déjà longue m'a permis de réunir en un tout assez suivi les matériaux épars de la clinique Vre Mre métropolitaine, je dois avouer que cette expérience personnelle est nulle en ce qui concerne les affections coloniales.

Je coordonnerai donc simplement ici nos rares documents professionnels sur les affections coloniales, documents tout à fait insuffisants pour édifier convenablement un chapitre de pathologie, mais dont la connaissance évitera pourtant quelques surprises et quelques écoles aux vétérinaires abordant pour la première fois une de nos colonies.

Je fais un chaleureux appel à la collaboration future de nos camarades compétents pour l'édification de notre pathologie coloniale. Nos prédécesseurs ont réuni des matériaux assez nombreux sur la météorologie et l'hygiène vétérinaires de nos colonies, mais leurs études pathologiques sont infiniment moins importantes et moins précises. S'il est relativement facile, en effet, d'enregistrer des phénomènes météorologiques, d'étudier la géologie, la faune, la flore, de ces terres nouvelles ; il est beaucoup plus difficile de pénétrer jusqu'aux causes et par conséquent à la nature réelle des affections qui anéantissent rapidement les effectifs confiés aux soins du vétérinaire militaire. Alors, ce dernier, n'ayant plus de malades à soigner, contemple le ciel et la terre et nous donne de bonnes études sur la météorologie du Soudan, les prairies de Madagascar ou la tactique des Dahoméens.

Je dois laisser à d'autres le soin d'enseigner quelles sont les méthodes d'alimentation, de travail, de reproduction, qui sont ou doivent être utilisées dans nos colonies d'Asie ou d'Afrique, et me contenter de dire de quelles façons spéciales nos animaux y meurent.

L'importance de l'étude des affections coloniales a été démontrée d'une formidable manière par la guerre anglo-boer, où des centaines de milliers de chevaux ont succombé à la *horse shikness* ou à d'autres affections tropicales, sans que nos confrères anglais aient pu être d'un secours sérieux à leur cavalerie démontée.

Si les Vres Mres anglais avaient étudié la horse-shikness qui, en temps de paix, frappait déjà leurs effectifs du Natal ou du Cap; s'ils avaient résolu le traitement prophylactique ou thérapeutique de cette affection, ils auraient certainement épargné à leur patrie plusieurs milliards et bien des vies humaines.

« Jamais peut-être, dit le professeur Leclainche, l'importance des services vétérinaires d'une armée n'a été aussi évidente. On a dit avec raison que la « horse-shikness » fut la plus précieuse alliée des Boers. Toutes les grosses difficultés de la campagne ont eu pour cause le manque d'animaux pour la cavalerie et pour les transports. Une connaissance plus complète des maladies du Sud-Afrique et l'utilisation d'un personnel vétérinaire bien préparé eussent évité nombre de catastrophes.

« Le transport des chevaux donne lieu déjà à de graves mécomptes et les milliers d'animaux morts dans le « Veld » avaient dû résister à de dures épreuves avant d'arriver au Cap. Certains convois expédiés d'Europe, d'Amérique et d'Australie, éprouvent des pertes énormes en cours de route. Les cargaisons sont accompagnées par des vétérinaires de tout ordre, vaguement gradués de quelque collège américain et d'une inexpérience manifeste. Tel transport jette à la mer, comme morveux, une partie de ses chevaux et l'on constate, à l'arrivée, qu'une simple gourme bénigne a provoqué l'hécatombe. Des centaines de chevaux sont abandonnés à l'arrivée comme fourbus et l'on s'aperçoit ensuite qu'il suffit d'un exercice gradué pour faire disparaître les accidents. La morve est importée à diverses reprises et elle décime les effectifs.

« La grande presse anglaise a longuement commenté tous ces faits et les durs enseignements de la campagne seront certainement utilisés. » (Lecl. 1903).

Lors de la conquête du *Dahomey*, en 1892, Scheulamer a raconté la lamentable odyssée des montures de son demi-régiment de spahis. Après cinq mois de campagne, les escadrons, qui comptaient encore 150 hommes à l'effectif, n'avaient plus au total que 32 chevaux et un mulet débilités, inutilisables et qui furent vendus à Porto-Novo à des prix dérisoires. Au *Soudan*, on observe les mêmes hécatombes sur les chevaux algériens.

En 1885,	38 meurent sur	46,	en 3 mois (Dupuis).	
En 1881-82,	24	—	25	(Körper).
En 1882-83,	48	—	50	—
En 1884-85,	40	—	48	—
En 1885-86,	40	—	46	—

En 1892, sur 250 mulets d'Algérie, 95 meurent en 2 mois (Pesas).

En *Cochinchine*, on fonde en 1862 un escadron de spahis indigènes à l'effectif de 250 chevaux : dans le premier trimestre on compte déjà 15 morts, 17 abattus, 5 réformés et 14 mutations (Marcout). Au *Tonkin*, en 1885, sur un effectif de 4258, on perd 2073 animaux (Voinier).

Telles sont les tristes statistiques dressées par nos prédécesseurs; faisons en sorte d'être mieux armés qu'eux lors des prochaines campagnes coloniales.

Méthode d'Etude. Je vais envisager successivement nos principales colonies : Algérie, Soudan, Indo-Chine, Madagascar.

Liguistin nous a donné de nombreux détails sur les affections qu'il observa parmi les effectifs animaux qui prirent part à la guerre du Mexique. Piétrement a fait un compte-rendu de l'expédition de Syrie sous le second empire. On trouvera ces documents, qui n'ont guère qu'un intérêt historique dans les tomes I et III du J. M., je n'en parlerai plus.

ALGÉRIE

L'Algérie est si près de nous, que c'est à peine une colonie ; aussi avons-nous mélangé ou accolé les statistiques de l'armée d'Algérie à celles de l'armée continentale. Delamotte a publié en 1882 un « Aperçu sur les épizooties de l'Algérie » ; il n'indique comme affection des chevaux et mulets que :

A. Farcin d'Afrique (lymphangite épizootique) ; B. Fièvre typhoïde ; C. Pétéchies conjonctivales ; D. Conjonctivites purulentes ; E. Lichen vésiculeux ou gale bédouine ; F. Plaies d'été ou dermites granuleuses ; H. Sangsues ; I. Tétanos.

Nous avons étudié à leur place la plupart de ces affections. Il ne nous reste guère à glaner, dans l'étude de Delamotte, que ses dires sur les conjonctivites purulentes, les sangsues et les pétéchies conjonctivales.

CONJONCTIVITES PURULENTES. — L'inflammation purulente, sans granulations, de la muqueuse palpébrale est très fréquente sur les chevaux, en Algérie, pendant la saison d'été et particulièrement dans certaines localités.

Cette conjonctivite n'est pas grave ; elle guérit facilement après une ou deux cautérisations au nitrate d'argent, par les soins de propreté constants, l'emploi répété des collyres astringents et l'application d'un bandeau protecteur imprégné d'eau alunée. Lorsque l'affection est au début, il suffit généralement d'absterger la face interne des paupières avec un liquide antiseptique et de faire ensuite des instillations avec la solution de nitrate d'argent

(2 0/0). Plusieurs fois, Delamotte a vu cette conjonctivite provoquer la formation d'un ptérygion, qu'on guérit radicalement par l'ablation complète du corps clignotant, opération aussi simple que peu dangereuse (Pâté).

SANGSUES. — Les sangsues constituent un véritable fléau algérien. Elles provoquent toutes sortes d'accidents dans les premières voies respiratoires et digestives et parfois déterminent la mort des animaux. Avalées avec l'eau, elles se fixent dans la bouche, sur la muqueuse pharyngienne, pénètrent dans les fosses nasales, dans le larynx, dans la trachée, où elles se développent et produisent des hémorrhagies continues ou intermittentes dont la cause peut échapper aux personnes non prévenues. A l'autopsie, on trouve quelquefois jusqu'à 60 et 80 de ces hirudinées sur les muqueuses du larynx et du pharynx !

Traitement. — L'avulsion avec des pinces est assez difficile, quand les annélides sont situés profondément. La trachéotomie est souvent nécessaire pour permettre l'enlèvement des sangsues implantées sur la muqueuse du larynx. Les fumigations de tabac ou de soufre et les inhalations d'éther donnent parfois de bons résultats.

Souvigny (R. M. 2e s., t. II) recommande de prévenir l'introduction des sangsues dans l'organisme : 1° en faisant boire dans les rivières à l'eau courante et non dans les dépressions où l'eau est stagnante ; 2° en désinfectant les conduites d'abreuvoir soit par la dessiccation, soit par l'empoisonnement au moyen du sel marin ou des acides phénique et sulfurique.

Si, malgré les mesures indiquées, des annélides s'introduisent et se fixent autour de l'orifice du larynx, il faut les tuer en portant directement le chloroforme (*le seul agent capable de les mettre à mort par contact*) dans l'arrière bouche.

Souvigny décrit ainsi le manuel opératoire qu'il utilisait pour tuer les sangsues :

« L'appareil dont nous nous servons consiste en une

sonde en caoutchouc de la grosseur d'une plume, munie d'une petite éponge à son extrémité pour servir de véhicule au toxique. Nous introduisons ce petit appareil par le nez, les fosses nasales, et nous arrivons ainsi facilement jusque dans le pharynx, que nous badigeonnons dans tous les sens. On peut compléter ensuite le badigeonnage en passant par la bouche, afin d'enduire la face antérieure du voile du palais, ses piliers et ne laisser aucun point à l'abri de son action. Souvigny prévoit aussi « la transfusion du sang pour les cas désespérés » ; l'injection de sérum artificiel est aujourd'hui plus recommandable.

TRYPANOSES D'ALGÉRIE

DOURINE. — Cette maladie fut l'objet de nombreux travaux cliniques de la part des V^res^ M^es^ algériens. L'hématozoaire causal de l'affection a été découvert et étudié par notre camarade Buffard associé au Dr Schneider. Mais la dourine, maladie du coït, n'est guère une maladie d'armée ; elle est d'ailleurs parfaitement étudiée par les classiques qui possèdent son agent dans leurs laboratoires, nous la négligerons.

TRYPANOSE DE CHAUVRAT ET SZEWCZYK. — A côté de la dourine, il existe en Algérie au moins une autre trypanose signalée par les V^res^ Mes Chauvrat et Busy et étudiée à nouveau par Szewczyk du 2e spahis (C 1903).

Un trypanosome plus gros que celui de la dourine envahit le sang de 7 chevaux d'un peloton de ce régiment et en fait périr deux. Les **symptômes** de l'affection furent des signes d'anémie et des troubles du système nerveux central. L'anémie progressive se décelait par la pâleur des muqueuses, la faiblesse générale, un appétit capricieux, des pétéchies conjonctivales. Consécutivement apparurent des œdèmes, une teinte ictérique des muqueuses, de la faiblesse marquée de l'arrière-main avec quelques accès de fièvre.

Une fois, la parésie du train postérieur fut foudroyante. Chez quelques autres sujets le début fut également caractérisé par de la fièvre, des pétéchies conjonctivales et des phénomènes inflammatoires rappelant l'angine typhique.

Il convient de rappeler, à côté des données nouvelles de Szewczyk, les dires des anciens Vres Mres algériens sur la fréquence des affections à pétéchies conjonctivales. « En Algérie, dit Delamotte, ce signe de complication adynamique ou d'altération du sang est très fréquent en été, attendu que dans presque toutes les maladies un peu graves, *quelle qu'en soit la nature*, la conjonctive est constellée de macules pétéchiales. »

Si la pétéchie conjonctivale, signe habituel en France d'embolies streptococciques, est en Algérie un signe d'embolies trypanosomiques, on voit que les hématozoaires doivent vivre fréquemment à l'état latent chez les chevaux algériens.

AFFECTIONS DE L'AFRIQUE TROPICALE

Nos colonies africaines équatoriales (Sénégal, Soudan, Rivières du Sud, Guinée, Dahomey, Congo, Tchad), recèlent toujours un grand nombre de vétérinaires; aussi les documents professionnels concernant cette contrée sont-ils particulièrement nombreux. Malheureusement, si par la lecture de ces documents la Climatologie, l'Agronomie, la Zootechnie du Soudan se précisent, il n'en est pas de même de la connaissance des affections qui ravagent effroyablement les effectifs des chevaux de nos colonnes et des mulets de nos convois. Mais bientôt, espérons-le, la connaissance des affections vétérinaires spéciales à l'Afrique tropicale se précisera; les récentes études faites sur les maladies à hématozoaires nous permettent de prévoir cette conquête scientifique et même de l'escompter dès aujourd'hui.

Voici la **bibliographie** V_{re} M^{re} concernant l'Afrique tropicale :

Vallembert. — Aperçus sur le Sénégal (*J. M.*, t. I).

Körper. — Mission agricole et zootechnique dans le Soudan Central, brochure, Paris, 1885.

Richard. — Mémoire sur l'hygiène et les maladies des animaux dans le Haut-Sénégal en 1885-1886, brochure.

Dupuy. — Malaria des chevaux algériens en Sénégambie (Recueil 15-9-1888 et 15-4-1889).

Bourgès. — Notice sur le Soudan français et le Tonkin, brochure (1893) et Revue vétérinaire (1890).

Monod. — Notice sur le Sénégal (R. V. 1895).

Pesas. — Contribution à l'étude du paludisme chez les animaux au Soudan (*R. M.*)

Pierre et Sarrazin ont écrit sur les mêmes sujets.

Walembert et Körper ne fournissent aucun document à retenir aux points de vue pathologiques et thérapeutiques.

Richard décrit une lymphangite farcinoïde ; une fièvre bilieuse infectieuse ; une fièvre bilieuse cachectique ; l'hépatite aiguë ; une fièvre intermittente ; une fièvre larvée.

Toutes ces maladies internes, dit Richard, ont un caractère infectieux ; il estime même que ce ne sont que des manifestations différentes d'une même maladie.

Dupuy ne s'occupe que de la malaria des chevaux algériens.

Bourgès décrit l'*anémie*, les *affections du foie*, l'*infection paludéenne* ou *malaria*.

Monod étudie : 1) *les coliques* par obstruction intestinale dues à la débilitation générale par le climat tropical et à la pénurie des boissons ; 2) la *fièvre paludéenne*, intermittente ou continue ; 3) la *typho-malaria* ; 4) une *maladie de peau* qui n'est pas la lymphangite de Richard et nous paraît se rapprocher tantôt de la *gale bédouine* des auteurs algériens, tantôt des *plaies d'été granuleuses* précédemment étudiées.

Cette affection est connue depuis longtemps au Sénégal, elle n'est pas parasitaire, ne se manifeste guère que pendant la saison des pluies ; l'auteur lui attribue une nature eczémateuse (?) Comme *Symptômes :* le poil se pique, des papules apparaissent, le prurit est intense, puis des croûtes, des dénudations, des squames, des excoriations, des plaies, *granuleuses* dans certains cas, persistent jusqu'à ce que la température s'abaisse. Souvent alors le prurit disparaît, le poil repousse et tout rentre dans l'ordre ; parfois pourtant les lésions persistent toute l'année en présentant un caractère plus aigu pendant l'hivernage.

« L'iodure de potassium et l'arsenic administrés à l'intérieur ont toujours donné de bons résultats » à l'auteur ; à l'extérieur, il recommande le Van Swieten, le cresyl, l'huile de cade, la pommade mercurielle.

Enfin Pesas étudie l'*infection paludéenne* du Soudan qu'il a observée sous quatre formes cliniques : a) *Fièvre intermittente ;* b) *Fièvre continue ;* c) *Fièvre compliquée et accès pernicieux ;* d) *Cachexie palustre.*

Il nous paraît évident que bien des affections internes de Richard, Bourgès, Dupuy, Monod et Pesas sont des modalités d'affections dues à des hématozoaires.

Jusqu'à présent pourtant le cheval n'a pas encore été trouvé porteur des parasites de la malaria humaine (Plasmodia ou Laveriana).

Mais les *piroplasmoses* et surtout les *trypanoses* sont certainement très fréquentes dans tous les pays tropicaux ; les symptômes de ces affections concordent singulièrement avec ceux décrits par nos auteurs militaires étudiant les fièvres soudanaises du cheval ; et Lenoir a signalé depuis longtemps la présence de la Tsétsé, agent inoculateur du nagana, sur notre territoire africain.

En 1898, Bordet et Danysz ont signalé une piroplasmose des chevaux de l'Afrique du Sud.

En 1880, Evans montra que l'une des anémies les plus graves des équidés indiens (le surra) était fonction d'un trypanosome. En 1894, Brice fit la même démonstration pour « la nagana » sud-africaine. Elmassian puis Voges pour le « mal de caderas » sud-américain ; Schilling pour le surra-nagana du Togo (voisin du Dahomey) confirmèrent la découverte d'Evans. Enfin, tout récemment le Dr Morel recueille du sang sur un cheval mourant dans la colonie française du Chari, et découvre dans ce sang, en arrivant à Brazzaville, la présence des trypanosomes du nagana.

Si le surra, la nagana, ne sont pas des trypanosomoses identiques, elles sont très voisines. Ce sont en effet deux affections qui frappent les mêmes espèces (cheval, âne, bœuf, chameau, chèvre, mouton, porc et chien) et qui ont à peu près les mêmes symptômes : fièvre rémittente ; œdèmes des organes génitaux et des extrémités ; faiblesse musculaire ; anémie progressive ; parésie du train postérieur.

En attendant que les données bactériologiques aient été mises à profit par nos confrères Soudanais ou Congolais pour déterminer la nature exacte des différentes formes cliniques qu'ils observent, il nous parait utile de décrire ces formes cliniques.

Nous prendrons comme guide la relation de Pesas, bien que cet auteur se soit trop inspiré des données de la médecine humaine.

PALUDISME (Pesas)

Etiologie. — Les affections paludiques, dit Pesas, sont l'apanage des pays à marais ; toutefois, les plaines basses maintenues dans un état constant d'humidité, les terrains inondés, les marigots mis à sec peuvent suffire à entretenir le paludisme. Ce sont là autant de conditions que l'on rencontre au Soudan, où des étendues plus ou moins grandes de terrains, maintenues humides, sont surchargées de matières organiques en voie de décomposition.

Ces affections apparaissent aussi sur des terrains presque dénudés, comme le sont les plateaux ferrugineux si nombreux au Soudan, au moment *des grandes pluies*. Il existe en cette contrée deux saisons bien tranchées : la saison sèche et la saison des pluies ou hivernage. La première commence en octobre et se termine en mai ; elle avance ou retarde quelque peu, suivant les régions. La saison des pluies, de mai à octobre, est caractérisée par des orages violents ; des pluies abondantes grossissent les fleuves, les rivières, les marigots, les eaux deviennent boueuses et se répandent dans les terrains bas, les inondent et les transforment en marais. Les pluies cessant, la fréquence des fièvres paludéennes augmente ; les terrains inondés, les marigots commencent à se dessécher et répandent dans l'atmosphère leurs principes fébrigènes. Aussi chaque année, à Kayes, où se trouvent réunis les animaux, la mortalité augmente-t-elle dans des proportions énormes pendant les premiers jours d'octobre.

Il est un autre fait bien connu : à mesure que *l'altitude* augmente le danger diminue ; les lieux élevés sont généralement plus secs, recouverts d'une végétation moins abondante, et l'action des vents s'y fait mieux sentir, les principes délétères sont dispersés dans une plus large mesure. — Les terrains fraîchement remués ont une grande influence sur le développement du paludisme, d'autant qu'au Soudan on remue des terrains absolument vierges de tout travail.

Tous les vétérinaires du Soudan ont été à même de constater l'apparition d'accès de fièvre chez des animaux couchés sur un sol *fraîchement débroussaillé et ratissé*. M. Bourgès en cite un exemple typique observé à Bafoulalé. Plusieurs fois Pesas a fait les mêmes constatations.

L'acclimatement contre les causes du paludisme n'a pas lieu, au contraire, chaque atteinte de fièvre procure une aptitude plus grande pour la suivante : la rechute est la règle. La *fatigue* et la *mauvaise nourriture* favorisent l'anémie et ajoutent leurs effets à ceux de l'affection paludéenne.

Marche générale du paludisme L'infection paludéenne au Soudan est excessivement protéiforme ; ses manifestations sont très variables, et chacune d'elles peut subir des modifications ou des irrégularités nombreuses. Nous allons étudier les 4 formes cliniques distinguées par Pesas.

FIÈVRE INTERMITTENTE. — C'est la forme la plus bénigne et en même temps la plus rare, peut-être parce que souvent l'accès fébrile passe inaperçu. On l'observe cependant d'une façon nette sur le mulet d'Algérie et les chevaux du pays. L'accès fébrile a une durée variable, quelques heures en général ; il revient à intervalles périodiques tous les jours ou tous les deux jours. D'une façon générale l'accès se montre dans l'après-midi, et tel animal bien portant le matin présente, à la contre-visite du soir, un accès de fièvre parfaitement caractérisé.

Symptômes. — On observe des bâillements, des frissons. L'animal, un peu triste, refuse sa ration ou mange du bout des dents ; les mouvements du flanc sont accélérés ; la peau laisse à la main une impression de froid ; le pouls est vite, fort. La température est de 39 à 40°.

Bientôt la peau devient chaude, les mouvements du flanc sont précipités. La température s'élève, atteint 40°5-41°, le pouls est fort, la soif vive, les muqueuses injectées. Puis la peau devient moite ou se couvre de sueurs abondantes, mais inconstantes.

A partir de ce moment, la température s'abaisse et peut même descendre au-dessous de la normale. La durée de l'accès ne dépasse guère cinq à six heures.

FIÈVRE CONTINUE. — Elle se présente aussi bien chez les nouveaux arrivés que chez des animaux acclimatés depuis longtemps.

Symptômes. — Au début, la forme continue diffère peu de la forme intermittente ; l'animal est triste, ne mange pas, il tient la tête basse, les yeux sont larmoyants, les muqueuses injectées, la peau est sèche et brûlante, le pouls est ample, vite, la température atteint 40° et même 41°.

Les urines, rares, sont très chargées ; si on met l'animal en marche, il se traîne péniblement. Au bout de 3-4 jours, quelquefois 8-10 et même davantage la fièvre tombe brusquement.

D'autres fois, la fièvre persiste et l'état général s'aggrave. Le flanc se corde, le poil se pique ; les testicules deviennent pendants, la température reste toujours élevée : parfois elle s'abaisse pour se relever bientôt : l'appétit est capricieux ou nul. L'œil est toujours pleureur ; la conjonctive s'infiltre et présente d'énormes pétéchies. La respiration est courte, entrecoupée, accélérée. La faiblesse augmente de plus en plus, l'animal se fait traîner à bout de longe. l'arrière-main vacille, il y a comme parésie du train postérieur. La maigreur s'accuse de plus en plus. Finalement, l'animal tombe pour ne plus se relever.

La durée de cette affection est variable ; généralement la marche est lente, et les malades résistent parfois un à deux mois.

Complications. — Au cours des fièvres, on observe un certain nombre de complications.

Voici les principales :

1° *Abcès.* — De l'auge, de l'encolure, de l'épaule ou du sternum qui contiennent un pus crémeux sans odeur et se cicatrisent après ponction.

2° *Gangrène.* — Des plaies accidentelles.

3° *Parotidites suppurées.* — A la suite d'accès graves, Pesas a observé trois cas de parotidite suppurée.

4° *Orchite.* — Parfois les testicules sont tuméfiés, durs et douloureux à la pression.

5° *Kératites.* — La cornée perd sa transparence, devient d'un blanc grisâtre ; l'œil est douloureux, larmoyant : il y a photophobie. Sous l'influence d'un traitement approprié la lésion peut s'arrêter et rétrograder ; mais fréquemment le processus s'exagère et on voit apparaître des ulcérations au centre de la cornée.

6° *Rupture de la rate.* — Pesas a observé deux fois la rupture de la rate, complication mortelle.

ACCÈS PERNICIEUX. — Les accès pernicieux apparaissent surtout vers la fin de la période des pluies et sont rarement isolés ; ils atteignent particulièrement les jeunes mulets arrivés depuis un à deux mois dans la colonie. Pendant mes deux années de séjour, dit Pesas, ils se sont surtout montrés dans le courant d'octobre et se traduisaient à la façon d'une véritable épidémie, occasionnant de grandes pertes ; deux, trois, quatre mulets, quelquefois davantage, sur un convoi de 250, mouraient dans la même journée.

L'accès pernicieux débute généralement sans prodromes, d'une façon soudaine ; sa marche est excessivement rapide, et il n'est pas rare de voir mourir des animaux en l'espace de quelques heures.

L'animal qui vient de manger sa ration devient tout à coup triste, la tête est portée bas ; on n'observe pas toujours des frissons.

La peau est très chaude : le thermomètre marque 39°5, 40°, même 40°5 ; le pouls est fréquent ; la démarche est embarrassée, incertaine ; la respiration est très accélérée, on compte 35 à 40 respirations à la minute : c'est souvent le signe qui attire l'attention ; le rein a conservé sa souplesse ; la bouche est sèche, chaude ; la conjonctive est rouge violacée, l'œil larmoyant.

Une sudation abondante survient, les extrémités se refroidissent, les oreilles et le bas des membres sont glacés, et, quoi qu'on fasse, il est impossible de les réchauffer ; la réfrigération s'accentue peu à peu en gagnant tout le membre et le tronc. Les muqueuses prennent une teinte cyanosée, la respiration devient de plus en plus difficile, il y a anurie complète ; le pouls, très vite, est parfois à peine sensible. Aux naseaux apparaissent des flocons de spumosités jaunâtres semblables à du jaune d'œuf battu, dont le malade cherche à se débarrasser par quelques ébrouements faibles : ce jetage est parfois tellement abondant qu'il obstrue complètement les voies respiratoires. Bientôt l'animal tombe, le pouls devient inexplorable, les battements du cœur sont précipités, et, après une courte agonie, le malade meurt.

Cette forme, qui rappelle absolument l'accès algide de l'homme, ne s'observe guère que sur les mulets d'Algérie et les chevaux arabes. Cependant Koerper dit l'avoir observée parfois sur les chevaux indigènes. Elle est très grave et les cas de guérison sont rares : quand le mieux doit s'établir, il est annoncé par le retour de la chaleur, le pouls se relève, la température descend graduellement et la réaction suit sa marche habituelle. Parfois, il y a récidive, et l'animal succombe à la deuxième atteinte. La marche de la température est ici précieuse à suivre au point de vue pronostic ; une chute brusque indique toujours un pronostic grave.

Il est une autre forme qui, au début, ne diffère pas d'un accès de fièvre ordinaire ; mais le stade de sueur est très prolongé. L'abattement devient extrême, la respiration et la circulation s'accélèrent de plus en plus, le pouls est à peine perceptible ; des sueurs froides inondent le corps, finalement l'animal tombe et meurt trois ou quatre heures après en poussant des plaintes.

Au cours de ces formes, il n'est pas rare de voir se développer des œdèmes de la paupière supérieure et surtout des salières.

Plus rarement, l'œdème débute à l'encolure, gagne les parties déclives et la tête, qui devient énorme, donne un aspect bizarre à l'animal, amène une gêne considérable à la respiration et contribue à hâter la mort.

Pesas signale encore des formes spéciales avec *parésie du train postérieur* ou *méningo-encéphalite*.

ANÉMIE ET CACHEXIE PALUSTRES. — Le cachectique offre les **symptômes** suivants :

La démarche est lente, pénible, l'œil est terne, les paupières plus ou moins œdématiées ; les muqueuses, pâles, décolorées, offrent, surtout vers la fin, des pétéchies énormes ; les sclérotiques ont un reflet bleuâtre.

L'appétit est très irrégulier, capricieux, souvent nul ; le malade a toujours soif ; il y a presque toujours de la diarrhée succédant à des périodes de constipation. Bientôt des œdèmes apparaissent aux arcades sourcilières, au scrotum et surtout aux membres ; ceux-ci ressemblent parfois à de véritables poteaux. Le moindre déplacement amène de la fatigue, l'essoufflement, l'animal suit péniblement à bout de longe. Les mouvements du cœur sont tumultueux, le pouls faible ; l'auscultation permet d'entendre à la base du cœur un bruit de souffle. La température n'est jamais très élevée, elle descend parfois au-dessous de la moyenne. La faiblesse augmente de plus en plus, la démarche devient incertaine, titubante ; il n'est pas rare d'observer la parésie du train postérieur. La maigreur est extrême, des ulcérations s'observent au bas des membres, sur les points compromis par un décubitus prolongé. Finalement, l'animal tombe sur la litière et meurt après un ou deux jours d'agonie.

Lésions. — Paludisme aigu. — Le sang, d'une façon générale, est fluide, très lent à se coaguler. Le nombre des globules rouges subit une réduction en cours des accès et l'hémoglobine provenant de leur destruction se transforme en pigment.

Les lésions viscérales sont de nature congestive. La rate a parfois un volume considérable, elle est souvent bossuée, friable ; sa pulpe peut être réduite à l'état de boue splénique.

Dans les accès pernicieux, le poumon est fortement congestionné, ecchymosé et présente de petits foyers hémorrhagiques. Les bronches et la trachée ont leur muqueuse rouge semée de taches ecchymotiques ; elles sont remplies de mucosités spumeuses jaunâtres, parfois sanguinolentes.

Paludisme chronique. — Les lésions sont généralement plus apparentes. Le sang est diminué comme quantité, séreux, vermeil, fluide.

La rate est considérablement hypertrophiée et adhère parfois aux parties voisines.

Le foie et les reins sont toujours plus ou moins hyperhémiés, augmentés de volume. Le péritoine, la plèvre et le péricarde renferment de la sérosité citrine.

Pronostic. — Le paludisme est l'affection qui détermine le plus de mortalité au Soudan; sa gravité varie énormément suivant les formes qu'il présente. La mortalité par suite d'accès pernicieux est toujours très élevée : quand la fièvre se continue longtemps, peu élevée mais rebelle à tout traitement, le pronostic est également grave, car fatalement l'anémie et la cachexie apparaissent et les malades sont voués à une mort presque certaine.

Traitements : *Prophylaxie.* — Les mesures prophylactiques sont difficiles à prendre au Soudan. Les difficultés du ravitaillement, l'obligation dans laquelle on est d'employer les animaux à un travail pénible, le manque souvent presque complet de nourriture ou la mauvaise qualité de celle-ci ne permettent pas l'emploi d'une bonne hygiène.

Toutefois, il est quelques mesures générales qu'on ne doit pas négliger de prendre; Pesas les énumère ainsi :

1° Faire coïncider l'arrivée des jeunes mulets dans la colonie avec le commencement de la bonne saison. Ne pas les envoyer au milieu de l'hivernage, mais au contraire le plus tard possible, en octobre, de façon à avoir juste le temps d'opérer un léger dressage avant la mise en route

2° Concentrer au point d'arrivée des aliments de bonne qualité; substituer *graduellement* le mil, à l'orge, à l'avoine.

3° Construire des écuries confortables mettant les animaux à l'abri du soleil et des pluies.

4° Camper en route sur des lieux élevés, loin des marigots et des marécages, quitte à faire quelques kilomètres pour aller à l'abreuvoir.

5° Chercher de la bonne eau de boisson et donner une alimentation substantielle et abondante.

Traitement thérapeutique. — On est souvent réduit à faire de la médecine de symptômes. Pesas n'a pas obtenu de résultats sérieux avec les spécifiques : quinine, cinchonidine, arsenic.

En ces dernières années *l'arrhénal* a été préconisé dans l'impaludisme qui résiste à la quinine. On le donne chez l'homme à la dose de 10-15 centigrammes par jour, répétés quelques jours de suite.

Contre le surra, l'arsenic seul s'est montré efficace ; aux Philippines, les Américains utilisent les injections intra-veineuses de liqueur de Fowler. Laveran a montré que le sérum humain fait disparaître les trypanosomes du sang des rats infectés par le nagana, mais les hématozoaires reparaissent quelques jours après.

En recourant à un traitement mixte par l'arsénite de soude et le sérum humain on prolonge de beaucoup la vie des animaux.

M. Pacot traite la fièvre bilieuse hémoglobinurique par les injections d'eau salée concentrées à 20-30 pour 100. L'introduction dans le tissu conjonctif sous-cutané d'une quantité de liquide correspondant à 20-40 grammes de chlorure de sodium suffirait pour faire disparaître, en 48 heures, la fièvre et l'hémoglobinurie.

TYPHUS EQUIN DES PAYS TROPICAUX

A côté des affections paludéennes de Pesas, qui sont probablement en partie des affections à hématozoaires et s'accompagnent presque toujours de lésions de la rate ainsi que le confirme Bourgès : « quand les animaux succombent, après un séjour plus ou moins long dans une région paludéenne, ils présentent tous une rate volumineuse, bossuée, tuméfiée (T. 1890) » ; il y a lieu de relater une affection qu'on peut supposer bactérienne. Ce typhus, très grave, a été surtout décrit par les Vᵉˢ italiens qui firent la campagne de 1888 contre l'Abyssinie (au voisinage de notre colonie d'Obock et Djibouti). On peut différencier cette maladie épizootique des affections soudaniennes en ce que : « la rate dans la généralité des cas est normale ; dans sa couleur, dans sa consistance, dans son volume ; exceptionnellement elle est un peu ramollie et tuméfiée (Costa). — « La rate n'est jamais tuméfiée » (Plassio).

Gravité. — Les 2 auteurs présentent le typhus équin comme excessivement grave ; Plassio perd 75 chevaux en 5 mois dans son escadron, Costa 731 sur 1000 malades et un effectif de 2700.

« **Symptômes.** — Le début de la maladie est parfois foudroyant ; un cheval est pris en mangeant l'avoine et l'on constate aussitôt une température de 41°. Dans d'autres cas, il y a une période prodromique : malaise général, faiblesse, locomotion hésitante, pesanteur de la tête qui reste appuyée sur la mangeoire, grincements des dents, claudication des membres postérieurs. Cet état dure deux ou trois jours.

Un peu plus tard, la température monte rapidement à 41 et 42° ; le pouls est fréquent (60 à 120 pulsations) et presque imperceptible ; les muqueuses ont une teinte jaune ictérique fuligineuse ; on observe quelques taches pétéchiales, la conjonctive très tuméfiée, renversée en dehors, recouvre complètement la cornée. La langue est turgescente, sèche d'une couleur rouge ictérique. Les paupières sont tuméfiées en certains cas.

On constate souvent des sueurs abondantes, alternant avec la sécheresse de la peau. La pression de la colonne vertébrale est très sensible, mais il n'est pas rare d'observer une paralysie presque complète du train postérieur. Les sécrétions sont diminuées ; l'urine est abondante et sanguinolente.

A des périodes de coma succèdent des périodes d'excitation et de délire caractérisées par de véritables accès de vertige ; chez d'autres animaux on constate seulement un état de stupéfaction persistante.

Enfin, il existe des symptômes locaux dans le cas de localisations pulmonaires ou abdominales.

Pronostic. — Le *pronostic* est incertain ; en règle générale, les animaux succombent.

Lésions. — Le sang peu coagulable est pâle. Il existe des exsudats dans les cavités séreuses et dans tous les parenchymes. Des pétéchies s'observent sur les muqueuses et les séreuses.

Les plaques de Peyer montrent des érosions et des ulcérations. La rate n'est jamais tuméfiée.

Le **traitement** fut symptomatique ; aucun des nombreux agents employés n'a eu d'action sur la marche de l'affection.

Causes. — On ne peut formuler que des hypothèses. Si l'on s'en rapporte aux observations faites sur la maladie par les vétérinaires anglais lors de la campagne de 1868, par les Egyptiens en 1875, et aux indications des voyageurs qui ont parcouru l'Abyssinie, l'affection devrait être regardée comme une fièvre périodique (?). Elle se manifesterait surtout, et sous la forme la plus maligne, après les pluies périodiques des mois de décembre, janvier et février, alors qu'elle paraît assoupie dans les autres mois.

Pourtant Costa a constaté à l'examen microscopique du sang un fin diplocoque, associé en colonies de diverses formes. Cette constatation fut confirmée par Rivolta : l'auteur en conclut à la nature typhoïde de l'affection. Cette conclusion est accompagnée d'expériences sur l'*impossibilité d'inoculer la maladie au moyen du sang malgré les très nombreuses tentatives faites à toutes les périodes de l'affection*, tandis que, une infinité d'expériences démontrent qu'en injectant quelques gouttes de sang infecté d'hématozoaires à un animal de même sorte, on lui confère la maladie (surra, nagana, malaria, etc.).

Ces résultats négatifs sont pourtant loin d'être démonstratifs de la véritable nature de l'affection abyssinienne.

Est-ce une pasteurellose analogue à la fièvre typhoïde du cheval et au typhus des bovidés de notre Tonkin ?

Est-ce au contraire une fièvre périodique comme le croient les Anglais ?

Nous le saurons sans doute un jour. Mais il était important dès aujourd'hui de noter cette forme clinique caractérisée par les auteurs italiens et dont les lésions sont assez distinctes des lésions décrites par les Soudanais.

AFFECTIONS DE L'INDO-CHINE

Le *R. M.*, 2e série, t. XIII et XIV, contient le rapport du Vre chef de service du corps expéditionnaire du Tonkin (1885, 1886 et 1887). Au point de vue pathologique et thérapeutique, ce document nous apprend que, outre les affections communes à la Vétérinaire mondiale, et particulièrement la morve, on observe au Tonkin :

1° Des *gales tartares*, très tenaces et nécessitant parfois la réforme.

2° Des *affections de pays* inscrites sous les rubriques : anémie, fièvre paludéenne, accès pernicieux, hépatite.

3° Un *typhus équin*.

GALE TARTARE. — La gale, de nature sarcoptique et d'origine tartare est très contagieuse, très envahissante, très difficile à guérir ; la multiplication des acares est extrêmement rapide et le prurit qu'ils causent provoque de graves altérations de la peau.

Le traitement par les moyens classiques dure plusieurs mois. « Plusieurs animaux guéris ont présenté pendant longtemps des dépilations ; d'autres des inflammations chroniques et hideuses de la peau qui ont nécessité leur réforme. »

Les **AFFECTIONS DU PAYS** ne sont pas décrites par le V[re] chef de service ; elles se rapprochent en toute évidence du **SURRA INDIEN**, que notre camarade Blanchard a signalé dès 1885 et dont le V[re] en 2e Blin, avant de mourir comme Pesas à l'Institut Pasteur de Nha-Trang, confirma la présence réelle par la note suivante :

« Le trypanosome des mammifères ne semble rare en Indo-Chine que parce qu'on ne le recherche pas systématiquement.

« En 1901, Carougeau le trouve à l'état de parasite latent. Il devenait pathogène lorsque l'organisme du cheval était affaibli par l'injection du cocco-bacille pesteux et l'inoculation en série lui restituait sa virulence.

« En Cochinchine, les jumenteries ont été décimées par une affection qui rentre, à n'en pas douter, d'après les symptômes relatés, dans le surra.

« D'autre part, on trouve dans l'ouvrage de M. Bourgès les relations d'une maladie qui a longtemps sévi sur les mulets de la place de Son-Tay et caractérisée par l'anémie, la fièvre intermittente, l'œdème des membres postérieurs, tableau clinique exact du surra.

« J'ai observé le trypanosome sur le chien et sur le cheval.

« Un cheval récemment arrivé du Yunnam, en traitement à l'infirmerie de Hanoï, présentait de l'œdème des membres postérieurs et du ventre, il maigrissait à vue d'œil ; des plaques œdémateuses analogues à celles de l'échauboulure apparaissaient de temps en temps sur la croupe ; l'appétit était conservé ; l'examen du sang révéla la présence de nombreux trypanosomes. Le cheval succomba à l'état de squelette. Un cheval d'expérience, inoculé avec un demi cent. cube de sang, succomba en 15 jours.

« Plusieurs chevaux du lot auquel appartenait ce malade furent atteints de la même affection.

« L'attention étant attirée par ces observations sur le trypanosome, Sourel envoyait, en vue d'examen à l'infirmerie de Hanoï, des préparations de sang recueilli à Son-Tay sur un cheval qui présentait de la fièvre et de l'œdème des membres postérieurs : le parasite était abondant » (B. L., 1902).

Le **traitement** de Lingard doit être utilisé contre le surra indo-chinois. On prescrit l'acide arsénieux à doses croissantes : on débute par 30 cgr. matin et soir, pendant 2 jours ; on élève ensuite la dose de 5 cgr. tous les deux jours, jusqu'à 50 cgr Cette dose est continuée pendant 17 jours, puis réduite de 5 à 10 cgr. chaque jour, suivant l'état du malade, jusqu'à 25 cgr. On reprend le traitement après un repos de 2 jours et ainsi de suite jusqu'à guérison. On suspend la médication dès que les signes d'intoxication se manifestent pour la reprendre après quelques jours.

Les injections intra-veineuses de liqueur de Fowler sont encore préférables (Nocard et Leclainche).

Le **TYPHUS EQUIN**, s'il n'est pas un surra suraigu, peut se rapprocher de celui observé par les Italiens. Il est ainsi décrit par M. Voinier :

« La fièvre typhoïde a atteint les chevaux asiatiques, en général, les chevaux arabes et les mulets des trois escadrons du 1er chasseurs d'Afrique, 1er et 3e spahis et la 7e compagnie du 11e escadron du train.

« D'après les rapports des Vres envoyés en mission à Rangoon, Batavia, Soubawa, pour y effectuer des achats, cette affection, ainsi que la morve, seraient communes dans la presqu'île indo-chinoise et les îles de la Sonde.

« La maladie débutait rapidement et s'accusait par une grande prostration qui rendait la marche titubante, des variations hygrométriques de la peau, l'élévation de la température rectale (41° à 43°), la conjonctive safranée et couverte de pétéchies, le pouls vite et petit, la respiration accélérée et tremblotante, le défaut complet d'appétit, une soif ardente, l'amaigrissement rapide, des suées de sang, la face grippée exprimant la stupeur, et ordinairement la mort en quelques jours. Les deux tiers des malades sont morts ».

Une belle page de pathologie coloniale est à remplir sur ces sujets à peine ébauchés.

OSTÉOMALACIE

Historique. — Les vétérinaires militaires qui séjournent en Indo-Chine ou à Madagascar ont fréquemment à traiter des chevaux ou des mulets atteints *d'ostéomalacie*. Cette maladie fut décrite pour la première fois par Troutot (J. M., t. V) qui l'observa en Cochinchine pendant les années 1863 et 1864. Laquerrière (A. 1876) l'observe sur un poulain landais. Le Vre en 2e Soula, devenu général en chef de la cavalerie du Guatémala, la connut à son tour (T. 1888). Ballu étudie ses effets au Tonkin (R. M. 2e s., t. XX). Le professeur Marcone, de Naples, vient d'en faire le sujet d'un long travail (*Riforma*, *Vet.*, 1901), où nous voyons qu'elle sévit au Transvaal, aux Indes, et que sa bibliographie est déjà importante.

Symptômes (d'après Troutot). Au début, les animaux perdent leur gaieté ; leur facies exprime un malaise particulier. Ils hésitent à se mouvoir, leur marche est irrégulière ; souvent un boulet postérieur n'est pas étendu et l'appui se fait sur la face antérieure du sabot, alors l'animal se relève brusquement. L'arrière-main, vacillant, est traîné par l'avant-main. Au trot, il y a fréquemment imminence de chute ; les malades s'essoufflent rapidement.

L'appétit est encore conservé mais le poil devient terne.

Cette période prodromique est plus ou moins longue selon que les animaux travaillent ou restent au repos ; elle peut durer un mois ou six semaines.

Ultérieurement, une boiterie légère, intermittente, ambulante, se manifeste sans cause apparente, puis augmente d'intensité jusqu'à provoquer la soustraction d'appui d'un ou même deux membres dont les articulations deviennent sensibles à la pression.

Quelques jours après, des engorgements apparaissent au niveau du genou, du jarret et des autres articulations. La paraplégie s'accuse, les chutes sont fréquentes et l'animal perd l'appétit, sa mastication devient pénible, l'amaigrissement progresse.

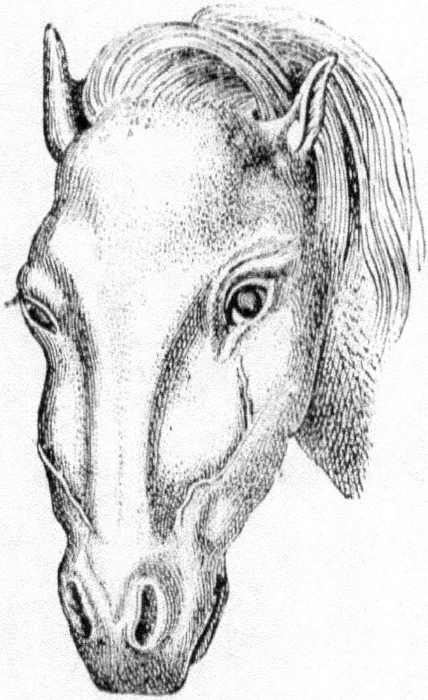

Fig. 38. — Tuméfaction des os de la tête (Marcone).

Si on examine alors la tête, on constate une tuméfaction des maxillaires supérieurs et quelquefois des branches du maxillaire inférieur. Cette tuméfaction, recouverte d'une peau saine, est peu douloureuse au toucher mais très sensible à la percussion. La tumeur augmente progressivement de volume sans provoquer d'œdème dans les parties déclives. Elle déforme complètement la tête (V. fig. 38) et provoque le larmoiement par obstruction du canal lacrymal.

Ballu (Tonkin) indique comme *prodrome* de l'ostéomalacie l'épaississement des sus-naseaux tandis que Marcone (Naples) estime que les lésions des maxillaires sont *tardives* et inconstantes.

Bientôt, les malades ne prennent plus leur nourriture qu'avec beaucoup de précautions et mettent une journée pour manger 2 kilogs de vert. Ils avalent le grain sans le broyer. Aussi les flancs se creusent, le ventre se levrette, les forces diminuent chaque jour, les muqueuses pâlissent, le pouls devient petit, filant, les animaux tombent et meurent dans le marasme.

Si, au contraire, la paraplégie prédomine, les malades tombent, ne peuvent se relever et meurent d'infection purulente par suite des graves blessures du décubitus prolongé. Ou bien, l'abatage s'impose consécutivement à un des accidents de la maladie, les fractures et les désinsertions ligamenteuses (Troutot, Ballu) étant fréquentes sur ces squelettes fragiles.

Marcone signale la phosphaturie comme symptôme inconstant de l'affection. L'acide phosphorique éliminé journellement par un cheval varie avec son travail et son alimentation mais ne dépasse jamais 10 grammes par jour, à Naples. Au contraire, certains ostéomalaciques éliminent jusqu'à 25 grammes de cette substance.

Pronostic. — Troutot relate que l'affection fut enrayée sur quelques malades n'ayant pas encore de tuméfaction des maxillaires. Quelques-uns ont repris leur service après avoir présenté des symptômes articulaires ; leurs allures furent toujours gênées. La marche de l'affection est très lente chez l'âne et le mulet.

Lésions (d'après Troutot). Les animaux morts dans le marasme ne présentent aucune lésion des appareils digestif, respiratoire, circulatoire, urinaire et nerveux. Le sang est pauvre en globules. Les lésions siègent presque exclusivement dans les tissus osseux et cartilagineux.

Os de la tête. Le tissu cellulaire et le périoste recouvrant les os de la tête sont infiltrés de sérosité citrine, surtout au niveau des alvéoles dentaires. Le périoste se détache avec facilité suivi par des tractus arrachés de la trame osseuse. Les os sont tuméfiés, vascularisés. Au-dessous de la crête zygomatique une tuméfaction allongée comble les dépressions naturelles par une masse osseuse, molle, inélastique, facilement coupée par un instrument tranchant.

Sur la section, on voit une masse pâteuse, rouge brun, succulente au niveau des alvéoles. La substance compacte des os a presque disparu, on ne perçoit plus qu'un réseau de canalicules osseux rempli d'éléments de nouvelle formation. Le palatin est mou, infiltré, parsemé de lacunes du diamètre d'une pièce de un franc où l'élément osseux a disparu.

La face interne des os est moins altérée que l'externe mais les sinus sont complètement infiltrés d'éléments de nouvelle formation. Le maxillaire inférieur est moins tuméfié que le supérieur. Les dents sont peu solides dans leurs alvéoles.

Vertèbres. En général toutes les vertèbres sont altérées, les lombaires principalement. Leurs corps friables, congestionnés, sont ankylosés à travers les disques intervertébraux ulcérés.

Membres. — Dans les articulations des membres, du carpe et du tarse principalement, la couche cartilagineuse diarthrodiale est amincie et, par endroits, ulcérée. Le tissu épiphysaire présente des lacunes correspondant à celles du cartilage et s'élargissant en profondeur, montrant ainsi que le cartilage a été miné par-dessous (Marcone).

Les tractions faites sur les ligaments rupturent la substance osseuse de leur point d'attache. Sur deux chevaux, Troutot constate des désinsertions des ligaments sésamoïdiens et l'ouverture de l'articulation métacarpo-phalangienne.

Tous les os du squelette macérés ont un aspect spongieux, on les croirait burinés, gravés ; leurs protubérances sont hypertrophiées, boursouflées et leur ténacité est très amoindrie.

Histologie. — Dans tous les cas d'ostéomalacie, les altérations ne sont différenciables que par leur intensité.

Les aréoles sont agrandies, et d'autant plus qu'on s'éloigne de la surface de l'os ; les cellules embryonnaires sont moins nombreuses ou même absentes, elles sont rempla-

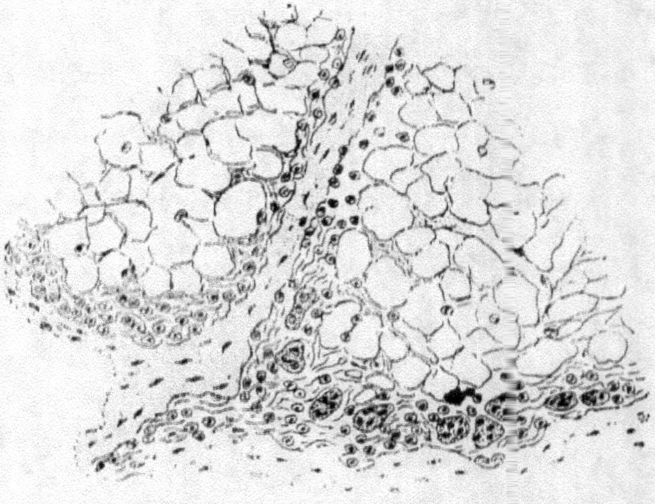

Fig. 39. — Accumulation de tissu adipeux dans le tissu osseux pendant les périodes d'arrêt de la maladie (Marcone).

cées par de la graisse. Cette graisse et de nombreux vaisseaux gorgés de sang se substituent au tissu osseux détruit, ils occupent partiellement puis entièrement les lacunes osseuses et caractérisent très nettement l'ostéomalacie (V. fig. 39).

A *l'analyse chimique* on constate une diminution des phosphates, une augmentation de substance organique, la graisse se trouvant parfois en quantité considérable.

Causes. — Les chevaux de Manille « ont été nourris avec du vert et du paddy, *ils n'ont jamais fait de service* ». Les écuries étaient mauvaises.

Le climat de Cochinchine est chaud et humide.

Les poulains annamites furent atteints de même façon que les chevaux de Manille, trente chevaux égyptiens furent affectés (Troutot). Ballu rapporte qu'au Tonkin les mulets algériens sont plus prédisposés à l'ostéomalacie que les mulets du Poitou et Charon dit le contraire pour Madagascar. Les mulets et les ânes ont une affection très chronique (Troutot).

Marcone voudrait identifier l'*ostéite de fatigue* à l'*ostéomalacie*. Mais les causes comme les altérations terminales sont absolument différentes.

D'un côté fatigue et ostéite atrophiante ; de l'autre absence possible de tout travail et ostéite boursouflante. Les montures atteintes d'ostéomalacie (chevaux arabes, mulets) sont particulièrement réfractaires aux lésions de l'ostéite de fatigue.

Traitements. — Nous avons dit que Germain et Troutot avaient pu, au moyen de traitements symptomatiques, arrêter l'invasion morbide au début et remettre des malades dans le rang.

Mais tous les soins hygiéniques ou thérapeutiques ont été vains quand l'affection avait envahi les maxillaires.

CHINE. — Pendant la dernière campagne de Chine (*R. M.*, 3e série, t. III), « à part l'entérite dysentérique qui a été observée sur quelques chevaux du convoi, aucune affection due à des causes locales n'a évolué sur les mulets et chevaux du corps expéditionnaire.

Du 1er septembre 1900 au 30 avril 1901, sur un effectif de 2800, la morbidité et la mortalité se décomposent ainsi :

Maladies	Morbidité	Mortalité
Maladies des membres.	329	11
Blessures diverses	123	1
Maladies de l'appareil digestif . . .	165	62
Maladies de l'appareil respiratoire. .	109	24
Blessures de harnachement	132	2
Maladies diverses	28	1
	886	101

La gourme fut fréquente et bénigne ; la morve n'affecta que les chevaux annamites, coréens et chinois.

AFFECTIONS OBSERVÉES A MADAGASCAR

A Madagascar, il n'y avait pas de chevaux avant 1810. En 1899, Charon en recense 367 appartenant à des types très dissemblables, américains, africains du Cap, poneys indiens, barbes.

Un seul mémoire a été publié jusqu'à ce jour sur les affections propres aux chevaux et mulets de Madagascar, il est également dû au vétérinaire en 1er Charon (*R. M.*, 3e série, t. III), qui, sous le nom de *paludisme*, confond sans nous dire pourquoi le paludisme de Pesas et l'ostéomalacie de Troutot ; le paludisme ayant été décrit sans symptômes ostéomalaciques par les Soudanais tandis que l'ostéomalacie a été décrite sans symptômes paludiques par les Indo-Chinois.

PALUDISME OSTÉOMALACIQUE

Symptomatologie. — On observe une déchéance lente et progressive, parfois intermittente, de toutes les aptitudes au travail ; une marche plus lourde et traînante ; une sudation plus facile ; l'amaigrissement rapide ; enfin, quelques accès fébriles plus ou moins espacés, précédés de frissons musculaires bientôt accompagnés d'une hyperthermie pouvant monter jusqu'à 41° dans les cas très graves, mais ne dépassant guère 39 à 40° dans les cas ordinaires :

A mesure que le mal s'aggrave, les accès critiques se rapprochent, les conjonctives s'infiltrent et se constellent de pétéchies, la thermalité interne et externe a de brusques soubresauts, tombant parfois de 40° à 36° ; petit à petit, la colonne dorso-lombaire se voûte, devient sensible et s'infléchit à la moindre pression, ou bien reste rigide ; la démarche devient incertaine et vacillante : c'est la parésie du train postérieur qui s'affirme. Enfin, les reins sécrètent une quantité anormale d'urine extrêmement alcaline, jamais albumineuse ni sucrée ; il y a polyurie et, parfois, hémoglobinurie. Les localisations viscérales sont des plus variables et toujours congestives à cette période ; elles affectent notamment les poumons, l'intestin, le foie, les centres cérébro-spinaux, la moelle lombaire, notamment ; parfois les centres intra-oculaires ou les extrémités des membres (fourbure). Des troubles cardiaques plus ou moins apparents accompagnent généralement ces localisations surtout celles portant sur le poumon et la moelle. Des diarrhées bilieuses alternent avec des constipations opiniâtres ; des boiteries brusques apparaissent, sans cause appréciable ; enfin, l'hyperesthésie lombaire s'accroît et la paralysie frappe tout le train postérieur dont la sensibilité elle-même s'éteint.

A un degré plus avancé, apparaissent assez fréquemment des affaissements brusques des leviers phalangiens, avec dilacérations ou déchirures de leur appareil de soutien et, parfois, arrachement des tendons à leurs insertions sur les os dont la résistance semble être amoindrie. Parfois même les fractures spontanées des os longs et des vertèbres se produisent subitement ; on remarque alors que les parois des premiers se sont amincies, que leur moelle s'est transformée en une sorte de pulpe sanieuse rouge, acajou ou vineuse, et que les apophyses ainsi que les corps des vertèbres se laissent entamer par le couteau à autopsie comme des corps mous ; enfin, on constate que la substance spongieuse de la plupart des os larges et courts est parsemée de petits foyers hémorrhagiques de teinte livide, dans lesquels les ostéoblastes raréfiés semblent être en pleine désagrégation. C'est aussi à cette période ultime qu'apparaissent, exceptionnellement il est vrai, ces singulières déformations faciales principalement mandibulaires, massétériennes et nasales, véritable bouleversement du squelette facial dont la charpente est en pleine désagrégation raréfiante.

Mais le plus souvent, ceux-ci n'atteignent pas ce degré de cachexie paludique, et se contentent de bercer péniblement jusqu'à la mort leur squelette décharné de paraplégique.

Altérations anatomiques. — Assez souvent, dans l'impaludisme chronique, les malades meurent sans que l'autopsie révèle des lésions appréciables.

Généralement, le cadavre très maigre est infiltré de sérosité dans ses régions déclives. Le sang est plus fluide et moins coloré qu'à l'état physiologique. Le cœur est cuit, décoloré, friable, parsemé d'ecchymoses pétéchiales ; il baigne dans une sérosité rougeâtre ou ambrée. Les poumons présentent souvent des hépatisations diffuses, marbrées, parfois parsemées de noyaux gangréneux ou de petits abcès, surtout confluents autour des bronches.

La muqueuse intestinale est rouge, tomenteuse par places : elle revêt fréquemment une teinte noirâtre dans toute son épaisseur, coloration attribuée à une imprégnation des matières telluriques que l'on rencontre souvent en grande quantité dans le tube intestinal. Il existe parfois des érosions ulcéreuses sur la muqueuse du gros intestin. L'intestin grêle, quand il est vide d'aliments, contient souvent une grande quantité de bile. Le foie est fréquemment hypertrophié, friable, parsemé ou non de petits foyers hémorrhagiques, avec une coloration rouge brique, jaune d'ocre ou feuille morte. La rate est moins souvent hypertrophiée que le foie ; parfois elle se montre, au contraire, en état de régression scléreuse. La rate hypertrophique peut atteindre des dimensions énormes ; elle est uniformément brune, violacée ou verdâtre, ou bien elle a un aspect marbré ou « truffé », bossué ; sa pulpe est alors boueuse, diffluente « comme une purée de cassis ». Les reins sont le siège d'altérations assez constantes; mais variables. Dans les cas aigus ou rapides ils sont mous, hypertrophiés, friables ; la couche corticale revêt une teinte rouge acajou et elle est parsemée de petits foyers hémorragiques. Dans les stades chroniques, ils se montrent souvent petits et scléreux, avec des teintes jaune pâle ou feuille morte. Les capsules surrénales présentent des altérations similaires.

Le liquide sous-arachnoïdien est toujours abondant dans le canal rachidien et l'on peut voir les origines des paires nerveuses entourées d'une sérosité gélatineuse. La substance médullaire présente souvent, surtout dans la région lombaire, un piqueté hémorragique ou bien une congestion totale pouvant aller jusqu'au ramollissement complet et pulpeux de la substance nerveuse. Ces lésions remontent rarement en avant des deux dernières paires lombaires.

Les lésions osseuses ont été décrites précédemment.

Causes prédisposantes. — Les mulets du Poitou se sont montrés particulièrement prédisposés : ensuite se classent successivement ceux du Dauphiné, de Provence, d'Algérie, d'Abyssinie et de l'Argentine.

Cause déterminante : Inconnue.

***

La proximité de Maurice, infectée par *le Surra* en avril 1902 et de l'Afrique du sud infectée par la *horse-shickness* font un devoir aux vétérinaires, en partance pour Madagascar, de ne rien ignorer de ce qui est classique sur ces deux affections éminemment contagieuses.

***

Il nous paraît inutile de parler de la pathologie Vre Mre spéciale à nos insignifiantes colonies *américaines* et *australiennes*. Nos archives contiennent quelques données, surtout zootechniques, de Royer, Michelon, Décantié sur la *Martinique* et la *Guadeloupe* (*R. M.*, 1re série, t. XV) et de Lang sur la Nouvelle-Calédonie (*R. M.*, 3e série, t. II).

XXVIII. — MALADIES DU DROMADAIRE

Importance de cette étude. — Non seulement le dromadaire sert de monture aux spahis sahariens mais il assure encore la jonction et le ravitaillement de nos postes disséminés dans l'extrême sud algérien. Les soins thérapeutiques donnés à ces animaux par les Arabes sont insuffisants toujours, nuisibles parfois, ridicules souvent. Aussi la mortalité du dromadaire est considérable.

« C'est par milliers que les ossements blanchis des infortunés dromadaires jalonnent les pistes du Sahara. Il n'est guère possible de s'égarer ; on ne peut faire un pas en dehors de la voie droite, cadavres et squelettes se chargent de vous marquer le chemin. »

« En dehors des conditions d'existence particulière en vue desquelles il a été organisé, le dromadaire actuel est un des animaux des plus délicats, dit le Vre Pal Ph. Thomas dans un mémoire inédit. La moindre atteinte un peu brusque et un peu forte du froid, les seules piqûres du *debab* inoffensives pour beaucoup d'autres animaux, une simple indigestion ou même l'ingestion d'une médiocre quantité d'eau froide pendant la saison du printemps, un rien enfin, suffit à déterminer une perturbation si grande de ses forces vitales, qu'il succombe en un instant aux lésions en apparence les moins graves. Par contre, le dromadaire est capable de porter, pendant de longues journées de marche, des fardeaux considérables dans des plaines corrodées par le soleil et balayées par des vents asphyxiants, plaines dont le sol, alternativement mouvant et pierreux, rend la marche extrêmement pénible ; il se contentera alors de ne boire que tous les quatre ou cinq jours une eau souvent corrompue et saumâtre, de ne manger que des herbes rabougries et desséchées ou aqueuses et salées, à la condition qu'on ne le gêne pas dans son allure, qu'on le laisse glaner à son gré, tout en marchant, sa maigre nourriture.

Ce n'est donc pas dans son organisation même qu'il faut rechercher les causes de la grande mortalité de cette espèce animale, c'est dans les modifications produites au sein de cette organisation délicate par une domestication imprudente et brutale. »

Bibliographie. — La bibliographie concernant les maladies du dromadaire est excessivement réduite. Vallon (*R. M.* 1re s., t. VII) a fait un beau chapitre de pathologie dans son étude du *Dromadaire*. Le Vre Pal Thomas fut chargé pendant plusieurs années des soins vétérinaires à la smala des dromadaires de l'État à Taadmit près Laghouat, mais il n'a rien publié de ses observations. Je dois à sa bienveillance la communication d'un travail inédit sur les gastro-entérites : El. Ghreda.

En allant quérir au combat de Charouin une balle de Winchester dans le poumon et la croix de la légion d'honneur sur sa poitrine de 25 ans, notre camarade Boit a rapporté quelques souvenirs vétérinaires glanés le long des étapes d'El Golea au Touat.

Le B. O. n° 17 en date du 25 avril 1902 publie une « *Instruction relative à l'organisation, à la conduite et à l'administration des convois de chameaux et autres animaux de bât réquisitionnés pour les besoins de l'armée en Algérie.* » Il contient un court chapitre sur les maladies du dromadaire et les remèdes employés par les indigènes. Ce chapitre n'a rien de scientifique ; on y traite la *pleurésie* par une application de chaux vive sur la partie postérieure de la bosse.

Les connaissances indigènes sur la médecine du dromadaire sont presque nulles. Quand un dromadaire tombe malade, ou bien l'Arabe le sacrifie comme bête de boucherie, ou bien il l'abandonne complètement aux soins de la nature. Si parfois il le traite, la médication consiste dans l'emploi de quelques médicaments : goudron, feu, ail, beurre, employés presque toujours sans discernement. Le charlatanisme, les pratiques superstitieuses, sont plus souvent mises en pratique, pour guérir les maladies du dromadaire, que les médicaments. Dans presque toute l'Algérie, on croit plus à l'efficacité d'une prière, à la lecture d'un verset du Coran, qu'à l'action des remèdes (Vallon).

« **GALE**. — Le chameau est fréquemment atteint de gale. Cette maladie est caractérisée par la présence de petites vésicules, très difficiles à distinguer au milieu des poils et s'accompagnant d'un prurit violent.

Elle se manifeste surtout au printemps. En cette saison, presque tous les animaux en sont atteints. La gale apparaît d'abord aux flancs, aux parois abdominales, puis elle gagne le tronc, l'encolure, la queue, etc. Les chameliers connaissent sa présence au prurit, au hérissement des poils, à l'action de se rouler, à la tristesse, à la diminution de l'appétit. Cette maladie parcourt rapidement toutes les phases de son développement, et, au bout de quelques jours, au lieu de vésicules, on ne trouve plus qu'une couche d'écailles provenant du liquide vésiculeux desséché.

Quand la gale est localisée, ou qu'elle est combattue dès le début, elle n'a rien de grave ; mais, si on lui laisse suivre sa marche, elle occasionne de la maigreur, produit des altérations profondes de la peau, la chute presque complète des poils, des abcès sous-cutanés, le marasme et même la mort.

Causes. — Après la contagion, la malpropreté et la misère sont les causes les plus importantes de la gale.

Prophylaxie. — Le B. O. précité ordonne l'isolement et au besoin le licenciement des dromadaires galeux, ce n'est pas toujours facile à exécuter. — M. Thomas a proposé jadis que chaque chef de *tente*, de *douar* ou de *nezla* soit obligé de constituer un troupeau de galeux qu'on isolerait du troupeau sain. Rien n'a encore été fait.

Traitement. — De temps immémorial, le goudron a été considéré comme une panacée contre la gale, et a été employé à l'exclusion de tout autre médicament. Le prophète lui-même, en chamelier expérimenté, en a prescrit l'usage, et a dit : « La gale des chameaux, son remède est le goudron. » « El djereb, dona el guetran. »

Lorsque le dromadaire est arrivé à l'âge de deux ans, l'Arabe a l'habitude de le frictionner avec du goudron, trois fois par an, pour le préserver de la gale. Cette opération se fait après la tonte des poils, et elle rend le dromadaire indisponible pendant une quinzaine de jours. Lorsque le dromadaire est galeux, que la maladie soit générale ou partielle, on le frictionne sur les points affectés, et même sur ceux qui ne le sont pas.

Le goudronnage du dromadaire, sain ou malade, demande une certaine habileté et du goudron d'essences spéciales, (Genevrier et Thuya).

L'opération se fait trois fois par an : au mois de mars, au mois de juin et au mois de septembre. Elle se pratique sur toute la surface du corps, sans en excepter même le dessus du pied. Tous les animaux y sont soumis, excepté, cependant, les chamelles nourrices, l'expérience ayant appris que l'application du goudron occasionne presque toujours la suppression du lait, et souvent une répercussion dangereuse. Les animaux sont goudronnés étant debout, et, pour les empêcher de mordre, on leur applique la tête et l'encolure sur le côté du corps, et on les maintient dans cette position à l'aide d'un bridon et d'une longe dont l'extrémité libre est attachée à la queue. Ceux qui sont par trop méchants sont couchés sur le côté.

Le goudronnage trop fort détermine une dermite et des phénomènes d'intoxication. Chaque année, les Arabes, quoique experts dans la pratique de cette opération, perdent des dromadaires par suite du goudronnage trop fort ; le général Carbuccia rapporte que sur un troupeau de deux cents têtes, il en périt une grande partie, parce que les Arabes s'étaient servis de mauvais goudron et l'avaient employé à trop fortes doses.

Le goudron ne doit pas être employé pur. C'est pour avoir méconnu ce fait que, dans les expériences de 1843 et de 1844, on perdit un grand nombre de dromadaires. Les Arabes le mélangent avec de l'eau dans la proportion de deux parties de goudron sur une d'eau. Ils font tiédir le tout, et lorsque le goudron est bien mêlé à l'eau, ils commencent la friction. On utilise 40 litres du mélange par dromadaire (Vallon). Les indigènes utilisent aussi les sources salées et affirment guérir la gale du chameau par des lavages répétés avec l'eau de l'oued el Melah (Djebel-Amour). (R. S., 1903). On a obtenu quelques résultats avec les pommades sulfureuses ; l'emploi du pétrole paraît tout indiqué.

PIQURE DES TAONS (EL DEBABE)

El debabe commence à se montrer en juin et ne disparaît qu'en septembre. Il habite de préférence les plaines, les vallées boisées et humides ; il est quelquefois si nombreux, qu'il incommode non seulement le dromadaire, mais encore le cheval et le bœuf. Sa piqûre est venimeuse.

Symptômes. — La piqûre du debabe produit sur le dromadaire une douleur excessivement vive, et un afflux de sang sur le point qui en est le siège. De là, la formation de phlegmons de volume variable. Lorsque les mouches s'acharnent après un animal, elles l'assaillent sur tous les points et choisissent de préférence les régions où la peau est la plus fine, comme le pli de l'aîne, le ventre, les flancs, etc .. Le dromadaire en proie au débabe éprouve des douleurs intolérables, rue, se laisse tomber, pousse des cris furieux, se roule par terre, tourne dans tous les sens comme s'il était frappé de vertige, s'élance de toute la vitesse de ses allures et ne connait plus aucun danger.

Les piqûres du debabe provoquent la formation d'abcès, la maigreur, le dépérissement, le marasme. Les Arabes leur font jouer un grand rôle dans la production des maladies du dromadaire, et ils considèrent comme rédhibitoires toutes celles qu'ils prétendent, à tort ou à raison, en être la conséquence. Il est d'ailleurs probable que le debabe inocule certaines affections à hématozoaires.

Les pertes occasionnées par le debabe sont souvent très grandes ; il n'est pas rare de voir des troupeaux entiers de dromadaires partir au galop, comme frappés de vertige, se jeter dans les rivières et y périr. D'autres fois, les animaux meurent des suites de la maladie.

Traitement. — Les Arabes cherchent à préserver leurs dromadaires du debabe en les faisant émigrer. Ceux qui ne peuvent opérer cette émigration, tâchent de les placer dans des endroits élevés, loin des bois, des cours d'eau, de la verdure. S'ils doivent se mettre en route, ils se gardent de marcher pendant les fortes chaleurs du jour. Dans les douars, ils parviennent à éloigner les mouches en rassemblant les animaux en groupes serrés, en les entourant d'un cercle de paille mouillée à laquelle ils mettent le feu. Le debabe, incommodé par la fumée, s'éloigne des dromadaires. Les applications de goudron chassent aussi les debabes. C'est dans ce but qu'est fait le goudronnage du mois de juin. Les Arabes ouvrent les abcès avec le cautère rouge, et ils mettent dans les plaies du goudron et du miel.

MALADIES DE L'APPAREIL DIGESTIF

STOMATITE. — Les plantes épineuses, ligneuses dont le dromadaire fait sa nourriture habituelle, lui attaquent souvent la muqueuse buccale et lui occasionnent une stomatite qui rend la mastication difficile et fait maigrir l'animal. Les chameliers arabes traitent la stomatite par des mastigadours à l'ail.

EL GHREDA — GASTRO-ENTÉRITES (PH. THOMAS)

Les Arabes nomment *El ghreda* une affection inflammatoire des muqueuses stomacale et intestinale.

La marche de cette affection est généralement très rapide et sa terminaison souvent mortelle. Elle affecte de préférence les animaux jeunes, débilités ; elle sévit surtout à la fin de l'automne, à l'apparition des premiers froids ainsi que pendant les périodes les plus froides de l'hiver et du printemps.

Symptômes. — Au début, l'animal est triste, paresseux, ne mange pas, sa rumination est suspendue, il se couche fréquemment et dans cette position fait entendre de fréquentes éructations. Les yeux sont larmoyants, leur muqueuse rouge, infiltrée, le pouls variable ; une diarrhée abondante, parfois prodromique, se manifeste avec intensité.

Bientôt les souffrances deviennent plus vives : le malade s'agite, regarde son flanc, se couche et se relève à chaque instant. Le ballonnement de l'abdomen apparaît et atteint parfois des proportions énormes.

L'affection progresse rapidement. La congestion des viscères abdominaux détermine des douleurs intenses : l'animal se plaint, se roule ou se laisse tomber lourdement sur le sol ; des sueurs partielles accompagnées de tremblements musculaires mouillent ses flancs, ses épaules, son encolure ; les extrémités se refroidissent. Le pouls s'efface, se précipite et les muqueuses apparentes pâlissent ; ou bien dans les cas de ballonnement extrême deviennent cyanosées. Dans quelques circonstances on observe des œdèmes sous-cutanés plus ou moins volumineux siégeant principalement dans les parties déclives de l'abdomen et du thorax ; ou bien des *tuméfactions articu-*

laires, molles, fluctuantes, extrêmement douloureuses au toucher, affectent de préférence les articulations scapulo-humérales.

En moyenne, la mort arrive après 24 heures de maladie; dans quelques cas foudroyants après 2 ou 3 heures seulement.

Lésions. — La masse intestinale toujours fortement distendue par les gaz s'échappe violemment de la cavité abdominale, et diverses de ses parties, l'intestin grêle notamment, se montrent congestionnés avec plaques ecchymotiques.

Quand il n'y a pas surcharge alimentaire, l'estomac n'est congestionné qu'en son dernier compartiment. Parfois le péritoine, pointillé de taches pétéchiales, contient une sérosité plus ou moins considérable. Des œdèmes sous-cutanés s'observent aussi comme des hypersécrétions synoviales tout à fait spéciales à la gastro-entérite du dromadaire.

Lorsqu'il y a surcharge alimentaire, le *rumen* est, en outre, rempli de matières herbacées principalement constituées par des jeunes pousses de chiah (artemisia judaïca) plante aromatique dont les dromadaires sont très friands et qui renferme en abondance une huile essentielle âcre et irritante.

Etiologie : On doit considérer une gastro-entérite d'hiver due au froid et une gastro-entérite de printemps due à l'abondance du chiah succédant à la disette hivernale.

Gastro-entérite d'hiver. Tous les auteurs (Carbucia, Daumas, Vallon, Thomas) sont d'accord pour reconnaître au froid une action meurtrière sur le dromadaire. Aussi, les Arabes des Hauts-Plateaux fuient-ils chaque année les hivers généralement rigoureux et humides de ces régions pour aller se réfugier dans les bas-fonds du Sahara. Mais s'ils se sont attardés dans la région froide, si les frimas sont plus hâtifs ou plus violents que de coutume, la gastro-entérite d'hiver sévit durement sur les *nezla* ; une forte gelée blanche, une averse de neige fondue et voilà les jeunes animaux décimés par *le ghreeda*. Il en est de même lorsque les tribus remontent trop tôt vers le Tell, attirées par les promesses trompeuses de quelques beaux jours bientôt suivis d'un retour du froid.

GASTRO-ENTÉRITE DU PRINTEMPS. — L'automne et l'hiver sont toujours des saisons de grandes privations pour les dromadaires qui reviennent du Sahara maigres et affamés vers les Hauts-Plateaux dès les premières annonces du printemps. Là, les troupeaux retrouvent en abondance les pousses nouvelles du chiah, du guetaf (atriplex), de l'alfa (stipa tenacissima), etc.

Alors, adieu la sobriété proverbiale du dromadaire ; il se jette sur les pousses tendres et en remplit sa panse avec d'autant plus de voracité qu'il est plus affamé et que personne ne s'occupera de modérer son appétit. Puis, comme on est au printemps, un coup de vent du nord ou une gelée blanche suffira pour provoquer un arrêt de la digestion, une congestion gastro-intestinale, et une gastro-entérite, surtout si les aliments ingérés sont irritants, comme c'est le cas pour le chiah.

Le vétérinaire en 2e Boit rapporte qu'une salsolacée du désert, le *domran*, bien supportée comme nourriture par les dromadaires de Laghouat et d'El Golea, a provoqué au contraire, chez les chameaux venus des Hauts-Plateaux, une entérite diarrhéique qui les affaiblit rapidement. Le Hennée (lawsonia) et le Drias (thapsia) sont signalés par Vallon comme très vénéneux.

Comme causes déterminantes, on peut ajouter au froid extérieur : l'absorption d'eau froide, la gale et la tonte trop hâtive.

Traitements : *Traitement préventif*. 1) Apprendre à l'Arabe à conserver des aliments pendant les jours d'abondance pour les utiliser les jours de disette.

2) Modérer les repas aux premiers jours de printemps.

3) Construire des abris, ou couvrir les jeunes dromadaires pendant les nuits fraîches.

Traitement curatif : Frictions vigoureuses du ventre et des flancs du malade qu'on couvre ensuite d'une épaisse couverture.

Pendant ce temps, on prépare un breuvage calmant. Vallon préconise *depuis* 1856 (*R. M.*, 1re série, t. VII) le *cannabis indica* que les Thebibs utilisent de temps immémorial contre la gastro-entérite des jeunes dromadaires. Une décoction de feuilles ou de sommités fleuries de cette plante bien connue des Arabes sous le nom de Hachicha est ainsi composée :

Hachicha (feuilles ou fleurs) 1 pincée (3 grammes).
Eau. . . . . 1 litre.

On fait bouillir pendant une demi-heure, l'on fait boire tiède. Le breuvage doit être renouvelé de deux heures en deux heures.

Les révulsifs cutanés doivent être énergiques et prompts, on peut mieux faire que les Arabes qui cautérisent fortement au fer rouge le ventre et le flanc des malades.

La saignée est difficile à faire, la peau est épaisse et l'animal très ombrageux (Vallon).

MALADIES DES ORGANES RESPIRATOIRES

La **RHINITE** est fréquente pendant l'hiver, les ganglions de l'auge se tuméfient, du jetage se manifeste ; les Arabes combattent la rhinite par le feu sur le chanfrein ; elle guérit naturellement.

Les **PNEUMONIES ET PLEURÉSIES** surviennent à la suite des refroidissements dont nous avons exposé plus haut les causes saisonnières. Traitement habituel de ces affections.

Le B. O. estime que les dromadaires sont très sujets aux **RHUMATISMES**. Quelques-uns ne peuvent se relever qu'après une ou deux heures d'exposition au soleil.

MENINGITE (*el hemiah*).

Au dire des Arabes, les dromadaires qui en sont atteints courent devant eux, ou tournent dans tous les sens, ne reconnaissent plus aucun danger, se jettent dans les précipices. Ils ont les yeux rouges, injectés, hagards, etc.

El hemiah ne se déclare que sous l'influence du simoun, lorsque la température est excessive, que le ciel est fortement chargé de fluide et que le tonnerre gronde. Elle est rare dans le Tell et devient d'autant plus fréquente qu'on avance davantage dans le sud. Il n'y a pas de remède à cette maladie, disent les Arabes, en trois ou quatre jours le dromadaire en meurt, lorsqu'il ne s'assomme pas avant en tombant dans quelque précipice (Vallon).

MALADIES DES YEUX

Les inflammations de la conjonctive ne sont pas rares chez le dromadaire, quoique son œil soit admirablement conformé et sa vue excellente. Elles se déclarent sous l'influence du sirocco, et elles ne présentent rien de particulier. A moins d'ophtalmie purulente, les chameliers ne traitent point ces maladies ; quand la suppuration est abondante, ils mettent des raies de feu autour de l'orbite.

Sous le nom de *Mefifi*, le B. O. publie ceci : Les chameaux, surtout lorsqu'ils sont affamés, mangent avec avidité une plante ligneuse appelée « guezzala » que l'on trouve dans les hammadas du Sud. Le pollen qui se détache de cette plante, au printemps, aveugle le chameau qui devient alors inutilisable. Ce phénomène est inconnu des indigènes des hauts plateaux : il y a donc lieu de les mettre en garde, à cette époque, en prenant des renseignements dans le pays. On guérit généralement cette affection en injectant du jus de tabac dans l'œil de l'animal.

MALADIES DU PIED

Usure de la corne. — Lorsque le dromadaire parcourt une contrée à sol pierreux, la semelle de corne qui tapisse la face plantaire de son pied ne tarde pas à s'amincir, et l'animal au pied sensible, puis douloureux, est mis hors de service.

Le *B. O.* annonce que les indigènes des tribus de l'extrême-sud remédient à l'usure de la corne (*Tenguib*) en fixant avec une lanière un morceau de peau de chameau contre la face plantaire blessée. Les solutions de sulfate de cuivre paraissent indiquées.

Solutions de continuité. — La corne des dromadaires, celle des pieds antérieurs surtout, est très sujette aux *crevasses* qui s'enflamment progressivement et occasionnent une boiterie plus ou moins accentuée.

Vallon signale des *bleimes* et des *tavots* provoquant des lésions correspondantes à celles observées chez les chevaux, mais plus graves par suite de l'absence de ferrure protectrice de la lésion.

Le *traitement* à opposer doit s'inspirer du précédent.

BLESSURES PAR LE HARNACHEMENT

Les blessures de harnachement, très fréquentes chez le dromadaire, ne méritent une étude spéciale que dans leurs localisations à l'ouverture préputiale ou sur la bosse.

El Magoub. — Une corde servant de sangle passe en avant du fourreau où elle occasionne assez souvent un phlegmon qui obstrue l'ouverture préputiale et s'oppose à la sortie des urines. Il est de toute nécessité de leur donner issue par un débridement chirurgical.

Les **blessures de la bosse** sont graves, et souvent accompagnées de nécroses, de fusées purulentes qui déterminent les Arabes à l'abatage du blessé. Vallon préconise l'emploi des médicaments courants en 1856 : vésicatoires, nitrate d'argent, liqueur de Villate, mais dans tous les cas il recommande de recouvrir la plaie de goudron après chaque pansement. Notre arsenal thérapeutique est actuellement mieux pourvu, le permanganate de potasse doit être préconisé ici comme dans les blessures du garrot et de l'encolure de nos chevaux.

SURMENAGE

La grande mortalité des dromadaires formant nos convois militaires est due surtout au surmenage des jeunes et des débiles. Au lieu d'agir comme les Arabes et de charger un faible de 80 kilogr. et un fort de 160, nous avons le grand tort de fixer uniformément la charge d'un chameau à 120 kilogr. Le fardeau du dromadaire n'est pas comme le sac du soldat indispensable à ses propres besoins ; il serait souvent facile d'alléger la charge d'un débile en augmentant d'autant celle d'un vigoureux.

MALADIES CONTAGIEUSES

Le chameau est frappé aux Indes par le surra.

Brumpt a constaté qu'en Abyssinie les dromadaires sont porteurs d'un *trypanosome*.

Souvent les Arabes accusent les *gastro-entérites* d'être affections contagieuses.

Sous le nom d'*El Outeiss*, le B. O. décrit une maladie très contagieuse. Le chameau enfle en commençant par les épaules et meurt au bout de deux ou trois jours. Dès que cette maladie apparaît, il faut se hâter de changer de pâturage.

Le vétérinaire en 2e Cazalbou vient de démontrer (1903) que la maladie enzootique *mbori*, caractérisée par de l'anémie et un *marasme* progressif, qui frappe depuis un temps immémorial les dromadaires sahariens s'aventurant sur les rives du Niger est une trypanose.

Elle est propagée par *el debabe*.

FIN

TABLE DES MATIÈRES

DIJON, — IMPRIMERIE DARANTIERE

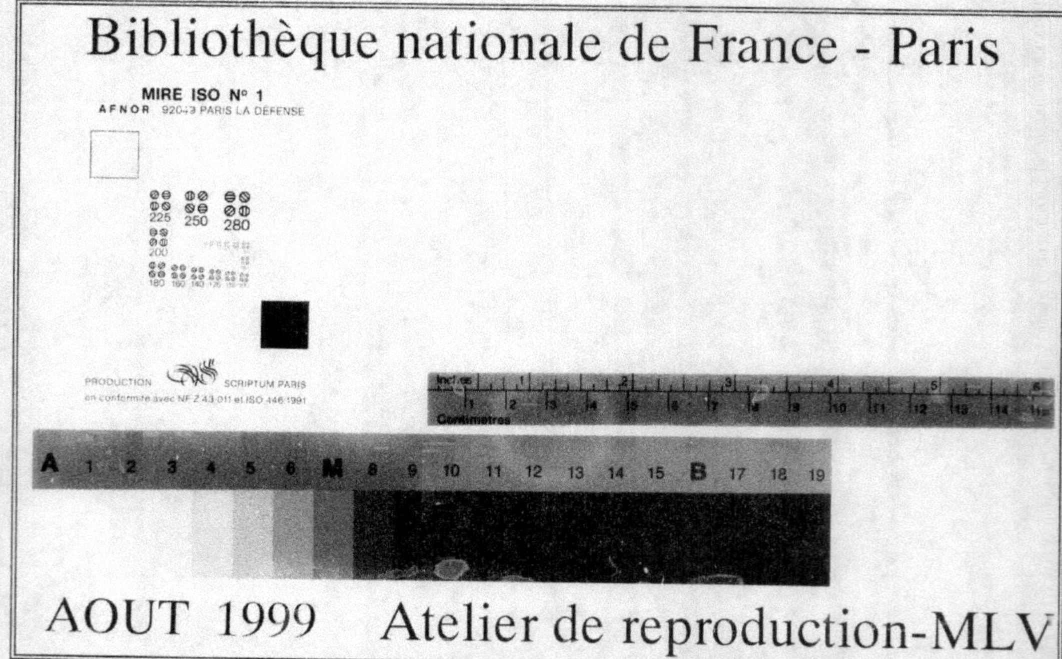

www.ingramcontent.com/pod-product-compliance
Lightning Source LLC
LaVergne TN
LVHW021927060726
842528LV00001B/113
* 9 7 8 2 3 2 9 2 6 2 8 1 9 *